时滞多自主体系统的集群动力学

刘易成　王　晓　茹立宁　陈茂黎　著

科学出版社

北　京

内 容 简 介

随着数字化、智能化和无人化的不断发展，自适应多自主体系统受到广泛关注和深入研究. 系统内部的信息传输、处理与判断等将导致信息滞后，常见的滞后变量包括处理时滞和通信时滞. 本书聚焦时滞效应对多自主体系统动力学的影响规律，探索数学模型建立、动态演化机理和集群特征刻画等基础问题，揭示时滞多自主体系统蜂拥协同、分簇、多群耦合等集群动力学规律. 全书包括多自主体系统的同步动力学、时滞系统的渐近集群、多自主体系统的免碰撞动力学、多自主体系统的周期集群运动、多自主体系统的分群动力学、多自主体系统的编队动力学、随机扰动下的多自主体系统的渐近集群、多自主体耦合系统的渐近集群等内容.

本书可供应用数学高年级本科生、研究生和科研工作者参考使用.

图书在版编目(CIP)数据

时滞多自主体系统的集群动力学/刘易成等著. —北京：科学出版社，2024.9

ISBN 978-7-03-076841-4

I. ①时… II. ①刘… III. ①时滞-集群-动力学 IV. ①O313

中国国家版本馆 CIP 数据核字(2023)第 210328 号

责任编辑：胡庆家 范培培 / 责任校对：彭珍珍

责任印制：张 伟 / 封面设计：无极书装

科学出版社 出版

北京东黄城根北街 16 号

邮政编码: 100717

http://www.sciencep.com

三河市骏杰印刷有限公司印刷

科学出版社发行 各地新华书店经销

*

2024 年 9 月第 一 版 开本: 720 × 1000 1/16

2025 年 1 月第二次印刷 印张: 20 1/2

字数：410 000

定价: 148.00 元

(如有印装质量问题，我社负责调换)

前　　言

“集群”的概念源于人们对生物群体集体运动的长期观察和研究. 群体智能是指群体中简单个体, 在环境中表现出自主性自适应性和学习性, 通常个体与个体协作、个体与环境交互, 最终在群体层面涌现出复杂的智能行为. 自然界中, 生物的群体智能行为几乎随处可见: 鱼群看似杂乱, 实则高度协作防御与觅食; 蚁群相互协作觅食, 能合力搬运重于其身体百千倍的东西; 狼群分工明确各司其职, 可协作捕获大型猎物等.

集群行为展示了广泛存在于自然界及人类社会中的一种系统演化模式, 它有一个更为深刻的背景——自主性. 小到微观粒子的相互作用, 大到天体的演化、星系的运动, 昆虫、鱼群、鸟类以及一些哺乳动物包括人的集体行为, 都从不同角度呈现出共同的自主集群效应. 这些现象已经被广泛研究并应用于传感器网络协同控制、无人机蜂群自主协同、导弹群自主编队研究等诸多领域. 研究多自主体系统演化最重要的内容之一就是建立系统演化的理论模型, 理论建模是理解自主集群发生机理, 研究个体行为与集群特性的重要手段. 从应用层面上来看, 一个典型的多自主体系统是微型无人机系统, 比如无人机蜂群系统. 因此, 借鉴多自主体系统的演化规律, 可为实现微型无人机集群自主控制提供一条新的技术路径.

在大多数的物理和生态系统中, 时滞因素是无法避免的. 系统状态演化是动态的, 它会随时间发生变化. 对于运动个体, 其前一段时间的状态可影响现在的状态, 即系统演化过程中具有滞后特征, 这一现象通常由时滞微分方程描述. 由于时滞量的存在具有无穷维度, 而且随着时滞量的增大将具有异常复杂的动力学特征, 例如互联网拥塞控制系统就属于典型的时滞动力系统, 在通信时延、网络拓扑变化等客观因素的影响下, 互联网拥塞控制系统还具有明显的非线性特征, 它在一定条件下将失去稳定性而呈现出分岔、混沌等奇异现象.

本书以讨论时滞如何影响集群涌现为主线, 从数学建模及动力学分析角度出发, 在分析同步机制和集群机制的基础上, 提出避免碰撞、时延控制、周期集群、自主分簇以及群组耦合条件下的自主协同条件, 开辟自组织系统新理论与新方法, 对时滞微分方程理论发展都具有重要的促进作用, 为集群技术工程化应用提供基础理论指导.

本书正文涉及的所有彩图都可以扫封底二维码查看.

本书撰写过程中得到了加拿大约克大学吴建宏教授、加拿大新布伦瑞克大学王林教授的大力支持和帮助, 同时受益于国防科技大学数学系微分方程方向诸多老师和研究生的讨论合作. 感谢刘志苏教授、刘宏亮副教授以及研究生吴俊滔、乔正阳、陈一蓬、程建飞、赵子玉对本书撰写给予的支持和帮助. 由于时滞系统的稳定性理论及其相关内容涉及知识面广而深, 知识应用更是广泛, 书中难免存在不足之处. 恳切地希望和欢迎读者对本书提出批评与建议.

作　者

2023 年 6 月

目　录

第 1 章 绪 论

1.1 集群现象概述

集群行为起源于生物学、生态学等领域. 诸如鱼、鸟、蚂蚁、蜜蜂等群体, 其个体是能力有限的运动体, 但通过简单行动规则, 群体合作产生复杂的群体运动行为, 实现超越个性行为的群体涌现. 研究者将各类生物群体智能行为归纳为集体行进、群体聚集、群体避障、协作筑巢、分工捕食等形态, 深入研究不同形态集群行为中的群智协同机理, 探讨其应用在无人群体智能系统优化设计之中. 对于集群运动现象的观察和思考最早可追溯到两千年前对成群椋鸟的观察 (如图 1.1(a)), 近年来生物集群的研究吸引了越来越多的科研人员的兴趣, 从生物学家、物理学家、数学家到控制工程师等科研人员均试图解释鱼群、鸟群及其他集群生物在没

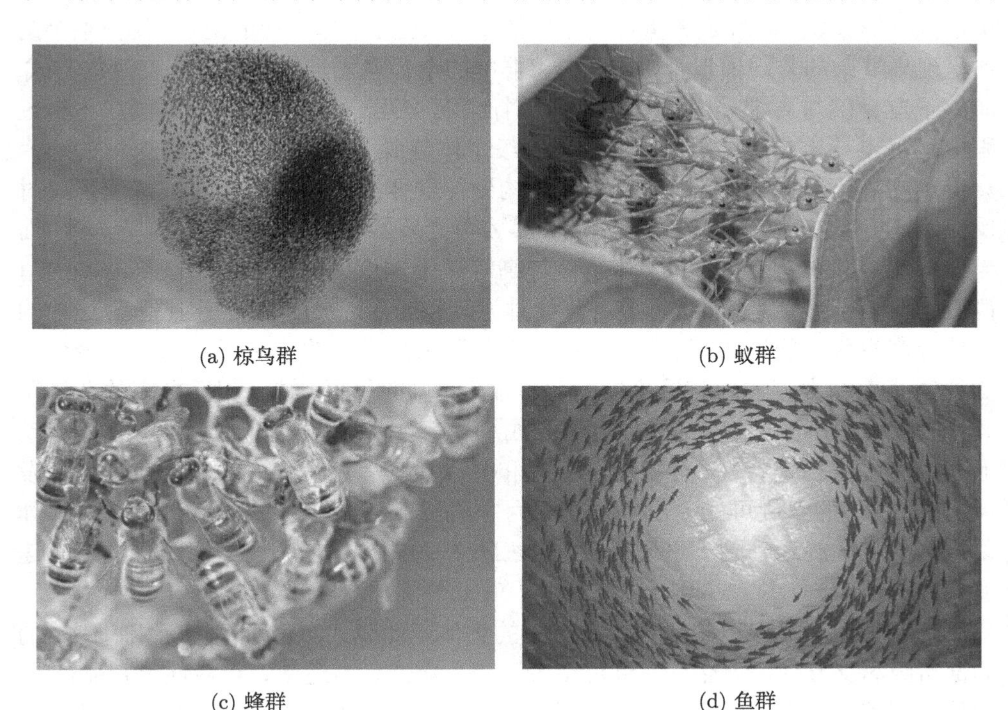

(a) 椋鸟群　(b) 蚁群　(c) 蜂群　(d) 鱼群

图 1.1　典型生物集群行为

有统一控制的情况下如何达到行进方向一致, 从而进行各种各样的群体活动[1,2]. 随着科学技术的发展, 以全球定位系统（GPS）定位跟踪、视频分析（单/双/多目)、声呐成像为代表的经济、高效的观测技术, 使得人们对生物集群行为的观测更加便捷, 对于集群中个体的空间聚集性、运动的有序性有了更加深入的理解.

常见生物集群行为有蚁群、蜂群、鸟群、鱼群中涌现出的群体运动 (如图 1.1). 蚂蚁群体是一种广为人知的高度结构化的社会组织, 其觅食行为是一种典型的集群行为. 蚂蚁在活动过程中会释放出信息素, 其他蚂蚁可以检测出信息素的浓度, 并确定自身前进的方向. 信息素会随着时间的推移逐渐挥发, 蚂蚁走过的路径上信息素浓度会得到加强, 从而促使更多蚂蚁选择该路径, 形成正反馈过程[3-5]. 蚁群通过这种简单的信息交流, 实现正反馈的信息学习机制, 从而找出食物源和巢穴之间的最短路径. 蜂群中的单只蜜蜂只能完成单一的任务, 但是蜜蜂通过摇摆舞、气味等多种信息交流方式, 进而使得整个蜂群能够协同完成多种工作, 如收集花粉、构建蜂巢等, 实现自组织行为[6,7]. 在蜂群采集花粉的过程中, 负责寻找蜜源的工蜂通过探索寻找合适的食物源. 当发现蜜源后, 会返回蜂巢通过“摇摆舞”交互蜜源信息, 其舞蹈动作及幅度与蜜源到蜂巢的距离, 花蜜的数量、品种以及质量等相关. 其他采蜜蜂根据舞姿的不同决定自身觅食的蜜源, 从而逐步形成在较优蜜源处的聚集. 鸽群是大量自治个体的集合, 通过个体之间的交互, 使得整个鸽群呈现出复杂的宏观涌现行为[8-10]. 鸽群中的个体遵循一种拓扑距离交互的方式, 即鸽子自身仅与周围一定数量的个体进行信息交互. 研究者指出, 鸽群在飞行过程中呈现出一定的层级作用网络, 高等级个体起到引领作用, 低等级个体的行为会受到高等级个体的影响, 这种网络结构使得群体在应对外界刺激或躲避障碍时反应迅速[11]. 当飞行轨迹平滑时, 个体尽力与其周围邻居的平均方向保持一致, 而当出现突然急转弯变向时, 个体迅速与高等级个体保持一致. 水中成群游动的鱼群, 会随着洋流和食物而进行整齐划一地游动, 在遇到捕食者攻击时, 鱼群边缘的个体会产生快速躲避的行为, 并带动整个鱼群做出迅疾的反应[12]. 鱼通过身体两侧的侧线感知水流方向和速度的变化, 判断同伴的位置, 维持相互之间的适当距离, 进而形成整个鱼群特定的自组织方式. 涡旋运动在鱼群中极为常见, 这种运动形式具有局部稳定特性, 可以达到干扰和分散捕食者注意力的效果. 在遇到突发情况时, 鱼群的涡旋可能会出现相变行为, 从涡旋运动转换为水平迁徙运动. 群体系统这种从涡旋运动到水平迁徙运动的相变行为的产生依赖于敌对个体的运动速度和威胁范围.

生物群体所呈现出的各种协调有序的集体运动模式，由个体之间相对简单的局部自组织交互作用产生，在环境中表现出分布式、自适应、鲁棒性等智能特性，使系统在整体层面上涌现出单个个体不可能达成的智能现象[13]。例如, 集体行进是诸如鸟群等大规模生物个体以某种或多变形式同时行进的一种自然现象；研究者从大雁群体迁徙过程, 由强壮且有经验的头雁带队, 其余紧随其后列队为 “人” 字或 “一” 字整齐飞行的现象中 (如图 1.2), 发现头雁后面跟随者所受升力会大大增加, 可有效节约飞行体力, 将其命名为 “领航–跟随模式”[14]. 这些生物群体宏观上呈现的自组织行为通常可以总结为以下三种:

(1) 蜂拥 (swarming): 群体保持凝聚力, 但不一定对齐的现象, 即对于群体中任意两个个体间相对位置一致有界, 速度不要求实现一致.

(2) 集群 (flocking): 在蜂拥现象的基础之上, 群体中每个个体的速度要求对齐, 即任意两个个体相对位置有界, 速度实现趋同.

(3) 一致或同步 (consensus/synchronization): 群体中任意两个个体的速度和位置都趋于一致.

从而可以看出, 在某种意义上, 蜂拥现象、集群现象本质上也是一种群体的同步效应.

(a)

(b)

图 1.2 雁群“一”字或“人”字列队飞行

在鸟群集群飞行过程中, 个体通过遵循简单行为规则进行相互合作而产生复杂有序的集体行为. 由于鸟群集群飞行过程中所表现出的邻近交互性、群体稳定性和环境适应性等特点与无人机集群编队的自主、协调和智能等控制要求有着紧密的契合之处, 因此, 研究鸟群集群飞行机制, 并将其映射到无人机集群系统, 能够启发无人群体智能系统协同方式设计, 是解决无人机集群编队协调自主控制问题的一条切实可行的途径.

鸟群与无人机集群系统在任务环境和任务需求上存在着较大的相似性, 因此鸟群集群行为机制对于无人机集群编队协调自主控制具有很多借鉴意义: 首先, 因任务环境相似, 二者所受到的干扰因素 (比如强光照、厚云层以及不稳定气流等) 基本相同, 鸟群系统中的集群运动机制对于这类特性环境噪声的抗干扰性恰恰也是设计无人机集群系统协调控制算法所需要的; 同时, 也因任务环境均要求二者只能在运动中进行交互[15], 故而比之于一般陆地群体的单一首领机制, 鸟群中的通信拓扑对于无人机集群系统更具有借鉴意义, 鸟类个体由于通信距离和视野限制在飞行过程中不能实时发现头鸟, 并进行实时跟随, 因此必须参照通信范围内的其他个体, 并受其影响, 如果无人机集群规模庞大, 在编队过程中依然采用集中式控制方式, 则不能保证长机时刻处于每架僚机的通信范围内, 因此必须建立僚机与其他僚机间的通信联系, 或者采用分布式控制方式; 此外, 二者在任务需求上均需要实现在避免个体发生碰撞的基础上, 尝试与邻居个体保持接近, 同时与其速度一致. 无论是从鸟群集群行为机制所表现出的聚集、分离和对齐行为来看, 还是从其所隐含的鲁棒、稳定和可扩展特性来讲, 研究鸟群内部的交互机制 (交互集合、交互信息以及交互信息处理) 对于实现无人机集群编队协调自主控制都具有指导意义.

类似于鸟群在空中飞行, 无人机集群飞行中不可避免地会遭遇各种突发事件, 比如任务目标改变、环境威胁等外部因素的动态变化、编队成员损耗等, 因此需要针对以上情况进行编队动态调整以实现整体编队保持并继续执行任务. 鸟类个体对于外界变化环境具有一定的适应能力, 对环境状态会有自身判断, 并采取相应的个体应急措施, 鸟群中的鸟类个体面对动态变化的环境其应急措施不再仅仅是个人行为, 而是个体通过局部协调决策规则参与群体决策而最终产生的群体应急措施, 在协调决策的过程中, 个体依据以往交互经验, 选择听取对于环境适应能力较强的邻居个体意见, 并给予对环境适应能力较弱的邻居个体以自身应急方案, 从而形成一个存在于不平稳飞行状态下的飞行领导等级层级作用网络. 该层级作用网络中个体间并不是两两均可构成联系, 且个体并不是仅与群体内的唯一个体存在联系, 映射到多无人机的编队协调控制, 该机制既可节省单机系统中通信模块的占用空间, 又可保证整个无人机集群系统的可靠性, 使得在单架飞机出现故障后仍可编队重构, 继续执行任务. 此外, 鸟群系统中的协调决策规则对于多无人机系统在突发状况下的协调避障控制也具有一定的借鉴意义, 二者均需要在没有中心节点的条件下, 通过局部交互形成群体一致或是分群一致的避障策略, 并在避障过程中, 个体间依然保持紧密但不发生碰撞, 且群体状态协调一致, 可以同步、快速地改变飞行方向.

随着计算机的发展, 学者们对鸟群、鱼群等集群行为开展了仿真模拟[16-18], 随后, 提出了一系列群体运动模型[19-24], 从数学理论分析和数值仿真分析两个角度对集群机理及其相关机制进行完善和推广, 并在机器人系统、传感器网络、飞行器编队等方面[25-32] 得到广泛应用 (如图 1.3 和图 1.4). 这也对具有群体智能系统的灵活性、协调性以及鲁棒性等有了更高的实际应用要求, 一些实际问题引起了越来越多学者的思考. 例如, 在无人机群行为演化过程中, 常常会有部分无人机脱离群体. 这种现象产生的原因有很多, 可能是两架无人机发生碰撞致使两架无人机坠落而脱离群体, 也可能是无人机之间信息传输或处理存在较大的时间延迟致使无人机不能紧跟群体步伐而脱离. 这就要求对无人机群行为进行模型构建时, 还需考虑个体之间不碰撞以及时间延迟等因素. 因此, 如何实现群体行为由无序到有序的演化过程中的碰撞避免以及控制时滞对群体行为带来的影响, 成为群体呈现出协调性好且鲁棒性强的集群行为的关键因素之一.

(a)

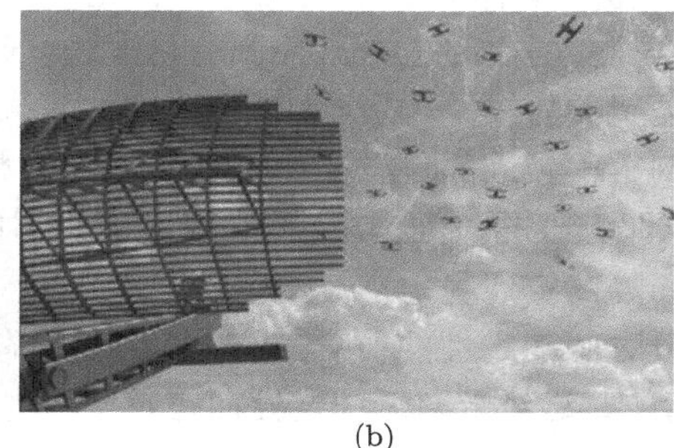

(b)

图 1.3 无人机蜂群

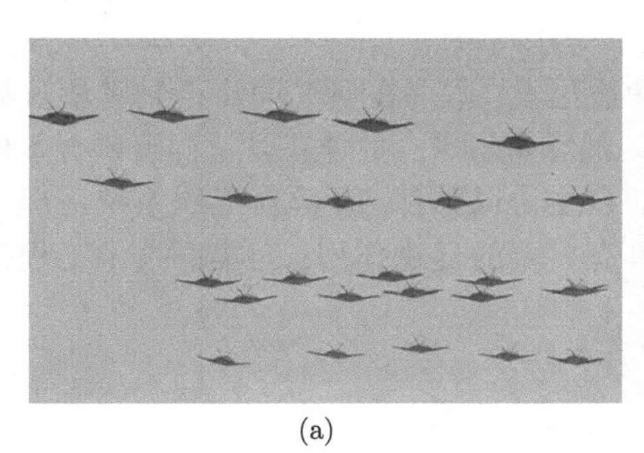

(a)

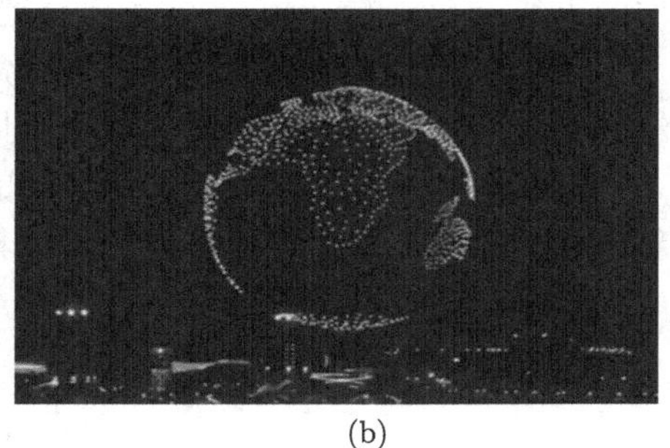

(b)

图 1.4 机器人/无人机编队

基于上述现实应用要求, 掀起了对群体智能系统的行为演化机理及其应用的研究浪潮, 越来越多的学者以理论建模和数值模拟方式对群体智能系统的集群行为进行研究. 在理论建模方面, 基于 Cucker 和 Smale 于 2007 年构建的系统行为演化框架 (参见 [23, 24]), 学者们依据不同的现实需求对其拓展和改进, 逐渐涌现出丰富的研究成果. 在 [23, 24] 中提及的 Cucker-Smale 模型要求最终实现集群行为, 即群体中的粒子相对位置一致有界, 粒子速度实现同步. 然而其并没有考虑群体行为在演化过程中粒子间的碰撞问题以及时间延迟对集群行为的影响.

除了上述集群问题, 近几十年来, 对群体智能系统的自组织行为一致性问题的研究也愈演愈烈, 在理论分析和实际应用两方面均有丰硕的成果. 和集群问题相比, 多粒子群的一致性要求群体中每个粒子的运动状态量都需要实现同步, 即对于一个二阶系统, 不仅要求群体中每个个体能速度同步, 还要求个体的位置也需要相对一致. 目前对一致性问题研究的主题分为有领导者和无领导者两类. 对于前者也称为主从一致性问题, 常用于跟踪问题和移动传感器网络中[33,34]; 而后者常常也被称为具有虚拟领导的一致性问题, 用于机器人编队实现预设队形[35,36]等. 鉴于群体智能一致性行为在无人控制、社会科学、物理学等领域的广泛应用 [37,39], 且受到 Olfati-Saber 和 Murray 在 [40] 中建立一阶系统一致性问题的理论框架的启发, 一些学者提出了许多新颖的群体智能一致性研究成果[41,42]. 但是, 控制工程领域的科学家和工程师的大多数研究结果都集中在 Lyapunov 渐近稳定性 (即无限的时间间隔) 上. 在实际应用中, 常常关注的是系统能够以在有限或固定间隔内实现稳定. 为了解决这些问题, Dorato 于 1961 年在 [43] 中首次提出了有限时间稳定性的概念, 即群体运动状态能够在有限时间段内实现稳定或者达到期望值, 这对于渐近稳定性而言是不可能的. 到目前为止, 大部分有限时间稳定的研究结果已得到实践验证. 但作为有限时间稳定性的扩展——固定时间一致性或稳定性, 其理论研究成果较少, 参见 [44-48]. 尽管关于多智能体系统的固定时间稳定性的工作是有限的, 但许多学者已肯定了一些结果.

鉴于此, 从数学建模及动力学分析角度出发, 本书在研究同步机制和集群机制的基础上, 提出在避免碰撞、时延控制、周期集群、自主分簇以及群组耦合条件下, 基于初始值和系统参数或系统结构的自主协同条件, 开辟自组织系统新理论与新方法, 对时滞微分方程理论发展都具有重要的促进作用, 为集群技术工程化应用提供基础理论指导.

1.2 典型的集群模型

理论建模是理解集群运动的发展机制, 研究个体行为和群体运动特点的重要手段. 集群行为的研究可以追溯到 20 世纪后半叶, 并不断引起了大量数学家、物理学家、生物学家以及控制领域中的专家们的关注, 作者们从不同的角度尝试解释生物群体在没有统一指挥下能够自主形成集群的行为现象, 大量的建模和仿真工作推动集群理论的发展. 为了揭示生物群体集群的行为演化机制, 学者们以鸟群作为研究对象, 通过实时观察鸟集群体活动并对数据进行分析, 建立了各种不同的模型. 如今这些刻画生物种群自组织行为的模型得到了广泛的应用, 如无人机群设计、机器人控制、多任务交互合作等.

复杂系统的集群运动研究可以追溯到 1987 年 Reynolds[49] 对 Boid 模型的数值模拟研究. 在 Boid 模型中, 每个个体遵循如下三条控制规则: 速度匹配、避免碰撞、聚合. 随后的复杂系统数学模型的建立都是基于这三条控制规则, 最具代表性的模型是 Vicsek 模型以及 Cucker-Smale 模型.

1.2.1 Reynolds 模型

集群行为建模的研究开始于 20 世纪 80 年代对鸟群、鱼群集群行为的仿真模拟[49]. 1987 年，Reynolds 在文献 [49] 中首次提出对鸟群集群行为的数值仿真方法. 作者将模拟的鸟群视为多粒子系统, 每个粒子都有自己的运动状态, 即位置、速度等. 为了有效地实现对鸟群聚集行为的模拟, Reynolds 在仿真算法中遵循如下三条规则: 速度匹配 (volecity matching)、分离性 (separation)、向中对齐 (flock centering). 具体来说, ① 速度匹配: 粒子群中每个粒子运动方向朝着其邻居的速度的平均方向靠拢, 速度大小与其邻居的平均速率匹配. ② 分离性: 在模拟过程中确保粒子群能够自由运动的同时也能保证群体内部免碰撞. 避碰的实现主要是基于粒子间的相对位置, 而忽略了粒子的运动速度. ③ 向中对齐: 每个粒子都会向鸟群的中心靠近. 这是因为每个粒子具有一定的局部感知能力, 使其自主地向鸟群中心靠拢, 进而群体的运动更加集中.

从上述规则容易看出, 速度匹配是粒子群满足分离性或碰撞避免的预测版本, 如果群体中每个粒子已经速度同步, 在一定时间范围内, 粒子不可能和群体中其他成员相撞. 基于上述三条规则, Reynolds 对鸟群的飞行模式进行了仿真模拟.

事实上, Reynolds 模型来源于 Aoki 的仿真结果[50]. Aoki 使用了以下规则模拟鱼群的集群行为: ①避免 (即避免个体间的碰撞), ②一致的定向运动, ③趋同 (即群体最终达成某种集群效果). 这个模型中个体最初的速度和方向是随机的, 然而之后各成员 (units) 的运动方向取决于邻近的其他成员的位置和运动方向. 为了达到简化模型的目的, 速度的大小假定为与其他个体无关. 现有研究 [49,50] 表明, 在个体拥有与整个群体的运动有关的信息的条件下, “群体行为” (collective motion) 能够在没有“领导者”的情况下产生.

1.2.2 Vicsek 模型

1995 年, 匈牙利生物物理学家 Vicsek 在 [19] 中首次提出了一种离散数学模型来刻画平面上具有随机扰动的 N 体粒子群集体行为, 即 Vicsek 模型. 在这个模型中, 粒子行为演化遵循如下规则: ① 群体中每个粒子有相同的常速率 v, 但其运动方向角可以不同, 记粒子 i 在 t 时刻的方向角为 $\theta_i(t)$; ② 粒子间存在预设的相互影响半径 r. 当粒子群中任意两个粒子间的欧氏距离小于 r 时, 它们之间才存在相互影响并互称为邻居; 否则, 这两个粒子的行为演化不受对方影响. 记粒子 i 时刻 t 的邻居集为

$$\mathcal{N}_i(t) = \left\{ j \mid \|x_i(t) - x_j(t)\| < r,\ j = 1, 2, \cdots, N \right\}, \tag{1.1}$$

其中 $x_i(t) \in \mathbb{R}^2$ 表示粒子 i 在 t 时刻的位移.

在标准的 Vicsek 模型中, 作者将遵循上述规则的粒子群的行为演化方式用如下差分方程刻画,

$$x_i(t+1) = x_i(t) + v_i(t)\Delta t, \quad \theta_i(t+1) = \langle\theta(t)\rangle_r + \Delta\theta, \tag{1.2}$$

其中 $\langle\theta(t)\rangle_r$ 刻画了粒子 i 所有邻居的平均运动方向角, 定义为

$$\langle\theta(t)\rangle_r = \arctan\frac{\sum\limits_{j\in N_i(t)}\sin\theta_i(t)}{\sum\limits_{j\in N_i(t)}\cos\theta_i(t)}. \tag{1.3}$$

在 (1.2) 中, 随机数 $\Delta\theta$ 代表某种噪声. 粒子 i 的速度 $v_i(t+1)$ 是指其具有常速率 v, 而方向角 $\theta_i(t+1)$ 的演化方式由其邻居集中所有粒子的平均方向角和某个随机方向共同决定. 在 [19] 中作者给出了数值仿真结果, 指出尽管粒子群没有集中式的协调并且每个粒子的邻居集也会随时间变化, 但每个粒子与其邻居集中成员存在某种相互作用, 使得每个粒子都将具有相同的方向角, 而整个粒子群宏观上将会呈现出朝着一个方向运动的现象.

模型 (1.2) 中含有一项随机噪声, 使得该模型的理论分析具有一定的困难. 因此, Jadbabaie 等于 2003 年在文献 [51] 中对 Vicsek 模型进行简化. 作者忽略了噪声对方向角的影响, 然后将新模型进行线性化, 利用图论、矩阵论以及线性系统经典方法, 给出了由 Vicsek 模型刻画的粒子群中各粒子位置和速度渐近趋同的理论证明. 具体来说, 基于图论的理论知识, 将每个粒子视为一个顶点, 引入一系列关于顶点的简单图来表征粒子间所有的邻居关系, 进而将 Vicsek 模型表示为一维切换线性系统, 其切换信号就是能够刻画邻居图族的指标. 在 [51] 中, Jadbabaie 等考虑的模型如下

$$\theta_i(t+1) = \frac{1}{1+n_i(t)}\left(\theta_i(t) + \sum_{j\in N_i(t)}\theta_j(t)\right), \tag{1.4}$$

其中 $n_i(t)$ 是 t 时刻粒子 i 邻居个数, 即 $\mathcal{N}_i(t)$ 中元素的个数. 作者指出若邻接图是序列联合连通的, 则由 Vicsek 模型刻画的粒子群的行为最终能够渐近同步, 即存在方向角 θ_∞, 使得对任意的粒子 i, 都有 $\lim\limits_{t\to+\infty}\theta_i(t) = \theta_\infty$ 成立. 除了上述 Jadbabaie 等的理论分析研究, 专注于群体的涌现行为机制的研究工作也开始出现. 比如, Tahbaz-Salehi 和 Jadbabaie 在 2007 年的工作 [52] 中, 完成了具有分布式协同的 Vicsek 模型的理论分析, 文中最大的贡献之一在于没有对粒子群的连通性做任何假设, 指出在一定条件下, 群体能够始终保持联合连通, 并且每个粒子

的运动方向渐近趋同. Chen 等在 [53] 中指出对于多粒子群, 相互影响半径越小, 群体行为就越难同步, 并在一定条件下, 对粒子间相互影响半径的最小值进行了估计.

1.2.3 Cucker-Smale 模型

基于 Vicsek 和 Jadbabaie 开创性的工作, 激发了越来越多的学者对群体智能系统的集群行为机理的研究, 并积累了丰富的成果. 开创性的进展来源于 Cucker 和 Smale 在 2007 年的工作[23,24], 文中提出了一类具有 Newton 型作用力的非线性二阶模型来描述粒子群的群体运动, 即 Cucker-Smale 模型 (简记为 Cucker-Smale 模型). 在该模型中, 粒子之间可以相互分享信息 (如位置、速度), 并且每个粒子基于接收信息, 及时调节自身运动状态, 最终使整个群体收敛, 并具有共同的速度. 具体的数学模型描述如下

$$\frac{\mathrm{d}}{\mathrm{d}t}x_i(t) = v_i(t), \quad \frac{\mathrm{d}}{\mathrm{d}t}v_i(t) = \sum_{j\in\mathcal{N}} a_{ij}(x)(v_j(t) - v_i(t)), \quad i \in \mathcal{N}, \tag{1.5}$$

其中 $x_i(t)$, $v_i(t) \in \mathbb{R}^d$ 分别为粒子 i 在 t 时刻的位置和速度; $\mathcal{N} := \{1, 2, \cdots, N\}$; 正整数 d 为空间维数; 通信函数 $a_{ij}(x)$ 为一种依赖于状态信息的牛顿型函数, 代表粒子 j 和粒子 i 的影响, 定义为

$$a_{ij}(x) = K(1 + \|x_i - x_j\|^2)^{-\beta}, \quad i,\ j \in \mathcal{N}, \tag{1.6}$$

其中 $x = (x_1, x_2, \cdots, x_N) \in \mathbb{R}^{N\times d}$, K 为正常数, $\beta > 0$ 是衰减率或协同参数, 它可以影响并调节相互作用强度和粒子间相对位置的依赖关系, $\|\cdot\|$ 是 $\mathbb{R}^d$ 上的 2-范数. 易知, 这种函数直观反映了两粒子间的影响强度与距离的关系, 即粒子间距离越大, 粒子间相互影响越小. 该模型可直观认为每个粒子速度的变化规律是由它与其他个体的速度差及对应的加权值决定的. 基于自有界方法[23,24], 文中给出了多粒子群形成时间渐近集群的数学证明, 建立了只依赖初始状态和模型参数的集群行为发生条件, 指出了当 $0 \leqslant \beta < 1/2$ 时, 系统产生无条件集群, 即集群行为的发生与初始条件无关; 当 $\beta \geqslant 1/2$ 时, 对于某些特殊的初始状态, 系统能产生集群行为, 即集群行为的发生依赖于初始状态. 随后, 基于 Cucker 和 Smale 开创性的工作, 2009 年, Ha 和 Liu[54] 对个体间交互权重函数进行了推广, 容易验证 (1.6) 中定义的交互权重函数是满足该假设. 此外, Ha 和 Liu 首次给出了渐近集群解的数学定义, 并利用能量方法对集群条件进行了优化, 将无条件集群发生条件推广到了 $0 \leqslant \beta \leqslant 1/2$. 具体地, 渐近集群解的数学定义如下:

定义 1.2.1[54] 设 $\{(x_i(t), v_i(t))\}_{i=1}^N$ 是系统在给定初始条件下的解. 系统发生集群行为当且仅当相对速度关于时间 t 渐近收敛于 0 , 并且相对位置关于时间

t 一致有界, 即对任意的 $i, j \in \mathcal{N}$, 有

$$\lim_{t \to +\infty} \|v_i(t) - v_j(t)\| = 0, \qquad \sup_{0 \leqslant t < +\infty} \|x_i(t) - x_j(t)\| < +\infty,$$

并称满足上述两个条件的解为集群解, 即解具有集群性. 此外, 如果对任意的初始状态, 上述两个条件始终成立, 系统能实现无条件集群, 即集群行为的发生与初始条件无关; 如果对于某些特定的初始状态, 上述两个条件才满足, 称系统能实现条件集群, 即集群行为的发生依赖于初始状态.

事实上, 该模型的开创性意义在于, 它为后续群体行为的机理研究搭建了一个合理的框架, 在生态学和数学等学科中受到重点关注并不断被拓广. 例如在单群组集群系统中引入等级结构或根领导[55-60]、噪声干扰[61-68]、固定动力学或自由意志[69-71]等因素, 以及单群组集群系统中的碰撞避免问题[72-78, 80-84]、时滞问题[85-97]、多聚点问题或分簇问题[98-103, 105-107]、有限时间固定时间集群问题[108-111]、编队问题[38, 112] 等. 关于这些问题围绕系统延迟、随机干扰、免碰撞等现实因素开展模型修正和理论扩展分析, 获得了一系列集群特征刻画结论.

集群行为的研究可以追溯到 20 世纪后半叶, 得到了数学、物理、生物以及控制领域中学者们的关注. 为了揭示集群行为演化机制, 学者们以生物种群作为研究对象, 通过实时观察群体集体活动并对数据进行分析, 建立了各种不同的群体运动模型[19-24]. 这些模型根据现实需求不断被修正, 并在无人机群设计、机器人控制、多任务交互合作等[113-118] 场景中得到广泛应用.

1.2.3.1　交互权重函数的修正

值得注意的是交互权重函数 (1.6) 是对称的, 即对 $t > 0$, 都有 $a_{ij}(x(t)) = a_{ji}(x(t))$. 在现实生活中, 对称结构通常会遭到破坏, 比如在迁徙的雁群中, 头雁与随从之间的作用不对等, 群体不具有对称性. 因此研究非对称模型很有必要性.

2011 年, Motsch 和 Tadmor[119] 修正了模型 (1.5) 中的相互作用规则, 引入了非对称的交互权重函数, 构建了 Motsch-Tadmor 模型 (简记为 M-T 模型), 描述两个集群个体数量相差悬殊的情形. 该模型不涉及对粒子数量的约束, 仅考虑粒子之间的相对距离, 并且粒子之间的相互影响强度由相对距离比重决定, 具体表达形式如下

$$\bar{a}_{ij}(x) = \frac{\psi\left(\|x_j - x_i\|\right)}{\sum\limits_{k \in \mathcal{N}} \psi\left(\|x_k - x_i\|\right)}, \quad \psi(r) = \left(1 + r^2\right)^{-\beta}. \tag{1.7}$$

文献 [119] 中证明了当 $0 \leqslant \beta \leqslant 1/4$ 时, 系统发生无条件集群. 随后, 2014 年 Motsch 和 Tadmor[120] 将无条件集群发生条件推广到了 $0 \leqslant \beta \leqslant 1/2$, 并指出

当 $\beta > 1/2$ 时, 集群行为发生条件只与初始值以及模型参数有关, 此结果与经典 Cucker-Smale 模型一致.

此外, Shen[55] 引入等级结构模型, 在给定的层级结构中, 每个个体只能影响低层级中的个体, 并且最高层级中只有一个个体作为整个群体的总领导, 这就意味着个体间的相互作用具有方向性, 即考虑领导者对跟随者的影响作用, 但跟随者对领导者无影响. Li 和 Xue[57] 利用矩阵方法[58] 以及归纳法来研究了根领导下的离散模型. 根结构是指存在唯一的个体, 它可以直接或间接影响其余个体, 但是其余个体不能直接或间接影响它. Li[121] 等又研究了带个人偏好意识的等级模型以及根领导下的集群模型[122]、联合根领导模型[123] 以及根领导下头领可以自由切换模型[124]. 随后, Li 和 Yang[125] 于 2016 年利用 Li[121] 介绍了一种特殊的矩阵范数来研究带固有动力学系统的离散等级模型. Li 等[126] 研究了带个人偏好意识的多领导的等级模型. 考虑等级结构与根结构的影响, 2017 年 Dong 和 Qiu[60] 在含生成树的有向图上考虑了 Cucker-Smale 模型. 由于等级 Cucker-Smale 模型以及根领导下的 Cucker-Smale 模型均含有生成树, 因此它是一般有向图上 Cucker-Smale 模型的特例.

2018 年, Jin[127] 研究了具有截断交互函数的 M-T 模型的集群行为, 指出连通性对这类模型的聚类很重要, 为了保证系统的联结图的连通性, 文中给出了系统存在集群解的充分条件, 证明了集群解的指数稳定. 2020 年, Yin 等[78] 研究了当 $\beta > 1/2$ 时 (即短程通信) 系统 (1.5) 的渐近稳定行为, 分析结果发现系统内每个个体的速度会渐近收敛到互不相同的、依赖于初始状态的常值, 继而通过选取适合的初值可以使得系统实现集群行为. 随后, 在 2022 年, Yin 等[128] 在数值计算中发现具有短距离通信的 Cucker-Smale 模型 ($\beta > 1/2$) 常常发生耗散, 即不发生集群行为. 基于这一发现, 作者指出渐近集群的不存在等价于相对位置上确界的无界性, 继而给出了系统不实现集群的充分条件. Liu 等[104] 在局部通信条件下, 针对受处理时滞影响的多粒子系统, 给出了粒子群产生周期性集群演化刻画, 指出其周期和频率由系统初值和结构确定, 提供了一类群体系统在环面上的同步条件.

1.2.3.2 时延控制

在自然科学和工程技术的研究中, 常用常微分方程作为数学模型描述状态的动态演化. 这些问题实际上都是假定事物的变化规律仅依赖于当前状态, 而与过去的历史无关. 但是, 许多事物的变化规律不仅依赖于当前状态, 还与过去的状态有关. 在这种情况下, 常微分方程便不能精确地描述客观事物, 随之而起的就是时滞微分方程的发展与应用. 迄今为止, 时滞微分方程已广泛应用于人口模型、传染病模型、细胞生长模型、神经网络、机械振动理论、控制理论等实际问题的研究之中. 在集群动力学研究过程中, 时滞因素也得到了关注, 学者将时滞引入到单群组系统中, 并围绕其集群行为发生条件开展了系列研究.

目前相关研究工作主要聚焦于处理时滞 (即来源于个体对信息的处理)[85,87,90,94-96] 和传输时滞 (即来源于个体之间的信息传递)[86,88,97]. 具有的不同类型的时间延迟在数学模型中表现的形式也会不同. 一般的具有常时滞的二阶模型可描述为

$$\begin{cases} \dfrac{\mathrm{d}}{\mathrm{d}t}x_i(t) = v_i(t), \\ \dfrac{\mathrm{d}}{\mathrm{d}t}v_i(t) = \alpha \displaystyle\sum_{j=1}^{N} I(\|x_j(t-\tau_{ij}) - x_i(t-\tau_{ij})\|)(v_j(t-\tau_{ij}) - v_i(t-\tau_{ij})), \end{cases} \tag{1.8}$$

其中 $\tau_{ij} > 0$. 特别地, 可以将时滞模型 (1.8) 分为以下几类:

(1) 当 $\tau_{ij} = 0$ 时, 刻画了由于网络通信带宽有限或网络拥堵等原因, 粒子间通信传输存在的时间滞后量, 即称为传输时滞 (transmission delay), 其在二阶模型中具有如下形式,

$$\begin{cases} \dfrac{\mathrm{d}}{\mathrm{d}t}x_i(t) = v_i(t), \\ \dfrac{\mathrm{d}}{\mathrm{d}t}v_i(t) = \alpha \displaystyle\sum_{j=1}^{N} I(\|x_j(t-\tau_{ij}) - x_i(t)\|)(v_j(t-\tau_{ij}) - v_i(t)), \end{cases}$$

这里 τ_{ij} 表示粒子 i 从粒子 j 接收到信息需要的时间, $i,\ j \in \mathcal{N}$. 上述模型可以理解为在行为演化过程中, 粒子 i 从粒子 j 接收信息时, 由于延时 τ_{ij} 的存在, 只能利用数据 $v_j(t-\tau_{ij})$ 而非 $v_j(t)$.

(2) 当 $\tau_{ij} \neq 0$ 时, 刻画了在接收到信息后, 对信息进行处理的时间滞后量, 称为处理时滞 (processing delay), 其在二阶模型中具有如下形式,

$$\begin{cases} \dfrac{\mathrm{d}}{\mathrm{d}t}x_i(t) = v_i(t), \\ \dfrac{\mathrm{d}}{\mathrm{d}t}v_i(t) = \alpha \displaystyle\sum_{j=1}^{N} I(\|x_j(t-\tau_{ij}) - x_i(t-\tau_{ij})\|)(v_j(t-\tau_{ij}) - v_i(t-\tau_{ij})). \end{cases}$$

(3) 对于处于运动状态的多粒子群, 时间滞后量可能会与粒子的位置和速度有关, 即时滞依赖于状态变元. 具有状态依赖的时滞二阶模型的一般模型可以被叙述为

$$\begin{cases} \dfrac{\mathrm{d}}{\mathrm{d}t}x_i(t) = v_i(t) \\ \dfrac{\mathrm{d}}{\mathrm{d}t}v_i(t) = \alpha \displaystyle\sum_{j=1}^{N} I(\|x_i(t-\tau_t) - x_j(t-\tau_t)\|)(v_j(t-\tau_t) - v_i(t-\tau_t)), \end{cases}$$

其中 $\tau_t = \tau(x_i(t), v_i(t))$, 即时滞 $\tau(x_i(t), v_i(t))$ 和粒子 i 的运动状态 (位置、速度) 有着密切的关系.

上面的四种情形中只考虑了固定常时滞的情形, 对于分布时滞也有类似的问题可以研究. 比如, Choi 和 Pignotti[74] 考虑了如下含有分布时滞的具有正规化影响函数的 Cucker-Smale 模型,

$$\begin{cases} \dfrac{\mathrm{d}}{\mathrm{d}t}x_i(t) = v_i(t), \quad i = 1, 2, \cdots, N, \\ \dfrac{\mathrm{d}}{\mathrm{d}t}v_i(t) = \dfrac{1}{h(t)}\displaystyle\sum_{k=1}^{N}\int_{t-\tau(t)}^{t}\alpha(t-s)I(x_k(s), x_i(t))(v_k(s) - v_k(t))\mathrm{d}s, \end{cases}$$

其中

$$I(x_k(s), x_i(t)) = \frac{\psi(|x_k(s)| - x_i(t))}{\displaystyle\sum_{j\neq i}\psi(|x_j(s)| - x_i(t))}, \quad k \neq i,$$

并且对任意的 $i \in \{1, 2, \cdots, N\}$ 都有 $I(x_i(s), x_i(t)) \equiv 0$, $\psi(\cdot)$ 如 (1.6) 式中定义.

在模型建立中考虑的时间延迟, 使得对系统的动力学分析更加困难. 因此, 对于含时滞的多粒子系统的分析研究现有的结果较少.

2014 年, Liu 和 Wu[85] 将时滞引入到由 Cucker-Smale 模型的交互函数中, 获得集群最终速度的计算公式, 探讨了延迟对集群最终速度的影响, 并明确指出模型中引入的处理时滞不会改变集群行为的发生, 但是会以非线性方式改变集群速度. 2016 年, Erban 等 [87] 考虑了个体行为的随机性或不完善以及个体对环境中信号的延迟响应, 发现时间延迟的引入有助于群体聚集行为的发生. 同年, 基于对交互函数的正规化假设[85], Choi 和 Haškovec[86] 研究了具有规范化的通信权重和固定传输时滞的 Cucker-Smale 型系统, 其中规范化的影响函数是指在 (1.7) 式中引入时间滞后量而得到的影响函数. 文献 [86] 中建立了此类时滞系统发生集群行为的充分条件, 该条件涉及到影响函数衰减率、时间滞后量以及初始状态, 使得系统收敛到常速度矢量.

随后, 基于上述工作[86,129], 2019 年, Pignotti 和 Trélat[89] 在 Cucker-Smale 模型中引入具有上界的时变时滞, 建立了速度指数衰减的稳定性结果, 并实现群体速度趋同, 但没有刻画集群系统相对位置. 2019 年, Wang 等[90] 具体且深入地讨论了具有两个粒子的时滞集群模型, 在耦合强度与滞后量的乘积较小的前提下, 给出了实现集群行为的充分必要条件, 并获得了较为丰富的动力学现象, 给出了集群临界分支和集群 Hopf 分支等概念. 同年, Dong 等[130] 考虑了一般有向图上具有传输时滞的 Cucker-Smale 模型, 为连续和离散 Cucker-Smale 模型的单簇聚类提供了由系统参数和初始状态决定的充分框架. 基于该工作, 作者又给出了具

有传输时滞的 q-邻居 Cucker-Smale 模型的集群条件[131]. 此外, 在 2019 年, Choi 和 Pignotti[74] 考虑了具有分布式时滞和正规化影响函数的 Cucker-Smale 集群模型, 在时滞函数关于时间非增并且有正的下界的假设前提下, 通过构造 Lyapunov 泛函, 证明了群体速度渐近趋同. 受上述工作启发, Liu 等[132,133] 在 2020 年分别研究了具有分布型处理时滞的 Cucker-Smale 系统以及广义 Cucker-Smale 系统的集群行为发生条件, 通过构造一类 Lyapunov 泛函并结合 L^2 分析, 得到了粒子速度的一致界, 然后通过建立耗散微分不等式系统, 并结合 L^∞ 分析, 证明了当时滞足够小时渐近集群的存在性. 2021 年, Haškovec[97] 利用更简便的方法重新证明了集群结论[86]. 同年, Liu 等[96] 对于具有一般化分布处理时滞的网络系统, 给出了一类周期动态的一致性刻画, 提供了一类有序的动态一致性, 为群体聚合规则设计提供了理论支撑.

2022 年, Cartabia[134] 彻底解决了具有传输时滞的 Cucker-Smale 模型无条件集群问题, 给出了无条件集群的条件为 $0 \leqslant \beta \leqslant 1/2$. 同年, Haškovec 和 Markou[94,95] 研究了具有离散型处理时滞和分布型处理时滞的 Cucker-Smale 系统的集群行为涌现条件. 在这两项工作中, Haškovec 和 Markou[94] 利用新颖的前向估计和巧妙的稳定性估计, 得到了集群行为发生的充分条件. 这些条件尽管不是解析表达式, 但与初始状态的速度波动和时滞大小密切有关. 特别地, 能刻画速度波动随时间演化呈非振荡状态单调衰减趋向于零. 随后作者用类似的方法, 研究了一类具有分布型处理延迟的 Cucker-Smale 系统, 给出了存在渐近集群解的充分条件. 与以往的工作[95] 不同的是, 这些条件是用时滞分布函数的矩来表示的, 并刻画了速度波动渐近指数衰减到零.

然而, 时滞系统作为一类无穷维动力系统, 其自身的理论发展也借助于泛函分析、非线性分析、复分析、李群理论、变分法等数学工具, 并反过来促进这些数学理论的发展. 根据实际问题的不同, 假设系统中时间滞后项要么是常数 (常时滞) 要么表示为积分形式 (分布时滞), 由此得到一般意义上的常时滞微分方程与分布时滞微分方程[135,136]. 时滞微分系统属于无穷维动力系统领域, 不论时滞多么小, 系统状态空间都是无穷维空间, 解空间也是无穷维的, 这使系统产生一些新的集群特征, 动力学行为也更加复杂.

以一维空间中具有处理时滞的双粒子系统为例[90],

$$
\begin{cases}
\dfrac{\mathrm{d}}{\mathrm{d}t}x_1(t) = v_1(t),\ \dfrac{\mathrm{d}}{\mathrm{d}t}x_2(t) = v_2(t), \\
\dfrac{\mathrm{d}}{\mathrm{d}t}v_1(t) = \dfrac{\alpha}{2} f\left(x_1(t-\tau) - x_2(t-\tau)\right)\left(v_2(t-\tau) - v_1(t-\tau)\right), \\
\dfrac{\mathrm{d}}{\mathrm{d}t}v_2(t) = \dfrac{\alpha}{2} f\left(x_1(t-\tau) - x_2(t-\tau)\right)\left(v_1(t-\tau) - v_2(t-\tau)\right),
\end{cases}
\tag{1.9}
$$

其中 $\alpha > 0$, $f(r) = (1+r^2)^{-\beta}, \beta \geqslant 0$. 在 (1.9) 中, $(x_i, v_i) \in (\mathbb{R}, \mathbb{R})$ 是第 i 个粒子的位移和速度, $i = 1, 2$. $\tau \geqslant 0$ 为处理时滞. 称系统 (1.9) 发生集群行为当且仅当解满足如下条件: 对于常数 x^*, 有 $\lim\limits_{t\to+\infty}(x_1(t) - x_2(t)) = x^*$ 以及 $\lim\limits_{t\to+\infty}(v_1(t) - v_2(t)) = 0$.

为了刻画集群结果, 令 $x(t) = x_1(t) - x_2(t)$, $v(t) = v_1(t) - v_2(t)$, 并引入记号

$$\gamma(\tau, \widetilde{x}) := \alpha \int_{-\tau}^{0} \frac{\psi(\theta)\mathrm{d}\theta}{(1+\phi^2(\theta))^{\beta}} + \alpha \int_{\phi(0)}^{\widetilde{x}} \frac{\mathrm{d}u}{(1+u^2)^{\beta}},$$

$$\gamma(\tau, \pm\infty) := \lim_{\widetilde{x}\to\pm\infty} \gamma(\tau, \bar{x}).$$

此时, 系统 (1.9) 简化为如下系统

$$\frac{\mathrm{d}}{\mathrm{d}t}x(t) = v(t), \quad \frac{\mathrm{d}}{\mathrm{d}t}v(t) = -\alpha f(x(t-\tau))v(t-\tau), \tag{1.10}$$

其中 $f(r) = (1+r^2)^{-\beta}$. 初始条件为 $(\phi, \psi) \in \mathcal{C}^2 = \mathbb{R} \times \mathbb{R}$. 因此, 要研究 (1.9) 的群体行为, 只需研究系统 (1.10) 的动力学行为. 理论结果表明, 如果 $\alpha\tau < 3/2$. 系统 (1.10) 集群当且仅当初值条件满足

$$\psi(0) \in (\gamma(\tau, -\infty), \gamma(\tau, +\infty)).$$

此外, 系统 (1.10) 收敛到 $(x^*, 0)$ 当且仅当

$$\psi(0) = \alpha \int_{-\tau}^{0} \frac{\psi(\theta)\mathrm{d}\theta}{(1+\phi^2(\theta))^{\beta}} + \alpha \int_{\phi(0)}^{x^*} \frac{\mathrm{d}u}{(1+u^2)^{\beta}}.$$

为了直观地呈现时滞因素带来的复杂的动力学行为, 考虑具有如下参数设置的系统 (1.10): $\alpha = 1, \beta = 1, \tau = 0, \tau = 0.5$ 以及 $\tau = 0.8$. 初始值为 $(\varphi(\theta), \psi(\theta)) = (1, \pi/3), \theta \in [-\tau, 0)$. 根据理论结果, 可以计算得到

$$\gamma(\tau, -\infty) = \frac{\tau\pi}{6} - \frac{3\pi}{4}, \quad \gamma(\tau, +\infty) = \frac{\tau\pi}{6} + \pi.$$

继而通过计算 $\psi(0) = \gamma(\tau, \pm\infty)$ 得到两个分支的临界值 $\tau_{T_1} = 1/2$ 和 $\tau_{T_2} = 13/2$, 超过这两个值, 集群现象将会消失 (图 1.5).

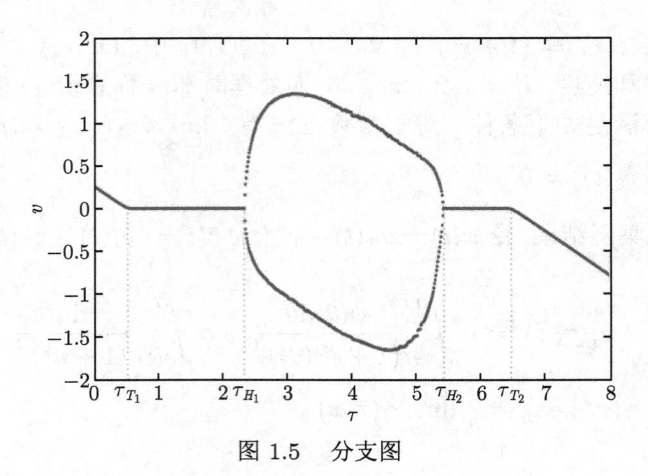

图 1.5　分支图

从图 1.5 可以看出, 系统 (1.10) 在 $\tau \in (\tau_{T_1}, \tau_{H_1}) \cup (\tau_{H_2}, \tau_{T_2})$ 上存在集群行为, 在 $\tau \in (\tau_{H_1}, \tau_{H_2})$ 上出现周期解. 这表明 Hopf 分支发生在 $\tau = \tau_{H_1}$ 和 $\tau = \tau_{H_2}$. 因此可总结得到: 如果 $\tau \in (0, 1/2] \cup [3/2, \infty)$, 那么系统有发散解; 如果 $1/2 < \tau < 3/2$, 那么系统有集群解或存在集群现象. 在上述参数配置下对应的系统 (1.10) 的集群区域如图 1.6 所示.

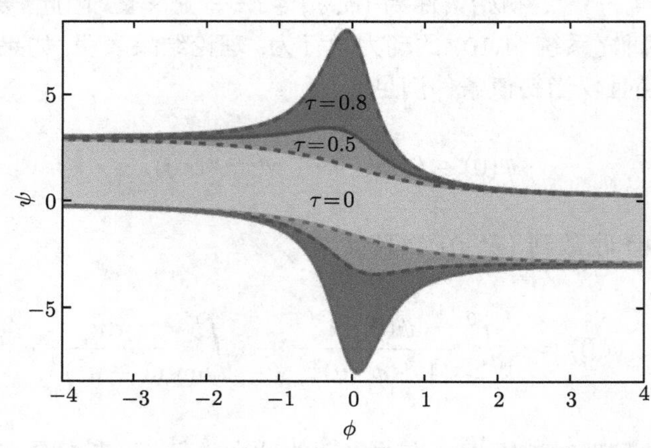

图 1.6　$\alpha = 1, \beta = 1, \tau = 0, \tau = 0.5$ 以及 $\tau = 0.8$ 分别对应的集群区域示意图

1.2.3.3　随机因素的影响

对现有的群体运动模型开展集群条件分析时, 如 Cucker-Smale 模型[23,24] 和 M-T 模型[119], 通常只考虑了系统内部个体之间的相互影响. 然而在现实世界中, 运动的系统不可避免要受到随机因素的干扰, 继而影响群体的动力学行为.

鉴于此, Cucker 和 Mordecki 在 2008 年[137] 研究了受周围环境影响的 Cucker-Smale 模型, 并估计出发生集群行为的概率下界. 随后学者利用不同的方法模拟噪声源, 构建随机 Cucker-Smale 系统的群体运动模型并研究集群行为发生条件[61,62,138-141], 有典型的随机 Cucker-Smale 系统的动力学模型[61,138] 两类, 一类是将加性白噪声作为干扰源[138], 另一类是将乘性白噪声作为干扰源[61]. Ha 等[138] 研究了加性白噪声模型, 在交互函数具有正下界的前提下, 证明了粒子速度围绕平均速度的相对波动在时间上具有均匀有界的方差, 并且该方差将渐近指数衰减. Ahn 和 Ha[61] 研究了乘性白噪声模型, 并给出了控制参数的充分条件, 以保证几乎处处指数收敛到集群解. 随后, Dalmao 和 Mordecki[142] 研究了粒子在每个时间步长中以一定的概率无法看到它的任何一个上级的情形, 并研究了随机故障下的离散等级模型, 证明了集群行为将会几乎必然发生. Canale 和 Dalmao 等[143] 在对称全连通模型中研究了每个粒子在每个时间步长中都能以一定的概率失败连接的情形, 证明了如果这种随机失联在时间和空间上是独立的, 并且具有线性或次线性距离依赖的衰减率, 原始确定性模型涌现出的集群特征在随机失联情形下对所有的故障概率也成立.

2018 年, Mu 和 He[144] 研究了具有随机通信范围和领导结构的 Cucker-Smale 群体行为, 其中个体间的交互拓扑由个体间的相对距离和随机通信范围所决定, 指出了群体渐近地收敛到群体行为的概率的下界, 并且该下界只依赖于群体的初始条件. 同年, Mu 和 He[66] 还研究了随机交互下具有时变失败概率的分层模型的集群行为, 证明了在一定的假设前提下, 在某些只依赖于初始状态的条件被满足的情形下, 群体行为几乎必然发生. 继而, 研究了一般有向交互拓扑下服从随机失败的集群行为[145], 其中层级结构和根结构是这类交互拓扑的特例, 证明了在某些只依赖于初始状态的条件下, 群体行为几乎必然发生的结果. 何月华的博士学位论文[146] 研究了随机交互下具有时变失联概率的等级模型、一般有向图上随机失联的集群模型以及一般有向图上具有随机有限通信范围的集群模型. 总之, 当系统受到乘性白噪声干扰, 且耦合强度与噪声强度二者满足一定关系时, 随机 Cucker-Smale 系统会发生集群行为. 结合上述分析结果可以发现随机噪声会影响群体的动力学行为.

1.2.4 一致性模型

多个体动力系统模型被越来越多地应用于生物学、社会学和工程学等领域, 例如对动物群体、感知器网络、机器人组的研究. 在这样的多个体系统中, 研究者通常关注群体的协同行为是如何形成的, 尤其是一致性、同步性、集聚、集群等群体现象是如何实现的. 另一方面, 代数图论和动力学系统定性与稳定性理论的引入, 为研究群体一致性提供了有力的工具支撑.

在研究群体一致性的相关文献中, 学者们集中研究一阶的动力学模型, 在这些模型中, 个体某种特征量的导数 (如速度) 可以被直接控制, 如文献 [51,147-152]

中考虑的模型; 同时, 也有很多学者关注二阶动力学模型, 如文献 [153-156] 中考虑的模型. 其中, 二阶一致性问题主要关注沿二阶动力系统演化的群体如何达成位置和速度的一致. 事实上, 二阶系统在现实中的应用范围更加广阔. 与一阶系统不同, 对于二阶动力学模型, 即使系统的信息交流拓扑图具有有向支撑树, 二阶一致性也可能无法实现. Ren 和 Atkins 在文献 [157] 中提出的二阶一致性模型为

$$\frac{\mathrm{d}}{\mathrm{d}t}x_i(t) = v_i(t),$$

$$\frac{\mathrm{d}}{\mathrm{d}t}v_i(t) = \sum_{j=1}^{n} a_{ij}(x_j(t) - x_i(t)) + \gamma \sum_{j=1}^{n} a_{ij}(v_j(t) - v_i(t)),$$

Ren 和 Atkins 在文献 [157] 中得到了群体实现二阶一致性的充分条件, 随后, Yu 等在文献 [158] 中给出了群体实现一致性的充要条件.

之后 Ren 又将其模型推广到三维空间中, 在模型中引入了一个坐标耦合矩阵:

$$\frac{\mathrm{d}}{\mathrm{d}t}x_i(t) = v_i(t), \quad \frac{\mathrm{d}}{\mathrm{d}t}v_i(t) = \sum_{j=1}^{n} a_{ij}C(x_j(t) - x_i(t)) - \gamma v_i(t),$$

作者讨论了当 C 为旋转矩阵时系统的一致趋同规律, 指出当 γ 的值大于某一常数时, 系统将随着旋转角度 θ 的变化而呈现出不同的趋同样式.

温广辉、虞文武等在此基础上继续改进, 在 2013 年提出了利用样本数据的集群模型[159], 这种集群方式不必利用群体每一时刻的信息, 而是每隔一段时间群体中各成员交流一次信息; 在 2014 年其考虑了具有节点动力学的模型[160]; 在 2016 年其考虑了一种具有多领导者的智能体拟集群协议[161].

Ren 等提出的模型能够使系统随着参数的变化呈现出不同的演化形式, 但最终所有个体的速度趋于零. 通过引入旋转矩阵, 使最终群体能够实现圆柱螺线式的运动模式, 在围绕固定直线旋转的过程中还能够继续向前运动:

$$\frac{\mathrm{d}}{\mathrm{d}t}x_i(t) = v_i(t), \quad \frac{\mathrm{d}}{\mathrm{d}t}v_i(t) = \sum_{j=1}^{n} a_{ij}Cx_{ji}(t) + \gamma \sum_{j=1}^{n} a_{ij}Cv_{ji}(t),$$

其中 $x_{ji}(t) = x_j(t) - x_i(t)$, $v_{ji}(t) = v_j(t) - v_i(t)$.

1.3　典型的集群动力学

1.3.1　同步动力学

对于自组织系统同步现象的研究可以追溯到 20 世纪 30 年代, 德国生理学家 Holst 曾用实验的方法研究生物种群的个体和群体行为. 他将一条鱼的前脑

切除后 (保证不受其他鱼的影响) 放入鱼群中, 一段时间以后, 他发现整个鱼群都渐渐地与这个无脑鱼的运动状态保持同步. 这是一个典型的有领导者的一致性问题[162]. 直到 70 年代中期, Degroot[163] 在管理科学与统计学领域首次提出了一致性问题, 被认为开创了一致性问题研究的先河, 同时也使一致性问题的研究受到越来越广泛的关注.

一致性分析作为自组织系统研究领域中一类重要的问题被广泛地关注, 其在物理学[164]、化学[165]、计算机科学[166,167]、人文社会学、心理学和教育学[168,169]等学科研究中均发挥着较大的作用. 而在一致性问题中, 对意见一致模型的分析和研究正吸引着越来越多的学者. 已经有很多的文献在关注一个自然界的问题: 在一个多智能体的组织中, 个体之间是通过怎样的相互作用而最终达到一个意见一致的形态呢? 在这些文献中, Baum 和 Katz[170] 考虑了在大数目智能体相互作用法则的制约下的一致速率, Couzin 等[171] 研究了动物种群中的领导者在群体做决定时的作用, 但是他们没有模拟一致现象的产生. 于是, 一个很自然的问题产生了: 一个有领导者作用的系统会比一个无领导者作用的系统达成意见一致性要快吗? 其实, 对这些问题的研究, 核心之处在于在什么条件下, 系统可以通过已经给定的作用规则使所有智能体的意见趋向一个稳定的状态, 换句话说, 就是事先提出的一致性算法是否能使全体智能体的意见达成一致. 对这种问题的探究在社会系统中的意见决策或者动物种群的集群行为等方面都有着重要的应用.

1.3.2 分簇动力学

在鸟群集体飞行时, "从一到多" 的现象经常会出现, 也就是分群行为. 比如外出觅食的鸟群, 受到天敌威胁时, 会四处散开, 此时一个鸟群就变成了几个小群体. 分群行为是指群体最终演化成多个子群, 在同一个子群中, 个体间的相对速度渐近收敛到零并且个体间相对位置一致有界; 在不同子群中, 个体间相对速度下界大于零并且相对位置随时间发散. 针对这一有趣现象, 学者们从数学建模角度对 "从一到多" 的群体行为进行研究[98-103,105-107].

2016 年, Cho 等[98] 针对具有短程交互的 Cucker-Smale 模型 ($\beta > 1/2$), 给出了系统发生双聚点集群行为的初始条件, 指出相对速度会受到通信权重的衰减率的影响, 并以代数衰减形式渐近收敛. 此外, 还研究了具有单位速度约束的 Cucker-Smale 模型的双聚点集群行为发生条件[99], 给出了依赖于初始条件和通信权重的充分条件并表明双聚点集群行为的渐近收敛与通信权重的衰减率密切相关. Ha 等[100] 研究了两个群体之间具有对称型作用特点的模型, 群体组内和组间的影响函数都不相同, 指出系统集群行为产生的关键因素取决于群体间的耦合强度, 给出了与耦合强度、通信权重和初始条件相关的双聚点集群产生条件, 即系统间耦合强度应该很小, 但系统内耦合强度应该很大, 并且初始条件有一定约束时, 系统会产生双聚点集群行为. 随后, 2017 年 Ha 等[101] 从单聚点集群行为的角度出发, 首先给出了 $\beta > 1/2$ 时 Cucker-Smale 模型的临界耦合强度的非平凡正下界, 证明了临界耦合强度的存在性和正性, 并指出这样的临界耦合强度的上界和下界取决于系统的初始条件. 分析结果表明当耦合强度高于临界值时, 系统会发生单聚点集群行为, 而当耦合强度低于临界值时, 系统会发生多聚点行为. 同年, Ru 和 Xue[102] 研究了具有等级结构的 Cucker-Smale 模型的多聚点集群机理, 指出在短距离通信权重下, 如果初始位置和速度具有排序关系时, 通过计算初始条件, 可以指定出现多少个簇或小群以及哪些个体在同一簇或小群中. 文中并没有在初始时刻对系统进行划分, 而是通过系统初始状态的序关系以及等级结构的下三角形来实现分群行为, 进而通过计算初始值来确定分群个数以及每个小群中的成员.

随后, Zhang 和 Zhu[103] 在 2020 年为实线上的 Cucker-Smale 模型的集体行为提供了完整的分类. 特别地, 针对短程通信情况, 通过给出粒子之间相对距离关于时间的一致下限, 提供了系统发生分群行为的充分必要的条件. 2021 年, Liu 等[104] 在局部通信条件下, 针对受处理时滞影响的多粒子系统, 创新性地给出了分簇演化的条件刻画, 通过标准泛函微分方程分析, 建立了具有指数收敛速率的聚类涌现准则, 结果表明处理时滞会以一种复杂的非线性方式影响系统的集群动力学. 随后, Qiao 等[105] 于 2022 年考虑了时滞因素, 分析了具有时间延迟和短程通信权重的 Cucker-Smale 模型的多聚点集群行为发生条件, 具体给出了耦合强度范围和时延上界, 结果表明个体间的耦合强度和初始条件决定了具有时滞的 Cucker-Smale 模型的多聚点集群行为.

1.3.3 免碰撞动力学

如何实现群体行为由无序到有序的演化过程中的碰撞避免对群体行为带来的影响, 成为群体呈现出协调性好且鲁棒性强的集群行为的关键因素之一. 上述现实应用要求, 掀起了对群体智能系统的行为演化机理及其应用的研究浪潮, 越来越多的学者以理论建模和数值模拟方式对群体智能系统的集群行为进行研究. 在理论建模方面, 基于 Cucker 和 Smale 于 2007 年构建的系统行为演化框架 (参见 [23, 24]), 学者们依据不同的现实需求对其拓展和改进, 逐渐涌现出丰富的研究成果. 在 [23, 24] 中提及的 Cucker-Smale 模型要求最终实现集群行为, 即群体中的粒子相对位置一致有界, 粒子速度实现同步. 然而, 随着集群技术广泛应用, 一些实际问题引起了越来越多学者的思考, 比如群体行为演化过程中避碰问题以及时间延迟的影响等. 对于多粒子系统的免碰撞问题, 已经被广泛研究并得到众多深刻的研究成果. 实现免碰撞的主流方法可总结为三种: 其一是添加作用力[72,172-174]; 其二是选取适当的奇异通信函数[73]; 其三是前两者的混合使用[172].

围绕多粒子系统行为演化过程中的免碰撞问题, Cucker 和 Dong 在 2010 年文献 [175] 中首次对广义 Cucker-Smale 模型免碰撞问题进行研究. Cucker 和 Dong 在原始的 Cucker-Smale 模型中添加排斥力用于免碰撞的实现, 其主要的思想为: 当两个粒子靠近时, 该排斥力起主要作用, 以保证碰撞避免; 当两个粒子相互远离时, 群体中固有的相互作用力起主导作用, 以实现群体一种趋同的模式. 作者指出当系统中初始状态 (位置和速度) 满足一定条件时, 粒子群体将出现集群行为并且实现碰撞避免. 基于文献 [175] 中的思想, 2011 年, Cucker 和 Dong 在文献 [72] 中给出了一类广义 Cucker-Smale 模型免碰撞的一般框架. 与此同时, 另一批学者用不同的方式在 Cucker-Smale 模型中引入粒子之间额外的相互作用项来克服粒子群行为演化过程中的碰撞问题. 2010 年, Park 等[172] 在原始 Cucker-Smale 模型中引入粒子之间额外的相互作用项, 并将其视为粒子间结合力, 用于粒子之间避免碰撞, 同时实现稳定且密集的空间构型. Gazi 和 Passino 在 2004 年[173] 的工作中讨论了高维空间中, 基于单个粒子的连续时间模型的多粒子群, 通过指定一类特殊的吸引或排斥函数来扩展他在 2003 年文献 [174] 中的结果, 用于实现群体聚合. 这些函数是奇函数, 其在相反的方向上起作用, 符合真实的生物群体的集和群行为.

事实上, 在不加任何作用力的情形下, 选取奇异型影响函数, 在一定条件下多粒子群同样能够避免碰撞. 此类研究最早由 Ha 和 Liu 在文献 [54] 中进行了讨论. 作者们考虑的影响函数形式为 $\psi(s) = s^{-\beta}$, $\beta \geqslant 0$. 在这篇文章中, Ha 和 Liu 证明 $\beta \leqslant 1/2$ 群体行为无条件发生时, 没有考虑系统全局解的存在唯一性. 这就有可能出现如下情形：在有限时间内, 当两个粒子发生碰撞时, 系统 (1.5) 中第二个等式右端是无穷的, 即有爆破解, 这会破坏解的全局存在性. 因此当影响函数为奇异函数时, 研究系统解的全局存在唯一性是非常必要的. 2014 年, Peszek 在文献 [176] 中证明了取相互作用函数为 $\psi(s) = s^{-2\beta}$, $0 < \beta < 1/4$ 时, 系统存在全局一阶连续可导且分段弱解. 同年, Peszek 在文献 [177] 中继续研究了上述弱解的存在唯一性并给出严格的理论证明. 对于影响函数 $\psi(s) = s^{-2\beta}$, $0 < \beta < 1/2$ 时, 2017 年, Carrillo 等在 [73] 中指出当初始位置不相同时 (初始时刻不发生碰撞), 系统在随后任意一段时间内也不会出现碰撞现象, 即该系统的第二个等式右端不会出现无穷的情况, 爆破解不会存在. 而当 $\beta \geqslant 1/2$ 时, 作者指出如果粒子最初的位置不同, 那么在有限时间内粒子之间不会发生碰撞, 并且对于具有扩展奇点的相互作用函数 $\psi(s) = (s-\delta)^{-2\beta}$, 当 $\delta \geqslant 0$, $\beta \geqslant 0$ 时, 作者提供了关于控制粒子间的距离的粒子数量的均匀性. 在 $\delta = 0$ 的情况下, 退化为免碰撞的估计. 事实上, 当通信函数为奇异型时, 只要初始状态满足一定条件也可以存在全局光滑解. 2012 年, Ahn 等在文献 [178] 中考虑具有奇异通信权重的 Cucker-Smale 模型时, 提出在某种确定的初始状态下, 不会导致个体间的有限时间碰撞 (有限时间碰撞). 随后, 这些初

始状态满足的条件被精练后再次提出 (参见 [73]).

1.3.4 耦合动力学

随着单个群体在数量上的不断扩展, 群体内部交互模式不断复杂化时, 群体系统的敏捷性难以展现和稳定性难以保持, 同时干预与调控系统行为也日趋困难. 另一方面, 当系统规模不断增加时, 单群组系统能够实现的规模效应始终有限, 此时系统难以实现其规模效应. 为了刻画大规模群体演化行为特征, 有必要引入群组耦合作用机制, 开展数学机理建模和集群特征分析, 开辟群体行为的调控和干预方法. 从数学建模、理论分析角度对群组耦合系统集群动力学的相关研究工作较少, 在应用系统同步动力学相关研究中, 最典型的问题之一是异构多智能体系统一致性.

在工程实践过程中, 为解决各种因素的限制, 每个智能体的动力学方程有所不同, 此时, 系统中混合多种动态方程. 这种存在不同动力学方程的系统被称为异构多智能体系统[179-181]. 与同构系统相比, 异构多智能体系统在实际工程中更具有一般性和灵活性. 在实践任务的牵引下, 要求具有不同结构或功能的智能体混合, 并共同完成一个任务, 这就亟待研究异构多智能体系统一致性问题. 近年来, 对异构多智能体系统动力学机理的研究获得了初步发展. 大多数考虑的是具有领导结构的系统. 对于这类系统, 通常采用一阶积分器与二阶积分器混合模型来描述, 也就是一阶微分方程与二阶微分方程混合模型, 其中领导者的状态演化用一阶积分器描述, 而随从的状态演化按照二阶积分器进行. 关于这类问题往往通过构造误差系统, 将一致性问题转化为稳定性问题.

2014 年, Zhu 等[182] 研究了由线性和非线性动力学组成的异构多智能体系统的有限时间一致性问题, 针对异构多智能体系统, 提出了非线性一致性协议. 在无领导者和有领导者的两种情况下, 基于 LaSalle 不变原理, 建立了有限时间一致性的充分条件. 2015 年, Feng 等[183] 在有向图中考虑了一阶动态智能体和二阶动态智能体组成的异构复杂系统的一致性问题, 对于固定的通信拓扑结构, 给出了系统实现同步的一个充要条件并建立了所有成员的同步值. 对于切换拓扑, 给出了所有个体达成同步的充分条件. 随后, Panteley 和 Loria[184] 研究了一类具有有向网络拓扑的异构非线性系统的一致性问题, 评估了系统渐近同步的条件并表征了涌现出的集体行为.

2016 年, 莫立坡和潘婷婷[185] 针对一阶智能体和二阶智能体构成的异构多智能体系统, 研究了其拓扑结构在马尔可夫切换下的均方一致性问题. Li 等在 2019 年[186] 研究了两类异质非线性复杂系统的输出一致性问题, 提出了渐近一致性条件, 并揭示了耦合强度与一致误差界限之间的关系. 同年, 黄辉等[187] 研究了一阶和二阶智能体异构系统在输入受非凸约束下的一致性问题, 在联合拓扑具有有向生成树的条件下, 利用压缩算子、线性变换以及矩阵理论, 证明了异构多智能体系统能够实现一致. 卢闯等[188] 以一阶和二阶智能体构成的低阶异构系统为研究对象, 研究了异构多智能体系统时变编队控制问题, 基于局部邻居节点之间的信息交互, 设计了分布式时变编队控制器, 给出了与控制器参数相关的实现时变编队的条件. 黄锦波等[189] 研究了一类由一阶和二阶智能体组成的异构系统安全一致性分析与设计问题, 文中从拓扑结构角度, 通过设立信任节点机制以提升系统网络拓扑的稳健性; 继而, 针对邻居中敌对节点的攻击行为, 分别设计了一阶和二阶智能体的控制策略, 并给出了系统实现安全一致性目标的充分条件.

2020 年, Du 等[190] 研究了一类具有领导结构的非线性异构多智能体系统的固定时间一致性问题, 其中个体的动态由一阶微分方程和二阶微分方程描述, 通过设计分布式固定时间观测器和固定时间追踪控制器, 分析结果表明系统能够在固定的时间之后达到一致, 这个时间不依赖于系统的初始值. 2021 年, Li 等[191] 研究了由一阶与二阶线性子系统组成的异构系统的群组一致性问题, 在控制输入有界且二阶智能体速度无法获得的情况下, 设计了牵制控制协议, 并利用李雅普诺夫理论, 证明了在无向连通拓扑结构下系统可以渐近收敛并实现群组一致性. 继而, 针对多重通信约束下的异构系统的一致性问题, 给出了两种控制协议及其对应的群体同步准则, 以确保在系统参数不确定时异构系统能实现群体同步.

第 2 章 预备知识

2.1 矩阵与图论

2.1.1 左右特征值及特征向量计算

2.1.1.1 矩阵的特征值与特征向量计算

记 $A = (a_{ij})_{n\times n}$, 称

$$\varphi(\lambda) = \det(\lambda I - A) = \lambda^n + c_1\lambda^{n-1} + \cdots + c_{n-1}\lambda + c_n$$

为 A 的特征多项式. 一般说来方程 $\varphi(\lambda) = 0$ 有 n 个根, 这些根称为 A 的特征值.

设 λ 是 A 的特征值, 则

$$(\lambda I - A)x = 0$$

有非零解, 这个非零解 x 称为 A 的对应于 λ 的特征向量. 如果 $\lambda_i(i = 1, 2, \cdots, n)$ 是 A 的特征值, 则

$$\sum_{i=1}^{n} \lambda_i = \sum_{i=1}^{n} a_{ii} = \operatorname{tr}(A), \quad \prod_{i=1}^{n} \lambda_i = \det(A).$$

对同阶方阵 A 与 B, 若存在非奇异阵 T, 使得 $B = T^{-1}AT$, 则称 A 与 B 是相似矩阵. 如果 A 与 B 是相似矩阵, 则 A 与 B 有相同的特征值, 并且若 x 是 B 的特征向量, 则 Tx 是 A 的特征向量.

记 $A = (a_{ij})_{n\times n}$, 对 A 的每一个特征值 λ, 一定存在 i ($i = 1, 2, \cdots, n$), 使得

$$|\lambda - a_{ii}| \leqslant \sum_{\substack{j=1 \\ j\neq i}}^{n} |a_{ij}|.$$

设 A 为 n 阶实对称矩阵, 对任意非零向量, $x \in \mathbb{R}^n$, 称

$$R(x) = \frac{(Ax, x)}{(x, x)}$$

为 A 对应于向量 x 的瑞利商. 如果 A 的特征值依次记为 $\lambda_1 \geqslant \lambda_2 \geqslant \cdots \geqslant \lambda_n$, 则

$$\lambda_1 = \max_{\substack{x\in\mathbb{R}^n \\ x\neq 0}} \frac{(Ax, x)}{(x, x)}, \quad \lambda_n = \min_{\substack{x\in\mathbb{R}^n \\ x\neq 0}} \frac{(Ax, x)}{(x, x)}.$$

显然, 对任意非零向量 $x \in \mathbb{R}^n$, 有

$$\lambda_n \leqslant \frac{(Ax, x)}{(x, x)} \leqslant \lambda_1.$$

首先要知道矩阵左乘列向量和矩阵右乘行向量的区别, 也就是 Ax 和 $x^{\mathrm{T}}A$ 的区别. 举个例子, 假设矩阵 $A = \begin{bmatrix} 1 & 0 \\ 3 & 1 \end{bmatrix}$, 列向量 $x = \begin{bmatrix} 1 \\ 2 \end{bmatrix}$, 那么

$$Ax = \begin{bmatrix} 1 & 0 \\ 3 & 1 \end{bmatrix} \begin{bmatrix} 1 \\ 2 \end{bmatrix} = 1 \cdot \begin{bmatrix} 1 \\ 3 \end{bmatrix} + 2 \cdot \begin{bmatrix} 0 \\ 1 \end{bmatrix} = \begin{bmatrix} 1 \\ 5 \end{bmatrix}, \tag{2.1}$$

以及

$$x^{\mathrm{T}}A = [\ 1 \quad 2\ ] \begin{bmatrix} 1 & 0 \\ 3 & 1 \end{bmatrix} = 1 \cdot [\ 1 \quad 0\ ] + 2 \cdot [\ 3 \quad 1\ ] = [\ 7 \quad 2\ ]. \tag{2.2}$$

注意, 在上面的矩阵乘法中, 特意把矩阵乘法的过程拆开了, 理解这个很重要. 式 (2.1) 中, 把矩阵 A 的每一列看成一个向量, 并把 x 的系数当作 A 的每一列向量的权重, 加权相加得到最终的结果. 换句话说, 在式 (2.1) 中, 把 A 的列向量 $[1,3]^{\mathrm{T}}, [0,1]^{\mathrm{T}}$ 看成基向量 O , 而矩阵 A 乘以列向量 $[1,2]^{\mathrm{T}}$ 的含义是沿着 A 的第一个列向量 $[1,3]^{\mathrm{T}}$ 向前移动 1 倍, 再沿着其第二个列向量 $[0,1]^{\mathrm{T}}$ 向前移动 2 倍.

在 $x^{\mathrm{T}}A$ 中, 把 A 的每一行看成一个行向量, 并把 x^{T} 的系数当成这些行向量的权重, 加权相加得到最终结果. 换句话说, 把 A 的行向量看成基向量, $x^{\mathrm{T}}A$ 的含义是沿着 A 的第一个行向量向前移动 1 倍, 沿着 A 的第二个行向量向前移动 2 倍.

而对于列向量 $x = [1,2]^{\mathrm{T}}$ 来说, 其等于单位矩阵 I 乘以自身, 也就是 $x = Ix$, 其含义也就是沿着 I 的第一个列向量 (单位向量) 向前移动 1 倍, 再沿着 I 的第二个列向量 (单位向量) 向前移动 2 倍. 也就是对于一个列向量来说, 其默认的基向量是单位向量.

所以, 从这个角度看, 矩阵和向量相乘其实就是换基. 矩阵乘列向量就是把矩阵的所有列当成基, 行向量乘矩阵就是把矩阵所有行当成基. 而换基的结果就是得到了一个新向量, 相当于通过换基一瞬间把原向量变换到了新向量位置. 例如,

式 (2.1) 中, 矩阵 A 把向量 $[1,2]^{\mathrm{T}}$ 变换到了 $[1,5]^{\mathrm{T}}$, 式 (2.2) 中把行向量 $[1,2]$ 变换到了 $[7,2]$.

对于任意矩阵 A , 都可以把其列向量当成基向量, 这些基向量所张成的空间称为矩阵的列空间, 记为 $C(A), C$ 是英文 Column 的首字母. 也可以把 A 的行向量当成基向量, 这些行向量所张成的空间称为矩阵的行空间, 为了不引入新符号, 把 A 的行空间记为 $C\left(A^{\mathrm{T}}\right)$, 也就是转置矩阵 A^{T} 的列空间.

基于上述准备, 满足式子 $Ax=\lambda x$ 的向量称为矩阵 A 的 (右) 特征向量, 那这个式子具体是什么意思呢? 先看等式左边, Ax 也就表示要对 x 换基, 得到一个新向量. 而等式右边是原向量 x 的 λ 倍, 也就是说, 换基得到的新向量和原向量方向相同, 只不过长度缩放了 λ 倍. 大部分向量经过 A 变换后都不会和原向量方向相同, 而只有少数向量会和原向量方向相同, 称这些变换后不改变方向的向量为 A 的特征向量, 或者称为右特征向量 x, 因为是向量右乘矩阵. 右特征向量在矩阵的列空间内, 对应着以矩阵的列向量为基. 以列向量为基可以找到特征向量, 很自然地可以想到, 以矩阵的行向量为基, 找其特征向量. 也就是满足 $x^{\mathrm{T}}A=\lambda x^{\mathrm{T}}$ 的向量, 称为矩阵 A 的左特征向量, 因为是向量左乘矩阵. 其含义是以矩阵 A 的行向量为基, 得到的新向量与原向量方向相同, 长度缩放了 λ 倍.

2.1.1.2　对角占优矩阵及其性质

各类对角占优矩阵是数值代数和矩阵分析研究中的重要课题之一, 在研究行列式的性质和值的计算时, 对角占优矩阵的一些性质在数值计算、矩阵分解方面具有重要作用. 接下来, 给出以下基本概念.

定义 2.1.1　若 A 是 $n\times n$ 矩阵, 满足 $|a_{ii}|\geqslant\sum_{j\neq i}|a_{ij}|\,(i=1,2,\cdots,n)$ 且 $(|a_{ii}|>\sum_{j\neq i}|a_{ij}|\,(i=1,2,\cdots,n))$, 则称 A 为对角占优矩阵 (严格对角占优矩阵).

定义 2.1.2　设 n 阶矩阵 $A=(a_{ij})$, 当 $n=1$ 时, 若 A 的唯一的元素不为 0, 则称 A 为不可约矩阵, 否则称为可约矩阵; 当 $n\geqslant 2$ 时, 把正整数 $1,2,\cdots,n$ 的全体记为 $\mathbb{N}$, 若存在一个非空集合 K, 它是 $\mathbb{N}$ 的真子集合 (即 $K\subset\mathbb{N}$, 但 $K\neq\mathbb{N}$) 使 $a_{ij}\neq 0$, 当 $i\notin K, j\in k$ 时. 则称 A 为可约矩阵, 否则称为不可约矩阵.

定义 2.1.3　设 n 阶矩阵 $A_{ij}=(a_{ij})$ 满足下面三个条件: A 为对角占优矩阵、A 为不可约矩阵以及严格不等式 $|a_{ii}|>\sum_{j\neq i}|a_{ij}|$ 至少对一个下标 $i\in N$ 成立, 则称 A 为不可约对角占优矩阵.

具体地, 相关性质如下.

如果 A 为严格对角占优矩阵, 则 A 为非奇异矩阵.

如果 A 为不可约按行 (或列) 对角占优矩阵, 则 A 为非奇异矩阵.

如果 $A=(a_{ij})\in\mathbb{R}^{n\times n}$ 是 (行或列) 严格对角占优矩阵, 则 $\det A$ 和 A 的主

对角元素之积 $a_{11}a_{22}\cdots a_{nn}$ 同号. 此外, 当 A 是行严格对角占优时,

$$|\det A| \geqslant \prod_{i=1}^{n}\left(|a_{ii}| - \sum_{j\neq i}|a_{ij}|\right).$$

当 A 是列严格对角占优时,

$$|\det A| \geqslant \prod_{j=1}^{n}\left(|a_{ij}| - \sum_{i\neq j}|a_{ij}|\right).$$

如果 $A=(a_{ij})\in R^{n\times n}$ 是行严格对角占优矩阵, 则 A^{-1} 是列严格对角占优矩阵.

如果 $A=(a_{ij})\in C^{n\times n}$ 是行严格对角占优矩阵, 则对于任何 $B=(b_{ij})\in C^{n\times n}$ 成立

$$\|A^{-1}B\|_{\infty} \leqslant \max_{1\leqslant i\leqslant n}\frac{\sum\limits_{j=1}^{n}|b_{ij}|}{|a_{ii}| - \sum\limits_{j=1,j\neq i}^{n}|a_{ij}|}.$$

2.1.2 图的矩阵表示

图 G 由两个集合 V 和 E 组成. V 是有限的非空顶点集, E 是由顶点的偶对 (有序的或无序的) 组成的集合, 这些顶点的偶对称为边, 集合 E 称为边集. 图记作 $G=(V,E)$.

2.1.2.1 图的邻接矩阵

设 G 是具有 n 个顶点的图, 如果令

$$a_{ij}=\begin{cases}1, & \text{若顶点 } v_i \text{ 与 } v_j \text{ 邻接},\\ 0, & \text{若顶点 } v_i \text{ 与 } v_j \text{ 不邻接}.\end{cases}$$

则称由元素 $a_{ij}(1\leqslant i\leqslant n, 1\leqslant j\leqslant n)$ 构成的 $n\times n$ 矩阵为图 G 的邻接矩阵, 记作 $A=(a_{ij})_{n\times n}$.

例如, 图 2.1 所示图 G 的邻接矩阵为

$$A=\begin{pmatrix}0 & 1 & 1 & 1\\ 1 & 0 & 1 & 0\\ 1 & 1 & 0 & 1\\ 1 & 0 & 1 & 0\end{pmatrix}.$$

显然, 对无向图来说, 它的邻接矩阵是对称的.

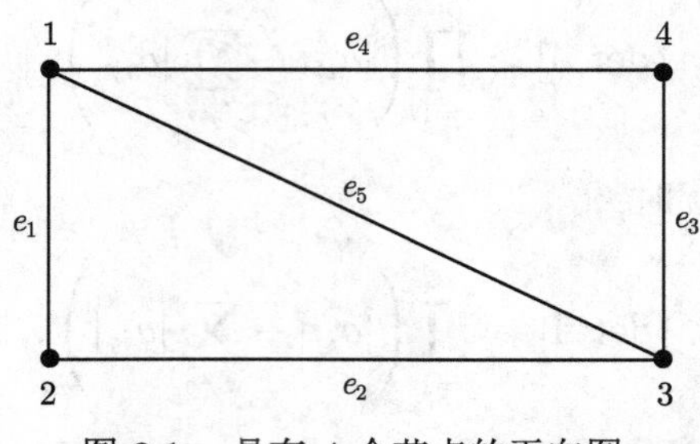

图 2.1 具有 4 个节点的无向图

2.1.2.2 图的关联矩阵

设 G 是具有 n 个顶点、ε 条边的图. 如果令

$$a_{ij}=\begin{cases}1, & \text{若边 } e_j \text{ 与顶点 } v_i \text{ 关联},\\ 0, & \text{若边 } e_j \text{ 与顶点 } v_i \text{ 不关联},\end{cases}$$

则称由元素 $a_{ij}(1\leqslant i\leqslant n, 1\leqslant j\leqslant \varepsilon)$ 构成的 nX_{ε} 矩阵为图 G 的完全关联矩阵, 简称关联矩阵, 记作 $A_e=(a_{ij})_{n\times e}$. 例如, 图 2.1 所示图 G 的完全关联矩阵 A_e 为

$$A_e=\begin{array}{c} \\ 1\\ 2\\ 3\\ 4\end{array}\begin{array}{c}\begin{matrix} e_1 & e_2 & e_3 & e_4 & e_5\end{matrix}\\ \begin{pmatrix}1 & 0 & 0 & 1 & 1\\ 1 & 1 & 0 & 0 & 0\\ 0 & 1 & 1 & 0 & 1\\ 0 & 0 & 1 & 1 & 0\end{pmatrix}\end{array}.$$

2.2 常微分方程

本节研究常系数线性微分方程组的问题, 主要讨论齐次线性微分方程组

$$\frac{\mathrm{d}}{\mathrm{d}t}x=Ax \tag{2.3}$$

的基解矩阵的结构, 这里 A 是 $n\times n$ 实数矩阵. 将通过代数的方法, 寻求 (2.3) 的一个基解矩阵.

2.2.1 矩阵幂次计算

为了寻求 (2.3) 的一个基解矩阵, 需要定义矩阵指数 $\exp A$ (或写作 e^A). 如果 A 是一个 $n\times n$ 常数矩阵, 定义矩阵指数 $\exp A$ 为下面的矩阵级数的和:

$$\exp A=\sum_{k=0}^{\infty}\frac{A^k}{k!}=E+A+\frac{A^2}{2!}+\cdots+\frac{A^m}{m!}+\cdots,\tag{2.4}$$

$A^0=E, 0!=1$. 这个级数对于所有的 A 都是收敛的, 因而, $\exp A$ 是一个确定的矩阵. 特别地, 对所有元均为 0 的零矩阵 O, 有 $\exp O=E$. 事实上, 易知对于一切正整数 k, 有

$$\left\|\frac{A^k}{k!}\right\|\leqslant\frac{\|A\|^k}{k!}.$$

又因对于任一矩阵 $A, \|A\|$ 是一个确定的实数, 所以数值级数

$$\|E\|+\|A\|+\frac{\|A\|^2}{2!}+\cdots+\frac{\|A\|^m}{m!}+\cdots$$

是收敛的. 此外, 如果一个矩阵级数的每一项的范数都小于一个收敛的数值级数的对应项, 则这个矩阵级数是收敛的, 因而 (2.4) 对于一切矩阵 A 都是绝对收敛的. 应当进一步指出, 级数

$$\exp(At)=\sum_{k=0}^{\infty}\frac{A^kt^k}{k!}\tag{2.5}$$

在 t 的任何有限区间上是一致收敛的. 事实上, 对于一切正整数 k, 当 $|t|\leqslant c$ (c 是某一正常数) 时, 有

$$\left\|\frac{A^kt^k}{k!}\right\|\leqslant\frac{\|A\|^k|t|^k}{k!}\leqslant\frac{\|A\|^kc^k}{k!},$$

而数值级数 $\sum_{k=0}^{\infty}\dfrac{(\|A\|c)^k}{k!}$ 是收敛的, 因而 (2.5) 是一致收敛的.

矩阵指数 $\exp A$ 有如下性质:

(1) 如果矩阵 A, B 是可交换的, 即 $AB=BA$, 则

$$\exp(A+B)=\exp A\exp B.\tag{2.6}$$

事实上, 由于矩阵级数 (2.4) 是绝对收敛的, 因而关于绝对收敛数值级数运算的一些定理, 如项的重新排列不改变级数的收敛性, 级数的和以及级数的乘法定理等

都同样地可以用到矩阵级数中来. 由二项式定理及 $AB = BA$, 得

$$\exp(A+B) = \sum_{k=0}^{\infty} \frac{(A+B)^k}{k!} = \sum_{k=0}^{\infty} \left[\sum_{l=0}^{k} \frac{A^l B^{k-l}}{l!(k-l)!} \right]. \tag{2.7}$$

另一方面, 由绝对收敛级数的乘法定理得

$$\begin{aligned} \exp A \exp B &= \sum_{i=0}^{\infty} \frac{A^i}{i!} \left(\sum_{j=0}^{\infty} \frac{B^j}{j!} \right) \\ &= \sum_{k=0}^{\infty} \left[\sum_{l=0}^{k} \frac{A^l}{l!} \frac{B^{k-l}}{(k-l)!} \right]. \end{aligned} \tag{2.8}$$

比较 (2.7) 和 (2.8), 推得 (2.6).

(2) 对于任何矩阵 $A, (\exp A)^{-1}$ 存在, 且

$$(\exp A)^{-1} = \exp(-A). \tag{2.9}$$

事实上, A 与 $-A$ 是可交换的, 故在 (2.6) 中, 令 $B = -A$, 推得

$$\exp A \exp(-A) = \exp(A + (-A)) = \exp O = E,$$

由此即有

$$(\exp A)^{-1} = \exp(-A).$$

(3) 如果 T 是非奇异矩阵, 则

$$\exp\left(T^{-1}AT\right) = T^{-1}(\exp A)T. \tag{2.10}$$

事实上,

$$\begin{aligned} \exp\left(T^{-1}AT\right) &= E + \sum_{k=1}^{\infty} \frac{\left(T^{-1}AT\right)^k}{k!} = E + \sum_{k=1}^{\infty} \frac{T^{-1}A^kT}{k!} \\ &= E + T^{-1}\left(\sum_{k=1}^{\infty} \frac{A^k}{k!} \right) T = T^{-1}(\exp A)T. \end{aligned}$$

2.2.2 常微分方程组解的表示

关于基解矩阵, 本节不加证明引入如下结论.

定理 2.2.1 矩阵

$$\Phi(t) = \exp(At) \tag{2.11}$$

是 (2.3) 的基解矩阵, 且 $\Phi(0) = E$.

由定理 2.2.1，可以利用这个基解矩阵推知 (2.3) 的任一解 $\varphi(t)$ 都具有形式

$$\varphi(t) = (\exp(At))c, \tag{2.12}$$

这里 c 是一个常数向量. 在某些特殊情况下, 容易得到 (2.3) 的基解矩阵 $\exp(At)$ 的具体形式. 例如, 如果 A 是一个对角矩阵,

$$A = \begin{bmatrix} a_1 & & & \\ & a_2 & & \\ & & \ddots & \\ & & & a_n \end{bmatrix} \quad (\text{其中未写出的元均为零}),$$

试找出 $x' = Ax$ 的基解矩阵. 解由 (2.4) 可得

$$\exp(At) = E + \begin{bmatrix} a_1 & & & \\ & a_2 & & \\ & & \ddots & \\ & & & a_n \end{bmatrix} \frac{t}{1!} + \begin{bmatrix} a_1^2 & & & \\ & a_2^2 & & \\ & & \ddots & \\ & & & a_n^2 \end{bmatrix} \frac{t^2}{2!} + \cdots$$

$$+ \begin{bmatrix} a_1^k & & & \\ & a_2^k & & \\ & & \ddots & \\ & & & a_n^k \end{bmatrix} \frac{t^k}{k!} + \cdots = \begin{bmatrix} e^{a_1 t} & & & \\ & e^{a_2 t} & & \\ & & \ddots & \\ & & & e^{a_n t} \end{bmatrix},$$

根据定理 2.2.1，这就是一个基解矩阵. 当然, 这个结果是很明显的, 因为在现在的情况下, 方程组可以写成 $x_k' = a_k x_k$ $(k = 1, 2, \cdots, n)$, 它可以分别进行积分.

由定理 2.2.1可知, (2.3) 的基解矩阵就是矩阵 $\exp(At)$, 但是 $\exp(At)$ 是由 (At) 的矩阵级数定义的, 这个矩阵的每一个元是什么呢? 事实上还没有具体给出, 上面只就一些很特殊的情况, 计算了 $\exp(At)$ 的元. 本段利用线性代数的基本知识, 仔细地讨论 $\exp(At)$ 的计算方法, 从而解决常系数线性微分方程组的基解矩阵的结构问题. 为了计算 (2.3) 的基解矩阵 $\exp(At)$, 需要引进矩阵的特征值和特征向量的概念.

接下来试图寻求

$$x' = Ax$$

的形如

$$\varphi(t) = e^{\lambda t} c, \quad c \neq 0 \tag{2.13}$$

的解, 其中常数 λ 和向量 c 是待定的. 为此, 将 (2.13) 代入 (2.3), 得到

$$\lambda e^{\lambda t} c = A e^{\lambda t} c.$$

因为 $e^{\lambda t} \neq 0$, 上式变为

$$(\lambda E - A)c = 0. \tag{2.14}$$

这就表示, $e^{\lambda t} c$ 是 (2.3) 的解的充要条件就是常数 λ 和向量 c 满足方程 (2.14). 方程 (2.14) 可以看作向量 c 的 n 个分量的一个齐次线性代数方程组, 根据线性代数知识, 这个方程组具有非零解的充要条件就是 λ 满足方程

$$\det(\lambda E - A) = 0.$$

这就引出下面的定义.

定义 2.2.1 *假设 A 是一个 $n \times n$ 常数矩阵, 使得关于 u 的线性代数方程组*

$$(\lambda E - A)u = 0, \tag{2.15}$$

具有非零解的常数 λ 称为 A 的一个特征值. (2.15) 对应于任一特征值 λ 的非零解 u 称为 A 对应于特征值 λ 的特征向量. n 次多项式

$$p(\lambda) \equiv \det(\lambda E - A),$$

称为 A 的特征多项式, n 次代数方程

$$p(\lambda) = 0, \tag{2.16}$$

称为 A 的特征方程, 也称它为 (2.3) 的特征方程.

根据上面的讨论, $e^{\lambda t} c$ 是 (2.3) 的解, 当且仅当 λ 是 A 的特征值, 且 c 是对应于 λ 的特征向量. A 的特征值就是特征方程 (2.16) 的根. 因为 n 次代数方程有 n 个根, 所以 A 有 n 个特征值, 当然不一定 n 个都互不相同. 如果 $\lambda = \lambda_0$ 是特征方程的单根, 则称 λ_0 是简单特征根. 如果 $\lambda = \lambda_0$ 是特征方程的 k 重根 (即 $p(\lambda)$ 具有因子 $(\lambda - \lambda_0)^k$, 而没有因子 $(\lambda - \lambda_0)^{k+1}$), 则称 λ_0 是 k 重特征根.

在这里重要的是要知道, 一个给定的矩阵 A 的对应于各个特征值的特征向量的集合是否构成一个基. 根据线性代数的定理, 即任何 k 个不同特征值所对应的 k 个特征向量是线性无关的. 因此, 如果 $n \times n$ 矩阵 A 具有 n 个不同的特征值, 那么对应的 n 个特征向量就构成 n 维欧几里得空间的一个基. 值得注意的是, 一个 $n \times n$ 矩阵最多有 n 个线性无关的特征向量. 当然, 在任何情况下, 最低限度有一个特征向量, 因为最低限度有一个特征值.

鉴于此, 首先讨论当 A 具有 n 个线性无关的特征向量时 (特别当 A 具有 n 个不同的特征值时, 就是这种情形), 微分方程组 (2.3) 的基解矩阵的计算方法. 可以证明下面的定理.

定理 2.2.2 如果矩阵 A 具有 n 个线性无关的特征向量 $v_1, v_2, \cdots, v_n$, 它们对应的特征值分别为 $\lambda_1, \lambda_2, \cdots, \lambda_n$ (不必各不相同), 那么矩阵

$$\Phi(t)=\left[\mathrm{e}^{\lambda_1 t}v_1, \mathrm{e}^{\lambda_2 t}v_2, \cdots, \mathrm{e}^{\lambda_n t}v_n\right], \quad -\infty<t<+\infty$$

是常系数线性微分方程组

$$x'=Ax$$

的一个基解矩阵.

一般来说, 定理 2.2.2 中的 $\Phi(t)$ 不一定就是 $\exp(At)$. 继而可以确定它们之间的关系. 因为 $\exp(At)$ 和 $\Phi(t)$ 都是 (2.3) 的基解矩阵, 所以存在一个非奇异的常数矩阵 C, 使得

$$\exp(At)=\Phi(t)C.$$

在上式中, 令 $t=0$, 得到 $C=\Phi^{-1}(0)$, 因此

$$\exp(At)=\Phi(t)\Phi^{-1}(0). \tag{2.17}$$

根据公式 (2.17), $\exp(At)$ 的计算问题相当于方程组 (2.3) 的任一基解矩阵的计算问题. 此外, 由公式 (2.17) 可知: 如果 A 是实矩阵, 那么 $\exp(At)$ 也是实矩阵. 因此, 当 A 是实矩阵时, 公式 (2.17) 给出一个构造实的基解矩阵的方法.

现在讨论当 A 是任意的 $n\times n$ 矩阵时, (2.3) 的基解矩阵的计算方法. 先引进一些有关的线性代数知识. 假设 A 是一个 $n\times n$ 矩阵, $\lambda_1, \lambda_2, \cdots, \lambda_k$ 是 A 的不同的特征值, 它们的重数分别为 $n_1, n_2, \cdots, n_k$, 这里 $n_1+n_2+\cdots+n_k=n$, 那么对应于每一个 n_j 重特征值 λ_j, 线性代数方程组

$$(A-\lambda_j E)^{n_j}u=0 \tag{2.18}$$

的解的全体构成 n 维欧几里得空间的一个 n_j 维子空间 U_j $(j=1, 2, \cdots, k)$, 并且 n 维欧几里得空间可表示为 $U_1, U_2, \cdots, U_k$ 的直接和.

这就是说, 对于 n 维欧几里得空间的每一个向量 u, 存在唯一的向量组 $u_1, u_2, \cdots, u_k$, 其中 $u_j\in U_j$ $(j=1,2,\cdots,k)$, 使得

$$u=u_1+u_2+\cdots+u_k. \tag{2.19}$$

关于分解式 (2.29), 举出它的两个特殊情形. 如果 A 的所有特征值各不相同, 这就是说, 如果每一个 $n_j = 1$ $(j = 1, 2, \cdots, k)$, 而 $k = n$. 那么, 对于任一向量 u, 分解式 (2.29) 中的 u_j 可以表示为 $u_j = c_j v_j$, 其中 $v_1, v_2, \cdots, v_n$ 是 A 的一组线性无关的特征向量, c_j $(j = 1, 2, \cdots, n)$ 是某些常数. 如果 A 只有一个特征值, 即 $k = 1$, 这时不必对 n 维欧几里得空间进行分解.

从定理 2.2.1 知道, $\varphi(t)$ 可以表示为 $\varphi(t) = (\exp(At))\eta$, 而目标就是要将 $(\exp(At))\eta$ 显式计算出来, 即要计算 $\varphi(t)$ 的每一个分量. 根据 $\exp(At)$ 的定义, 一般来说, $(\exp(At))\eta$ 的分量是一个无穷级数, 因而难以计算. 这里的要点就是将初始向量 η 进行分解, 从而使得 $(\exp(At))\eta$ 的分量可以表示为 t 的指数函数与 t 的幂函数乘积的有限项的线性组合.

假设 $\lambda_1, \lambda_2, \cdots, \lambda_k$ 分别是矩阵 A 的 $n_1, n_2, \cdots, n_k$ 重不同特征值, 进而有

$$\eta = v_1 + v_2 + \cdots + v_k, \tag{2.20}$$

其中 $v_j \in U_j$ $(j = 1, 2, \cdots, k)$, 因为子空间 U_j 是由方程组 (2.18) 产生的, v_j 一定是 (2.18) 的解. 由此即得

$$(A - \lambda_j E)^l v_j = \mathbf{0}, \quad l \geqslant n_j, \quad j = 1, 2, \cdots, k. \tag{2.21}$$

注意到当矩阵是对角矩阵时, 由例 2.1.1 知道, $\exp(At)$ 是很容易求得的, 这时得到

$$\mathrm{e}^{\lambda_j t} \exp(-\lambda_j E t) = \mathrm{e}^{\lambda_j t} \begin{bmatrix} \mathrm{e}^{-\lambda_j t} & & & \\ & \mathrm{e}^{-\lambda_j t} & & \\ & & \ddots & \\ & & & \mathrm{e}^{-\lambda_j t} \end{bmatrix} = E,$$

由此, 根据等式 (2.21), 可知

$$\begin{aligned} (\exp(At))v_j &= (\exp(At))\mathrm{e}^{\lambda_j t} [\exp(-\lambda_j E t)] v_j \\ &= \mathrm{e}^{\lambda_j t} [\exp(A - \lambda_j E) t] v_j \\ &= \mathrm{e}^{\lambda_j t} \left[E + t(A - \lambda_j E) + \frac{t^2}{2!}(A - \lambda_j E)^2 + \cdots \right. \\ &\quad \left. + \frac{t^{n_j - 1}}{(n_j - 1)!}(A - \lambda_j E)^{n_j - 1} \right] v_j. \end{aligned}$$

再根据等式 (2.20), 知微分方程组 (2.3) 的解 $\varphi(t) = (\exp(At))\eta$ 可表示为

$$\begin{aligned}\varphi(t) =&(\exp(At))\eta = (\exp(At))\sum_{j=1}^{k} v_j = \sum_{j=1}^{k}(\exp(At))v_j \\ =&\sum_{j=1}^{k} \mathrm{e}^{\lambda_j t}\left[E + t\left(A - \lambda_j E\right) + \frac{t^2}{2!}\left(A - \lambda_j E\right)^2 + \cdots\right. \\ &\left.+\frac{t_j^{n_j-1}}{(n_j-1)!}\left(A - \lambda_j E\right)^{n_j-1}\right] v_j,\end{aligned}$$

所以, 方程组 (2.3) 满足 $\varphi(0) = \eta$ 的解 $\varphi(t)$, 最后可以写成

$$\varphi(t) = \sum_{j=1}^{k} \mathrm{e}^{\lambda_j t}\left[\sum_{i=0}^{n_j-1}\frac{t^i}{i!}\left(A - \lambda_j E\right)^i\right] v_j. \tag{2.22}$$

特别地, 当 A 只有一个特征值时, 无须将初始向量分解为 (2.20). 这时对于任何 u, 都有

$$(A - \lambda E)^n u = 0,$$

这就是说, $(A - \lambda E)^n$ 是一个零矩阵, 继而由 $\exp(At)$ 的定义, 得到

$$\exp(At) = \mathrm{e}^{\lambda t}\exp(A - \lambda E)t = \mathrm{e}^{\lambda t}\sum_{i=0}^{n-1}\frac{t^i}{i!}(A - \lambda E)^i. \tag{2.23}$$

为了要从 (2.22) 中得到 $\exp(At)$, 只要注意到

$$\exp(At) = (\exp(At))E = \left[(\exp(At))e_1, (\exp(At))e_2, \cdots, (\exp(At))e_n\right],$$

其中

$$e_1 = \begin{bmatrix} 1 \\ 0 \\ \vdots \\ 0 \\ 0 \end{bmatrix}, \quad e_2 = \begin{bmatrix} 0 \\ 1 \\ 0 \\ \vdots \\ 0 \end{bmatrix}, \quad \cdots, \quad e_n = \begin{bmatrix} 0 \\ 0 \\ \vdots \\ 0 \\ 1 \end{bmatrix}$$

是单位向量. 这表明依次令 $\eta = e_1, \eta = e_2, \cdots, \eta = e_n$, 求得 n 个解, 以这 n 个解作为列即可得到 $\exp(At)$.

应该指出, 公式 (2.22) 是本节的主要结果. 由公式 (2.22) 可知, 常系数线性微分方程组 (2.3) 的任一解都可以通过有限次代数运算求出来. 在常微分方程的理论和应用上, 微分方程组的解当 $t \to \infty$ 时的性态的研究都是非常重要的, 其中包括微分方程组的解的稳定性. 作为公式 (2.22) 在这方面的一个直接应用, 可以得到下面的定理 2.2.3.

定理 2.2.3　给定常系数线性微分方程组 $x' = Ax$, 则有

(1) 如果 A 的特征值的实部都是负的, 则 (2.3) 的任一解当 $t \to +\infty$ 时都趋于零;

(2) 如果 A 的特征值的实部都是非正的, 且实部为零的特征值都是简单特征值, 则 (2.3) 的任一解当 $t \to +\infty$ 时都保持有界;

(3) 如果 A 的特征值至少有一个具有正实部, 则 (2.3) 至少有一个解当 $t \to +\infty$ 时趋于无穷.

本段所讨论的步骤及公式 (2.22) 提供了一个实际计算 (2.3) 的基解矩阵的方法. 在这里主要应用了有关空间分解的结论. 事实上, 利用其他方面的代数知识也可以相应地得到计算基解矩阵 $\exp((At))$ 的别的方法. 例如通常微分方程教材所介绍的化若尔当 (Jordan) 标准形的方法就是其中的一种, 它主要是利用矩阵理论中若尔当标准形方面的知识. 这一方法在理论上显得颇为简洁, 但实际计算起来则可能比较麻烦. 又如利用哈密顿–凯莱 (Hamilton-Cayley) 定理, 将基解矩阵 $\exp(At)$ 的计算问题归结为求解带下三角形矩阵的齐次线性微分方程组的初值问题, 方法也很简单.

现在简单介绍利用若尔当标准形计算基解矩阵的方法. 首先对于矩阵 A, 由矩阵理论知道, 必存在非奇异的矩阵 T, 使得

$$T^{-1}AT = J, \tag{2.24}$$

其中 J 具有若尔当标准形, 即

$$J = \begin{bmatrix} J_1 & & & \\ & J_2 & & \\ & & \ddots & \\ & & & J_l \end{bmatrix},$$

其中

$$J_j = \begin{bmatrix} \lambda_j & 1 & & & \\ & \lambda_j & 1 & & \\ & & \ddots & & \\ & & & \ddots & 1 \\ & & & & \lambda_j \end{bmatrix} \quad (j=1,2,\cdots,l)$$

为 n_j 阶矩阵, 并且 $n_1+n_2+\cdots+n_l=n$, 而 l 为矩阵 $A-\lambda E$ 的初级因子的个数; $\lambda_1,\lambda_2,\cdots,\lambda_l$ 是特征方程 (2.16) 的根, 其间可能有相同者; 矩阵中空白的元均为零. 由于矩阵 J 及 J_j $(j=1,2,\cdots,l)$ 的特殊形式, 利用定义 (2.4) 容易计算得到

$$\exp(Jt) = \begin{bmatrix} \exp(J_1 t) & & & \\ & \exp(J_2 t) & & \\ & & \ddots & \\ & & & \exp(J_l t) \end{bmatrix}, \tag{2.25}$$

其中

$$\exp(J_j t) = \begin{bmatrix} 1 & t & \dfrac{t^2}{2!} & \cdots & \dfrac{t^{n_j-1}}{2(n_j-1)!} \\ & 1 & t & \cdots & \dfrac{t^{n_j-2}}{2(n_j-2)!} \\ & & & \ddots & \vdots \\ & & & & 1 \end{bmatrix} \mathrm{e}^{\lambda_j t}. \tag{2.26}$$

所以, 如果矩阵 J 是若尔当标准形, 那么可以计算得到 $\exp Jt$, 由 (2.24) 及矩阵指数的性质 (3), 可以得到微分方程组 (2.3) 的基解矩阵 $\exp(At)$ 的计算公式

$$\exp(At) = \exp\left(TJT^{-1}t\right) = T\exp(Jt)T^{-1}. \tag{2.27}$$

当然, 矩阵

$$\psi(t) = T\exp(Jt) \tag{2.28}$$

也是 (2.3) 的基解矩阵. 由公式 (2.27) 或者 (2.28) 都可以得到基解矩阵的具体结构, 问题是非奇异矩阵 T 的计算比较麻烦.

接下来介绍计算基解矩阵 $\exp(At)$ 的另一方法. 用直接代入的方法应用哈密顿–凯莱定理容易验证 [34]

$$\exp(At) = \sum_{j=0}^{n-1} r_{j+1}(t)P_j,$$

其中 $P_0 = E, P_j = \prod_{k=1}^{j}\left(\dot{A} - \lambda_k E\right)(j = 1, 2, \cdots, n)$, 而 $r_1(t), r_2(t), \cdots, r_n(t)$ 是初值问题

$$\begin{cases} r_1' = \lambda_1 r_1, \\ r_j' = r_{j-1} + \lambda_j r_j \quad (j = 2, 3, \cdots, n), \\ r_1(0) = 1, r_j(0) = 0 \quad (j = 2, 3, \cdots, n) \end{cases}$$

的解, $\lambda_1, \lambda_2, \cdots, \lambda_n$ 是矩阵 A 的特征值 (不必相异).

最后, 给出非齐次线性微分方程组的常数变易公式. 考虑非齐次线性微分方程组

$$x' = Ax + f(t), \tag{2.29}$$

其中 A 是 $n \times n$ 常数矩阵, $f(t)$ 是已知的连续向量函数. 因为 (2.29) 对应的齐次线性微分方程组 (2.3) 的基解矩阵为 $\Phi(t) = \exp(At)$, 此时, 有 $\Phi^{-1}(s) = \exp(-sA), \Phi(t)\Phi^{-1}(s) = \exp[(t - s)A]$, 若初值条件是 $\varphi(t_0) = \eta$, 则 $\varphi_k(t) = \exp\left[(t - t_0) A\right]\eta$, (5.60) 的解就是

$$\varphi(t) = \exp\left[(t - t_0) A\right]\eta + \int_{t_0}^{t} \exp[(t - s)A]f(s)\mathrm{d}s.$$

可以利用本段提供的方法具体构造基解矩阵 $\exp(At)$.

2.3　时滞微分方程

本节将给出一阶常系数线性时滞微分方程零解的渐近稳定性相关知识. 另外对二维系统也将讨论.

2.3.1　特征方程

对于线性时滞微分方程

$$\frac{\mathrm{d}}{\mathrm{d}t}x(t) = Ax(t - r), \tag{2.30}$$

其中 A 是 n 阶实常数矩阵, $r > 0$ 是常数.

设方程具有形如 $x(t) = \mathrm{e}^{\lambda t}b$ 的解, 其中 b 是非零向量, λ 是复数. 将 $x(t) = \mathrm{e}^{\lambda t}b$ 代入方程 (2.30), 得到

$$b\lambda\mathrm{e}^{\lambda t} = Ab\mathrm{e}^{-\lambda r}\mathrm{e}^{\lambda t},$$

因此,

$$(\lambda I - A\mathrm{e}^{-\lambda r})b = 0,$$

其中 I 是 n 阶单位矩阵, $b \neq 0$ 的充分必要条件为

$$\det(\lambda I - \mathrm{e}^{-\lambda r} A) = 0. \tag{2.31}$$

称方程 (2.31) 为方程 (2.30) 的特征方程.

特别地, 若 $r = 0$, 方程 (2.31) 化为

$$\det(\lambda I - A) = 0,$$

这即为通常的矩阵 A 的特征方程.

下面, 首先用简单的例子来分析不含有时滞和含有时滞的微分方程的特征方程的根在复平面内的变化以及对应方程的解曲线的变化.

考虑常微分方程组,

$$\frac{\mathrm{d}}{\mathrm{d}t} x(t) = Ax(t), \quad A = \begin{pmatrix} 0 & -\beta \\ \beta & 0 \end{pmatrix}, \quad \beta \neq 0, \tag{2.32}$$

方程 (2.32) 的特征方程为

$$\det(\lambda I - A) = \begin{vmatrix} \lambda & \beta \\ -\beta & \lambda \end{vmatrix} = \lambda^2 + \beta^2 = 0,$$

对应的特征根为 $\lambda = \pm \mathrm{i}\beta$. 与 $\lambda = \mathrm{i}\beta, -\mathrm{i}\beta$ 所对应的 A 的特征向量分别为

$$\begin{pmatrix} 1 \\ -\mathrm{i} \end{pmatrix}, \quad \begin{pmatrix} 1 \\ \mathrm{i} \end{pmatrix}.$$

因此, 方程 (2.32) 的基本解组为

$$\begin{pmatrix} 1 \\ -\mathrm{i} \end{pmatrix} \mathrm{e}^{i\beta t}, \begin{pmatrix} 1 \\ \mathrm{i} \end{pmatrix} \mathrm{e}^{-i\beta t},$$

由欧拉公式 $\mathrm{e}^{\pm \mathrm{i}\beta t} = \cos \beta t \pm \mathrm{i} \sin \beta t$, 可知方程 (2.32) 的基本解组可表示为

$$\begin{pmatrix} \cos \beta t \\ -\sin \beta t \end{pmatrix}, \quad \begin{pmatrix} \sin \beta t \\ \cos \beta t \end{pmatrix}.$$

于是, 方程 (2.32) 的任意解 $(x(t), y(t))$ 位于圆周上.

对于时滞微分方程组

$$\frac{\mathrm{d}}{\mathrm{d}t}x(t)=Ax(t-r),\quad A=\begin{pmatrix}0 & -\beta\\ \beta & 0\end{pmatrix},\quad \beta\neq 0,\ r>0. \tag{2.33}$$

方程 (2.33) 的特征方程为

$$\det(\lambda I-A\mathrm{e}^{-\lambda r})=\begin{vmatrix}\lambda & \beta\mathrm{e}^{-\lambda r}\\ -\beta\mathrm{e}^{-\lambda r} & \lambda\end{vmatrix}=\lambda^2+\beta^2\mathrm{e}^{-2\lambda r}=0. \tag{2.34}$$

现在考虑在复平面内方程 (2.34) 根的分布情况, 即根 λ 实部的变化情况, 方程 (2.34) 两端关于 r 求导, 得

$$2\lambda\frac{\mathrm{d}}{\mathrm{d}r}\lambda+\beta^2(-2r)\mathrm{e}^{-2r\lambda}\frac{\mathrm{d}}{\mathrm{d}r}\lambda+\beta^2(-2\lambda)\mathrm{e}^{-2r\lambda}=0.$$

因此

$$\frac{\mathrm{d}}{\mathrm{d}r}\lambda=\frac{\beta^2\lambda\mathrm{e}^{-2r\lambda}}{\lambda-\beta^2r\mathrm{e}^{-2\lambda r}}.$$

另一方面, 当 $r=0$ 时, $\lambda=\pm\mathrm{i}\beta$. 考查此根的变化, 易知

$$\left.\frac{\mathrm{d}}{\mathrm{d}r}\lambda\right|_{r=0,\lambda=\pm\mathrm{i}\beta}=\frac{\beta^2(\pm\mathrm{i}\beta)}{\pm\mathrm{i}\beta}=\beta^2>0.$$

因此, 当 r 从 0 开始稍微增加时, 特征根 $\lambda=\pm\mathrm{i}\beta$ 将进入到右半平面. 此外, 对充分小的正数 r, 方程 (2.33) 的轨线位于方程 (2.32) 的轨线附近. 由以上的讨论可知方程 (2.34) 的特征根中具有实部为正的根, 即方程 (2.33) 的轨道是发散的. 此外, 当 $r=0$ 时, 特征方程 (2.31) 具有 n 个特征根. 当 r 从 0 开始增加时, 新的特征根将出现.

2.3.2 稳定性定义

对于时滞微分方程

$$\frac{\mathrm{d}}{\mathrm{d}t}x(t)=Ax(t-r), \tag{2.35}$$

给出稳定性的定义, 这里 A 为 n 阶实常数矩阵, 时滞 $r\geqslant 0$. 对于任意给定的初始时刻 $t_0\geqslant 0$ 与初始函数 $\phi\in C([-r,0],\mathbb{R}^n)$; 方程 (2.10) 过 (t_0,ϕ) 的解记为 $x(t;t_0,\phi)$. 显然, $x(t)\equiv 0$ 是方程 (2.35) 的解, 此解又称为方程 (2.35) 的零解.

定义 2.3.1 对 $\phi \in C([-r,0],\mathbb{R}^n)$, 记 $\|\phi\| = \sup\limits_{-r\leqslant s\leqslant 0}|\phi(s)|$.

(1) 方程 (2.35) 的零解称为是一致稳定的, 如果对任意的 $\varepsilon>0$, 存在 $\delta(\varepsilon)>0$, 使得对任意的 (t_0,ϕ), 有

$$\|\phi\|<\delta(\varepsilon) \Longrightarrow |x(t;t_0,\phi)|<\varepsilon \quad (t\geqslant t_0)$$

成立.

(2) 方程 (2.35) 的零解称为是一致吸引的, 如果存在 $\delta_0>0$, 对于任意的 $\varepsilon>0$, 存在 $T(\varepsilon)>0$, 使得对于任意的 (t_0,ϕ), 有

$$\|\phi\|<\delta_0 \Longrightarrow |x(t;t_0,\phi)|<\varepsilon \quad (t\geqslant t_0+T(\varepsilon))$$

成立.

(3) 方程 (2.35) 的零解称为是一致渐近稳定的, 如果方程 (2.35) 的零解是一致稳定的且是一致吸引的.

(4) 方程 (2.35) 的零解称为是指数渐近稳定的, 如果存在 $\lambda>0$, 对任意的 $\varepsilon>0$, 存在 $\delta(\varepsilon)>0$, 使得对于任意的 (t_0,ϕ), 有

$$\|\phi\|<\delta(\varepsilon) \Longrightarrow |x(t;t_0,\phi)|<\varepsilon \mathrm{e}^{-\lambda(t-t_0)} \quad (t\geqslant t_0)$$

成立.

2.3.3 渐近稳定性

2.3.3.1 一维情形

考虑标量方程

$$\frac{\mathrm{d}}{\mathrm{d}t}x(t)=-ax(t-r), \tag{2.36}$$

其中 $a\in\mathbb{R}, r>0$.

定理 2.3.1 方程 (2.36) 的零解一致渐近稳定的充分必要条件是

$$0<ar<\frac{\pi}{2}. \tag{2.37}$$

方程 (2.36) 的特征方程为

$$p(\lambda)\equiv\lambda+a\mathrm{e}^{-\lambda r}=0. \tag{2.38}$$

特别地, 当 $r=0$ 时, 方程 (2.38) 化为 $\lambda+a=0$, 即 $\lambda=-a$. 由于 $\operatorname{Re}\lambda=-a$, 所以有

$$\operatorname{Re}\lambda<0 \Longleftrightarrow a>0.$$

证明　首先, 若 $a=0$, 则由 $x'(t)=0$ 知方程 (2.36) 的解为 $x(t)\equiv$ 常数. 此解显然不趋近于 0 . 故方程 (2.36) 的零解不是一致渐近稳定的. 若 $a<0$, 选取初始时刻 $t_0=0$, 初始函数为 $\phi(t)\equiv\delta>0$, 则由方程 (2.36) 可得

$$x'(t)=-a\delta>0 \quad (0\leqslant t\leqslant r).$$

注意到 $t\geqslant r$ 时, $x'(t)>0$. 所以, 方程 (2.36) 以 $\phi(t)\equiv\delta>0$ 为初始函数的解 $x(t)$ 为增函数, 且不趋近于 0 . 故方程 (2.36) 的零解不是一致渐近稳定的. 以下考虑 $a>0$ 的情形. 由定理 2.3.1, 只要证明 (2.37) $\Longleftrightarrow$ $p(\lambda)=0$ 的所有的根 λ 满足 $\operatorname{Re}\lambda<0$ 即可.

充分性. 若 $r=0$, 则当 $a>0$ 时, 方程 (2.36) 的特征根 $\operatorname{Re}\lambda<0$, 即方程 (2.36) 的零解是一致渐近稳定的. 当 r 从大于 0 方向微小地增加时, 方程 (2.36) 的全部特征根显然满足 $\operatorname{Re}\lambda<0$, 即方程 (2.36) 的零解仍是一致渐近稳定的. 设当 r 的值进一步增加时, 方程 (2.36) 的零解变为不一致渐近稳定的. 此时, 对于每个使得方程 (2.36) 的零解变为非一致渐近稳定的最小的 $r=r^*>0$, 方程 (2.38) 的根 λ 必将横截穿过虚轴. 这里需要注意到, 当 $a\neq 0$ 时, 方程 (2.38) 不具有零根 $\lambda=0$.

于是, 当 $r=r^*$ 时, 必存在 $\omega>0$ 使得如下条件之一成立: (i) $p(\mathrm{i}\omega)=0$; (ii) $p(-\mathrm{i}\omega)=0$. 由方程 (2.38) 可知 $p(\mathrm{i}\omega)=0$ 与 $p(-\mathrm{i}\omega)=0$ 等价, 所以, 条件 (i) 与条件 (ii) 同时成立. 现考虑情形 (i). 由于

$$p(\mathrm{i}\omega)=\mathrm{i}\omega+a\mathrm{e}^{-\mathrm{i}\omega r^*}=a\cos(\omega r^*)+\mathrm{i}\left\{\omega-a\sin(\omega r^*)\right\},$$

且 $a>0$, 则 $p(\mathrm{i}\omega)=0$ 等价于

$$\cos(\omega r^*)=0, \tag{2.39}$$

且

$$\sin(\omega r^*)=\frac{\omega}{a}>0. \tag{2.40}$$

于是, 由 (2.39), (2.40) 可得

$$\omega r^*=\frac{\pi}{2}+2n\pi, \quad n=0,\pm1,\pm2,\cdots, \tag{2.41}$$

且

$$\frac{\omega}{a} = 1.$$

注意到 $\omega r^* > 0$, 有 $n = 0, 1, 2, \cdots$. 又由于 $\omega = a$, 可得

$$r^* = \frac{1}{a}\left(\frac{\pi}{2} + 2n\pi\right), \quad n = 0, 1, 2, \cdots. \tag{2.42}$$

设 $r = r^*$ 时, $p(\lambda) = 0$ 的根在 $\lambda = \mathrm{i}\omega$ 处首次横穿过虚轴. 在 (2.42) 中, 当 $n = 0$ 时, 对应的 r 值为 r^*. 因此,

$$0 < r < r^* = \frac{\pi}{2a},$$

即若 (2.37) 成立, 则 $p(\lambda) = 0$ 的根不可能横截穿过虚轴. 因而, 所有的根 λ 满足 $\mathrm{Re}\,\lambda < 0$, 即方程 (2.36) 的零解为一致渐近稳定的.

必要性. 只要证明 $ar \geqslant \frac{\pi}{2}$ 时, 方程 (2.36) 的零解不是一致渐近稳定即可. 由充分性的证明和 (2.42) 可知

$$ar = \frac{\pi}{2} \Longrightarrow \text{存在 } \omega > 0,\ \text{使得 } p(\pm \mathrm{i}\omega) = 0. \tag{2.43}$$

事实上, 由 (2.41) 知, ω 具有形式 $\omega r = \pi/2 + 2n\pi$ $(n = 0, 1, 2, \cdots)$. 并注意到 $\lambda = \pm\mathrm{i}\omega$ 时, $\mathrm{Re}\,\lambda = 0$. 现讨论当 r 由 $ar = \pi/2$ 开始微小地增加时, 方程 (2.38) 的根 $\lambda = \pm\mathrm{i}\omega$ 在复平面上变化. 为此, 讨论

$$\mathrm{Re}\,\frac{\mathrm{d}}{\mathrm{d}r}\lambda\bigg|_{\lambda = \pm\mathrm{i}\omega}$$

的符号. 方程 (2.38) 的两边关于 r 微分可得

$$\frac{\mathrm{d}}{\mathrm{d}r}\lambda - are^{-\lambda r}\frac{\mathrm{d}}{\mathrm{d}r}\lambda - a\lambda\mathrm{e}^{-\lambda r} = 0.$$

注意到 $-a\mathrm{e}^{-\lambda r} = \lambda$, 进而有

$$\frac{\mathrm{d}}{\mathrm{d}r}\lambda + \lambda r\frac{\mathrm{d}}{\mathrm{d}r}\lambda + \lambda^2 = 0.$$

因此, 有

$$\frac{\mathrm{d}}{\mathrm{d}r}\lambda = -\frac{\lambda^2}{1 + \lambda r}. \tag{2.44}$$

于是,

$$\mathrm{Re}\,\frac{\mathrm{d}}{\mathrm{d}r}\lambda\bigg|_{\lambda = \pm\mathrm{i}\omega} = \mathrm{Re}\,\frac{\omega^2}{1 \pm \mathrm{i}\omega r} = \frac{\omega^2}{1 + \omega^2 r^2} > 0.$$

这表明当 r 由 $ar=\pi/2$ 开始微小地增加时, 虚轴上的根 λ 将进入右半平面. 因此, 可知方程 (2.36) 的零解是不一致渐近稳定的. 进一步, 设 r 继续增大使得当 $r=\tilde{r}$ 时, 根 λ 回到虚轴上, 并设对应的重虚根为 $\lambda=\mathrm{i}\tilde{\omega}$ $(\tilde{\omega}\neq 0)$. 此时, 完全类似于方程 (2.44) 的推导可得

$$\operatorname{Re}\left.\frac{\mathrm{d}\lambda}{\mathrm{d}r}\right|_{\lambda=\mathrm{i}\tilde{\omega}}=\frac{\tilde{\omega}^2}{1+\tilde{\omega}^2\tilde{r}^2}>0.$$

这表明当 r 由 $\tilde{r}$ 开始微小地增加时, 虚轴上的根 $\lambda=\mathrm{i}\tilde{\omega}$. 同样进入到右半平面. 于是, 得到

$$ar\geqslant\frac{\pi}{2}\Longrightarrow p(\lambda)=0\text{ 有根 }\lambda\text{ 满足 }\operatorname{Re}\lambda\geqslant 0.$$

因此, 方程 (2.36) 的零解不是一致渐近稳定的. □

2.3.3.2 二维情形

本节考虑如下的方程:

$$x'(t)=-Ax(t-r), \tag{2.45}$$

其中 A 是 2 阶实常数矩阵, $r>0$. 很显然, 矩阵 A 的特征值可分为如下两种情形: (I) 具有实特征值 a_1,a_2; (II) 具有复特征值 $\rho(\cos\theta\pm\mathrm{i}\sin\theta)$.

由矩阵理论知, 存在非奇异矩阵 P 使得对应于情形 (I) 和情形 (II), 分别有

$$P^{-1}AP=\begin{pmatrix}a_1 & b\\ 0 & a_2\end{pmatrix}\quad(b\in\mathbb{R}),$$

以及

$$P^{-1}AP=\begin{pmatrix}\cos\theta & -\sin\theta\\ \sin\theta & \cos\theta\end{pmatrix}$$

成立. 对于方程 (2.45), 作线性变换 $x=Py$, 可得

$$y'(t)=P^{-1}x'(t)=-P^{-1}Ax(t-r)=-P^{-1}APy(t-r),$$

即方程 (2.45) 等价地化为

$$y'(t)=-P^{-1}APy(t-r).$$

若仍然用 $x(t)$ 表示 $y(t)$, 对应于情形 (I) 和情形 (II), 得到等价的方程

$$x'(t)=-\begin{pmatrix}a_1 & b\\ 0 & a_2\end{pmatrix}x(t-r), \tag{2.46}$$

以及

$$x'(t) = -\rho \begin{pmatrix} \cos\theta & -\sin\theta \\ \sin\theta & \cos\theta \end{pmatrix} x(t-r). \tag{2.47}$$

下面对方程 (2.46) 与方程 (2.47), 给出与定理 2.1 类似的结论, 这里设

$$a_1, a_2, b, \rho \in \mathbb{R}, \quad |\theta| < \frac{\pi}{2}.$$

定理 2.3.2 方程 (2.46) 的零解为一致渐近稳定的充分必要条件是

$$0 < a_1 r < \frac{\pi}{2}, \quad 0 < a_2 r < \frac{\pi}{2}.$$

定理 2.3.3 方程 (2.47) 的零解为一致渐近稳定的充分必要条件是

$$0 < \rho r < \frac{\pi}{2} - |\theta|.$$

定理 2.3.4 方程 (2.45) 的零解为一致渐近稳定的充分必要条件是

$$2\sqrt{\det A}\sin(r\sqrt{\det A}) < \operatorname{tr} A < \frac{\pi}{2r} + \frac{2r\det A}{\pi},$$

且

$$0 < r^2 \det A < \left(\frac{\pi}{2}\right)^2.$$

第 3 章　多自主体系统的同步动力学

日常生活中的许多现象都可以用复杂的动态网络来建模, 例如生态系统、机器人网络、电网和神经网络, 参见 [192-203]. 对于复杂的动态网络, 如何协调各个系统的运动轨迹是一个关键问题. 也就是说, 如何使所有的系统最终在某个轨迹上相遇, 这就是所谓的同步. 同步在许多领域都是一个重要的话题, 可以应用于许多不同的领域, 如自动控制、安全通信、分布式估计等[204] . 关于同步的论文可参见文献 [198,205-211] .

在过去的几十年里, 一致性、同步性在系统控制中的理论和应用都取得了很大的进展. 多智能体系统 (MASs) 能够通过协同工作完成特定的任务, 已被广泛应用于生物学和医学、计算机科学、系统工程、编队控制、传感器网络等领域[158, 212-219]. 大量来自各个工程学科的研究人员都对其进行了研究. 目前, 多智能体具有稳定性强、灵活性大、成本低等优点. 一个系统状态趋于同步意味着所有系统的轨迹通过相互作用同步到一个共同的轨迹. 同步行为也可以在控制科学、社会科学、生物学和生物科学中看到. 在自然界中, 大量的鸟类以相同的速度和方向飞行. 在社会网络中, 一些动力学模型表明, 人类最终可以很容易地同步到相同的观点[219-222]. 鉴于此, 本章研究了一阶线性系统的一致性与二阶线性系统的集群速度. 具体地, 针对具有塑性耦合的延迟相位耦合振荡器系统, 建立局部相位同步和分簇准则.

3.1　观点模型的一致性

群体一致是许多生物、物理和社会系统中一个基本属性, 这有许多不同的表现形式, 包括个人观点的同步形成, 鸟群中个体之间或者其他物种的同伴互动的协调行为[223-228].

已有研究发现影响群体一致的因素包括交互网络拓扑结构和通信延迟. 比如 Atay[166] 的工作, 考虑了具有静态拓扑和分布延迟的意见网络中的群体一致性问题. Zhu 和 Cheng[229] 研究了具有固定拓扑和交换拓扑以及非均匀时变时滞的二阶多智能体系统. 另见 [230-234] 等参考文献. 本节的目标是引入弱一致性的概念, 建立具有分布时滞的连续观点动力系统的无条件一致性和条件一致性判据, 并提供了依赖于初始条件、时滞和相互作用矩阵的一致值的解析公式.

3.1.1 模型描述与准备

考虑包含 n 个个体的群体观点系统, 其中个体 i 在 t 时刻的观点用 $x_i(t) \in \mathbb{R}$ 表示, 其满足如下动力学模型

$$\frac{\mathrm{d}}{\mathrm{d}t}x_i(t) = \eta \sum_{j=1}^{n} \frac{t_{ij}}{\varepsilon_i} \left(\int_{-\tau}^{0} \mu(s) x_j(t+s) \mathrm{d}s - x_i(t) \right), \quad 1 \leqslant i \leqslant n, \tag{3.1}$$

其中 η 是最大交互强度, $t_{ij} \geqslant 0$ 为邻接系数. τ 是最大时滞, 分布函数满足 $\int_{-\tau}^{0} \mu(s)\mathrm{d}s = 1$. ε_i 是网络节点 i 的入度, 即 $\varepsilon_i = \sum_{j=1}^{n} t_{ij}$. 由 $\sum_{j=1}^{n} \dfrac{t_{ij}}{\varepsilon_i} = 1$, 可知 1 为矩阵 $A = \left(\dfrac{t_{ij}}{\varepsilon_i}\right)_{n\times n}$ 的特征值. 当 1 为简单特征值的情况下, Atay[166] 建立了群体一致准则. 本节聚焦特征值 1 为半单特征值的情形. 系统 (3.1) 的初始条件设置为

$$x_i(t) = \phi_i(t), \quad t \in [-\tau, 0], \quad i \in \{1, \cdots, n\},$$

其中 ϕ_i 是区间 $[-\tau, 0]$ 上的连续函数. 如果对任意初始条件, 存在常数 $c \in \mathbb{R}$, 使得 $\lim\limits_{t\to\infty} x_i(t) = c$, 则称系统 (3.1) 达到无条件一致. 如果在某些初始条件下, 使得 $\lim\limits_{t\to\infty} x_i(t) = c$ 成立, 则称系统 (3.1) 达到条件一致. 常数 c 称为一致值, 显然这与初始条件有关, 但独立于指标 i. 如果系统 (3.1) 的解 x 满足: 对所有的 i, $\lim\limits_{t\to\infty} x_i(t) = c$ 成立, 则该解 x 达到一致. 如果系统 (3.1) 的解 x 满足: 对所有的 i, $\lim\limits_{t\to\infty} x_i(t) = c_i$ 成立, 则该解 x 达到弱一致性.

3.1.2 一致性准则

定义邻接矩阵 $A = \left(\dfrac{t_{ij}}{\varepsilon_i}\right)_{n\times n}$ 的 Laplace 矩阵为 $L = I_{n\times n} - A$. 注意到非对角线项是非正的, 若令 $\{\lambda_1, \lambda_2, \cdots, \lambda_n\}$ 为矩阵 L 的特征值集合, 则 $0 \leqslant \mathrm{Re}(\lambda_i), i = 1, 2, \cdots, n$. 此外, 运用 Gerschgorin 圆盘定理可得 $|1 - \lambda_i| \leqslant 1$. 注意 A 的所有行和等于 1, 则有 $L\mathbf{1} = 0$, 其中 $\mathbf{1} = (1, 1, \cdots, 1)^{\mathrm{T}}$, 故 0 是 L 的特征值. 接下来假设 0 是半单特征值且重数为 n_0, 则存在非奇异矩阵 Q 使得

$$L = Q \begin{bmatrix} O_{n_0} & 0 \\ 0 & Z \end{bmatrix} Q^{-1},$$

其中 O_{n_0} 为 $n_0\,(1 \leqslant n_0 \leqslant n)$ 维零矩阵, Z 是具有谱 $\rho(Z) \in (0, 2)$ 的 Jordan 块矩阵. 令 $\{v_1, \cdots, v_n\}$ 为矩阵 Q 的列向量, 其是 $\mathbb{R}^n$ 的一组基. 设 $\{u^1, \cdots, u^n\}$ 为

$\{v_1,\cdots,v_n\}$ 的一组对偶基, 即线性无关的向量组 u^i 使得 $\langle u^i,v_j\rangle=\delta^i_j$. 易知 u^i 为 L 的左特征值, $u^iL=0u^i=\mathbf{0}$ $(i=1,2,\cdots,n_0)$. 此外, 若 $a=\sum_{i=1}^n\alpha_iv_i\in\mathbb{R}^n$, 则 $\alpha_i=\langle u^i,a\rangle$. 设 $x=(x_1,x_2,\cdots,x_n)^{\mathrm{T}}$, 则系统 (3.1) 可转化为向量形式

$$\dot{x}(t)=-\eta x(t)+\eta(I-L)\int_{-\tau}^0\mu(s)x(t+s)\mathrm{d}s. \tag{3.2}$$

定义 3.1.1　如果存在 $x_\infty\in\mathbb{R}^n$, 使得 $\lim\limits_{t\to+\infty}x(t)=x_\infty$, 则称系统 (3.1) 的解达到弱一致性, x_∞ 称为一致向量 (值). 如果每个解都达到弱一致, 则称系统 (3.1) 达到弱一致, 并称包含所有一致向量的最小子空间为一致子空间.

显然, 如果存在常量 c 使得 $x_\infty=c\mathbf{1}$, 那么弱一致性退化为一致性. 此外, 当一致性子空间是一维的且由向量 $\mathbf{1}=(1,1,\cdots,1)^{\mathrm{T}}$ 生成时, 弱一致性就是无条件一致性.

为了给出系统 (3.1) 实现弱一致性的条件. 首先对解 $x(t)$ 进行分解, 即 $x(t)=\sum_{i=1}^n\alpha_i(t)v_i$, 其中 $\alpha_i(t)$ 满足

$$\dot{\alpha}_i(t)=-\eta\alpha_i(t)+\eta\int_{-\tau}^0\mu(s)\alpha_i(t+s)\mathrm{d}s,\quad 1\leqslant i\leqslant n_0, \tag{3.3}$$

以及

$$\begin{pmatrix}\dot{\alpha}_{n_0+1}(t)\\ \dot{\alpha}_{n_0+2}(t)\\ \vdots\\ \dot{\alpha}_n(t)\end{pmatrix}=-\eta\begin{pmatrix}\alpha_{n_0+1}(t)\\ \alpha_{n_0+2}(t)\\ \vdots\\ \alpha_n(t)\end{pmatrix}$$

$$+\eta(I-Z)\int_{-\tau}^0\mu(s)\begin{pmatrix}\alpha_{n_0+1}(t+s)\\ \alpha_{n_0+2}(t+s)\\ \vdots\\ \alpha_n(t+s)\end{pmatrix}\mathrm{d}s. \tag{3.4}$$

易知, (3.3) 式的特征方程为

$$z=-\eta+\eta\int_{-\tau}^0\mu(s)\mathrm{e}^{zs}\mathrm{d}s, \tag{3.5}$$

(3.4) 式的特征方程为

$$\det\left(zI+\eta I-\eta\int_{-\tau}^0\mu(s)\mathrm{e}^{zs}\mathrm{d}s(I-Z)\right)=0. \tag{3.6}$$

由于 Z 为 Jordan 块矩阵, 则特征方程 (3.4) 为

$$\prod_{i=n_0+1}^{n}\left(z+\eta-\eta\left(1-\lambda_i\right)\int_{-\tau}^{0}\mu(s)\mathrm{e}^{zs}\mathrm{d}s\right)=0. \tag{3.7}$$

引理 3.1.1 若 $\eta>0$, 则 $z=0$ 为特征方程 (3.5) 的单根, 且其他根都有负实部. 若 $\eta>0$ 且 $\lambda_i\neq 0$, 则 (3.6) 的所有根有负实部.

证明 由文献 [166] 中引理 3.1.1 和公式 (3.7) 可立即得出. □

引理 3.1.2 对每个 $i>n_0$, 有 $\lim\limits_{t\to+\infty}\alpha_i(t)=0$; 对 $i\in\{1,\cdots,n_0\}$, 有

$$\lim_{t\to+\infty}\alpha_i(t)=\frac{1}{1-\eta\bar{\tau}}\left\langle u^i, x(0)+\eta\int_{-\tau}^{0}\int_{\theta}^{0}\mu(\theta)x(r)\mathrm{d}r\mathrm{d}\theta\right\rangle,$$

其中 $\bar{\tau}=\displaystyle\int_{-\tau}^{0}s\mu(s)\mathrm{d}s<0$.

证明 根据引理 3.1.1, 可知对任意 $i>n_0$, 有 $\lim\limits_{t\to+\infty}\alpha_i(t)=0$. 因此可得

$$\lim_{t\to+\infty}\left[x(t)-\alpha_1(t)v_1-\cdots-\alpha_{n_0}(t)v_{n_0}\right]=0. \tag{3.8}$$

为了计算 $\alpha_1(t),\cdots,\alpha_{n_0}(t)$ 当 $t\to+\infty$ 时的极限, 考虑初始函数空间 $C=C([-\tau,0],\mathbb{R})$, 即区间 $[-\tau,0]$ 上的实值连续函数空间, 其对偶空间为 C^*, 则 $C^*=C([-\tau,0],\mathbb{R})$. 取 $\phi\in C$, $\psi\in C^*$ 定义双线性形式 $\langle\psi,\phi\rangle_c$, 其表达式如下

$$\langle\psi,\phi\rangle_c=\psi(0)\phi(0)+\eta\int_{-\tau}^{0}\int_{r}^{0}\mu(r)\psi(r-t)\phi(t)\mathrm{d}t\mathrm{d}r.$$

由于 0 为特征方程 (3.5) 的单根, 则它的特征子空间是一维的, 记为 C_0, 用 C_0^* 表示 C_0 的对偶空间. 设常数函数 $\Phi(\theta)=1$ 为 C_0 的基, 则对偶基在 C_0^* 为 $\Psi(\theta)=(1-\eta\bar{t})^{-1}$, 且 $\langle\Psi,\Phi\rangle_c=1$.

令 $a_t(\theta)=\alpha_i(t+\theta)$, $\theta\in[-\tau,0]$. 由泛函微分方程理论可知, 空间 C 可以分解为不变子空间 C_0 及其补空间. 因此, $a_t=a_t^0+b_t$, 其中 $a_t^0\in C_0$. 由引理 3.1.1 可知, 0 为特征方程的单根, 其他根都具有负实部. 因此, $\lim\limits_{t\to+\infty}b_t(\theta)=0$, $\theta\in[-\tau,0]$. 注意到 a_t^0 为常数, 其由初始条件决定, 可得到常值函数 $a_t^0=\langle\Psi,a_0\rangle_c\Phi$. 因此, 可直接计算得到, 对任意的 $i=1,\cdots,n_0$ 有

$$\lim_{t\to+\infty}\alpha_i(t)=\frac{1}{1-\eta\bar{\tau}}\left[\alpha_i(0)+\eta\int_{-\tau}^{0}\int_{\theta}^{0}\mu(\theta)\alpha_i(r)\mathrm{d}r\mathrm{d}\theta\right]$$

$$= \frac{1}{1-\eta\bar{\tau}}\left\langle u^i, x(0)+\eta\int_{-\tau}^{0}\int_{\theta}^{0}\mu(\theta)x(r)\mathrm{d}r\mathrm{d}\theta\right\rangle. \tag{3.9}$$

□

下面陈述本节主要结果.

定理 3.1.1 (弱一致判据) 如果 0 是 Laplace 矩阵 L 的半单特征值且重数为 n_0, 则系统 (3.1) 取得弱一致, 且一致向量由 $\beta_1 v_1+\beta_2 v_2+\cdots+\beta_{n_0}v_{n_0}$ 和如下公式决定,

$$\beta_i = \frac{\left\langle u^1, x(0)+\eta\int_{-\tau}^{0}\int_{\theta}^{0}\mu(\theta)x(r)\mathrm{d}r\mathrm{d}\theta\right\rangle}{1-\eta\bar{\tau}}.$$

此外, 一致子空间由向量组 $v_1, v_2, \cdots, v_{n_0}$ 生成.

证明 由引理 3.1.2 和 (3.8) 式, 可知

$$\lim_{t\to+\infty} x(t) = x_\infty = \beta_1 v_1+\beta_2 v_2+\cdots+\beta_{n_0}v_{n_0},$$

其中

$$\beta_i = \langle u^i, x_\infty\rangle = \frac{1}{1-\eta\bar{\tau}}\left\langle u^i, x(0)+\eta\int_{-\tau}^{0}\int_{\theta}^{0}\mu(\theta)x(r)\mathrm{d}r\mathrm{d}\theta\right\rangle.$$

□

推论 3.1.1 假设 0 为 Laplace 矩阵 L 的半单特征值且重数为 n_0. 则当 $n_0=1$ 时, 系统 (3.1) 取得无条件一致; 当 $n_0>1$ 时, 取得条件一致, 对应的一致值为

$$\alpha = \frac{\left\langle u^1, x(0)+\eta\int_{-\tau}^{0}\int_{\theta}^{0}\mu(\theta)x(r)\mathrm{d}r\mathrm{d}\theta\right\rangle}{\langle u^1, \mathbf{1}\rangle\cdot(1-\eta\bar{\tau})}.$$

证明 当 $n_0=1$ 时, 则 0 是矩阵 L 的简单特征值, $v_1=\mathbf{1}$. 因此

$$\begin{aligned}\lim_{t\to+\infty} x(t) &= \lim_{t\to+\infty}\alpha_1(t)v_1\\ &= \frac{1}{1-\eta\bar{\tau}}\left\langle u^1, x(0)+\eta\int_{-\tau}^{0}\int_{\theta}^{0}\mu(\theta)x(r)\mathrm{d}r\mathrm{d}\theta\right\rangle\mathbf{1}.\end{aligned} \tag{3.10}$$

此时, 系统 (3.1) 对任意初始条件可取得一致, 一致值为

$$\frac{1}{1-\eta\bar{\tau}}\left\langle u^1, x(0)+\eta\int_{-\tau}^{0}\int_{\theta}^{0}\mu(\theta)x(r)\mathrm{d}r\mathrm{d}\theta\right\rangle.$$

当 $n_0 > 1$ 时, 由于 $L\mathbf{1} = \mathbf{0}$, 则 $\mathbf{1} \in \mathrm{Span}\{v_1, v_2, \cdots, v_{n_0}\}$, 进而可知 $\mathbf{1} = \langle u^1, \mathbf{1}\rangle v_1 + \langle u^2, \mathbf{1}\rangle v_2 + \cdots + \langle u^{n_0}, \mathbf{1}\rangle v_{n_0}$. 因此, 当且仅当如下向量 $(\langle u^1, \mathbf{1}\rangle, \cdots, \langle u^{n_0}, \mathbf{1}\rangle)$ 和 $(\beta_1, \beta_2, \cdots, \beta_{n_0})$ 线性相关时, 系统 (3.1) 达到一致, 即对 $j = 1, \cdots, n_0$, 当初始条件满足

$$\frac{\left\langle u^1, x(0) + \eta \int_{-\tau}^{0} \int_{\theta}^{0} \mu(\theta) x(r) \mathrm{d}r \mathrm{d}\theta \right\rangle}{\left\langle u^j, x(0) + \eta \int_{-\tau}^{0} \int_{\theta}^{0} \mu(\theta) x(r) \mathrm{d}r \mathrm{d}\theta \right\rangle} = \frac{\langle u^1, \mathbf{1}\rangle}{\langle u^j, \mathbf{1}\rangle}$$

时, 系统 (3.1) 达到条件一致. 此外, 一致值由如下系数给出

$$\alpha = \frac{\left\langle u^1, x(0) + \eta \int_{-\tau}^{0} \int_{\theta}^{0} \mu(\theta) x(r) \mathrm{d}r \mathrm{d}\theta \right\rangle}{\langle u^1, \mathbf{1}\rangle \cdot (1 - \eta \bar{\tau})}. \qquad \square$$

注 3.1.1 推论 3.1.1表明 $n_0 = 1$ 是系统 (3.1) 达到无条件一致的充分性条件, 这与 [166] 的结果是一致的. 此外, 如果 $n_0 = 1$ 且 L 是一个对称矩阵, 则左特征向量为 $u^1 = \frac{1}{n}\mathbf{1}^{\mathrm{T}}$, 此时, 系统 (3.1) 的一致值为

$$\frac{1}{n(1 - \eta \bar{\tau})} \sum_{i=1}^{n} \left[x_i(0) + \eta \int_{-\tau}^{0} \int_{\theta}^{0} \mu(\theta) \phi_i(r) \mathrm{d}r \mathrm{d}\theta \right].$$

特别地, 在没有时滞的情况下, 一致值由平均 $\frac{1}{n} \sum_{i=1}^{n} x_i(0)$ 给出.

3.1.3 子系统间观点权衡准则

接下来考虑由两个组耦合的观点系统, 分别有 p 和 m 个个体, 模型描述如下

$$\begin{cases} \dfrac{\mathrm{d}}{\mathrm{d}t} x_i(t) = \eta_l \displaystyle\sum_{j=1}^{p} a_{ij} \left(\int_{-\tau}^{0} \mu(s) x_j(t+s) \mathrm{d}s - x_i(t) \right) \\ \qquad + \displaystyle\sum_{j=1}^{m} c_{ij} \left(\int_{-\tau}^{0} \mu(s) y_j(t+s) \mathrm{d}s - x_i(t) \right), \quad 1 \leqslant i \leqslant p, \\ \dfrac{\mathrm{d}}{\mathrm{d}t} y_i(t) = \eta_f \displaystyle\sum_{j=1}^{m} b_{ij} \left(\int_{-\tau}^{0} \mu(s) y_j(t+s) \mathrm{d}s - y_i(t) \right) \\ \qquad + \displaystyle\sum_{j=1}^{p} d_{ij} \left(\int_{-\tau}^{0} \mu(s) x_j(t+s) \mathrm{d}s - y_i(t) \right), \quad 1 \leqslant i \leqslant m, \end{cases} \tag{3.11}$$

其中所有系数均为非负, c_{ij} 是从个体 y_j 到个体 x_i 的相互作用, d_{ij} 是从个体 x_j 到个体 y_i 的相互作用. 当 $c_{ij}=d_{ij}=0$ 时, 系统散失耦合性, 成为两个独立的子系统, 即

$$\frac{\mathrm{d}}{\mathrm{d}t}x_i(t)=\eta_l\sum_{j=1}^{p}a_{ij}\left(\int_{-\tau}^{0}\mu(s)x_j(t+s)\mathrm{d}s-x_i(t)\right),\quad 1\leqslant i\leqslant p, \tag{3.12}$$

以及

$$\frac{\mathrm{d}}{\mathrm{d}t}y_i(t)=\eta_f\sum_{j=1}^{m}b_{ij}\left(\int_{-\tau}^{0}\mu(s)y_j(t+s)\mathrm{d}s-y_i(t)\right),\quad 1\leqslant i\leqslant m. \tag{3.13}$$

接下来将系数矩阵分块成四部分, 其中块对角线上的两个部分表示每组内部的交互, 副对角线部分表示两组之间的交互, 即

$$M_l=\begin{pmatrix} a_{11} & a_{12} & \cdots & a_{1p}\\ a_{21} & a_{22} & \cdots & a_{2p}\\ \vdots & \vdots & & \vdots\\ a_{p1} & a_{p2} & \cdots & a_{pp}\end{pmatrix},\quad M_f=\begin{pmatrix} b_{11} & b_{12} & \cdots & b_{1m}\\ b_{21} & b_{22} & \cdots & b_{2m}\\ \vdots & \vdots & & \vdots\\ b_{m1} & b_{m2} & \cdots & b_{mm}\end{pmatrix},$$

$$M_{lf}=\begin{pmatrix} c_{11} & c_{12} & \cdots & c_{1m}\\ c_{21} & c_{22} & \cdots & c_{2m}\\ \vdots & \vdots & & \vdots\\ c_{p1} & c_{p2} & \cdots & c_{pm}\end{pmatrix},\quad M_{fl}=\begin{pmatrix} d_{11} & d_{12} & \cdots & d_{1p}\\ d_{21} & d_{22} & \cdots & d_{2p}\\ \vdots & \vdots & & \vdots\\ d_{m1} & d_{m2} & \cdots & d_{mp}\end{pmatrix}.$$

假设 $\sum_{j=1}^{p}a_{ij}=1$, $\sum_{j=1}^{m}b_{ij}=1$, 0 为 Laplace 矩阵 $I-M_l$ 和 $I-M_f$ 的半单特征值, 重数分别为 n_l 和 n_f. 设 $x=(x_1,x_2,\cdots,x_p)^{\mathrm{T}}$, $y=(y_1,y_2,\cdots,y_m)^{\mathrm{T}}$, 由定理 3.1.1 可知系统 (3.12) 和 (3.13) 的 (弱) 一致向量由如下式子给出,

$$\begin{aligned} c_l &= (\beta_1,\beta_2,\cdots,\beta_{n_l}),\\ \beta_i &= \frac{1}{1-\eta_l\bar{\tau}}\left\langle u_l^i, x(0)+\eta_l\int_{-\tau}^{0}\int_{\theta}^{0}\mu(\theta)x(r)\mathrm{d}r\mathrm{d}\theta\right\rangle,\\ c_f &= (\gamma_1,\gamma_2,\cdots,\gamma_{n_f}),\\ \gamma_j &= \frac{1}{1-\eta_f\bar{\tau}}\left\langle u_f^j, y(0)+\eta_f\int_{-\tau}^{0}\int_{\theta}^{0}\mu(\theta)y(r)\mathrm{d}r\mathrm{d}\theta\right\rangle, \end{aligned} \tag{3.14}$$

其中 u_l^i 和 u_f^j 是 Laplace 矩阵 $I-M_l$ 和 $I-M_f$ 对应的左特征向量.

另一方面, 系统 (3.11) 的邻接矩阵由 $\begin{pmatrix} \eta_l M_l & M_{lf} \\ M_{fl} & \eta_f M_f \end{pmatrix}$ 给出, 对应的 Laplace 矩阵为

$$L_c = D - \begin{pmatrix} \eta_l M_l & M_{lf} \\ M_{fl} & \eta_f M_f \end{pmatrix} = \begin{pmatrix} D_1 - \eta_l M_l & -M_{lf} \\ -M_{fl} & D_2 - \eta_f M_f \end{pmatrix},$$

其中 $D = \operatorname{diag}(D_1, D_2), D_1 = \operatorname{diag}(d_1, d_2, \cdots, d_p)$, $D_2 = \operatorname{diag}(d_{p+1}, \ d_{p+2}, \cdots, d_{m+p})$, 对角矩阵的元素定义为

$$\begin{aligned} d_i &= \eta_l \sum_{j=1}^{p} a_{ij} + \sum_{j=1}^{m} c_{ij}, \quad i = 1, 2, \cdots, p, \\ d_{p+i} &= \eta_f \sum_{j=1}^{m} b_{ij} + \sum_{j=1}^{p} d_{ij}, \quad i = 1, 2, \cdots, m. \end{aligned} \tag{3.15}$$

接下来将讨论耦合系统 (3.11) 取得一致时, 与子系统一致值的关系. 首先令 $\bar{d} = (\sum_{i=1}^{p+m} d_i)^{-(p+m)}$,

$$\begin{aligned} x_\tau &= \left(u_l^1, u_l^2, \cdots, u_l^{n_l}\right) \int_{-\tau}^{0} \int_{\theta}^{0} \mu(\theta) x(r) \mathrm{d}r \mathrm{d}\theta, \\ y_\tau &= \left(u_f^1, u_f^2, \cdots, u_f^{n_f}\right) \int_{-\tau}^{0} \int_{\theta}^{0} \mu(\theta) y(r) \mathrm{d}r \mathrm{d}\theta. \end{aligned} \tag{3.16}$$

定理 3.1.2 如果 $M_{lf} = 0$, $M_{fl} = 0$, 则耦合系统 (3.11) 取得弱一致性, 且弱一致性向量为

$$c_{\text{coupled}} = \left(\frac{1 - \eta_l \bar{\tau}}{1 - \bar{d}\bar{\tau}} c_l, \frac{1 - \eta_f \bar{\tau}}{1 - \bar{d}\bar{\tau}} c_f\right) + \left(\frac{\bar{d} - \eta_l}{1 - \bar{d}\bar{\tau}} x_\tau, \frac{\bar{d} - \eta_f}{1 - \bar{d}\bar{\tau}} y_\tau\right).$$

特别地, 当 $\eta_l = \eta_f$ 时, $c_{\text{coupled}} = (c_l, c_f)$.

证明 由于 0 为 Laplace 矩阵 $I - M_l$ 和 $I - M_f$ 的半单特征值, 分别具有重数 n_l 和 n_f, 且 $M_{lf} = \mathbf{0}$ 和 $M_{fl} = \mathbf{0}$, 可知 0 为 Laplace 矩阵 L_c 的半单特征值, 具有重数 $n_l + n_f$. 因此, L_c 的所有左特征向量为 $(u_l^i, \mathbf{0})$, $\left(\mathbf{0}, u_f^j\right), i = 1, \cdots, n_l; j = 1, \cdots, n_f$. 进而由定理 3.1.1 可知, 系统 (3.11) 达到弱一致性, 一致

向量为 $c_{\text{coupled}} = (w_1, w_2, \cdots, w_{n_l+n_f})$, 其中

$$
\begin{aligned}
w_i &= \frac{\left\langle u_l^i, x(0) + \bar{d}\int_{-\tau}^{0}\int_{\theta}^{0}\mu(\theta)x(r)\mathrm{d}r\mathrm{d}\theta\right\rangle}{1-\bar{d}\bar{\tau}}, \quad i = 1, 2, \cdots, n_l, \\
w_{j+n_l} &= \frac{\left\langle u_f^j, y(0) + \bar{d}\int_{-\tau}^{0}\int_{\theta}^{0}\mu(\theta)y(r)\mathrm{d}r\mathrm{d}\theta\right\rangle}{1-\bar{d}\bar{\tau}}, \quad j = 1, 2, \cdots, n_f,
\end{aligned}
\tag{3.17}
$$

进而使用 c_l 和 c_f 的公式, 可得

$$
c_{\text{coupled}} = \left(\frac{1-\eta_l\bar{\tau}}{1-\bar{d}\bar{\tau}}c_l, \frac{1-\eta_f\bar{\tau}}{1-\bar{d}\bar{\tau}}c_f\right) + \left(\frac{\bar{d}-\eta_l}{1-\bar{d}\bar{\tau}}x_\tau, \frac{\bar{d}-\eta_f}{1-\bar{d}\bar{\tau}}y_\tau\right).
$$

若 $\eta_l = \eta_f$, 则有

$$
\bar{d} = \frac{\sum_{i=1}^{p+m} d_i}{p+m} = \frac{p\eta_l + m\eta_f}{p+m} = \eta_l = \eta_f.
$$

因此, 可得 $c_{\text{coupled}} = (c_l, c_f)$. □

引理 3.1.3 假设 0 为 Laplace 矩阵 L_c 的简单特征值, 则零特征值的左特征向量 u^1 为

$$
u^1 = \left(\frac{u_f^1 M_{fl}\mathbf{1}_p}{u_f^1 M_{fl}\boldsymbol{l}_p + u_l^1 M_{lf}\mathbf{1}_m}u_l^1, \frac{u_l^1 M_{lf}\mathbf{1}_m}{u_f^1 M_{fl}\mathbf{1}_p + u_l^1 M_{lf}\mathbf{1}_m}u_f^1\right).
$$

证明 假设第一个左特征向量 u^1 有如下形式 $u^1 = (q_1 u_l^1, q_2 u_f^1)$, 其中 q_1 和 q_2 为待定系数. 因此就有

$$
u^1 L = (q_1 u_l^1, q_2 u_f^1)\begin{pmatrix} D_1 - \eta_l M_l & -M_{lf} \\ -M_{fl} & D_2 - \eta_f M_f \end{pmatrix} = \mathbf{0},
$$

即

$$
q_1 u_l^1 (D_1 - \eta_l M_l) = q_2 u_f^1 M_{fl}, \quad q_2 u_f^1 (D_2 - \eta_f M_f) = q_1 u_l^1 M_{lf}. \tag{3.18}
$$

进而可导出

$$
\begin{aligned}
q_1 u_l^1 (D_1 - \eta_l M_l)\mathbf{1}_p &= q_2 u_f^1 M_{fl}\mathbf{1}_p, \\
q_2 u_f^1 (D_2 - \eta_f M_f)\mathbf{1}_m &= q_1 u_l^1 M_{lf}\mathbf{1}_m.
\end{aligned}
\tag{3.19}
$$

由于 L_c 是一个零行和矩阵, 可得

$$\begin{pmatrix} D_1-\eta_l M_l & -M_{lf} \\ -M_{fl} & D_2-\eta_f M_f \end{pmatrix}\begin{pmatrix} \mathbf{1}_p \\ \mathbf{1}_m \end{pmatrix}=\mathbf{0}.$$

因此, 可导出 $(D_1-\eta_l M_l)\,\mathbf{1}_p = M_{lf}\mathbf{1}_m$ 和 $(D_2-\eta_f M_f)\,\mathbf{1}_m = M_{fl}\mathbf{1}_p$. 进而就有 $q_1 u_l^1 M_{lf}\mathbf{1}_m = q_2 u_f^1 M_{fl}\mathbf{1}_p$. 选取

$$q_1=\frac{u_f^1 M_{fl}\mathbf{1}_p}{u_f^1 M_{fl}\mathbf{1}_p+u_l^1 M_{lf}\mathbf{1}_m} \quad 和 \quad q_2=\frac{u_l^1 M_{lf}\mathbf{1}_m}{u_f^1 M_{fl}\mathbf{1}_p+u_l^1 M_{lf}\mathbf{1}_m},$$

可得左特征向量

$$u^1=\left(\frac{u_f^1 M_{fl}\mathbf{1}_p}{u_f^1 M_{fl}\mathbf{1}_p+u_l^1 M_{lf}\mathbf{1}_m}u_l^1, \frac{u_l^1 M_{lf}\mathbf{1}_m}{u_f^1 M_{fl}\mathbf{1}_p+u_l^1 M_{lf}\mathbf{1}_m}u_f^1\right). \qquad \square$$

当耦合系统达到无条件一致性而每个子系统只达到弱一致性时, 能否从每个子系统的弱一致性向量得到耦合系统的一致性吗? 设矩阵$K=(k_{ij})_{(n_l+n_f)\times(n_l+n_f)}$, 其中 $k_{ij}=0$ 并且

$$\begin{aligned}
k_{ii}&=\frac{u_f^1 M_{fl}\mathbf{1}_p}{u_f^1 M_{fl}\mathbf{1}_p+u_l^i M_{lf}\mathbf{1}_m},\\
k_{i,n_l+1}&=\frac{u_l^i M_{lf}\mathbf{1}_m}{u_f^1 M_{fl}\mathbf{1}_p+u_l^i M_{lf}\mathbf{1}_m}, \quad i=1,\cdots,n_l,\\
k_{n_l+j,1}&=\frac{u_f^j M_{fl}\mathbf{1}_p}{u_f^j M_{fl}\mathbf{1}_p+u_l^1 M_{lf}\mathbf{1}_m},\\
k_{n_l+j,n_l+j}&=\frac{u_l^1 M_{lf}\mathbf{1}_m}{u_f^j M_{fl}\mathbf{1}_p+u_l^1 M_{lf}\mathbf{1}_m}, \quad j=1,\cdots,n_f.
\end{aligned} \tag{3.20}$$

定理 3.1.3 假设 0 为 Laplace 矩阵 L_c 的简单特征值. 则耦合系统 (3.11) 达成一致, 一致值为

$$c_{\text{coupled}}=\frac{1}{n_l+n_f}\mathbf{1}_{n_l+n_f}^{\mathrm{T}}K\left[\begin{pmatrix} \dfrac{1-\eta_i\bar{\tau}}{1-d\bar{\tau}}c_l^{\mathrm{T}} \\ \dfrac{1-\eta_f\bar{t}}{1-\bar{d}\tilde{\tau}}c_f^{\mathrm{T}} \end{pmatrix}+\begin{pmatrix} \dfrac{\bar{d}-\eta_l}{1-\bar{d}\tau}x_\tau^{\mathrm{T}} \\ \dfrac{\bar{d}-\eta_t}{1-\bar{d}\bar{\tau}}y_\tau^{\mathrm{T}} \end{pmatrix}\right]. \tag{3.21}$$

特别地, 当 $\eta_l=\eta_f$ 时, 一致值为

$$c_{\text{coupled}}=\frac{1}{n_l+n_f}\mathbf{1}_{n_l+n_f}^{\mathrm{T}}K\left[\frac{1-\eta_l\bar{\tau}}{1-\bar{d}\bar{\tau}}\begin{pmatrix} c_l^{\mathrm{T}} \\ c_f^{\mathrm{T}} \end{pmatrix}+\frac{\bar{d}-\eta_l}{1-\bar{d}\bar{\tau}}\begin{pmatrix} x_\tau^{\mathrm{T}} \\ y_\tau^{\mathrm{T}} \end{pmatrix}\right]. \tag{3.22}$$

证明 对任意的 $\phi \in C$ 和 $\psi \in C^*$ 并重新定义双线性形式

$$\langle \psi, \phi \rangle_c = \psi(0)\phi(0) + \bar{d}\int_{-\tau}^{0}\int_{r}^{0} \mu(r)\psi(r-t)\phi(t)\mathrm{d}t\mathrm{d}r,$$

进而可得到系统 (3.11) 达到无条件一致性, 一致值为

$$c_{\text{coupled}} = \frac{\left\langle u^1, \begin{pmatrix} x(0) \\ y(0) \end{pmatrix} + \bar{d}\int_{-\tau}^{0}\int_{\theta}^{0} \mu(\theta) \begin{pmatrix} x(r) \\ y(r) \end{pmatrix} \mathrm{d}r\mathrm{d}\theta \right\rangle}{1-\bar{d}\bar{\tau}}. \tag{3.23}$$

对任意 $i=1,\cdots,n_l$ 和 $j=1,\cdots,n_f$, 由引理 3.1.3 可知

$$u^1 = \left(\frac{u_f^j M_{fl}\mathbf{1}_p}{u_f^j M_{fl}\mathbf{1}_p + u_l^i M_{lf}\mathbf{1}_m} u_l^i, \frac{u_l^i M_{lf}\mathbf{1}_m}{u_f^j M_{fl}\mathbf{1}_p + u_l^i M_{lf}\mathbf{1}_m} u_f^j \right).$$

进而由矩阵 K 可得

$$\begin{pmatrix} c_{\text{coupled}} \\ c_{\text{coupled}} \\ \vdots \\ c_{\text{coupled}} \end{pmatrix}_{n_l+n_f} = K\left[\begin{pmatrix} \dfrac{1-\eta_l\tau}{1-d\bar{\tau}} c_l^{\mathrm{T}} \\ \dfrac{1-\eta_f\bar{\tau}}{1-d\tau} c_f^{\mathrm{T}} \end{pmatrix} + \begin{pmatrix} \dfrac{\bar{d}-\eta_l}{1-\bar{d}\tau} x_\tau^{\mathrm{T}} \\ \dfrac{\bar{d}-\eta_f}{1-\bar{d}\tau} y_\tau^{\mathrm{T}} \end{pmatrix} \right]. \tag{3.24}$$

因此, 可得

$$c_{\text{coupled}} = \frac{1}{n_l+n_f}\mathbf{1}_{n_l+n_f}^{\mathrm{T}} K \left[\begin{pmatrix} \dfrac{1-\eta_l\bar{\tau}}{1-d\tau} c_l^{\mathrm{T}} \\ \dfrac{1-\eta_f\bar{\tau}}{1-d\bar{\tau}} c_f^{\mathrm{T}} \end{pmatrix} + \begin{pmatrix} \dfrac{\bar{d}-\eta_l}{1-d\bar{\tau}} x_\tau^{\mathrm{T}} \\ \dfrac{\bar{d}-\eta_f}{1-\tilde{d}\bar{\tau}} y_\tau^{\mathrm{T}} \end{pmatrix} \right]. \qquad \square$$

推论 3.1.2 假设 0 为 Laplace 矩阵 $L_c, M_{lf} \neq 0$ 或 $M_{fl} \neq 0$ 和 $n_l = n_f = 1$ 的简单特征值. 则一致值为

$$\begin{aligned} c_{\text{coupled}} &= \frac{1-\eta_l\bar{\tau}}{1-\bar{d}\bar{\tau}} r_1 c_l + \frac{1-\eta_f\bar{\tau}}{1-\bar{d}\bar{\tau}}(1-r_1)c_f \\ &\quad + \frac{\bar{d}-\eta_l}{1-\bar{d}\bar{\tau}} r_1 x_\tau + \frac{\bar{d}-\eta_f}{1-\bar{d}\bar{\tau}}(1-r_1) y_\tau, \end{aligned} \tag{3.25}$$

其中

$$r_1 = \frac{u_f^1 M_{fl}\mathbf{1}_p}{u_f^1 M_{fl}\mathbf{1}_p + u_l^1 M_{lf}\mathbf{1}_m}.$$

证明 注意到 $u^1 = \left(r_1 u_l^1, (1-r_1)\, u_f^1\right)$, 有

$$
\begin{aligned}
c_{\text{coupled}} &= \frac{\left\langle u^1, \begin{pmatrix} x(0) \\ y(0) \end{pmatrix} + \bar{d}\int_{-\tau}^{0}\int_{\theta}^{0}\mu(\theta)\begin{pmatrix} x(r) \\ y(r) \end{pmatrix}\mathrm{d}r\mathrm{d}\theta \right\rangle}{1-\bar{d}\bar{\tau}} \\
&= \frac{r_1}{1-\bar{d}\bar{\tau}}\left\langle u_l^1, x(0) + \bar{d}\int_{-\tau}^{0}\int_{\theta}^{0}\mu(\theta)x(r)\mathrm{d}r\mathrm{d}\theta\right\rangle \\
&\quad + \frac{1-r_1}{1-\bar{d}\bar{\tau}}\left\langle u_f^1, y(0) + \bar{d}\int_{-\tau}^{0}\int_{\theta}^{0}\mu(\theta)y(r)\mathrm{d}r\mathrm{d}\theta\right\rangle \\
&= \frac{1-\eta_l\bar{\tau}}{1-\bar{d}\bar{\tau}} r_1 c_l + \frac{1-\eta_f\bar{\tau}}{1-\bar{d}\bar{\tau}}\left(1-r_1\right) c_f \\
&\quad + \frac{\bar{d}-\eta_l}{1-\bar{d}\bar{\tau}} r_1 x_\tau + \frac{\bar{d}-\eta_f}{1-\bar{d}\bar{\tau}}\left(1-r_1\right) y_\tau.
\end{aligned} \tag{3.26}
$$

□

推论 3.1.3 假设 0 为 Laplace 矩阵 L_c 的简单特征值. 若 $M_{lf} \neq 0, M_{fl} = 0$, 则一致值为

$$
c_{\text{coupled}} = \frac{1-\eta_f\bar{\tau}}{1-\bar{d}\bar{\tau}} c_f + \frac{\bar{d}-\eta_f}{1-\bar{d}\bar{\tau}} y_\tau.
$$

推论 3.1.4 假设 0 为 Laplace 矩阵 L_c 的简单特征值. 若 $n_l = n_f = 1, \eta_l = \eta_f M_{lf} = \varepsilon_{lf}\mathbf{1}_{p\times m}$, $M_{fl} = \varepsilon_f \mathbf{1}_{m\times p}$, 则耦合系统的一致值为

$$
c_{\text{coupled}} = \frac{1-\eta_l\bar{\tau}}{1-\bar{d}\bar{\tau}}\left[r_1 c_l + \left(1-r_1\right) c_f\right] + \frac{\bar{d}-\eta_l}{1-\bar{d}\bar{\tau}}\left[r_1 x_\tau + \left(1-r_1\right) y_\tau\right],
$$

其中 $r_1 = \dfrac{p\varepsilon_{fl}}{p\varepsilon_{tl} + m\varepsilon_{lf}}$, ε_{lf}, ε_{fl} 为正常数.

证明 由于 $u_l^1 \mathbf{1}_p = u_f^1 \mathbf{1}_m = 1$, 则有

$$
\begin{aligned}
u_f^1 M_{fl}\mathbf{1}_p &= \varepsilon_{fl} u_f^1 \mathbf{1}_{m\times p}\mathbf{1}_p = p\varepsilon_{fl} u_f^1 \mathbf{1}_m = p\varepsilon_{fl}, \\
u_l^1 M_{lf}\mathbf{1}_m &= \varepsilon_{lf} u_l^1 \mathbf{1}_{p\times m}\mathbf{1}_m = m\varepsilon_{lf} u_l^1 \mathbf{1}_p = m\varepsilon_{lf}.
\end{aligned} \tag{3.27}
$$

因此, 由推论 3.1.2 可得

$$
c_{\text{coupled}} = \frac{1-\eta_l\bar{\tau}}{1-\bar{d}\bar{\tau}}\left[r_1 c_l + \left(1-r_1\right) c_f\right]
$$

$$+\frac{\bar{d}-\eta_l}{1-\bar{d}\bar{\tau}}\left[r_1 x_\tau+(1-r_1)\,y_\tau\right]. \tag{3.28}$$

在上述推导中, 常数 ε_{lf} 衡量第二组到第一组的最大影响力. 类似地, ε_{fl} 衡量第一组到第二组的最大影响力. 由于 p 是第一组的数目, 因此可将 $p\varepsilon_{lf}$ 作为第一组对第二组观点的集体影响. 由此推论可知系统的一致性取决于这些集体影响. 特别地, 如果第一组的集体影响强度远远大于第二组 ($p\varepsilon_{fl}\gg m\varepsilon_{lf}$) 的集体影响强度, 则耦合系统的最终观点值更接近第一组的观点. 相反, 如果下一组的集体强度 ($m\varepsilon_{fl}$) 足够强, 则下一组可以决定耦合系统的最终一致值. □

3.2 相位耦合振荡器系统的同步动力学

相位耦合振荡器的同步问题在物理[235,236]、网络[237-239] 和工程[240,241] 等不同学科中得到了广泛的研究. Scardovi[242] 在完全图拓扑上分析了塑性耦合齐次振荡系统的同步和稳定性. Gushchin 等[243] 讨论了由以下两类方程控制的耦合振荡器系统:

$$\dot{\theta}_i(t)=\omega_i+\sum_{j\in N_i}k_{ij}\cdot f_{ij}\left(\theta_j(t)-\theta_i(t)\right),\quad 1\leqslant i\leqslant n, \tag{3.29}$$

其中 θ_i 是相位, ω_i 是振荡器 i 的固有频率, k_{ij} 和 f_{ij} 相连的振荡器集均是 2π-周期连续可微函数, 其中 k_{ij} 满足

$$\dot{k}_{ij}(t)=s_{ij}\left(\alpha_{ij}F_{ij}\left(\theta_j(t)-\theta_i(t)\right)-k_{ij}\right),\quad (i,j)\in E, \tag{3.30}$$

其中正常数 s_{ij} 是耦合强度的变化率, 正常数 α_{ij} 是确定耦合强度的最小值和最大值. 函数 $F_{ij}(x)=-\int_0^x f_{ij}(t)\mathrm{d}t+C$, 则可选取积分常数 C 使得 $\int_0^\pi F_{ij}(t)\mathrm{d}t=0$.

易知, 该系统由方程 (3.29) 和 (3.30) 耦合而成, 其中第一个方程定义振荡器的行为, 第二个方程确定耦合强度的动力学. 特别地, 如果 k_{ij} 是常量, $f_{ij}\left(\theta_j-\theta_i\right)=\sin\left(\theta_j-\theta_i\right)$, 则系统 (3.29) 成为 Kuramoto 模型; 如果 $f_{ij}\left(\theta_j-\theta_i\right)=\sin\left(\theta_j-\theta_i\right)$, $F_{ij}\left(\theta_j-\theta_i\right)=\cos\left(\theta_j-\theta_i\right)$, 则系统 (3.29)-(3.30) 退化为广义的 Kuramoto 模型. 如果振荡器的所有固有频率相等, 即存在一个常数 ω, 使得 $\omega_1=\omega_2=\cdots=\omega_n=\omega$, 则称为齐次振荡器系统. 相耦合振荡器的同步可以出现在两个不同的状态中: 频率同步和相位同步.

接下来讨论时间延迟对系统 (3.29)-(3.30) 的同步行为的影响, 并构建局部相位同步和聚类准则.

3.2.1 模型描述与准备

不同的振荡器具有不同的初相位差，将导致振荡时间延迟．鉴于此，系统 (3.29)-(3.30) 中引入时滞因素，得到

$$\dot{\theta}_i(t) = \omega + \sum_{j \in N_i} k_{ij} f\left(\int_{-\tau}^{0} \mu(s)\theta_j(t+s)\mathrm{d}s - \theta_i(t)\right), \tag{3.31}$$

以及

$$\dot{k}_{ij}(t) = s_{ij}\left(\alpha_{ij} F\left(\int_{-\tau}^{0} \mu(s)\theta_j(t+s)\mathrm{d}s - \theta_i(t)\right) - k_{ij}\right), \tag{3.32}$$

其中 τ 是最大相位差，分布函数 $\nu(s)$ 满足 $\displaystyle\int_{-\tau}^{0} \mu(s)\mathrm{d}s = 1$．系统 (3.31)-(3.32) 的初始条件为

$$\theta_i(t) = \gamma_i(t), \quad t \in [-\tau, 0], \quad 1 \leqslant i \leqslant n,$$

其中 γ_i 为连续函数．关于相关时滞系统的更多讨论，可参考 [235, 241, 242] 等参考文献．

为了讨论频率同步、相位同步以及弱相位同步，首先给出如下定义：

(1) 如果 $\lim\limits_{t\to\infty} \dot{\theta}_1(t) = \cdots = \lim\limits_{t\to\infty} \dot{\theta}_n(t) = \Omega$ 并且 $\lim\limits_{t\to\infty} \dot{k}_{ij}(t) = 0$，其中 Ω 是公共同步频率，则系统 (3.31)-(3.32) 实现频率同步．

(2) 如果系统 (3.31)-(3.32) 实现频率同步，并且

$$\lim_{t\to\infty}(\theta_1(t) - \Omega t) = \lim_{t\to\infty}(\theta_2(t) - \Omega t) = \cdots = \lim_{t\to\infty}(\theta_n(t) - \Omega t) = \varphi,$$

其中 φ 是常数，则系统 (3.31)- (3.32) 取得相位同步．

(3) 如果系统实现频率同步，且对于一些初始值存在常数 $\varphi_j \in \mathbb{R}$ 和集合 $P_j \subset \{1, 2, \cdots, n\}$ 满足 $P_j \cap P_i = \varnothing$(空集)，$\varphi_j \neq \varphi_i (i \neq j)$，$\bigcup_j P_j = \{1, 2, \cdots, n\}$，使得 $\lim\limits_{t\to\infty}(\theta_i(t) - \Omega t) = \varphi_j (\forall i \in P_j)$，则称系统达到弱相位同步．

在给出时滞系统 (3.31)-(3.32) 频率同步和相位同步准则前，首先将系统线性化以及伴随矩阵标准化；继而基于零空间中的标准的 0-1 向量分解，给出了簇相位同步的充分必要条件，并描述了频率同步准则和相位同步准则，即根据耦合强度、初始值和时延来确定最终的同步频率和同步相位．

3.2.2　线性化分析

假设耦合强度系数 α_{ij} 满足行和不变性 (这里 $\alpha_{ij}=0,\ (i,j)\notin E$), 即存在常数 α 使得

$$\alpha=\sum_{j=1}^{n}\alpha_{ij},\quad \forall i. \tag{3.33}$$

引入归一化耦合强度系数矩阵 $A=(a_{ij})_{n\times n}$, 其中

$$a_{ij}=\frac{\alpha_{ij}}{\alpha},\ (i,j)\in E;\quad a_{ij}=0,\ (i,j)\notin E.$$

A 是振子网络的归一化加权邻接矩阵. 显然 $\sum_{j=1}^{n}a_{ij}=1(\forall i)$, 则 $L=I-A$ 是一个正规的 Laplace 矩阵. 易知 0 为 L 的特征值, $\mathbf{1}=(1,1,\cdots,1)^{\mathrm{T}}$ 为对应的特征向量. 接下来假设 0 是 L 的半单特征值, 重数为 n_0. 考虑系统 (3.31)-(3.32) 的一个特解如下

$$\theta_i(t)=\Omega t\quad \text{和}\quad \dot{k}_{ij}(t)=0,\quad \forall i,j, \tag{3.34}$$

其中 Ω 是公共同步频率, 满足如下代数方程:

$$\Omega=\omega+\alpha F(\Omega\bar{\tau})f(\Omega\bar{\tau}), \tag{3.35}$$

其中静态耦合强度 $\widetilde{k}_{ij}=\alpha_{ij}F(\Omega\bar{\tau})$, $\bar{\tau}=\displaystyle\int_{-\tau}^{0}s\mu(s)\mathrm{d}s<0$. 通过引入振荡器 i 的相位变量

$$\varphi_i(t)=\theta_i(t)-\Omega t,$$

将振子系统 (3.31)-(3.32) 关于特解 (3.34) 线性化, 得到

$$\dot{\varphi}_i(t)=\varepsilon\sum_{j=1}^{n}a_{ij}\left(\int_{-\tau}^{0}\mu(s)\varphi_j(t+s)\mathrm{d}s-\varphi_i(t)\right),\quad \forall i, \tag{3.36}$$

其中 $\varepsilon=\alpha F(\Omega\bar{\tau})\cdot f'(\Omega\bar{\tau})$.

由此, 可知延迟相位耦合齐次振荡器系统 (3.31)-(3.32) 能否实现局部频率同步, 将由系统 (3.36) 的收敛性决定. 特别地, 当系统 (3.36) 达到同步时, 振荡器系统 (3.31)-(3.32) 能实现局部相位同步.

如果 $\mathbf{1}$ 可以被分割成 k 个 0-1 向量 (0-1 向量是指向量的每个分量要么是 1, 要么是 0), 则相位状态集就可能被分割成 k 类. 因此, 定义量 N: $N=\max\{k:$ 存在 k 个非零 0-1 向量 $a_1,a_1,\cdots,a_k$ 使得 $La_i=\mathbf{0}$, 且 $a_1+\cdots+a_k=\mathbf{1}\}$.

引理 3.2.1 假设 0 是 Laplace 矩阵 L 的半单特征值, 且重数为 n_0, 则 $N = n_0$.

证明 不失一般性, 假设 0-1 向量 $a_1, \cdots, a_N$ 具有以下形式 (如果需要, 可交换矩阵 L 的行并重新标记 x_i 的下标):

$a_1 = (1, \cdots, 1, 0, \cdots, 0)$, 其中 1 的分量数是 t_1,

$a_2 = (0, \cdots, 0, 1, \cdots, 1, 0, \cdots, 0)$, 其中 1 的分量数是 t_2,

......

$a_N = (0, \cdots, 0, 1, \cdots, 1)$, 其中 1 的分量数是 t_N,

这里 $t_1 + t_2 + \cdots + t_N = n$. 接下来, 如果 $a_1, \cdots, a_N$ 具有上述形式, 则集合 $\{a_1, \cdots, a_N\}$ 被称为正规的 0-1 向量基.

注意到 $La_i = \mathbf{0}$ $(i = 1, \cdots, N)$, $a_{ij} \geqslant 0$, 则可知 L 是一个块对角矩阵, 即 $L = \mathrm{diag}\,(D_1, D_2, \cdots, D_N)$. 设 $f(\lambda) = \det\,(\lambda I - D_i)$, 则 $f(0) = 0$. 注意 D_i 是 M-矩阵, t_i 是最小值, 易知 $f'(0) \neq 0$. 因此, 0 为 D_i $(i = 1, 2, \cdots, N)$ 的简单特征值. 进而可知 0 是矩阵 L 的特征值, 且重数为 N. 另外, 半单零特征值的重数为 n_0. 因此, 可得 $N = n_0$. □

注 3.2.1 从上面的讨论可知, 如果 0 是 Laplace 矩阵 L 的半单特征值且重数为 n_0, 那么 L 是块对角矩阵 (如果需要, 可交换矩阵 L 的行并重新定义下标).

引理 3.2.2 假设 0 是 Laplace 矩阵 L 的半单特征值且重数为 n_0, 则存在唯一的 0-1 向量族 $a_1, \cdots, a_{n_0}$ 使得 $La_i = \mathbf{0}$, $a_1 + a_2 + \cdots + a_{n_0} = \mathbf{1}$.

证明 由引理 3.2.1, 选取正规 0-1 向量族 $a_1, \cdots, a_{n_0}$ 使得 $La_i = \mathbf{0}$, $a_1 + a_2 + \cdots + a_{n_0} = \mathbf{1}$, 即存在性得证.

接下来证明唯一性. 如果存在另一组正规 0-1 向量族 $b_1, \cdots, b_{n_0}$ 使得 $Lb_i = \mathbf{0}$, 且 $b_1 + b_2 + \cdots + b_{n_0} = \mathbf{1}$. 不失一般性, 假设 $b_1 = (1, \cdots, 1, 0, \cdots, 0)$, 其中分量 1 的数量为 s_1.

当 $s_1 < t_1$ 时, 有 $L\,(a_1 - b_1) = \mathbf{0}$. 故 $\{b_1, a_1 - b_1, a_2, \cdots, a_{n_0}\}$ 线性无关. 这意味着零空间 $\{v : Lv = \mathbf{0}\}$ 的维数不小于 $n_0 + 1$, 而空间维数为 n_0, 矛盾.

当 $s_1 > t_1$ 时, 假设 $t_1 < s_1 < t_2$ (如果 s_1 大于 t_2, 那么参数是类似), 则 $L\,(a_1 + a_2 - b_1) = \mathbf{0}$. 故, $\{a_1, a_1 + a_2 - b_1, b_2, \cdots, b_{n_0}\}$ 线性无关. 所以零空间的维数也不小于 $n_0 + 1$, 这与零空间的维数是 n_0 矛盾.

基于上述讨论, 可知 $a_1 = b_1$. 同理可证 $a_i = b_i, i = 2, \cdots, n_0$, 从而验证了唯一性. □

3.2.3 局部相位同步和分簇判据

本节将讨论线性系统 (3.36) 的同步和分簇问题, 目的是建立系统 (3.36) 的相位同步和分簇判据.

由于 Laplace 矩阵 $I-A$ 的所有非对角元素是非正的, 其特征值的实部是非负的. 设 $\{\lambda_1,\lambda_2,\cdots,\lambda_n\}$ 为 L 的特征值, 则 $0\leqslant \operatorname{Re}\lambda_i, i=1,2,\cdots,n$. 运用 Gerschgorin 圆盘定理, 可得 $|1-\lambda_i|\leqslant 1$.

由于 0 是 n_0 重半单特征值, 则存在非奇异矩阵 Q 使得

$$L=Q\begin{bmatrix} O_{n_0} & 0 \\ 0 & Z \end{bmatrix}Q^{-1},$$

其中 O_{n_0} 为 n_0 维零矩阵 $(1\leqslant n_0\leqslant n)$, Z 的谱为 $\rho(Z)\in(0,2]$. 设 $\{v_1,\cdots,v_n\}$ 为 Q 的列, 且为 $\mathbb{R}^n$ 的一组基. 设 $\{u^1,\cdots,u^n\}$ 为 $\{v_1,\cdots,v_n\}$ 的对偶基, 即 u^i 线性无关, 使得 $\langle u^i,v_j\rangle=\delta^i_j$. 易知 u^i 为 $L, u^iL=0u^i=\mathbf{0}, i=1,2,\cdots,n_0$ 的左特征向量. 此外, 若 $x=\sum_{i=1}^n\alpha_i v_i\in\mathbb{R}^n$, 则 $\alpha_i=\langle u^i,x\rangle$. 令 $x=(\varphi_1,\varphi_2,\cdots,\varphi_n)^{\mathrm{T}}$, 则系统 (3.36) 可变为

$$\dot{x}(t)=-\varepsilon x(t)+\varepsilon A\int_{-\tau}^{0}\mu(s)x(t+s)\mathrm{d}s. \tag{3.37}$$

设 $x(t)$ 为系统 (3.37) 的解, 考虑 $x(t)$ 的分解形式 $x(t)=\sum_{i=1}^n\alpha_i(t)v_i$, 其中 $\alpha_i(t)=\langle u^i,x(t)\rangle$, 则有

$$\dot{\alpha}_i(t)=-\varepsilon\alpha_i(t)+\varepsilon\left(1-\lambda_i\right)\int_{-\tau}^{0}\mu(s)\alpha_i(t+s)\mathrm{d}s, \tag{3.38}$$

其特征方程为

$$z=-\varepsilon+\varepsilon\left(1-\lambda_i\right)\int_{-\tau}^{0}\mu(s)\mathrm{e}^{zs}\mathrm{d}s. \tag{3.39}$$

引理 3.2.3[166] 设 $\varepsilon>0$. 如果 $\lambda_i=0$, 则 $z=0$ 为方程 (3.39) 的单根, 其他所有的根都有负实部. 若 $\lambda_i\neq 0$, 所有根都有负实部.

由引理 3.2.3 可知, $\lim\limits_{t\to+\infty}\alpha_i(t)=0\ (i>n_0)$. 因此,

$$\lim_{t\to+\infty}\left(x(t)-\alpha_1(t)v_1-\cdots-\alpha_{n_0}(t)v_{n_0}\right)=\mathbf{0}.$$

接下来计算 $\alpha_1(t),\cdots,\alpha_{n_0}(t)$ 当 $t\to+\infty$ 时的极限. 类似于引理 3.1.2, 对任意的 $i=1,\cdots,n_0$, 可得

$$\begin{aligned}\lim_{t\to+\infty}\alpha_i(t)=a_t^0&=\frac{1}{1-\varepsilon\bar{\tau}}\left[\alpha_i(0)+\varepsilon\int_{-\tau}^{0}\int_{\theta}^{0}\mu(\theta)\alpha_i(r)\mathrm{d}r\mathrm{d}\theta\right]\\&=\frac{1}{1-\varepsilon\bar{\tau}}\left\langle u^i,x(0)+\varepsilon\int_{-\tau}^{0}\int_{\theta}^{0}\mu(\theta)x(r)\mathrm{d}r\mathrm{d}\theta\right\rangle.\end{aligned}$$

下面在零空间中引入投影坐标向量. 由引理 3.2.3 可知, 存在唯一的正规 0-1 向量族 $a_1,\cdots,a_{n_0}$ 使得 $La_i=\mathbf{0}$, 且 $a_1+a_2+\cdots+a_{n_0}=\mathbf{1}$. 下面引入

$$\begin{aligned}c=&\ \left(\left\langle u^1,\mathbf{1}\right\rangle,\cdots,\left\langle u^{n_0},\mathbf{1}\right\rangle\right)^{\mathrm{T}},\quad \beta=(\beta_1,\beta_2,\cdots,\beta_{n_0})^{\mathrm{T}},\\\beta_i=&\ \frac{1}{1-\varepsilon\bar{\tau}}\left\langle u^i,x(0)+\varepsilon\int_{-\tau}^{0}\int_{\theta}^{0}\mu(\theta)x(r)\mathrm{d}r\mathrm{d}\theta\right\rangle,\\c_i=&\ \left(\left\langle u^1,a_i\right\rangle,\cdots,\left\langle u^{n_0},a_i\right\rangle\right)^{\mathrm{T}},\quad 1\leqslant i\leqslant n_0,\\U=&\ [v_1,v_2,\cdots,v_{n_0}].\end{aligned}\tag{3.40}$$

设

$$V(\alpha_1,\alpha_2,\cdots,\alpha_{n_0})=\begin{bmatrix}1&1&\cdots&1\\\alpha_1&\alpha_2&\cdots&\alpha_{n_0}\\\vdots&\vdots&&\vdots\\\alpha_1^{n_0-1}&\alpha_2^{n_0-1}&\cdots&\alpha_{n_0}^{n_0-1}\end{bmatrix}$$

为 n_0 阶 Vandermonde 矩阵, 且

$$\alpha_i=\frac{1}{t_i}\left\langle U\beta,a_i\right\rangle,\quad 1\leqslant i\leqslant n_0.\tag{3.41}$$

定理 3.2.1 *假设耦合强度系数满足 (3.33), 函数 $F(\cdot)$ 满足 $F(\Omega\bar{\tau})\cdot f'(\Omega\bar{\tau})>0$, 0 是 Laplace 矩阵 L 的 n_0 重半单特征值, 则耦合系统 (3.31)-(3.32) 局部达到 m 簇相位同步当且仅当*

$$\mathrm{Rank}\left(V\left(\alpha_1,\alpha_2,\cdots,\alpha_{n_0}\right)\right)=m\quad(1\leqslant m\leqslant n_0).$$

证明 由于 $F(\Omega\bar{\tau})\cdot f'(\Omega\bar{\tau})>0$, 则对于 $\varepsilon>0$, 引理 3.2.3 成立. 注意到 $\{a_1,a_2,\cdots,a_{n_0}\}$ 线性无关, 则为 $\mathrm{Span}\{v_1,v_2,\cdots,v_{n_0}\}$ 的一组基. 另一方面有

$$\lim_{t\to+\infty}x(t)=\sum_{i=1}^{n_0}\beta_iv_i=U\beta\in\mathrm{Span}\left\{a_1,a_2,\cdots,a_{n_0}\right\}.$$

因此, 存在常数 α_i, 使得

$$U\beta = \alpha_1 a_1 + \alpha_2 a_2 + \cdots + \alpha_{n_0} a_{n_0}.$$

又因为 $\langle a_i, a_j\rangle = 0\ (i \neq j)$, 且 $\langle a_i, a_i\rangle = t_i$, 则有 $\alpha_i = \dfrac{1}{t_i}\langle U\beta, a_i\rangle$. 因此, 当且仅当 $\alpha_1, \alpha_2, \cdots, \alpha_{n_0}$ 有 m 个两两不同的数时, 系统 (3.36) 实现 m 簇相位同步. 同时, 由 Vandermonde 行列式性质可知

$$\det\left(V\left(\alpha_1, \alpha_2, \cdots, \alpha_{n_0}\right)\right) = \prod_{1\leqslant i<j\leqslant n_0}\left(\alpha_i - \alpha_j\right),$$

当且仅当 $\alpha_1, \alpha_2, \cdots, \alpha_{n_0}$ 中存在 m 个两两互异的数时, Vandermonde 矩阵的秩为 m. 设 $\phi_1, \phi_2, \cdots, \phi_m$ 为一组两两互异的数, 则

$$\lim_{t\to+\infty}\left(\theta_i(t) - \Omega t\right) = \phi_j, \quad i \in P_j,$$

其中集合 $P_j \subset \{1, 2, \cdots, n\}$ 满足 $P_j \cap P_i = \varnothing(\ i \neq j)$ 和 $\bigcup_j P_j = \{1, 2, \cdots, n\}$. 这意味着系统 (3.31)-(3.32) 取得 m 簇相位同步当且仅当

$$\mathrm{Rank}\left(V\left(\alpha_1, \alpha_2, \cdots, \alpha_{n_0}\right)\right) = m. \qquad \square$$

推论 3.2.1 (同步判据) 假设耦合强度满足 (3.33), 函数 $F(\cdot)$ 满足 $F(\Omega\bar{\tau}) \cdot f'(\Omega\bar{\tau}) > 0$, 0 是 Laplace 矩阵 L 的 n_0 重半单特征值, 则系统 (3.31)-(3.32) 局部达到 m 簇相位同步当且仅当 $\mathrm{Rank}\left(V\left(\alpha_1, \alpha_2, \cdots, \alpha_{n_0}\right)\right) = 1$. 具体地,

(1) 如果 $n_0 = 1$, 则耦合系统 (3.31)-(3.32) 将实现局部同步, 且同步频率为 Ω, 同步相位为

$$\frac{1}{1-\varepsilon\bar{\tau}}\left\langle u^1, x(0) + \varepsilon\int^0\int_0^0 \mu(\theta)x(r)\mathrm{d}r\mathrm{d}\theta\right\rangle,$$

(2) 如果 $n_0 > 1$, 则耦合系统 (3.31)-(3.32) 将实现有条件的局部同步, 即当且仅当初始值满足如下条件时, 耦合系统 (3.31)-(3.32) 将实现局部同步,

$$\begin{aligned}&\frac{\left\langle u^1, x(0) + \varepsilon\displaystyle\int_{-\tau}^0\int_\theta^0 \mu(\theta)x(r)\mathrm{d}r\mathrm{d}\theta\right\rangle}{\langle u^1, \mathbf{1}\rangle}\\ =&\frac{\left\langle u^j, x(0) + \varepsilon\displaystyle\int_{-\tau}^0\int_\theta^0 \mu(\theta)x(r)\mathrm{d}r\mathrm{d}\theta\right\rangle}{\langle u^j, \mathbf{1}\rangle}, \quad j = 1, \cdots, n_0.\end{aligned} \tag{3.42}$$

此外, 同步频率为 Ω, 同步相位为常数 α_1, 定义如下

$$\alpha_1 = \frac{\left\langle u^1, x(0) + \varepsilon \int_{-\tau}^{0} \int_{\theta}^{0} \mu(\theta) x(r) \mathrm{d}r \mathrm{d}\theta \right\rangle}{\langle u^1, \mathbf{1} \rangle \cdot (1 - \varepsilon\bar{\tau})}.$$

证明 由定理 3.2.1 可知, $\mathrm{Rank}\left(V\left(\alpha_1, \alpha_2, \cdots, \alpha_{n_0}\right)\right) = 1$ 当且仅当 φ_i 属于同一簇, 这就意味着线性系统将实现同步. 此时, 存在两种情况满足 $\mathrm{Rank}\left(V\left(\alpha_1, \alpha_2, \cdots, \alpha_{n_0}\right)\right) = 1$.

当 $n_0 = 1$ 时, 对任意初始条件, $\mathrm{Rank}\left(V\left(\alpha_1, \alpha_2, \cdots, \alpha_{n_0}\right)\right) = 1$ 成立, 进而可得 $U = v_1 = a_1 = \mathbf{1}$, 其中 β 定义为

$$\beta = \frac{1}{1 - \varepsilon\bar{\tau}} \left\langle u^1, x(0) + \varepsilon \int_{-\tau}^{0} \int_{\theta}^{0} \mu(\theta) x(r) \mathrm{d}r \mathrm{d}\theta \right\rangle.$$

因此, 可推得

$$\lim_{t \to +\infty} x(t) = \alpha_1 \mathbf{1} = \frac{1}{n} \langle U\beta, a_1 \rangle \mathbf{1} = \beta \mathbf{1}.$$

这意味着对任意的 i, 有

$$\lim_{t \to +\infty} (\theta_i(t) - \Omega t) = \beta.$$

因此, 对任意初始值, 耦合系统 (3.31)-(3.32) 可实现局部同步, 并且同步频率为 Ω, 同步相位为

$$\frac{1}{1 - \varepsilon\bar{\tau}} \left\langle u^1, x(0) + \varepsilon \int_{-\tau}^{0} \int_{\theta}^{0} \mu(\theta) x(r) \mathrm{d}r \mathrm{d}\theta \right\rangle.$$

当 $n_0 > 1$ 时, $\mathrm{Rank}\left(V\left(\alpha_1, \alpha_2, \cdots, \alpha_{n_0}\right)\right) = 1$ 当且仅当 $\alpha_1 = \alpha_j, j \in \{2, \cdots, n_0\}$. 因此有

$$\begin{aligned} \lim_{t \to \infty} x(t) &= U\beta = \alpha_1 a_1 + \alpha_2 a_2 + \cdots + \alpha_{n_0} a_{n_0} \\ &= \alpha_1 \mathbf{1} = \alpha_1 \sum_{i=1}^{n_0} \langle u^i, \mathbf{1} \rangle v_i, \end{aligned} \tag{3.43}$$

即对任意 i, 有 $\lim\limits_{t \to +\infty} (\theta_i(t) - \Omega t) = \alpha_1$ 成立. 此时, 当且仅当初始条件满足 (3.42) 时, 耦合系统 (3.31)-(3.32) 实现有条件的局部同步, 且同步频率为 Ω, 同步相位为常数 α_1, 其定义为

$$\alpha_1 = \frac{\left\langle u^1, x(0) + \varepsilon \int_{-\tau}^{0} \int_{\theta}^{0} \mu(\theta) x(r) \mathrm{d}r \mathrm{d}\theta \right\rangle}{(1 - \varepsilon\bar{\tau}) \langle u^1, \mathbf{1} \rangle}.$$ □

注 3.2.2　由定理 3.2.1 和推论 3.2.1可知, 相位分簇判据条件依赖于线性化结构和初始条件. 此外, 时滞会影响同步频率 Ω 和相位同步簇数, 并且最终同步频率以非线性形式影响最终同步相位.

注 3.2.3　特别地, 如果 $f(r)=\sin(r), F(r)=\cos(r)$, 则系统 (3.31)-(3.32) 为广义 Kuramoto 模型. 此时, 同步频率 Ω 由代数方程 $\Omega=\omega+\alpha\cos(\Omega\bar{\tau})\sin(\Omega\bar{\tau})$ 决定. 此外, 当时滞 τ 足够小时, 同步频率 $\Omega\approx\dfrac{\omega}{1-\alpha\bar{\tau}}$ 且 $F(\Omega\bar{\tau})\cdot f'(\Omega\bar{\tau})=\cos^2(\Omega\bar{\tau})>0$.

第 4 章　时滞系统的渐近集群

自组织系统广泛出现在人工智能、物理、生物和社会科学中. 这类系统通过调节不同独立个体使得信息交互具有非平凡的能力, 以达到特定的目的. 无论在理论还是在应用上, 认识自我驱动的个体如何只利用有限的环境信息和简单的规则来组织有序的运动是特别有趣的.

2013 年, Cao 等[244] 指出所有的实用系统中几乎都存在时滞. 在自然科学和工程技术的讨论中, 许多现象都用常微分方程作为它们的数学模型. 这些问题实际上都是假定事物的变化规律仅依赖于当前状态, 而与过去的历史无关. 但是, 许多事物的变化规律不仅依赖于当前状态, 还与过去的状态有关. 在这种情况下, 常微分方程便不能精确地描述客观事物, 随之而起的就是时滞微分方程的发展与应用. 迄今为止, 时滞微分方程已广泛应用于人口模型、传染病模型、细胞生长模型、神经网络、机械振动理论、控制理论等实际问题的讨论之中. 在集群动力学讨论过程中, 时滞因素也得到了关注, 学者将时滞引入到单群组系统中, 并围绕其集群行为发生条件开展了系列讨论. 目前关于时滞的讨论主要聚焦在传输时滞 (个体之间的信息传递)、处理时滞 (个体对信息的处理).

4.1　具有正规化交互权重的时滞系统集群速度

本节将讨论具有处理时滞的 Cucker-Smale 模型, 利用李雅普诺夫泛函和时滞微分不等式的方法, 将无条件集群准则推广到时滞模型中; 此外, 分析了处理时滞的作用及其对渐近速度的影响. 讨论结果表明, 初始速度、初始位置以及处理时滞将以一种复杂的非线性方式影响集群速度.

4.1.1　模型描述与准备

本节重点讨论具有处理时滞的邻近个体位置和速度信息情形. 考虑具有 N 个个体的自组织系统, $x_i \in \mathbb{R}^d$, $v_i \in \mathbb{R}^d$ 分别代表个体 i 的位置和速度, 其中正整数 $d > 1$. 具体考虑以下带有时滞的二阶群体运动模型:

$$\frac{\mathrm{d}}{\mathrm{d}t}x_i = v_i, \quad \frac{\mathrm{d}}{\mathrm{d}t}v_i = \alpha \sum_{j \neq i}^{N} a_{ij}(x(t-\tau))\left(v_j(t-\tau) - v_i(t)\right), \tag{4.1}$$

其中 τ 是个体 i 和 j 之间的通信时间, 影响函数为 $a_{ij} = a_{ij}^{CS}$ 或者 a_{ij}^{MT}.

为了确定自组织系统 (4.1) 的解, 设置初始条件为

$$x_i(\theta) = f_i(\theta), \quad v_i(\theta) = g_i(\theta), \quad \theta \in [-\tau, 0], \tag{4.2}$$

其中 f 和 g 是连续向量值函数. 分析结果表明, 最终的集群速度不仅取决于时滞大小, 还取决于初始时间区间内个体初始位置的变化.

为了刻画集群状态, 设 d_X 和 d_V 分别表示位置直径和速度直径, 即

$$d_X(t) = \max_{i,j}\{\|x_j(t) - x_i(t)\|\}, \quad d_V(t) = \max_{i,j}\{\|v_j(t) - v_i(t)\|\}. \tag{4.3}$$

在模型 (4.1) 中, 假设 a_{ij} 是标准化的, 从而有 $\sum_{j\neq i} a_{ij}(x) < 1$. 令

$$\tilde{a}_{ii}(t) = 1 - \sum_{j\neq i} a_{ij}(x(t-\tau)), \quad \tilde{a}_{ij}(t) = a_{ij}(x(t-\tau)),$$

则系统 (4.1) 可改写为

$$\frac{\mathrm{d}}{\mathrm{d}t}x_i = v_i, \quad \frac{\mathrm{d}}{\mathrm{d}t}v_i = \alpha\left(\overline{v}_i(t) - v_i(t)\right), \tag{4.4}$$

其中 $\overline{v}_i(t) = \sum_{j=1}^{N} \tilde{a}_{ij}(t) v_j(t-\tau)$.

由于 d_X 和 d_V 的定义为最大值范数, 函数 d_X 和 d_V 不一定是 C^1 光滑的, 因此在下面的讨论中使用上 Dini 导数, 即对于一个给定的函数 w 在 t 处连续, 上 Dini 导数 $D^+w(t)$ 定义为

$$D^+w(t) = \limsup_{h\to 0^+} \frac{w(t+h) - w(t)}{h}.$$

如果 $w(t)$ 可导, 则

$$D^+w(t) = \frac{\mathrm{d}}{\mathrm{d}t}w(t) = \dot{w}(t).$$

由定义可知, 存在序列 $h_n \to 0^+$ 使得 $D^+w(t) = \lim\limits_{n\to+\infty} \dfrac{1}{h_n}[w(t+h_n) - w(t)]$. 由 $d_X(t), d_V(t)$ 的定义可知, 存在整数 r 和 s 使得 $d_X(t) = \|\widetilde{x}_r(t) - \widetilde{x}_s(t)\|$, 以及序列 $h_n \to 0^+$ 使得

$$\begin{aligned} D^+d_X(x(t)) = &\lim_{n\to\infty} h_n^{-1}\left[\|x_r(t+h_n) - x_s(t+h_n)\| - \|x_r(t) - x_s(t)\|\right] \\ &\leqslant \|\dot{x}_r(t) - \dot{x}_s(t)\|. \end{aligned}$$

4.1.2 集群条件分析

当初始条件为 (4.2) 时, 为了证明系统 (4.4) 集群解的存在性, 引入如下引理.

引理 4.1.1[119] 设 S 为反对称矩阵, $S_{ij}=-S_{ji}$, 且对于常数 M, 有 $\|S_{ij}\|\leqslant M\ (i\neq j)$. 设 $u,w\in\mathbb{R}^N$ 为两个给定的正元素的实向量, 令 $\bar{U}=\sum_i u_i$, $\bar{W}=\sum_j w_j$. 对于固定的 $\theta>0$, 定义

$$\lambda(\theta)=\#\Lambda(\theta),\quad \Lambda(\theta):=\left\{j\mid u_j\geqslant\theta\bar{U},\ w_j\geqslant\theta\bar{W}\right\},$$

则

$$|\langle Su,w\rangle|\leqslant M\bar{U}\bar{W}\left(1-\lambda^2(\theta)\theta^2\right).$$

将上述引理应用于系统 (4.4) 得到如下引理.

引理 4.1.2 设 $(x_i(t),v_i(t)),i\in\{1,2,\cdots,N\}$ 为系统 (4.4) 的解, 对于固定的 $t\geqslant 0$ 以及 $\theta\geqslant 0$, 定义集合

$$\lambda_{pq}(\theta)=\#\left\{j\mid \tilde{a}_{pj}(t)\geqslant\theta,\tilde{a}_{qj}(t)\geqslant\theta\right\},$$

则 $d_X(t)$, $d_V(t)$ 满足

$$\begin{aligned}
&D^+d_X(t)\leqslant d_V(t),\\
&D^+d_V(t)\leqslant\alpha\left(1-\min_{pq}\lambda_{pq}^2(\theta)\theta^2\right)d_V(t-\tau)-\alpha d_V(t).
\end{aligned}\tag{4.5}$$

证明 由 d_X, d_V 以及 Dini 导数的定义可知, 存在整数 p,q,r 和 s, 使得

$$\begin{aligned}
&\|v_p(t)-v_q(t)\|=d_V(t),\quad \|x_r(t)-x_s(t)\|=d_X(t);\\
&D^+d_X(t)\leqslant\|\dot{x}_r(t)-\dot{x}_s(t)\|=\|v_r(t)-v_s(t)\|\leqslant d_V(t);\\
&D^+\left[d_V(t)\right]^2\leqslant 2\left\langle v_p(t)-v_q(t),\dot{v}_p(t)-\dot{v}_q(t)\right\rangle.
\end{aligned}\tag{4.6}$$

进而可得

$$D^+\left[d_V(t)\right]^2\leqslant 2\alpha\left\langle v_p(t)-v_q(t),\overline{v}_p(t)-\overline{v}_q(t)\right\rangle-2\alpha\left\|v_p(t)-v_q(t)\right\|^2.$$

注意到 $\sum_j\tilde{a}_{pj}(t)=\sum_j\tilde{a}_{qj}(t)=1$, 则有

$$\begin{aligned}
\overline{v}_p(t)-\overline{v}_q(t)&=\sum_j\tilde{a}_{pj}(t)v_j(t-\tau)-\sum_i\tilde{a}_{qi}(t)v_i(t-\tau)\\
&=\sum_i\tilde{a}_{qi}(t)\sum_j\tilde{a}_{pj}(t)v_j(t-\tau)
\end{aligned}$$

$$
\begin{aligned}
&- \sum_j \tilde{a}_{pj}(t) \sum_i \tilde{a}_{qi}(t) v_i(t-\tau) \\
&= \sum_{i,j} \tilde{a}_{pj}(t)\tilde{a}_{qi}(t)\left(v_j(t-\tau) - v_i(t-\tau)\right). \qquad (4.7)
\end{aligned}
$$

进而可得

$$
D^+ [d_V(t)]^2 = 2\alpha \left[\sum_{i,j} \tilde{a}_{pj}(t)\tilde{a}_{qi}(t) S_{i,j} - \|v_p(t) - v_q(t)\|^2 \right], \qquad (4.8)
$$

其中 $S_{i,j} = \langle v_j(t-\tau) - v_i(t-\tau), v_p - v_q \rangle, u_i = \tilde{a}_{qi}(t), w_j = \tilde{a}_{pj}(t)$. 因此, 对固定的 $\theta > 0$, 由引理 4.1.1, 可得

$$
\begin{aligned}
|\langle Su, w \rangle| &= \left\| \sum_{i,j} \tilde{a}_{pj}(t)\tilde{a}_{qi}(t) \langle v_j(t-\tau) - v_i(t-\tau), v_p - v_q \rangle \right\| \\
&\leqslant \left(1 - \min_{pq} \lambda_{pq}^2(\theta)\theta^2 \right) d_V(t-\tau) d_V(t). \qquad (4.9)
\end{aligned}
$$

结合 (4.8) 式可导出

$$
D^+ d_V(t) \leqslant \alpha \left(\left(1 - \min_{pq} \lambda_{pq}^2(\theta)\theta^2 \right) d_V(t-\tau) - d_V(t) \right). \qquad \square
$$

引理 4.1.3　假设给定位置直径 $d_X(t)$ 与速度直径 $d_V(t)$, 如果对任意 $t \geqslant 0$, $d_X(t)$ 与 $d_V(t)$ 满足

$$
\begin{aligned}
&D^+ d_X(t) \leqslant d_V(t), \\
&D^+ d_V(t) \leqslant \alpha \left[1 - \psi\left(d_X(t-\tau) \right) \right] d_V(t-\tau) - \alpha d_V(t),
\end{aligned} \qquad (4.10)
$$

其中 ψ 是尾部耗散的正连续函数, 即对任意的 $a > 0$, 有 $\displaystyle\int_a^\infty \psi(r)\mathrm{d}r = \infty$. 则可导出 $\sup\limits_{t \geqslant 0} d_X(t) < \infty$, 并且当 $t \to \infty$ 时, $d_V(t) \to 0$.

证明　考虑如下 Lyapunov 泛函

$$
E(d_X, d_V)(t) = d_V(t) + \alpha \int_0^{d_X(t-\tau)} \psi(r)\mathrm{d}r + \alpha \int_{-\tau}^0 d_V(t+\theta)\mathrm{d}\theta.
$$

进而, 对任意的 $t \geqslant \tau$ 有如下估计

$$
D^+ E(d_X, d_V)(t) = D^+ d_V(t) + \alpha D^+ \int_0^{d_X(t-\tau)} \psi(r)\mathrm{d}r + \alpha D^+ \int_{-\tau}^0 d_V(t+\theta)\mathrm{d}\theta
$$

$$
\begin{aligned}
&\leqslant \alpha\left[1-\psi\left(d_X(t-\tau)\right)\right] d_V(t-\tau)-\alpha d_V(t) \\
&\quad+\alpha d_V(t)-\alpha d_V(t-\tau) \\
&\quad+\alpha \psi\left(d_X(t-\tau)\right) D^{+} d_X(t-\tau) \\
&\leqslant 0. \qquad (4.11)
\end{aligned}
$$

这表明能量函数 E 沿着 $(d_X(t), d_V(t))$ 的轨迹递减. 由此可知

$$
\begin{aligned}
& d_V(t)+\alpha \int_0^{d_X(t-\tau)} \psi(r) \mathrm{d} r+\alpha \int_{-\tau}^0 d_V(t+\theta) \mathrm{d} \theta \\
\leqslant\ & d_V(\tau)+\alpha \int_0^{d_X(0)} \psi(r) \mathrm{d} r+\alpha \int_0^\tau d_V(\theta) \mathrm{d} \theta . \qquad (4.12)
\end{aligned}
$$

因此, 存在常数 $d^*<\infty$ 使得 $d_X(t) \leqslant d^*$. 进而可得

$$
\begin{aligned}
D^{+} d_V(t) & \leqslant \alpha\left[1-\psi\left(d_X(t-\tau)\right)\right] d_V(t-\tau)-\alpha d_V(t) \\
& \leqslant \alpha\left(1-\psi^*\right) d_V(t-\tau)-\alpha d_V(t), \qquad (4.13)
\end{aligned}
$$

其中 $\psi^*=\min\limits_{0 \leqslant r \leqslant d^*} \psi(r)>0$. 由时滞微分方程理论可知, 当 $t \rightarrow \infty$ 时, $d_V(t) \rightarrow 0$. □

下面陈述关于集群行为发生条件.

定理 4.1.1 假设 $\{(x_i(t), v_i(t))\}_{i=1}^N$ 为系统 (4.1) 的解. 如果对于常数 $a>0$, 影响函数 I 满足 $\int_a^{\infty} I^2(r) \mathrm{d} r=\infty$, 则系统 (4.1) 会发生集群行为, 即集群解存在.

证明 由于函数 I 递减, 则有 $I\left(\left\|x_j-x_i\right\|\right) \leqslant I(0) \leqslant 1$. 因此就有

$$
I\left(d_X(t)\right) \leqslant I\left(\left\|x_j-x_i\right\|\right) \leqslant 1 .
$$

若 $a_{ij}=a_{ij}^{CS}$, 则对任意 $i \neq j$, 有 $\tilde{a}_{ij}(t) \geqslant \dfrac{I\left(d_X(t-\tau)\right)}{N}$, 且

$$
\tilde{a}_{ii}(t)=1-\sum_{j \neq i} a_{ij}(t-\tau) \geqslant 1-\frac{N-1}{N} I(0) \geqslant \frac{I(0)}{N} \geqslant \frac{I\left(d_X(t-\tau)\right)}{N} .
$$

若 $a_{ij}=a_{ij}^{MT}$, 则对任意 $i \neq j$ 有

$$
\tilde{a}_{ij}(t)=\frac{I\left(\left\|x_i(t)-x_j(t)\right\|\right)}{\sum_{k=1}^N I\left(\left\|x_i(t)-x_k(t)\right\|\right)} \geqslant \frac{I\left(d_X(t-\tau)\right)}{N},
$$

且

$$\tilde{a}_{ii}(t) = 1 - \sum_{j \neq i} a_{ij}(t-\tau) = \frac{I(0)}{\sum_{k=1}^{N} I\left(\|x_i(t) - x_k(t)\|\right)} \geqslant \frac{I\left(d_X(t-\tau)\right)}{N}.$$

令 $\theta(t) := \dfrac{I\left(d_X(t-\tau)\right)}{N}$, 在引理 4.1.2 中选取 $\min\limits_{pq} \lambda_{pq}(\theta) = N$. 因此 $d_X(t), d_V(t)$ 满足如下方程

$$\begin{aligned} & D^+ d_X(t) \leqslant d_V(t), \\ & D^+ d_V(t) \leqslant \alpha \left[1 - I^2\left(d_X(t-\tau)\right)\right] d_V(t-\tau) - \alpha d_V(t). \end{aligned} \tag{4.14}$$

进而, 由引理 4.1.3 可得到集群结果. □

4.1.3 集群速度特征

利用常数变易公式, 可将方程组 (4.4) 的解改写为

$$\begin{aligned} x_i(t) = & \left(1 - \mathrm{e}^{-\alpha t}\right) \frac{g_i(0)}{\alpha} + f_i(0) \\ & + \int_0^t \left(1 - \mathrm{e}^{-\alpha(t-s)}\right) \sum_{j=1}^{N} a_{ij}(x(s-\tau)) v_j(s-\tau) \mathrm{d}s, \end{aligned} \tag{4.15}$$

以及

$$v_i(t) = \mathrm{e}^{-\alpha t} g_i(0) + \alpha \int_0^t \mathrm{e}^{-\alpha(t-s)} \sum_{j=1}^{N} a_{ij}(x(s-\tau)) v_j(s-\tau) \mathrm{d}s. \tag{4.16}$$

定理 4.1.2 对于常数 $a > 0$, 如果影响函数 I 满足 $\displaystyle\int_a^{\infty} I^2(r)\mathrm{d}r = \infty$, 则渐近集群速度 v_∞ 由如下给出

$$\lim_{t \to \infty} v_i(t) = v_\infty = \frac{g_i(0)}{1+\alpha\tau} + \frac{\alpha}{1+\alpha\tau}\left[w_i + f_i(0) - f_i(-\tau)\right],$$

其中

$$w_i = \lim_{t \to \infty} \int_0^t \sum_{j=1}^{N} a_{ij}(x(s-\tau)) \left(v_j(s-\tau) - v_i(s-\tau)\right) \mathrm{d}s.$$

证明 由定理 4.1.1 可知, 对任意的 i, j 有 $\lim\limits_{t \to \infty} \|v_j(t) - v_i(t)\| = 0$ 成立. 因此, 存在一个渐近集群速度 v_∞, 使得 $\lim\limits_{t \to \infty} v_i(t) = v_\infty$. 一方面, 存在 $\eta \in (t-\tau, t)$,

有 $x_i(t)-x_i(t-\tau)=\int_{t-\tau}^{t}v_i(s)\mathrm{d}s=\tau v_i(\eta)$, 进而可得 $\lim\limits_{t\to\infty}(x_i(t)-x_i(t-\tau))=\tau v_\infty$. 另一方面, 利用方程 (4.15) 和 (4.16) 推导出

$$\begin{aligned}
x_i(t)= & \left(1-\mathrm{e}^{-\alpha t}\right)\frac{g_i(0)}{\alpha}+f_i(0) \\
& +\int_0^t\left(1-\mathrm{e}^{-\alpha(t-s)}\right)\sum_{j=1}^{N}a_{ij}(x(s-\tau))v_j(s-\tau)\mathrm{d}s \\
= & \frac{g_i(0)}{\alpha}+f_i(0)-\frac{v_i(t)}{\alpha}+x_i(t-\tau)-f_i(-\tau) \\
& +\int_0^t\sum_{j=1}^{N}a_{ij}(x(s-\tau))\left(v_j(s-\tau)-v_i(s-\tau)\right)\mathrm{d}s. \qquad (4.17)
\end{aligned}$$

由于

$$\begin{aligned}
& \lim_{t\to\infty}\int_0^t\sum_{j=1}^{N}a_{ij}(x(s-\tau))\left(v_j(s-\tau)-v_i(s-\tau)\right)\mathrm{d}s \\
= & \lim_{t\to\infty}\left[x_i(t)-x_i(t-\tau)-\frac{g_i(0)}{\alpha}-f_i(0)+\frac{v_i(t)}{\alpha}+f_i(\tau)\right] \\
= & \tau v_\infty-\frac{g_i(0)}{\alpha}-f_i(0)+\frac{v_\infty}{\alpha}+f_i(\tau):=w_i, \qquad (4.18)
\end{aligned}$$

因此可得

$$\lim_{t\to\infty}v_i(t)=v_\infty=\frac{g_i(0)}{1+\alpha\tau}+\frac{\alpha}{1+\alpha\tau}\left[w_i+f_i(0)-f_i(-\tau)\right]. \qquad \square$$

注 4.1.1 在定理 4.1.3 中, 若 $a_{ij}=a_{ji}$, 则 $\sum_{i=1}^{N}w_i=0$. 此时, 渐近速度 v_∞ 的表达式简化为

$$v_\infty=\frac{\sum\limits_{i=1}^{N}g_i(0)}{N(1+\alpha\tau)}+\frac{\alpha}{N(1+\alpha\tau)}\sum_{i=1}^{N}\left[f_i(0)-f_i(-\tau)\right].$$

此外, 定理 4.1.3 表明, 时滞对最终集群速度的影响是非线性的, 初始位置在时滞区间内的变化将影响最终速度的大小.

4.2　具有离散型传输时滞系统的渐近集群

本节讨论了对称和非对称通信函数两种情形下, 具有传输时滞的多粒子群的动力学行为, 提出了系统有条件集群的两个充分条件, 其中一个充分条件与时间延迟的大小之间没有明显关系, 另一个给出了传输时滞上界以保证系统形成集群.

4.2.1　离散型传输时滞集群模型

2014 年, 文献 [85] 提出了具有传输时滞的多智能体系统如下

$$\begin{cases} \dfrac{\mathrm{d}}{\mathrm{d}t}x_i(t)=v_i(t), \quad i\in\mathcal{N}=\{1,2,\cdots,N\}, \\ \dfrac{\mathrm{d}}{\mathrm{d}t}v_i(t)=\alpha\sum\limits_{j=1}^{N}I(\|x_j(t-\tau)-x_i(t-\tau)\|)(v_j(t-\tau)-v_i(t)), \end{cases} \tag{4.19}$$

其中 x_i, $v_i\in\mathbb{R}^d$ 分别是个体的位置和速度, $\alpha>0$ 是个体间相互影响的强度, $\tau>0$ 是个体间信息交互所产生的时滞. 在模型 (4.19) 中, 对称和非对称两种通信函数分别定义为

$$\begin{aligned} &I(r_{ij})=I^{CS}(r_{ij})=\frac{\psi(r_{ij})}{N},\ i\neq j; \quad I(r_{ii})=1-\sum_{k\neq i}\frac{\psi(r_{ik})}{N}; \\ &I(r_{ij})=I^{MT}(r_{ij})=\frac{\psi(r_{ij})}{\sum\limits_{k=1}^{N}\psi(r_{ik})}, \end{aligned} \tag{4.20}$$

其中 $\psi(r)=(1+r^2)^{-\beta}$, $\beta\geqslant 0$, $r_{ij}(t)=\|x_i(t)-x_j(t)\|$, $i,j\in\mathcal{N}$. 从两种通信函数的形式可以发现, $\sum_{l=1}^{N}I(r_{kl})=1$, $k\in\mathcal{N}$, 即对每个个体而言, 其受到系统所有个体影响的强度总和为 1. 从而, 系统(4.19)可以简化为

$$\frac{\mathrm{d}}{\mathrm{d}t}x_i(t)=v_i(t), \quad \frac{\mathrm{d}}{\mathrm{d}t}v_i(t)=\alpha(\bar{v}_i(t)-v_i(t)), \quad i\in\mathcal{N}, \tag{4.21}$$

其中 $\bar{v}_i(t)=\sum_{j=1}^{N}I(r_{ij}(t-\tau))v_j(t-\tau)$. 系统的初始条件设置为

$$x_i(\theta)=\varphi_i(\theta), \quad v_i(\theta)=\phi_i(\theta), \quad \theta\in[-\tau,0], \tag{4.22}$$

其中 $(\varphi_i,\phi_i)\in\mathbb{C}^2=\mathbb{C}\times\mathbb{C}$, $\mathbb{C}:=C([-\tau,0],\mathbb{R}^d)$.

为了讨论系统的动力学行为, 在 $t\geqslant\tau$ 上定义位置直径和速度直径

$$D_x(t)=\max_{i,j\in\mathcal{N}}\{\|x_i(t)-x_j(t)\|\}, \quad D_v(t)=\max_{i,j\in\mathcal{N}}\{\|v_i(t)-v_j(t)\|\}. \tag{4.23}$$

进而, 对于 I^{CS} 和 I^{MT} 有

$$I(r_{ij}(t-\tau)) \geqslant \frac{\psi\left(D_x\left(t-\tau\right)\right)}{N}, \quad \forall i,\ j \in \mathcal{N}. \tag{4.24}$$

本节仍然采用 [119] 中的集群定义:

定义 4.2.1 假设 $\{x_i(t), v_i(t)\}_{i=1}^N$ 为系统(4.21)-(4.22)的解. 则系统发生集群行为当且仅当位置直径和速度直径满足 $\sup\limits_{t>0} D_x(t) < +\infty$ 且 $\lim\limits_{t\to+\infty} D_v(t) = 0$, 其中 $D_x(t)$ 和 $D_v(t)$ 定义于(4.23)式.

4.2.2 集群条件分析

接下来给出系统(4.21)-(4.22)在两种通信函数下发生集群行为的充分条件, 包括条件集群分析和无条件集群分析.

4.2.2.1 条件集群分析

为了方便证明, 首先给出如下引理.

引理 4.2.1[135] 令 $x(t)$ 为线性微分方程 $\dot{x}(t) = \lambda - \delta_1 x(t) + \delta_2 x(t-\tau)$ 的解, 若有 $|\delta_2| < \delta_1$, 那么有

$$\lim_{t\to+\infty} x(t) = x^* = \frac{\lambda}{\delta_1 - \delta_2}.$$

引理 4.2.2 假设 $\{x_i(t), v_i(t)\}_{i=1}^N$ 为系统(4.21)-(4.22)的解, 则有

$$\begin{aligned}&\langle v_i(t) - v_j(t), \bar{v}_i(t) - \bar{v}_j(t)\rangle \\ \leqslant& \left(1 - \frac{\psi(D_x(t-\tau))}{N}\right) D_v(t) D_v(t-\tau),\end{aligned} \tag{4.25}$$

其中 D_x 和 D_v 定义于(4.23)式.

证明 由系统(4.21)可知

$$\begin{aligned}&\langle v_i(t) - v_j(t), \bar{v}_i(t) - \bar{v}_j(t)\rangle \\ =& \sum_{p=1}^N I(r_{ip}(t-\tau)) \sum_{q\neq p} I(r_{jq}(t-\tau)) \langle v_i(t) - v_j(t), v_p(t-\tau) - v_q(t-\tau)\rangle \\ \leqslant& \sum_{p=1}^N I(r_{ip}(t-\tau)) \sum_{q\neq p} I(r_{jq}(t-\tau)) D_v\left(t\right) D_v\left(t-\tau\right).\end{aligned}$$

由于不等式(4.24)以及通信函数的归一化条件, 可导出

$$\langle v_i(t) - v_j(t), \bar{v}_i(t) - \bar{v}_j(t)\rangle$$

$$
\begin{aligned}
&\leqslant \sum_{p=1}^{N} I(r_{ip}(t-\tau)) \sum_{q\neq p} I(r_{jq}(t-\tau)) D_v(t)\, D_v(t-\tau) \\
&= \sum_{p=1}^{N} I(r_{ip}(t-\tau))\,(1 - I(r_{jp}(t-\tau)))\, D_v(t)\, D_v(t-\tau) \\
&\leqslant \left(1 - \frac{\psi(D_x(t-\tau))}{N}\right) D_v(t)\, D_v(t-\tau). \qquad (4.26)
\end{aligned}
$$

□

引理4.2.3 假设 $\{x_i(t), v_i(t)\}_{i=1}^{N}$ 为系统(4.21)-(4.22)的解, 则 $D_x(t)$ 和 $D_v(t)$ 的上 Dini 导数满足

$$
\begin{aligned}
&D^+ D_x(t) \leqslant D_v(t), \quad \text{a.e.} \quad t \geqslant -\tau, \\
&D^+ D_v(t) \leqslant \alpha\left(1 - \frac{\psi(D_x(t-\tau))}{N}\right) D_v(t-\tau) - \alpha D_v(t).
\end{aligned} \qquad (4.27)
$$

证明 不失一般性, 在 t 处令 $D_x(t) = \|x_p(t) - x_q(t)\|$, 其中 $p,\ q \in \mathcal{N}$. 进而可得

$$
D^+ D_x(t) \leqslant \|\dot{x}_p(t) - \dot{x}_q(t)\| = \|v_p(t) - v_q(t)\| \leqslant D_v(t). \qquad (4.28)
$$

类似地, 令 $D_v(t)$ 在 t 处有 $D_v(t) = v_p(t) - v_q(t)$, 其中 $p,\ q \in \mathcal{N}$. 根据引理 4.2.2 有

$$
\begin{aligned}
D^+ D_v^2(t) &= 2\alpha \langle v_p(t) - v_q(t), \dot{v}_p(t) - \dot{v}_q(t)\rangle \\
&= 2\alpha \langle v_p(t) - v_q(t), \bar{v}_p(t) - \bar{v}_q(t)\rangle - 2\alpha D_v^2(t) \\
&\leqslant 2\alpha \left(1 - \frac{\psi(D_x(t-\tau))}{N}\right) D_v(t)\, D_v(t-\tau) \\
&\quad - 2\alpha D_v^2(t). \qquad (4.29)
\end{aligned}
$$

□

为了给出系统发生集群行为的初始条件, 首先定义如下集合:

$$
\mathcal{S} := \left\{ (x_i(\theta), v_i(\theta)),\ \theta \in [-\tau, 0],\ i = 1, 2, \cdots, N \;\middle|\; D_v(0) + \alpha \int_{-\tau}^{0} D_v(s)\mathrm{d}s < \frac{\alpha}{N} \int_{D_x(-\tau)}^{\infty} \psi(r)\mathrm{d}r \right\}, \qquad (4.30)
$$

其中 D_x, D_v 定义于(4.23)式.

定理 4.2.1 当 $\beta > \frac{1}{2}$ 时, 如果初始条件(4.22)属于集合 $\mathcal{S}$, 则系统(4.21)-(4.22)在通信函数 $I^{MT}(r)$ 或 $I^{CS}(r)$ 作用下将发生集群行为.

证明 采用能量方法, 构造 Lyapunov 函数如下

$$
\begin{aligned}
E\left(D_x, D_v\right)(t) = & D_v\left(t\right) + \frac{\alpha}{N}\int_{D_x(-\tau)}^{D_x(t-\tau)} \psi\left(r\right)\mathrm{d}r \\
& + \alpha\int_{-\tau}^{0} D_v\left(t+s\right)\mathrm{d}s.
\end{aligned} \tag{4.31}
$$

考虑 $E(D_x, D_v)(t)$ 沿 (D_x, D_v) 的上 Dini 导数

$$
\begin{aligned}
D^+E\left(D_x\left(t\right), D_v\left(t\right)\right) = & D^+D_v\left(t\right) + \frac{\alpha}{N}D^+\int_{D_x(-\tau)}^{D_x(t-\tau)} \psi\left(r\right)\mathrm{d}r \\
& + \alpha D^+\int_{-\tau}^{0} D_v\left(t+s\right)\mathrm{d}s.
\end{aligned}
$$

进而结合引理 4.2.3, 有 $D^+E(D_x(t), D_v(t)) \leqslant 0$, 即 $E(D_x, D_v)(t)$ 是非增的. 因此, 对任意的 $t > 0$, 有 $E\left(D_x, D_v\right)(t) \leqslant E\left(D_x, D_v\right)(0)$. 进而有

$$
\frac{\alpha}{N}\int_{D_x(-\tau)}^{D_x(t-\tau)} \psi\left(r\right)\mathrm{d}r \leqslant D_v\left(0\right) + \alpha\int_{-\tau}^{0} D_v\left(s\right)\mathrm{d}s. \tag{4.32}
$$

由于初始条件(4.22)属于集合 $\mathcal{S}$, 结合(4.32)可导出

$$
\frac{\alpha}{N}\int_{D_x(-\tau)}^{D_x(t-\tau)} \psi\left(r\right)\mathrm{d}r < \frac{\alpha}{N}\int_{D_x(-\tau)}^{\infty} \psi\left(r\right)\mathrm{d}r. \tag{4.33}
$$

因此, 存在 $D^* < \infty$ 使得 $D_x(t-\tau) \leqslant D^*$, $t \geqslant 0$. 结合不等式(4.24), 有

$$
I(r_{ij}(t-\tau)) \geqslant \frac{\psi\left(D_x\left(t-\tau\right)\right)}{N} \geqslant \frac{\psi\left(D^*\right)}{N}, \quad j \in \mathcal{N}.
$$

进而由不等式(4.27), 可得

$$
D^+D_v(t) \leqslant \alpha\left(1 - \frac{\psi(D^*)}{N}\right)D_v(t-\tau) - \alpha D_v(t). \tag{4.34}
$$

利用引理 4.2.1, 当 $t \to \infty$ 时, 有 $D_v(t) \to 0$, 即系统(4.21)-(4.22)将渐近收敛形成集群. □

定理 4.2.2　当 $\beta > \dfrac{1}{2}$ 时, 若初始条件 (4.22) 满足

$$0 < D_v(0) < \frac{\alpha}{N}\int_{D_x(-\tau)}^{\infty} \psi(r)\mathrm{d}r, \tag{4.35}$$

且传输时滞 τ 满足

$$0 < \tau < \tau_0 := \frac{1}{\alpha R_\tau}\left(\frac{\alpha}{N}\int_{D_x(-\tau)}^{\infty} \psi(r)\mathrm{d}r - D_v(0)\right), \tag{4.36}$$

其中 $R_\tau := \max\limits_{\theta\in[-\tau,0]} D_v(\theta) > 0$, D_x, D_v 由(4.23)式给出. 则系统(4.21)-(4.22)在通信函数 $I^{MT}(r)$ 或 $I^{CS}(r)$ 作用下渐近收敛形成集群.

证明　注意到

$$\frac{\alpha}{N}\int_{D_x(-\tau)}^{\infty} \psi(r)\mathrm{d}r > D_v(0) + \alpha\tau R_\tau > D_v(0) + \alpha\int_{-\tau}^{0} D_v(s)\mathrm{d}s,$$

这意味着满足(4.36)式的初始条件都属于集合 $\mathcal{S}$. 因此, 由定理 4.2.1 可知, 系统(4.21)-(4.22)将渐近收敛形成集群. □

注 4.2.1　对于上述两个结论, 分别给出如下两个注解:

(1) 注意到当 $\tau = 0$ 时, 定理 4.2.1 和定理 4.2.2 简化为 $D_v(0) < \dfrac{\alpha}{N}\displaystyle\int_a^{\infty} \psi(r)\,\mathrm{d}r$, $0 \leqslant a < \infty$. 若 $\alpha = N$, 那么集群条件可以进一步化为 $D_v(0) < \displaystyle\int_a^{\infty} \psi(r)\,\mathrm{d}r$. 因此, 将文献 [119] 中的定理 3.1 结论进行了推广.

(2) 将定理 4.2.1 和定理 4.2.2 进行比较可知, 前者的可行域较大, 后者直观地呈现了传输时滞 τ 对集群行为的影响.

4.2.2.2　无条件集群分析

接下来给出系统(4.21)-(4.22)发生无条件集群的结论.

定理 4.2.3　当 $\beta \in \left[0, \dfrac{1}{2}\right]$ 时, 系统(4.21)-(4.22)在通信函数 $I^{MT}(r)$ 或 $I^{CS}(r)$ 作用下均可发生集群行为.

证明　当 $\beta \in \left[0, \dfrac{1}{2}\right]$ 时, 系统的通信函数满足条件 $\displaystyle\int_a^{\infty} \psi(r)\mathrm{d}r = \infty$, $0 \leqslant a < \infty$. 与定理 4.2.1 的证明类似. □

注 4.2.2　对于定理 4.2.3 有如下说明:

(1) 系统(4.21)-(4.22)发生无条件集群行为的本质原因是对任意的初始条件都有如下关系成立,

$$D_v(0)+\alpha\int_{-\tau}^{0}D_v(s)\mathrm{d}s<\frac{\alpha}{N}\int_{D_x(-\tau)}^{\infty}\psi(r)\mathrm{d}r=\infty.$$

(2) 当 $\tau=0$ 时, 定理 4.2.3 将文献 [119] 中无条件集群的条件推广到 $\int_a^{\infty}\psi(r)\,\mathrm{d}r=\infty$, 这意味着参数 β 的区间上限从 $\frac{1}{4}$ 拓宽到了 $\frac{1}{2}$.

4.2.3　仿真验证

通过举例验证理论结果. 考虑由 8 个个体组成的系统, 初始条件为 $(\varphi_i(\theta),\phi_i(\theta))=(8-i,4-i),i=1,\cdots,8,\theta\in[-\tau,0]$. 系统(4.21)中参数设置为 $\alpha=15,\ \beta=0.51>0.5$. 由(4.36)可计算得到 $\tau_0=1.0116$.

例 4.2.1　$\alpha=15,\beta=0.51,\tau=0$ (如图 4.1 所示).

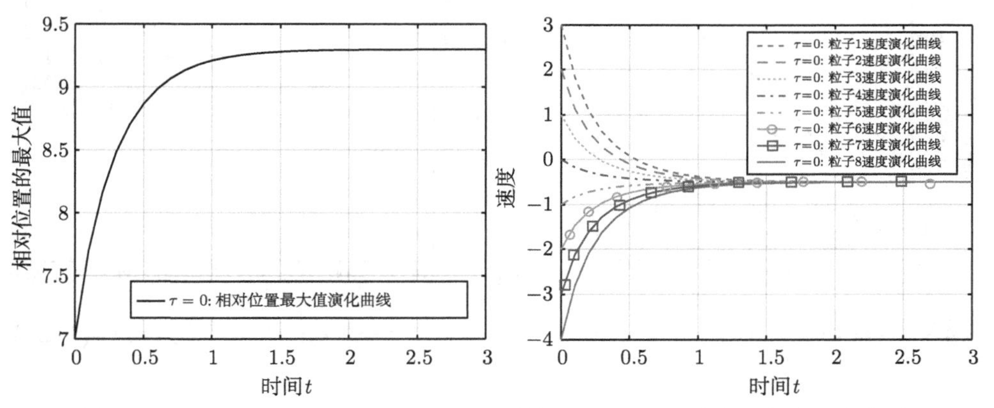

图 4.1　$\alpha=15,\beta=0.51>0.5,\tau=0$; 系统 (4.21)-(4.22)将渐近收敛形成集群

从图 4.1可得, 无传输时滞情形下, 系统能够渐近收敛形成集群.

例 4.2.2　$\alpha=15,\beta=0.51,\tau=1<\tau_0$ (如图 4.2 所示).

考虑定理 4.2.2 中所给的保证系统形成集群的传输时滞范围(4.36), 可以判断在 $\tau=1<\tau_0$ 时, 例 4.2.2 的初始条件以及参数可以保证系统(4.21)-(4.22)形成集群. 从图 4.2 可以看出, 只要引入的传输时滞满足条件(4.36), 系统(4.21)-(4.22)能够渐近收敛形成集群, 这符合定理 4.2.2 的理论结果.

例 4.2.3　$\alpha=15,\beta=0.51,\tau=12>\tau_0$ (如图 4.3 所示).

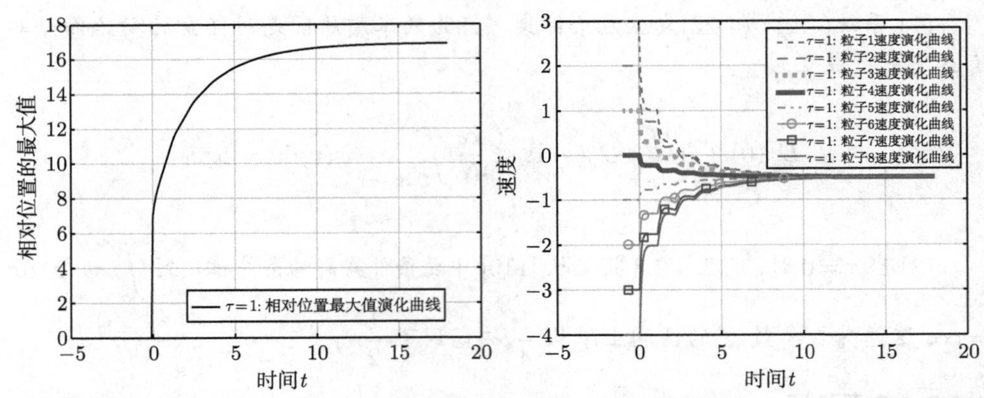

图 4.2　$\alpha=15,\beta=0.51,\tau=1<\tau_0$; 系统(4.21)-(4.22)会发生集群行为. 由于传输时滞的存在, 收敛速率比例 4.2.1的情形慢, 系统个体所处位置范围的直径也比例 4.2.1大, 这意味着传输时滞的引入降低了系统个体的聚集程度

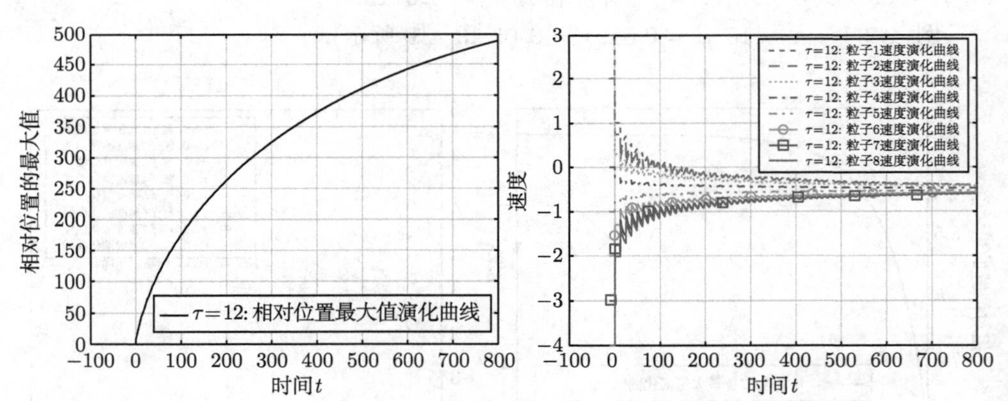

图 4.3　$\alpha=15,\beta=0.51,\tau=12>\tau_0$; 当定理 4.2.2 中的条件被破坏时, 系统 (4.21)-(4.22)无法形成集群

从图 4.3 可看出, 在例 4.2.2 相同的初始条件之下, 令 $\tau=12>\tau_0$, 即定理 4.2.2 中的条件(4.36)不再成立, 系统无法形成集群.

4.3　具有分布时滞的系统的渐近集群

本节将讨论一类具有分布时滞的群体运动模型, 在模型中强调了个体的位置和速度不仅会受到其他个体在某一确定时刻的行为影响, 还会受到其他个体在一定时间段内行为的影响. Choi 和 Pignotti[74] 讨论了以下具有分布时滞的集群模

型, 具体地, 群体运动模型描述如下

$$\begin{cases} \dfrac{\mathrm{d}}{\mathrm{d}t}x_i = v_i, \\ \dfrac{\mathrm{d}}{\mathrm{d}t}v_i = \dfrac{1}{Nh(t)} \displaystyle\sum_{k=1,k\neq i}^{N} \int_{t-\tau(t)}^{t} \alpha(t-s)\phi_{k,i}(s)\left(v_k(s)-v_i(t)\right)\mathrm{d}s, \end{cases} \tag{4.37}$$

其中函数 $\phi_{k,i}(t) := \phi\left(\|x_k(t)-x_i(t)\|\right) > 0$ 定义为个体 k 对个体 i 的影响, 并且 $\phi:[0,+\infty)\to[0,+\infty)$ 满足 $\phi(r)\leqslant 1$ $(r\geqslant 0)$. 需要强调的是, 在 (4.37) 中 v_i 不含时滞, 其表明尽管每个个体接收到来自其他个体的信息都有一定的延迟, 但在每一个时刻 t, 它的速度是已知的. 在模型 (4.37) 中, 存在 $\tau_*>0$ 使得

$$\tau(t)\geqslant\tau_* \quad 且 \quad \tau'(t)\leqslant 0, \quad t\geqslant 0. \tag{4.38}$$

此外, 存在 $\tau_0>0$ 使得

$$\tau_*\leqslant\tau(t)\leqslant\tau_0, \quad t\geqslant 0, \tag{4.39}$$

函数 $\alpha:[0,\tau_0]\to[0,+\infty)$ 满足

$$\int_0^{\tau_*}\alpha(s)\mathrm{d}s>0,\ h(t):=\int_0^{\tau(t)}\alpha(s)\mathrm{d}s, \quad t\geqslant 0, \tag{4.40}$$

初始条件设置为

$$x_i(s)=:x_i^0(s), \quad v_i(s)=:v_i^0(s), \quad i=1,\cdots,N,\ s\in[-\tau_0,0], \tag{4.41}$$

其中 $x_i^0, v_i^0\in C\left([-\tau_0,0];\mathbb{R}^d\right)$.

本节的目的是建立具有一般通信权值 (特别是非归一化权值) 的时滞系统(4.37)—(4.41)的集群行为发生条件. 在分析主要结果前, 首先对 ϕ 引入以下假设.

假设 4.3.1 *函数 ϕ 为 $\mathbb{R}^+$ 上有界、非增的 Lipschitz 连续的正函数, 且 $\phi(0)=1$.*

定义 Laplace 矩阵 $A=(A_{k,i})_{N\times N}$, 其中元素定义为

$$\begin{aligned} A_{k,i} &= -\frac{1}{Nh(t)}\int_{t-\tau(t)}^{t}\alpha(t-s)\phi_{k,i}(s)\mathrm{d}s, \quad k\neq i, \\ A_{i,i} &= \sum_{k\neq i}\frac{1}{Nh(t)}\int_{t-\tau(t)}^{t}\alpha(t-s)\phi_{k,i}(s)\mathrm{d}s, \end{aligned} \tag{4.42}$$

这里交流函数为 $\phi_{k,i}(t)=\phi\left(\|x_i(t)-x_k(t)\|\right)$. 矩阵 A 为对称和对角占优的, 对角线元素非负. 因此, 矩阵 A 的特征值是非负的, 且矩阵 A 的最小特征值为零. 定

义 $\mu(t)$ 为其最小特征值称为 Fiedler 数. 进而, 对矩阵 A 的最小特征值 $\mu(t)$ 引入如下假设.

假设 4.3.2 *存在 $\gamma>0$ 满足, 对任意 $t>0$, $\mu(t)\geqslant 2\gamma$.*

基于上述假设, 受文献 [23,24] 中的结构性假设的启发, 易知存在正常数 C 使得

$$\mu(t)\geqslant C\phi(X(t)),$$

其中 $X(t)$ 为位置方差量, 即 $X(t)=\dfrac{1}{N}\sum_{i,j=1}^{N}\|x_i(t)-x_j(t)\|^2$. 为了描述主要结果, 首先引入如下记号:

$$\begin{aligned}
x&=(x_1,x_2,\cdots,x_N),\quad v=(v_1,v_2,\cdots,v_N),\\
d_X(t)&:=\max_{1\leqslant i,j\leqslant N}\|x_i(t)-x_j(t)\|,\\
d_V(t)&:=\max_{1\leqslant i,j\leqslant N}\|v_i(t)-v_j(t)\|.
\end{aligned}\tag{4.43}$$

4.3.1 依赖时滞的集群条件: L^∞ 分析

本节将从 L^∞ 角度来分析系统(4.37)—(4.41)发生集群行为的条件. 集群条件总结如下.

定理 4.3.1 *令*

$$R_v:=\max_{s\in[-\tau_0,0]}\max_{1\leqslant i\leqslant N}\left\|v_i^0(s)\right\|,\tag{4.44}$$

则存在正常数 $\Lambda,\delta>0$ 使得

$$0<\Lambda<\phi\left(\delta+2R_v\tau_0\right),\quad \delta>d_X(0)+\frac{2C_2}{\Lambda},\tag{4.45}$$

其中

$$C_2:=\frac{2C_1}{\phi\left(\delta+2R_v\tau_0\right)-\Lambda},$$

常数 C_1 满足

$$C_1>\max\left\{\frac{d_V(0)}{2}\left[\phi\left(\delta+2R_v\tau_0\right)-\Lambda\right],2R_v\tau_0\right\}.$$

如果

$$\frac{\phi\left(\delta+2R_v\tau_0\right)-\Lambda+2}{\Lambda\left[\phi\left(\delta+2R_v\tau_0\right)-\Lambda\right]}\left(\mathrm{e}^{\Lambda\tau_0}-1\right)<1,\tag{4.46}$$

则系统(4.37)—(4.41)的全局解存在, 且满足

$$d_X(t) < \delta, \quad d_V(t) \leqslant C_2 \mathrm{e}^{-\Lambda t}, \quad t \geqslant 0.$$

注意到, 定理 4.3.1 中的假设 (4.44)—(4.46) 是可以满足的, 例如:

如果选取 $\phi(r) \equiv 1, \Lambda = \dfrac{1}{2}$ 以及 $C_1 = 2\max\left\{\dfrac{3d_V(0)}{4}, 2R_v\tau_0\right\}$, 则

$$\delta \geqslant d_X(0) + 32\max\left\{\frac{d_V(0)}{2}, 2R_v\tau_0\right\}.$$

此外, (4.46)可以写成

$$10\left(\mathrm{e}^{\Lambda\tau_0} - 1\right) < 1.$$

因此存在足够小的 τ_0, 使得(4.44)—(4.46)成立.

如果选取 $\phi(r) = \dfrac{1}{(1+r^2)^{\beta/2}}, \beta \in (0,1), \Lambda = \dfrac{1}{2}\phi(\delta + 2R_v\tau_0)$ 以及

$$C_1 = 2\max\left\{\frac{d_V(0)\phi(\delta + 2R_v\tau_0)}{4}, 2R_v\tau_0\right\},$$

则有

$$C_2 = \frac{8}{\phi(\delta + 2R_v\tau_0)}\max\left\{\frac{d_V(0)\phi(\delta + 2R_v\tau_0)}{4}, 2R_v\tau_0\right\}.$$

易知, 存在正常数 δ^* (取值与 τ_0 无关) 和 $\tau^* \in (0,1)$ 使得

$$\delta^* > d_X(0) + \max\left\{8d_V(0)\bar{\delta}^{\frac{\beta}{2}}, 64R_v\tau_0\bar{\delta}^{\beta}\right\},$$

其中 $\bar{\delta} = 1 + (\delta^* + 2R_v)^2$. 当 $\tau_0 < \tau^*$ 时, 可推出

$$\begin{aligned}
\delta^* &\geqslant d_X(0) + \frac{32}{\phi^2(\delta^* + 2R_v\tau_0)}\max\left\{\frac{d_V(0)\phi(\delta^* + 2R_v\tau_0)}{4}, 2R_v\tau_0\right\} \\
&> d_X(0) + \frac{2C_2}{\Lambda}.
\end{aligned}$$

取足够小的 τ^*, 使得

$$\frac{\phi\left(\delta^*+2R_v\tau_0\right)-\Lambda+2}{\Lambda\left[\phi\left(\delta^*+2R_v\tau_0\right)-\Lambda\right]}\left(\mathrm{e}^{\Lambda\tau_0}-1\right)$$
$$=\frac{\phi\left(\delta^*+2R_v\tau_0\right)+2}{\phi^2\left(\delta^*+2R_v\tau_0\right)}\left(\mathrm{e}^{\Lambda\tau_0}-1\right)<1.$$

因此, 定理 4.3.1 中所有条件成立.

为了证明定理 4.3.1, 首先给出系统(4.37)—(4.41)速度的一致上界估计. 进而构建位置方差 $X(t)$ 和速度方差 $V(t)$ 满足的耗散微分不等式.

引理 4.3.1 $R_v>0$ 如 (4.44) 所示, 设 $(x(t),v(t))$ 为系统(4.37)—(4.41)局部 C^1 光滑解, 则系统的全局解满足

$$\max_{1\leqslant i\leqslant N}\|v_i(t)\|\leqslant R_v,\quad t\geqslant-\tau_0.$$

证明 引理 4.3.1 的证明与文献 [74] 中的引理 2.1 证明相似. 此处省略. □

引理 4.3.2 设 $(x(t),v(t))$ 为系统(4.37)—(4.41)的全局解, 则 $d_X(t)$ 和 $d_V(t)$ 对 $t>0$ 几乎处处满足

$$\begin{aligned}&D^+d_X(t)\leqslant d_V(t),\\&D^+d_V(t)\leqslant-\phi\left(d_X(t)+2R_v\tau(t)\right)d_V(t)+2\Delta^\tau(t),\end{aligned}\tag{4.47}$$

其中

$$\Delta^\tau(t)=\frac{\max\limits_{1\leqslant i\leqslant N}\sum\limits_{k=1}^N\int_{t-\tau(t)}^t\alpha(t-s)\phi_{k,i}(s)\left\|v_k(s)-v_k(t)\right\|\mathrm{d}s}{Nh(t)},\tag{4.48}$$

且满足

$$\Delta^\tau(t)\leqslant\int_{t-\tau(t)}^t\left[d_V(s)+\Delta^\tau(s)\right]\mathrm{d}s,\quad\Delta^\tau(t)\leqslant2R_v\tau(t).\tag{4.49}$$

证明 首先可得到, 对于 $t>0$, $D^+d_X(t)\leqslant d_V(t)$ 几乎处处成立. 下面将证明 (4.47) 中第二个不等式. 存在可数的递增序列 t_k, 使得可以选择 i,j (独立于 t_k), 当 $t\in(t_k,t_{k+1})$ 时, 有 $d_V(t)=\|v_i(t)-v_j(t)\|$. 因此根据 $d_V(t)$ 的定义, 可导出

$$\begin{aligned}\frac{1}{2}D^+d_V(t)^2&=\left\langle v_i(t)-v_j(t),\frac{\mathrm{d}}{\mathrm{d}t}v_i(t)-\frac{\mathrm{d}}{\mathrm{d}t}v_j(t)\right\rangle\\&=:K_1(t)+K_2(t),\end{aligned}\tag{4.50}$$

其中

$$
\begin{aligned}
K_1(t) &= \langle v_i(t)-v_j(t), p_i(t)\rangle, \quad K_2(t) = -\langle v_i(t)-v_j(t), p_j(t)\rangle, \\
p_i(t) &= \frac{1}{Nh(t)}\sum_{k=1,k\neq i}^{N}\int_{t-\tau(t)}^{t}\alpha(t-s)\phi_{k,i}(s)\left[v_k(s)-v_i(t)\right]\mathrm{d}s, \\
p_j(t) &= \frac{1}{Nh(t)}\sum_{k=1,k\neq i}^{N}\int_{t-\tau(t)}^{t}\alpha(t-s)\phi_{k,j}(s)\left[v_k(s)-v_j(t)\right]\mathrm{d}s.
\end{aligned}
\tag{4.51}
$$

注意到, 对于任意 $i\in\{1,\cdots,N\}$ 和 $s\in[t-\tau(t),t]$, 有

$$
\begin{aligned}
\phi_{k,i}(s) &= \phi\left(\|x_k(s)-x_i(s)\|\right) \\
&= \phi\left(\|x_k(t)-x_i(t)+\left(x_i(t)-x_k(t)-x_i(s)+x_k(s)\right)\|\right) \\
&\geqslant \phi\left(\|x_j(t)-x_i(t)\|+\|x_i(t)-x_i(s)\|+\|x_k(t)-x_k(s)\|\right) \\
&\geqslant \phi\left(d_X(t)+\int_{t-\tau(t)}^{t}\|v_i(s)\|\,\mathrm{d}s+\int_{t-\tau(t)}^{t}\|v_k(s)\|\mathrm{d}s\right) \\
&\geqslant \phi\left(d_X(t)+2R_v\tau(t)\right).
\end{aligned}
\tag{4.52}
$$

进而, 由 $d_V(t)=\|v_i-v_j\|$, 可得

$$
\langle v_i(t)-v_j(t), v_k(t)-v_i(t)\rangle \leqslant 0.
$$

又因为 $\phi\leqslant 1$, $h(t),\alpha(t)$ 的定义, (4.52) 式以及如下等式

$$
\begin{aligned}
p_i(t) &= \frac{1}{Nh(t)}\sum_{k=1,k\neq i}^{N}\int_{t-\tau(t)}^{t}\alpha(t-s)\phi_{k,i}(s)\left[v_k(s)-v_i(t)\right]\mathrm{d}s \\
&= \frac{1}{Nh(t)}\sum_{k=1,k\neq i}^{N}\int_{t-\tau(t)}^{t}\alpha(t-s)\phi_{k,i}(s)\left[v_k(t)-v_i(t)\right]\mathrm{d}s \\
&\quad+\frac{1}{Nh(t)}\sum_{k=1,k\neq i}^{N}\int_{t-\tau(t)}^{t}\alpha(t-s)\phi_{k,i}(s)\left[v_k(s)-v_k(t)\right]\mathrm{d}s,
\end{aligned}
$$

可得 K_1 的估计式

$$
\begin{aligned}
K_1(t) &= \langle v_i(t)-v_j(t), p_i(t)\rangle \\
&= \frac{\phi\left(d_X(t)+2R_v\tau(t)\right)}{N}\sum_{k=1,k\neq i}^{N}\langle v_i(t)-v_j(t), v_k(t)-v_i(t)\rangle
\end{aligned}
$$

$$+\frac{d_V(t)}{Nh(t)}\sum_{k=1,k\neq i}^{N}\int_{t-\tau(t)}^{t}\alpha(t-s)\phi_{k,i}(s)\left\|v_k(t)-v_k(s)\right\|\mathrm{d}s. \tag{4.53}$$

类似地, 可得

$$\begin{aligned}K_2(t)\leqslant&\frac{-\phi\left(d_X(t)+2R_v\tau(t)\right)}{N}\sum_{k=1,k\neq i}^{N}\langle v_i(t)-v_j(t),v_k(t)-v_j(t)\rangle\\&+\frac{d_V(t)}{Nh(t)}\sum_{k=1,k\neq j}^{N}\int_{t-\tau(t)}^{t}\alpha(t-s)\phi_{k,j}(s)\left\|v_k(t)-v_k(s)\right\|\mathrm{d}s.\end{aligned} \tag{4.54}$$

因此结合(4.50)式、(4.53)式和(4.54)式可得

$$\begin{aligned}\frac{1}{2}D^+d_V(t)^2\leqslant&-\phi\left(d_X(t)+2R_v\tau(t)\right)d_V(t)^2\\&+\frac{2d_V(t)}{Nh(t)}\max_{1\leqslant i\leqslant N}\sum_{k=1,k\neq i}^{N}\int_{t-\tau(t)}^{t}\alpha(t-s)\phi_{k,i}(s)\left\|v_k(t)-v_k(s)\right\|\mathrm{d}s,\end{aligned} \tag{4.55}$$

这意味着对 $t\geqslant 0$, 下式几乎处处成立

$$D^+d_V(t)\leqslant-\phi\left(d_X(t)+2R_v\tau(t)\right)d_V(t)+2\Delta^\tau(t).$$

接着对 $\Delta^\tau(t)$ 进行估计, 事实上

$$\begin{aligned}\Delta^\tau(t)=&\frac{1}{Nh(t)}\max_{1\leqslant i\leqslant N}\sum_{k=1}^{N}\int_{t-\tau(t)}^{t}\alpha(t-s)\phi_{k,i}(s)\left\|v_k(s)-v_k(t)\right\|\mathrm{d}s\\\leqslant&\frac{1}{Nh(t)}\sum_{k=1}^{N}\int_{t-\tau(t)}^{t}\alpha(t-s)\int_s^t\left\|\frac{\mathrm{d}}{\mathrm{d}t}v_k(\theta)\right\|\mathrm{d}\theta\mathrm{d}s\\\leqslant&\frac{1}{N}\sum_{k=1}^{N}\int_{t-\tau(t)}^{t}\left\|\frac{\mathrm{d}}{\mathrm{d}t}v_k(s)\right\|\mathrm{d}s.\end{aligned} \tag{4.56}$$

进而由(4.37)式以及 $\|v_j(\theta)-v_k(s)\|\leqslant\|v_j(s)-v_k(s)\|+\|v_j(\theta)-v_j(s)\|$ 可得

$$\left\|\frac{\mathrm{d}}{\mathrm{d}t}v_k(s)\right\|\leqslant\frac{1}{Nh(s)}\sum_{j=1}^{N}\int_{s-\tau(s)}^{s}\alpha(s-\theta)\phi_{k,j}(\theta)\left\|v_j(\theta)-v_k(s)\right\|\mathrm{d}\theta. \tag{4.57}$$

因此, 结合(4.56)式和(4.57)式可导出

$$\Delta^{\tau}(t) \leqslant \int_{t-\tau(t)}^{t} \left[d_V(s) + \Delta^{\tau}(s)\right] \mathrm{d}s. \tag{4.58}$$

另一方面, 根据引理 4.3.1, 有

$$\left\| \frac{\mathrm{d}}{\mathrm{d}t} v_k(s) \right\| \leqslant \frac{1}{Nh(\theta)} \sum_{j=1}^{N} \int_{s-\tau(s)}^{s} \alpha(s-\theta)\phi_{k,j}(\theta) \left\| v_j(\theta) - v_k(s) \right\| \mathrm{d}\theta \leqslant 2R_v.$$

进而, 结合(4.56)式可得

$$\Delta^{\tau}(t) \leqslant 2R_v \tau(t), \quad t \geqslant 0.$$

□

引理 4.3.3 设 $(x(t), v(t))$ 为系统(4.37)—(4.41)的全局解, 其满足如下条件

$$\sup_{-\tau_0 \leqslant t < +\infty} d_X(t) \leqslant \delta,$$

则当 $t > 0$ 时有

$$\Delta^{\tau}(t) < C_1 \mathrm{e}^{-\Lambda t}, \quad d_V(t) < C_2 \mathrm{e}^{-\Lambda t}, \tag{4.59}$$

其中 $\Lambda > 0$, C_1, $C_2 > 0$ 如定理 4.3.1中所示.

证明 首先证明对给定一个 $T > 0$, 如果当 $t \in [0, T]$ 时, $\Delta^{\tau}(t) < C_1 \mathrm{e}^{-\Lambda t}$, 则 $d_V(t) < C_2 \mathrm{e}^{-\Lambda t}$. 事实上, 由引理 4.3.2 可知, 当 $t \in [0, T]$ 时,

$$D^+ d_V(t) \leqslant -\phi\left(d_X(t) + 2R_v \tau(t)\right) d_V(t) + 2C_1 e^{-\Lambda t},$$

进而由 Gronwall 不等式可得

$$\begin{aligned} d_V(t) &\leqslant d_V(0) \mathrm{e}^{-\phi(\delta+2R_v\tau_0)t} + \frac{2C_1}{\phi\left(\delta + 2R_v\tau_0\right) - \Lambda} \left[\mathrm{e}^{-\Lambda t} - \mathrm{e}^{-\phi(\delta+2R_v\tau_0)t}\right] \\ &= \left[d_V(0) - \frac{2C_1}{\phi\left(\delta + 2R_v\tau_0\right) - \Lambda}\right] \mathrm{e}^{-\phi(\delta+2R_v\tau_0)t} \\ &\quad + \frac{2C_1}{\phi\left(\delta + 2R_v\tau_0\right) - \Lambda} \mathrm{e}^{-\Lambda t}. \end{aligned} \tag{4.60}$$

进而由于

$$d_V(0) < \frac{2C_1}{\phi\left(\delta + 2R_v\tau_0\right) - \Lambda},$$

可得

$$d_V(t) < \mathrm{e}^{-\Lambda t}. \tag{4.61}$$

定义集合 S 如下

$$S := \left\{T \geqslant 0 : \Delta^{\tau}(t) < C_1\mathrm{e}^{-\Lambda t}\text{且 } d_V(t) < C_2\mathrm{e}^{-\Lambda t},\ t \in [0,T]\right\}.$$

根据引理 4.3.2 以及 $2R_v\tau_0 < C_1$ 可知, 当 $t \in [0,t^*)$ 时, 存在 $t^* > 0$ 使得 $\Delta^{\tau}(t) < C_1\mathrm{e}^{-\Lambda t}$ 成立. 因此, $S \neq \varnothing$. 可断言 $S = \infty$. 若不然, $T^* = \sup S < \infty$. 由于 $\Delta^{\tau}(t)$ 和 $d_V(t)$ 关于 t 是连续函数, 则有

$$\Delta^{\tau}(T^*) = C_1\mathrm{e}^{-\Lambda T^*} \quad \text{或者} \quad d_V(T^*) = C_2\mathrm{e}^{-\Lambda T^*}, \tag{4.62}$$

则 $T^* \notin S$, 此外根据 Δ^{τ} 和 S 的定义可得

$$\begin{aligned}\Delta^{\tau}(T^*) &= \lim_{t\to T^{*-}} \Delta^{\tau}(t) \leqslant \lim_{t\to T^{*-}} \int_{t-\tau(t)}^{t} [d_V(s) + \Delta^{\tau}(s)]\,\mathrm{d}s \\ &\leqslant \lim_{t\to T^{*-}} (C_1 + C_2) \int_{t-\tau(t)}^{t} \mathrm{e}^{-\Lambda s}\mathrm{d}s \\ &\leqslant \frac{C_1 + C_2}{\Lambda}\mathrm{e}^{-\Lambda T^*}\left(\mathrm{e}^{\Lambda\tau_0} - 1\right) < C_1\mathrm{e}^{-\Lambda T^*}.\end{aligned} \tag{4.63}$$

因此, 由上述证明可知 $d_V(T^*) < C_2\mathrm{e}^{-\Lambda T^*}$, 即(4.62)式不成立. 因此 $T^* = \infty$. □

定理 4.3.1 的证明 首先证明相对位移有界, 并且具有如下先验估计

$$\sup_{0\leqslant t<+\infty} d_X(t) < \delta. \tag{4.64}$$

在定理 4.3.1 条件中的 δ 是可以取到的. 实际上, 可定义集合 M 如下

$$M := \{T > 0 :\ d_X(t) < \delta,\ t \in [0,T]\}.$$

根据 $d_X(t)$ 的连续性以及假设 $d_X(0) < \delta$, 可得 $M \neq \varnothing$. 可断言 $M = \infty$. 若不然 $T^{**} = \sup M < \infty$, 则有 $d_X(T^{**}) = \delta$. 由引理 4.3.3 可知, 当 $t \in [0,T^{**})$ 时, 有 $d_V(t) \leqslant C_2e^{-\Lambda t}$. 因此, 根据 Cauchy-Schwarz 不等式和 d_V 的定义可知, 对任意 $i,k \in \{1,\cdots,N\}$, 有

$$\|x_i(T^{**}) - x_k(T^{**})\| \leqslant \|x_i(0) - x_k(0)\| + \int_0^{T^{**}} \|v_i(s) - v_k(s)\|\,\mathrm{d}s$$

$$
\begin{aligned}
&\leqslant d_X(0) + \int_0^{T^{**}} d_V(s)\mathrm{d}s \\
&\leqslant d_X(0) + \int_0^{T^{**}} C_2 \mathrm{e}^{-\Lambda s}\mathrm{d}s \\
&< d_X(0) + \frac{C_2}{\Lambda},
\end{aligned} \tag{4.65}
$$

这意味着 $d_X\left(T^{**}\right) < d_X(0) + \dfrac{C_2}{\Lambda}$ 以及

$$
\delta = d_X\left(T^{**}\right) < d_X(0) + \frac{C_2}{\Lambda} < \delta,
$$

这是矛盾的. 因此, 对 δ 的先验估计(4.64)是正确的. 根据相对位移一致有界性的先验估计, 并结合引理 4.3.3, 可得到结论. □

4.3.2　依赖时滞的集群条件: L^2 分析

首先定义宏观变量

$$
\bar{x}(t) = \frac{1}{N}\sum_{i=1}^{n} x_i(t), \quad \bar{v}(t) = \frac{1}{N}\sum_{i=1}^{n} v_i(t),
$$

其中 $\bar{x}(t)$ 和 $\bar{v}(t)$ 分别表示系统在 t 时刻质心的位移和速度. 为了刻画系统(4.37)—(4.41)的集群行为, 引入位置方差 $X(t)$ 和速度方差 $V(t)$ 如下

$$
X(t) = \frac{1}{N}\sum_{i,j=1}^{N} \left\|x_i(t) - x_j(t)\right\|^2, \quad V(t) = \frac{1}{N}\sum_{i,j=1}^{N} \left\|v_i(t) - v_j(t)\right\|^2. \tag{4.66}
$$

因此, 系统发生渐近集群行为当且仅当速度和位移方差分别满足

$$
\sup_{t\geqslant 0} X(t) < \infty \quad 且 \quad \lim_{t\to\infty} V(t) = 0.
$$

为了分析集群条件, 首先定义集合

$$
\begin{aligned}
\Delta &= \left\{(v_1, v_2, \cdots, v_N) \in \left(\mathbb{R}^d\right)^N \mid v_1 = \cdots = v_n\right\} \\
&= \left\{(v, v, \cdots, v) \mid v \in \mathbb{R}^d\right\},
\end{aligned}
$$

其正交集合为

$$
\Delta^{\perp} = \left\{(v_1, v_2, \cdots, v_N) \in \left(\mathbb{R}^d\right)^N \middle| \sum_{i=1}^{N} v_i = 0\right\}.
$$

对于 $v=(v_1,v_2,\cdots,v_N)\in\mathbb{R}^{Nd}$. 定义 $\bar{v}=\frac{1}{N}\sum_{k=1}^{N}v_k$, $w=(w_1,w_2,\cdots,w_N)$, 其中 $w_i=v_i-\bar{v}$ $(i=1,\cdots,N)$. 因而可得

$$v=(\bar{v},\cdots,\bar{v})+w\in\Delta+\Delta^{\perp}.$$

易知, $Aw=Av$ 以及

$$\langle Aw,w\rangle=\frac{1}{2}\sum_{i,k=1}^{N}\frac{1}{Nh(t)}\int_{t-\tau(t)}^{t}\alpha(t-s)\phi_{k,i}(s)\mathrm{d}s\cdot\|w_k-w_i\|^2. \tag{4.67}$$

定理 4.3.2 假设 $\tau(t)$ 几乎处处可微, 且存在 $c>0$, 使得

$$\|\tau'(t)|\leqslant c<1,\quad t>0.$$

如果 $\tau_0^2\mathrm{e}^{\tau_0}\in(0,\bar{\tau})$, 其中

$$\bar{\tau}=\frac{(1-c)\gamma^2}{4+2\gamma^2}. \tag{4.68}$$

则系统(4.37)—(4.41)的速度方差和位移方差满足

$$X(t)<2X(0)+\frac{16N^2C}{r^2},\quad V(t)\leqslant C\mathrm{e}^{-rt},$$

其中

$$\begin{aligned} r=&\ \min\left\{\gamma-\frac{4\tau_0}{\gamma\left[(1-c)\mathrm{e}^{-\tau_0}-2\tau_0^2\right]},1\right\},\\ C=&\ 2V(0)+\frac{2\tau_0}{\gamma\left[(1-c)\mathrm{e}^{-\tau_0}-2\tau_0^2\right]}M_0,\\ M_0=&\ \int_{-\tau(0)}^{0}\mathrm{e}^{s}\int_{s}^{0}\sum_{k=1}^{N}\left\|\frac{\mathrm{d}}{\mathrm{d}t}v_k(\theta)\right\|^2\mathrm{d}\theta\mathrm{d}s. \end{aligned} \tag{4.69}$$

为了证明上述结果, 需要证明如下引理.

引理 4.3.4 设 $(x(t),v(t))$ 为系统(4.37)—(4.41)的解, 则对任意 $t>0$, 有

$$\sum_{i=1}^{N}\left\|\frac{\mathrm{d}}{\mathrm{d}t}v_i(t)\right\|^2\leqslant 4\|w(t)\|^2+2\tau_0\Delta_\tau(t), \tag{4.70}$$

其中

$$\Delta_\tau(t)=\int_{t-\tau(t)}^{t}\sum_{i=1}^{N}\left\|\frac{\mathrm{d}}{\mathrm{d}t}v_i(s)\right\|^2\mathrm{d}s. \tag{4.71}$$

证明 根据(4.37)式, 可得

$$\begin{aligned}\frac{\mathrm{d}}{\mathrm{d}t}v_i(t) &= \frac{1}{Nh(t)}\sum_{k=1,k\neq i}^{N}\int_{t-\tau(t)}^{t}\alpha(t-s)\phi_{k,i}(s)\left[v_k(t)-v_i(t)\right]\mathrm{d}s\\&\quad+\frac{1}{Nh(t)}\sum_{k=1,k\neq i}^{N}\int_{t-\tau(t)}^{t}\alpha(t-s)\phi_{k,i}(s)\left[v_k(s)-v_k(t)\right]\mathrm{d}s\\&=: I_1+I_2,\end{aligned}$$

其中

$$\begin{aligned}I_1 &= \frac{1}{Nh(t)}\sum_{k=1,k\neq i}^{N}\int_{t-\tau(t)}^{t}\alpha(t-s)\phi_{k,i}(s)\left[w_k(t)-w_i(t)\right]\mathrm{d}s,\\I_2 &= \frac{1}{Nh(t)}\sum_{k=1,k\neq i}^{N}\int_{t-\tau(t)}^{t}\alpha(t-s)\phi_{k,i}(s)\int_{s}^{t}\left\|\frac{\mathrm{d}}{\mathrm{d}t}v_k(\theta)\right\|\mathrm{d}\theta\mathrm{d}s.\end{aligned}\tag{4.72}$$

下面分别对 I_1, I_2 进行估计. 根据 $\phi_{k,i}$ 的假设和 h 的定义可得

$$\begin{aligned}I_1 &\leqslant \frac{1}{Nh(t)}\sum_{k=1,k\neq i}^{N}\int_{t-\tau(t)}^{t}\alpha(t-s)\phi_{k,i}(s)\mathrm{d}s\cdot\|w_k(t)-w_i(t)\|\\&\leqslant \frac{1}{Nh(t)}\sum_{k=1,k\neq i}^{N}\int_{t-\tau(t)}^{t}\alpha(t-s)\mathrm{d}s\cdot\|w_k(t)-w_i(t)\|\\&= \frac{1}{N}\sum_{k=1,k\neq i}^{N}\|w_k(t)-w_i(t)\|.\end{aligned}\tag{4.73}$$

类似地, 可得

$$\begin{aligned}I_2 &\leqslant \frac{1}{Nh(t)}\sum_{k=1,k\neq i}^{N}\int_{t-\tau(t)}^{t}\alpha(t-s)\phi_{k,i}(s)\int_{t-\tau(t)}^{t}\left\|\frac{\mathrm{d}}{\mathrm{d}t}v_k(\theta)\right\|\mathrm{d}\theta\mathrm{d}s\\&\leqslant \frac{1}{Nh(t)}\sum_{k=1,k\neq i}^{N}\int_{t-\tau(t)}^{t}\alpha(t-s)\mathrm{d}s\int_{t-\tau(t)}^{t}\left\|\frac{\mathrm{d}}{\mathrm{d}t}v_k(\theta)\right\|\mathrm{d}\theta\\&= \frac{1}{N}\sum_{k=1,k\neq i}^{N}\int_{t-\tau(t)}^{t}\left\|\frac{\mathrm{d}}{\mathrm{d}t}v_k(s)\right\|\mathrm{d}s.\end{aligned}\tag{4.74}$$

根据(4.72)—(4.74)可得

$$\left\|\frac{\mathrm{d}}{\mathrm{d}t}v_i(t)\right\|^2 \leqslant \frac{2}{N}\sum_{k=1}^{N}\|w_{ki}(t)\|^2 + \frac{2}{N}\sum_{k=1}^{N}\left(\int_{t-\tau(t)}^{t}\left\|\frac{\mathrm{d}}{\mathrm{d}t}v_k(s)\right\|\mathrm{d}s\right)^2, \tag{4.75}$$

其中 $w_{ki}(t)=w_k(t)-w_i(t)$. 由于 $\sum_{i,k=1}^{N}\|w_k(t)-w_i(t)\|^2=2N\|w(t)\|^2$ 和 Cauchy-Schwarz 不等式

$$\sum_{i=1}^{N}\left\|\frac{\mathrm{d}}{\mathrm{d}t}v_i(t)\right\|^2 \leqslant 4\|w(t)\|^2 + 2\tau_0\int_{t-\tau(t)}^{t}\sum_{k=1}^{N}\left\|\frac{\mathrm{d}}{\mathrm{d}t}v_k(s)\right\|^2\mathrm{d}s, \tag{4.76}$$

这意味着(4.70)式成立. □

引理 4.3.5 假设 $(x(t),v(t))$ 为系统(4.37)—(4.41)的解, 则有

$$\frac{\mathrm{d}}{\mathrm{d}t}\|w(t)\|^2 \leqslant -\gamma\|w(t)\|^2 + \frac{\tau_0}{\gamma}\Delta_\tau(t). \tag{4.77}$$

证明 根据(4.37)式, 可得

$$\begin{aligned}\frac{\mathrm{d}}{\mathrm{d}t}\|w(t)\|^2 &\leqslant 2\sum_{i=1}^{N}\langle w_i(t),\dot{w}_i(t)\rangle\\ &=2\sum_{i=1}^{N}\left\langle w_i(t),\frac{\mathrm{d}}{\mathrm{d}t}v_i(t)-\frac{1}{N}\sum_{k=1,k\neq i}^{N}\frac{\mathrm{d}}{\mathrm{d}t}v_k(t)\right\rangle\\ &=2\sum_{i=1}^{N}\langle w_i(t),m_i(t)\rangle - 2\sum_{i=1}^{N}\langle w_i(t),m(t)\rangle\\ &=: I_3+I_4,\end{aligned} \tag{4.78}$$

其中

$$m_i(t)=\frac{1}{Nh(t)}\sum_{k=1,k\neq i}^{N}\int_{t-\tau(t)}^{t}\alpha(t-s)\phi_{k,i}(s)\left[v_k(s)-v_i(t)\right]\mathrm{d}s,$$

$$m(t)=\frac{1}{N}\sum_{k=1,k\neq i}^{N}\frac{1}{Nh(t)}\sum_{j=1}^{N}\int_{t-\tau(t)}^{t}\alpha(t-s)\phi_{k,j}(s)\left[v_j(s)-v_k(t)\right]\mathrm{d}s.$$

下面对 I_3 和 I_4 进行估计.

$$I_3=-\sum_{i=1}^{N}\langle w_k(t)-w_i(t),I_{31}\rangle+2\sum_{i=1}^{N}\langle w_i(t),I_{32}\rangle,$$

其中

$$I_{31} = \frac{1}{Nh(t)} \sum_{k=1}^{N} \int_{t-\tau(t)}^{t} \alpha(t-s)\phi_{k,i}(s)\left[w_k(t) - w_i(t)\right] \mathrm{d}s,$$

$$I_{32} = \frac{1}{Nh(t)} \sum_{k=1,k\neq i}^{N} \int_{t-\tau(t)}^{t} \alpha(t-s)\phi_{k,i}(s) \int_{t}^{s} \dot{w}_k(\theta)\mathrm{d}\theta\mathrm{d}s,$$

以及

$$I_4 = 2\left\langle \sum_{i=1}^{N} w_i(t), I_{40} \right\rangle = 0,$$

其中

$$I_{40} = \frac{1}{N} \sum_{k=1,k\neq i}^{N} \frac{1}{Nh(t)} \sum_{j=1}^{N} \int_{t-\tau(t)}^{t} \alpha(t-s)\phi_{k,j}(s)\left[v_j(s) - v_k(t)\right] \mathrm{d}s.$$

由于 $\sum_{i=1}^{N} w_i(t) = 0$, 结合上述分析可得

$$\begin{aligned}
&\frac{\mathrm{d}}{\mathrm{d}t}\|w(t)\|^2 \\
&= 2\sum_{i=1}^{N}\left\langle w_i(t), \frac{1}{Nh(t)} \sum_{k=1,k\neq i}^{N} \int_{t-\tau(t)}^{t} \alpha(t-s)\phi_{k,i}(s) q_{\theta,s}\mathrm{d}s \right\rangle \\
&\quad - \sum_{i,k=1}^{N} \frac{1}{Nh(t)} \int_{t-\tau(t)}^{t} \alpha(t-s)\phi_{k,i}(s)\mathrm{d}s \cdot \|w_k(t) - w_i(t)\|^2,
\end{aligned} \tag{4.79}$$

其中

$$q_{\theta,s} = \int_{t}^{s} \frac{\mathrm{d}}{\mathrm{d}t} v_k(\theta)\mathrm{d}\theta.$$

根据 $\phi_{k,i}$ 的假设、h 的定义以及 Young 不等式, 可推出

$$\begin{aligned}
&2\left\| \sum_{i=1}^{N}\left\langle w_i(t), \frac{1}{Nh(t)} \sum_{k=1}^{N} \int_{t-\tau(t)}^{t} \alpha(t-s)\phi_{k,i}(s) q_{\theta,s}\mathrm{d}s \right\rangle \right\| \\
&\leqslant 2\sum_{i=1}^{N} \|w_i(t)\| \cdot \left(\frac{1}{N} \sum_{k=1}^{N} \int_{t-\tau(t)}^{t} \left\| \frac{\mathrm{d}}{\mathrm{d}t} v_k(\theta) \right\| \mathrm{d}\theta \right) \\
&\leqslant \delta \sum_{i=1}^{N} \|w_i(t)\|^2 + \frac{1}{N\delta} \left(\sum_{k=1}^{N} \int_{t-\tau(t)}^{t} \left\| \frac{\mathrm{d}}{\mathrm{d}t} v_k(\theta) \right\| \mathrm{d}\theta \right)^2.
\end{aligned}$$

选取 $\delta=\gamma$, 则由(4.67)式以及(4.79)式可得

$$
\begin{aligned}
\frac{d}{\mathrm{d}t}\|w(t)\|^2 \leqslant & -\langle A(t)w(t),w(t)\rangle+\gamma\|w(t)\|^2 \\
& +\frac{1}{N\gamma}\left(\sum_{k=1}^{N}\int_{t-\tau(t)}^{t}\left\|\frac{\mathrm{d}}{\mathrm{d}t}v_k(\theta)\right\|\mathrm{d}\theta\right)^2 \\
\leqslant & -\gamma\|w(t)\|^2+\frac{\tau(t)}{\gamma}\sum_{k=1}^{N}\int_{t-\tau(t)}^{t}\left\|\frac{\mathrm{d}}{\mathrm{d}t}v_k(s)\right\|^2\mathrm{d}s \\
\leqslant & -\gamma\|w(t)\|^2+\frac{\tau_0}{\gamma}\Delta_\tau(t). \qquad (4.80)
\end{aligned}
$$

□

定理 4.3.2 的证明　考虑如下 Lyapunov 泛函

$$
W(t)=\|w(t)\|^2+\beta\int_{t-\tau(t)}^{t}\mathrm{e}^{-(t-s)}\int_{s}^{t}\sum_{k=1}^{N}\left\|\frac{\mathrm{d}}{\mathrm{d}t}v_k(\theta)\right\|^2\mathrm{d}\theta\mathrm{d}s, \qquad (4.81)
$$

其中 $\beta>0$ 为正常数. 根据引理(4.3.4)和引理(4.3.5)以及 $\tau(t)$ 的假设, 可得

$$
\begin{aligned}
\dot{W}(t)\leqslant & -(\gamma-4\tau_0\beta)\|w(t)\|^2 \\
& -\left(\beta(1-c)\mathrm{e}^{-\tau_0}-\frac{\tau_0}{\gamma}-2\beta\tau_0^2\right)\Delta_\tau(t) \\
& -\beta\int_{t-\tau(t)}^{t}\mathrm{e}^{-(t-s)}\int_{s}^{t}\sum_{k=1}^{N}\left\|\frac{\mathrm{d}}{\mathrm{d}t}v_k(\theta)\right\|^2\mathrm{d}\theta\mathrm{d}s. \qquad (4.82)
\end{aligned}
$$

根据 $\tau_0^2\mathrm{e}^{\tau_0}<\dfrac{(1-c)\gamma^2}{4+2\gamma^2}$, 可推出

$$
\frac{\tau_0}{\gamma\left[(1-c)\mathrm{e}^{-\tau_0}-2\tau_0^2\right]}<\frac{\gamma}{4\tau_0}. \qquad (4.83)
$$

因此, 如果在 W 定义中令 $\beta>0$, 可得

$$
\frac{\tau_0}{\gamma\left[(1-c)\mathrm{e}^{-\tau_0}-2\tau_0^2\right]}\leqslant\beta<\frac{\gamma}{4\tau_0}, \qquad (4.84)
$$

进而有

$$
\gamma-4\tau_0\beta>0,\quad \beta(1-c)\mathrm{e}^{-\tau_0}-\frac{\tau_0}{\gamma}-2\beta\tau_0^2\geqslant 0. \qquad (4.85)
$$

因此, 选取 $\beta = \dfrac{\tau_0}{\gamma\left[(1-c)\mathrm{e}^{-\tau_0} - 2\tau_0^2\right]}$, 可导出

$$\frac{dW(t)}{\mathrm{d}t} \leqslant -\min\left\{\gamma - \frac{4\tau_0^2}{\gamma\left[(1-c)\mathrm{e}^{-\tau_0} - 2\tau_0^2\right]}, 1\right\} W(t). \tag{4.86}$$

这表明

$$\|w(t)\|^2 \leqslant W(t) \leqslant W(0)\mathrm{e}^{-rt},$$

其中 $r = \min\left\{\gamma - \dfrac{4\tau_0^2}{\gamma\left[(1-c)\mathrm{e}^{-\tau_0} - 2\tau_0^2\right]}, 1\right\}$. 因此, 根据 V 的定义可得

$$\begin{aligned} V(t) &= \frac{1}{N}\sum_{i,j=1}^{N} \|v_i(t) - v_j(t)\|^2 = \frac{1}{N}\sum_{i,j=1}^{N} \|w_i(t) - w_j(t)\|^2 \\ &= 2\|w(t)\|^2 \leqslant 2W(0)\mathrm{e}^{-rt}. \end{aligned} \tag{4.87}$$

此外根据(4.87)式和 Cauchy-Schwarz 不等式可得

$$\begin{aligned} X(t) &= \frac{1}{N}\sum_{k,i=1}^{N} \|x_i(t) - x_k(t)\|^2 \\ &\leqslant \frac{1}{N}\sum_{k,i=1}^{N}\left[2\|x_i(0) - x_k(0)\|^2 + 2\left(\int_0^t \|v_i(s) - v_k(s)\|\,\mathrm{d}s\right)^2\right], \end{aligned}$$

进而有

$$\begin{aligned} X(t) &\leqslant 2X(0) + 2N^2\left(\int_0^t \sqrt{V(s)}\mathrm{d}s\right)^2 \\ &\leqslant 2X(0) + 2N^2\left(\int_0^t \sqrt{2W(0)\mathrm{e}^{-rs}}\mathrm{d}s\right)^2 \\ &\leqslant 2X(0) + 4N^2W(0)\left(\frac{2}{r} - \frac{2}{r}\mathrm{e}^{-\frac{r}{2}t}\right)^2 \\ &< 2X(0) + \frac{16N^2W(0)}{r^2}. \end{aligned} \tag{4.88}$$

进而, 结合 (4.87) 式和 (4.88) 式表明在定理 4.3.2 条件下, 系统(4.37)将发生集群行为. □

第 5 章　多自主体系统的免碰撞动力学

在现实中, 空中飞行的鸟群以及执行任务的无人机群必须两两避免碰撞. 然而经典的 Cucker-Smale 系统只要求最终实现集群行为, 其并没有考虑群体行为在演化过程中粒子间的碰撞问题. 因此, 对原始的模型进行拓展, 使得群体能够渐近收敛形成集群的同时, 群体内部能够避免碰撞是极有现实意义的.

5.1　免碰撞集群模型

在原始 Cucker-Smale 模型中, 个体之间可能发生碰撞. 为了解决避免碰撞问题, Yin 等 [78] 通过增加排斥力实现避免碰撞; Carrillo 等[73] 和 Ahn 等[178] 讨论了具有奇异影响函数 $\psi(r) = r^{-\alpha}$, $\alpha > 0$ 的 Cucker-Smale 模型并得到发生免碰撞的初始条件; Carrillo 等[73] 得到了当 $\alpha \geqslant 1$ 时, 如果初始时刻个体不发生碰撞, 则个体在任何有限时间均不发生碰撞. 上述文献所讨论的避免碰撞问题都是针对连续 Cucker-Smale 模型的, 对于离散模型还没有相应的结果. 因此, 本节首先利用离散能量方法[247,248] 讨论奇异离散 Cucker-Smale 模型的避免碰撞问题[249], 继而讨论了外力作用下免碰撞集群行为发生条件.

5.1.1　奇异型交互机制下免碰撞集群条件

考虑具有 N 个个体的奇异离散 Cucker-Smale 模型:

$$
\begin{aligned}
x_i[t+1] &= x_i[t] + hv_i[t], \quad i = 1, 2, \cdots, N, \\
v_i[t+1] &= v_i[t] + h\sum_{j \neq i} a_{ij}(x[t])\left(v_j[t] - v_i[t]\right),
\end{aligned}
\tag{5.1}
$$

其中 $x_i[t] = x_i(th) \in \mathbb{R}^d$ 以及 $v_i[t] = v_i(th) \in \mathbb{R}^d$ 分别表示个体 i 在时刻 th 的位移和速度, $h > 0$ 是时间步长, 影响函数定义为

$$
a_{ij}(x[t]) = \psi(\|x_j[t] - x_i[t]\|) = \frac{K}{\|x_j[t] - x_i[t]\|^{\beta}},
\tag{5.2}
$$

其中 $\psi(r) = Kr^{-\beta}$ 以及 $K > 0, r \geqslant 0, \beta > 0$. 注意到该模型与原始 Cucker-Smale 模型显著的区别在于, 对于给定的 K 与 $\beta > 0$, 当 $x_j[t] = x_i[t]$ 时, 有 $a_{ij} = \infty$, 则上述迭代不能执行, 从而导致系统解发生爆破.

系统 (5.1) 的初始条件设置为 $\{x_i[0],\ v_i[0]\}_{i=1}^N$. 免碰撞集群运动的定义如下:

定义 5.1.1 系统 (5.1) 发生免碰撞集群运动, 如果满足如下三个条件:

$$\lim_{t\to\infty} d_V[t]=0,\quad \sup_{t\in[0,\infty)} d_X[t]<\infty,\quad x_i[t]\neq x_j[t],\quad t>0,$$

其中 $d_X[t]=\max\limits_{1\leqslant i,j\leqslant N}\|x_i[t]-x_j[t]\|$ 以及 $d_V[t]=\max\limits_{1\leqslant i,j\leqslant N}\|v_i[t]-v_j[t]\|$.

5.1.1.1 免碰撞条件

为了讨论离散 Cucker-Smale 模型的免碰撞问题, 对于任意的 $i\neq j$, $i,j=1,2,\cdots,N$, 定义相对位移 $X_{ij}[t]$ 和相对速度 $V_{ij}[t]$ 分别如下

$$X_{ij}[t]=\|x_i[t]-x_j[t]\|\quad 以及\quad V_{ij}[t]=\|v_i[t]-v_j[t]\|.\tag{5.3}$$

此外, 令

$$r^*=\begin{cases}d_X[0]\mathrm{e}^{\frac{d_V[0]}{K}}, & \beta=1,\\ \left(d_X[0]^{1-\beta}+\dfrac{1-\beta}{K}d_V[0]\right)^{\frac{1}{1-\beta}}, & \beta\neq 1,\end{cases}\tag{5.4}$$

则 r^* 是方程

$$d_V[0]=\int_{d_X[0]}^{r^*}\psi(r)\mathrm{d}r\tag{5.5}$$

的解.

引理 5.1.1 假设 $\{x_i[t],\ v_i[t]\}_{i=1}^N$ 是系统 (5.1) 的解, 如果时间步长、初始位移和速度满足如下条件:

$$h<\min\left\{\frac{1}{\psi(r^*)},\frac{{d_0}^{\beta}}{KN}\right\},\quad \min_{1\leqslant i\neq j\leqslant N} X_{ij}[0]>\frac{d_V[0]}{\psi(r^*)},\tag{5.6}$$

其中 r^* 定义于(5.4)式, 则系统发生免碰撞集群运动, 且

$$\inf_{t\geqslant 0}\min_{1\leqslant i\neq j\leqslant N} X_{ij}[t]\geqslant d_0:=\min_{1\leqslant i\neq j\leqslant N} X_{ij}[0]-\frac{d_V[0]}{\psi(r^*)}>0,\quad t\geqslant 0.\tag{5.7}$$

证明 利用归纳法证明该引理. 对于 $t=0$, 由 d_0 的定义知, $\min\limits_{i\neq j} X_{ij}[0]\geqslant d_0$. 假设引理的结论对于所有 $t\leqslant t^*$ 均成立, 其中 $t^*\geqslant 0$. 下面证明对于 $t=t^*+1$ 也成立.

由上述假设、ψ 的非增性质以及条件 $h < \dfrac{{d_0}^{\beta}}{KN}$ 知, 当 $0 \leqslant t \leqslant t^*$ 时, 对于 $i \neq j$, 有

$$ha_{ij}(x[t]) = h\psi\left(\|x_j[t] - x_i[t]\|\right) \leqslant h\psi(d_0) = \frac{hK}{{d_0}^{\beta}} < \frac{1}{N}.$$

因此, $h\sum_{j\neq i} a_{ij}(x[t]) < \dfrac{N-1}{N}$. 令 $ha_{ii} = 1 - h\sum_{j\neq i} a_{ij} > \dfrac{1}{N}$, 则有 $h\sum_{j=1}^{N} a_{ij} = 1$. 因此, 对于 $0 \leqslant t \leqslant t^*$, 等式 (5.1) 第二式可以被改写成如下形式:

$$v_i[t+1] = v_i[t] + h\sum_{j=1}^{N} a_{ij}v_j[t] - h\sum_{j=1}^{N} a_{ij}v_i[t] = h\sum_{j=1}^{N} a_{ij}v_j[t]. \tag{5.8}$$

此外, 根据 a_{ij} 的定义, 等式 (5.2), 对于任意的 $i \neq j$, 可得 $a_{ij}(x[t]) \geqslant \psi(d_X[t])$. 由 a_{ii} 的定义知, 对于 $i \neq j$, $ha_{ii} > \dfrac{1}{N} > ha_{ij}(x[t]) \geqslant h\psi(d_X[t])$. 因此, 对于任意的 i, j, 有

$$a_{ij}(x[t]) \geqslant \psi(d_X[t]). \tag{5.9}$$

下面分三步证明引理的结论对 $t = t^* + 1$ 成立.

第一步 断言: 对于 $0 \leqslant t \leqslant t^*$, $d_X[t]$ 以及 $d_V[t]$ 满足如下不等式:

$$d_X[t+1] \leqslant d_X[t] + hd_V[t], \quad d_V[t+1] \leqslant (1 - h\psi(d_X[t]))d_V[t]. \tag{5.10}$$

根据 $d_X[t]$ 与 $d_V[t]$ 的定义, 对于 $0 \leqslant t \leqslant t^*$ 成立

$$\begin{aligned}
d_X[t+1] &= \max_{1\leqslant i,j\leqslant N} \|x_i[t+1] - x_j[t+1]\| \\
&= \max_{1\leqslant i,j\leqslant N} \|x_i[t] + hv_i[t] - x_j[t] - hv_j[t]\| \\
&\leqslant \max_{1\leqslant i,j\leqslant N} \|x_i[t] - x_j[t]\| + h\max_{1\leqslant i,j\leqslant N} \|v_i[t] - v_j[t]\| \\
&= d_X[t] + hd_V[t].
\end{aligned}$$

现在考虑 $d_V[t+1]$. 对于给定的 t, 选择个体 i 与 j 满足 $d_V[t+1] = \|v_i[t+1] - v_j[t+1]\|$. 基于 $h\sum_{j=1}^{N} a_{ij} = 1$, 由系统(5.8)可得

$$\|v_i[t+1] - v_j[t+1]\|$$

$$
\begin{aligned}
&= \left\| h \sum_{1 \leqslant p \leqslant N} a_{ip} v_p[t] - h \sum_{1 \leqslant q \leqslant N} a_{jq} v_q[t] \right\| \\
&\leqslant h^2 \sum_{1 \leqslant p,\ q \leqslant N} a_{ip} a_{jq} \| v_p[t] - v_q[t] \| \\
&\leqslant h^2 \sum_{1 \leqslant p \neq q \leqslant N} a_{ip} a_{jq} d_V[t] = h \sum_{1 \leqslant p \leqslant N} a_{ip} (1 - h a_{jp}) d_V[t] \\
&\leqslant h \sum_{1 \leqslant p \leqslant N} a_{ip} \left(1 - h\psi(d_X[t])\right) d_V[t] \\
&= \left(1 - h\psi(d_X[t])\right) d_V[t],
\end{aligned}
$$

其中最后一个不等式利用了不等式 (5.9). 第一步证毕.

第二步 断言: 对于任意的 $0 \leqslant t \leqslant t^* + 1$, 成立

$$
d_X[t] \leqslant r^*, \quad d_V[t] \leqslant (1 - h\psi(r^*))^t d_V[0]. \tag{5.11}
$$

由离散能量方法 [247,248], 定义 $g[0] = d_X[0]$ 以及对于 $1 \leqslant t \leqslant t^* + 1$,

$$
g[t] = d_X[0] + h \sum_{k=0}^{t-1} d_V[k]. \tag{5.12}
$$

因此

$$
h d_V[t] = g[t+1] - g[t] \geqslant 0. \tag{5.13}
$$

此外, 利用不等式(5.10), 对于 $0 \leqslant t \leqslant t^*$, 有

$$
\begin{aligned}
d_X[t+1] &\leqslant d_X[t] + h d_V[t] \leqslant \cdots \\
&\leqslant d_X[0] + h \sum_{k=0}^{t} d_V[k] = g[t+1].
\end{aligned} \tag{5.14}
$$

又因为 ψ 的不增性质以及不等式 (5.13)和 (5.14), 可得

$$
h\psi(d_X[t]) d_V[t] \geqslant \psi(g[t])(g[t+1] - g[t]) \geqslant \int_{g[t]}^{g[t+1]} \psi(r) \mathrm{d}r. \tag{5.15}
$$

联合上式以及 (5.10), 可知

$$
d_V[t+1] - d_V[t] \leqslant -h\psi(d_X[t]) d_V[t] \leqslant -\int_{g[t]}^{g[t+1]} \psi(r) \mathrm{d}r. \tag{5.16}
$$

注意到上式对 $0 \leqslant t \leqslant t^*$ 均成立, 故归纳可得

$$d_V[t+1] - d_V[0] \leqslant -\int_{g[0]}^{g[t+1]} \psi(r)\mathrm{d}r. \tag{5.17}$$

再结合条件(5.5), 可导出

$$d_V[t+1] \leqslant \int_{g[t+1]}^{r^*} \psi(r)\mathrm{d}r. \tag{5.18}$$

又由于 ψ 是非负函数, 上述不等式蕴含 $g[t] \leqslant r^*$, 对于所有 $t \in [0, t^*+1]$ 成立. 因此, 根据不等式 (5.14), 可以推导出 $d_X[t] \leqslant r^*$, 对于 $0 \leqslant t \leqslant t^*+1$. 因为 ψ 是非增的, 从而有 $\psi(d_X[t]) \geqslant \psi(r^*)$. 于是, 由不等式(5.10) 以及条件 $h < \dfrac{1}{\psi(r^*)}$, 可知

$$\begin{aligned} d_V[t] &\leqslant (1 - h\psi(d_X[t-1]))d_V[t-1] \\ &\leqslant (1 - h\psi(r^*))d_V[t-1] \leqslant \cdots \leqslant (1 - h\psi(r^*))^t d_V[0], \end{aligned} \tag{5.19}$$

从而第二步证毕.

第三步 断言: $\min\limits_{i \neq j} X_{ij}[t^*+1] \geqslant d_0$.

接下来证明个体之间不发生碰撞. 由 V_{ij} 的定义与不等式 (5.19), 对于 $1 \leqslant t \leqslant t^*+1$, 有

$$V_{ij}[t] = \|v_i[t] - v_j[t]\| \leqslant d_V[t] \leqslant (1 - h\psi(r^*))^t d_V[0]. \tag{5.20}$$

直接计算, 可得

$$\begin{aligned} X_{ij}[t^*+1] &= \|x_i[t^*+1] - x_j[t^*+1]\| \\ &\geqslant \|x_i[t^*] - x_j[t^*]\| - h\|v_i[t^*] - v_j[t^*]\| \\ &= X_{ij}[t^*] - hV_{ij}[t^*] \geqslant \cdots \geqslant X_{ij}[0] - h\sum_{t=0}^{t^*} V_{ij}[t] \\ &\geqslant X_{ij}[0] - h\sum_{t=0}^{t^*}(1 - h\psi(r^*))^t d_V[0] \\ &\geqslant X_{ij}[0] - \frac{d_V[0]}{\psi(r^*)} \geqslant d_0. \end{aligned} \tag{5.21}$$

因此, 不等式 (5.7)由归纳法证得, 从而第三步证毕. □

5.1.1.2 免碰撞集群分析

免碰撞集群行为发生条件总结如下.

定理 5.1.1 假设解 $\{x_i[t],\ v_i[t]\}_{i=1}^N$ 满足引理 5.1.1的条件, 则系统产生集群运动且个体之间不发生碰撞, 即

$$\inf_{t\geqslant 0}\min_{1\leqslant i\neq j\leqslant N} X_{ij}[t]\geqslant d_0.$$

证明 由引理 5.1.1 得个体之间不发生碰撞, 从而根据该引理的第一步与第二步, 对于 $t\geqslant 0$, 有

$$d_X[t]\leqslant r^*,\quad d_V[t]\leqslant (1-h\psi(r^*))^t\, d_V[0], \tag{5.22}$$

其中速度直径指数收敛到 0, 当 t 趋于无穷时. 这意味着系统发生免碰撞集群运动. □

对于连续模型而言[73,78], 当交互函数是奇异函数时, 若对于任意的 $x_i[0]\neq x_j[0], i\neq j$, 则对任意的 t, 有 $x_i[t]\neq x_j[t], i\neq j$. 但是该结论对于离散模型并不成立. 这是离散与连续奇异 Cucker-Smale 模型最主要的区别. 例如, 在一维空间运动的两个个体, 初始位移满足 $x_1[0]\neq x_2[0]$, 运动方程组如下

$$x_1[t+1]=x_1[t]+hv_1[t],\quad v_1[t+1]=v_1[t]+ha_{12}(x[t])\left(v_2[t]-v_1[t]\right),$$

$$x_2[t+1]=x_2[t]+hv_2[t],\quad v_2[t+1]=v_2[t]+ha_{21}(x[t])\left(v_1[t]-v_2[t]\right).$$

若初始值满足 $x_1[0]+hv_1[0]=x_2[0]+hv_2[0]$ 以及 $x_1[0]\neq x_2[0]$, 则有

$$x_1[1]-x_2[1]=x_1[0]+hv_1[0]-(x_2[0]+hv_2[0])=0,$$

蕴含着系统发生碰撞.

5.1.2 外力作用下免碰撞集群条件

接下来讨论在具有奇异影响函数的 Cucker-Smale 模型中引入外力作用, 使得系统发生集群行为的同时也能保证系统内部个体之间不会发生碰撞. 具有奇异影响函数和外力作用的 Cucker-Smale 模型如下

$$\begin{cases}\dfrac{\mathrm{d}}{\mathrm{d}t}x_i(t)=v_i(t),\quad i=1,2,\cdots,N,\\ \dfrac{\mathrm{d}}{\mathrm{d}t}v_i(t)=\alpha\displaystyle\sum_{j=1,j\neq i}^N I(r_{ij})(v_j(t)-v_i(t))+\sum_{j=1}^N f(r_{ij}),\end{cases} \tag{5.23}$$

其初始条件为

$$x_i(0) := x_{i0}, \quad v_i(0) := v_{i0}, \quad i = 1, 2, \cdots, N. \tag{5.24}$$

在 (5.23) 中, $\alpha > 0$, $x_i(t) \in \mathbb{R}^d$, $v_i(t) \in \mathbb{R}^d, r_{ij} = \|x_j - x_i\|$. $f(r_{ij})$ 具有如下形式:

$$f(r_{ij}) = \frac{\|x_j - x_i\| - R}{\|x_j - x_i\|}(x_j(t) - x_i(t)), \quad 1 \leqslant i, j \leqslant N, \tag{5.25}$$

其中 R 是粒子间预设的距离. 影响函数 $I(r)$ 是一个在 $r = 0$ 处奇异的函数, 即 $I(0) = +\infty$. 一般地, 假设 $I(\cdot)$ 满足如下条件:

($\mathcal{H}$2.1) $I(r)$ 是 $(0, +\infty)$ 上满足 Lipschitz 连续的非负、非增函数, Lipschitz 常数 $L > 0$ 且对任意的 $\delta > 0$ 有 $\displaystyle\int_0^\delta I(r)\mathrm{d}r = +\infty$.

本节的目的就是寻找适当的条件, 使得系统 (5.23)—(5.25) 的群体行为在演化过程中不会出现碰撞现象, 并且最终能够渐近收敛形成集群. 为简化后续讨论, 引入如下变量

$$x_c(t) := \frac{1}{N}\sum_{i=1}^{N} x_i(t), \quad v_c(t) := \frac{1}{N}\sum_{i=1}^{N} v_i(t),$$

分别代表群体的位置中心和平均速度.

考虑 (5.23) 的第二个方程, 由指标 i 和 j 的对称性可得

$$\begin{aligned}
&\alpha \sum_{i=1}^{N} \sum_{j=1, j\neq i}^{N} I(r_{ij})(v_j(t) - v_i(t)) + \sum_{i=1}^{N}\sum_{j=1}^{N} f(r_{ij}) \\
=& -\alpha \sum_{j=1}^{N} \sum_{i=1, i\neq j}^{N} I(r_{ij})(v_j(t) - v_i(t)) - \sum_{j=1}^{N}\sum_{i=1}^{N} f(r_{ij}).
\end{aligned}$$

进一步可推出

$$2\sum_{i=1}^{N} \frac{\mathrm{d}}{\mathrm{d}t} v_i(t) = \sum_{i=1}^{N} \left(2 \sum_{j=1, j\neq i}^{N} I(r_{ij})(v_j(t) - v_i(t)) + 2\sum_{j=1}^{N} f(r_{ij}) \right) = 0.$$

因此, 可得变量 $x_c(t)$, $v_c(t)$ 满足

$$\frac{\mathrm{d}}{\mathrm{d}t} x_c(t) = v_c(t), \quad \frac{\mathrm{d}}{\mathrm{d}t} v_c(t) = 0.$$

记误差变量 $\hat{x}_i(t),\hat{v}_i(t)$ 分别为 $\hat{x}_i(t):=x_i(t)-x_c(t),\hat{v}_i(t):=v_i(t)-v_c(t)$, 则有

$$\sum_{i=1}^{N}\hat{x}_i(t)=0,\quad \sum_{i=1}^{N}\hat{v}_i(t)=0. \tag{5.26}$$

进而系统 (5.23) 的误差系统可写成

$$\begin{cases}\dfrac{\mathrm{d}}{\mathrm{d}t}\hat{x}_i(t)=\hat{v}_i(t),\quad i=1,2,\cdots,N,\\ \dfrac{\mathrm{d}}{\mathrm{d}t}\hat{v}_i(t)=\alpha\displaystyle\sum_{j=1,j\neq i}^{N}I(\hat{r}_{ij})(\hat{v}_j(t)-\hat{v}_i(t))+\sum_{j=1}^{N}f(\hat{r}_{ij}).\end{cases} \tag{5.27}$$

事实上,

$$\begin{aligned}\frac{\mathrm{d}}{\mathrm{d}t}\hat{v}_i(t)&=\frac{\mathrm{d}}{\mathrm{d}t}v_i(t)-\frac{\mathrm{d}}{\mathrm{d}t}v_c(t)\\ &=\alpha\sum_{j=1,j\neq i}^{N}I(r_{ij})(v_j(t)-v_i(t))+\sum_{j=1}^{N}f(r_{ij})\\ &=\alpha\sum_{j=1,j\neq i}^{N}I(\hat{r}_{ij})(\hat{v}_j(t)-\hat{v}_i(t))+\sum_{j=1}^{N}f(\hat{r}_{ij}),\end{aligned} \tag{5.28}$$

其中 $\hat{r}_{ij}=\|\hat{x}_i-\hat{x}_j\|$. 因此, $\hat{x}_i(t)$, $\hat{v}_i(t)$ 满足 (5.27). 从上述分析中容易知道, 系统 (5.27) 等价于 (5.23) 满足条件 (5.26).

综合上述分析, 为讨论 (5.23) 的集群行为, 只需要考虑 (5.27) 的动力学行为, 即针对系统 (5.27), 证明 $\lim\limits_{t\to+\infty}\hat{v}_i(t)=0$ 和 $\hat{r}_{ij}(t)<+\infty$, $i,\ j=1,2,\cdots,N$. 为了后续记号简洁且讨论方便, 将满足 (5.26) 的系统 (5.23) 视为系统 (5.27).

5.1.2.1 免碰撞条件

本节将给出系统 (5.23) 的免碰撞条件, 进而指出全局解的存在性. 为了实现这一目标, 首先给出免碰撞的定义以及辅助命题.

定义 5.1.2 设 $(x_i(t),v_i(t))$, $i\in\{1,2,\cdots,N\}$ 是系统 (5.23) 的解, 若对任意的 $i\neq j\in\mathcal{N}$ 和 $t\geqslant 0$, 都有 $\lim\limits_{t\to+\infty}\inf\limits_{1\leqslant i\neq j\leqslant N}\|x_i(t)-x_j(t)\|>0$ 成立时, 称系统 (5.23) 内部能够避碰.

下面命题指出系统 (5.23) 中任意个体的速度是有界的, 并且任意两个个体之间相对位置是有界的.

命题 5.1.1 设 $(x_i(t), v_i(t))$, $i \in \{1, 2, \cdots, N\}$ 是系统 (5.23) 的解, 则对 $t \geqslant 0$ 有

$$\sup_{1\leqslant i\leqslant N} \|v_i(t)\| \leqslant M, \quad \sup_{0\leqslant t<+\infty} \|x_i(t) - x_j(t)\| \leqslant x_M, \tag{5.29}$$

其中 $x_M > 0$, $M > 0$ 是常数.

证明 定义系统 (5.23) 的能量函数如下

$$Q(t) = \frac{1}{2}\sum_{i=1}^{N} \|v_i(t)\|^2 + \frac{1}{4}\sum_{i,j=1}^{N} (\|x_i(t) - x_j(t)\| - R)^2, \quad t \geqslant 0. \tag{5.30}$$

$Q(t)$ 沿着系统 (5.23) 的解轨线关于时间 t 的导数为

$$\begin{aligned}\left.\frac{\mathrm{d}}{\mathrm{d}t}Q\right|_{(5.23)} =& \frac{1}{2}\frac{\mathrm{d}}{\mathrm{d}t}\left(\sum_{i=1}^{N}\|v_i(t)\|^2\right) + \frac{1}{4}\frac{\mathrm{d}}{\mathrm{d}t}\sum_{i,j=1}^{N}(\|x_i(t) - x_j(t)\| - R)^2 \\ =& \sum_{i=1}^{N}\left\langle v_i(t), \frac{\mathrm{d}}{\mathrm{d}t}v_i(t)\right\rangle \\ &+ \frac{1}{2}\sum_{i,j=1}^{N}(\|x_i(t) - x_j(t)\| - R)\frac{\mathrm{d}}{\mathrm{d}t}\|x_i(t) - x_j(t)\| \\ =:& \Delta_1 + \Delta_2. \end{aligned} \tag{5.31}$$

下面分别对 Δ_1 和 Δ_2 进行估计.

$$\begin{aligned}\Delta_1 =& \sum_{i=1}^{N}\left\langle v_i(t), \alpha\sum_{j=1}^{N} I(r_{ij})(v_j(t) - v_i(t)) + \sum_{j=1}^{N} f(r_{ij})\right\rangle \\ =& -\frac{\alpha}{2}\sum_{i,j=1}^{N} I(r_{ij})\|v_j - v_i\|^2 - \frac{1}{2}\sum_{i,j=1}^{N}\langle v_j(t) - v_i(t), f(r_{ij})\rangle. \end{aligned} \tag{5.32}$$

注意到下面等式成立

$$\begin{aligned}2\|x_i(t) - x_j(t)\|\frac{\mathrm{d}}{\mathrm{d}t}\|x_i(t) - x_j(t)\| =& \frac{\mathrm{d}}{\mathrm{d}t}\|x_i(t) - x_j(t)\|^2 \\ =& 2\langle x_i(t) - x_j(t), v_i(t) - v_j(t)\rangle. \end{aligned}$$

由此可得

$$\frac{\mathrm{d}}{\mathrm{d}t}\|x_i(t) - x_j(t)\| = \frac{\langle x_i(t) - x_j(t), v_i(t) - v_j(t)\rangle}{\|x_i(t) - x_j(t)\|}.$$

进而有

$$\begin{aligned}\Delta_2 &= \frac{1}{2}\sum_{i,j=1}^{N}\left(\|x_i(t)-x_j(t)\|-R\right)\frac{\mathrm{d}}{\mathrm{d}t}\|x_i(t)-x_j(t)\| \\ &= \frac{1}{2}\sum_{i,j=1}^{N}\left(\|x_i(t)-x_j(t)\|-R\right)\frac{\langle x_i(t)-x_j(t), v_i(t)-v_j(t)\rangle}{\|x_i(t)-x_j(t)\|} \\ &= \frac{1}{2}\sum_{i,j=1}^{N}\langle f_{ij}(x), v_j(t)-v_i(t)\rangle. \end{aligned} \tag{5.33}$$

将 (5.32) 式和 (5.33) 式代入 (5.31) 式, 此时 (5.31) 式可以化简为

$$\left.\frac{\mathrm{d}}{\mathrm{d}t}Q\right|_{(5.23)} = \Delta_1+\Delta_2 = -\frac{\alpha}{2}\sum_{i,j=1}^{N} I(r_{ij})\|v_j(t)-v_i(t)\|^2 \leqslant 0, \quad t\geqslant 0. \tag{5.34}$$

这表明 $Q(t)$ 关于时间 t 非增, 即对于 $t\geqslant 0$, 就有 $Q(t)\leqslant Q(0)$. 结合 $Q(t)$ 的 (5.30) 式可得

$$\frac{1}{2}\sum_{i=1}^{N}\|v_i(t)\|^2+\frac{1}{4}\sum_{i,j=1}^{N}\left(\|x_i(t)-x_j(t)\|-R\right)^2 \leqslant Q(0). \tag{5.35}$$

由 (5.35) 式, 一方面, 可得 $\sum_{i,j=1}^{N}(\|x_i(t)-x_j(t)\|-R)^2\leqslant 4Q(0)$. 根据指标 i 和 j 的对称性, 有 $\sup\limits_{0\leqslant t<+\infty}\|x_i(t)-x_j(t)\|\leqslant R+\sqrt{2Q(0)}=: x_M$, 这就意味着 $\|x_i(t)-x_j(t)\|$ 一致有界, 即对任意的 $i,j\in\{1,2,\cdots,N\}$ 和 $t\geqslant 0$ 有 $\|x_i(t)-x_j(t)\|\leqslant x_M$ 成立. 另一方面, 存在 $M>0$, 使得 $\|v_i(t)\|\leqslant M, i=1,2,\cdots,N,\ t\geqslant 0$ 成立. □

基于命题 5.1.1 的结果, 给出如下免碰撞结论.

定理 5.1.2 设 $(x_i(t), v_i(t))$, $i\in\{1,2,\cdots,N\}$ 是系统 (5.23) 的解. 如果 $I(\cdot)$ 满足 $(\mathcal{H}2.1)$, 初始值满足 $\|x_{i0}-x_{j0}\|>0$, $i\neq j$, 则对任意的 $i\neq j\in\mathcal{N}$ 和 $t\geqslant 0$, 都有 $\|x_i(t)-x_j(t)\|>0$ 成立.

证明 为了证明对任意的 $i,j\in\mathcal{N}$ 和 $t>0$, 都有 $\|x_i(t)-x_j(t)\|>0$ 成立, 只需要证明在任意的闭区间 $[0,T](T>0)$ 上系统中没有碰撞现象出现, 即对任意的 $i\neq j\in\mathcal{N}$ 以及 $t\in[0,T]$, 都有 $\|x_i(t)-x_j(t)\|>0$ 成立.

若不然, 存在某一时刻 $a\in(0,T]$ 以及 $i_1\neq j_1\in\mathcal{N}$, 使得 $\lim\limits_{t\to a^-}\|x_{i_1}(t)-x_{j_1}(t)\|=0$, 但对任意的 i, $j\in\mathcal{N}$ 和 $t\in[0,a)$ 都有 $\|x_i(t)-x_j(t)\|>0$ 成立, 即系统中存在两个个体在 a 时刻碰撞在一起, 并且 a 为系统中首次出现碰撞情形

的时刻. 因此, 定义集合 $S := \{ i \in \mathcal{N} \mid \lim_{t \to a^-} \|x_i(t) - x_s(t)\| = 0\}$, 它是由在 a 时刻与个体 s 相互碰撞的个体构成的集合. 这就意味着对任意的 $i, j \in S$, 都有 $\lim_{t \to a^-} \|x_i(t) - x_j(t)\| = 0$ 成立. □

记 $\|x(t)\|_S^2 := \sum_{i,j \in S} \|x_i(t) - x_j(t)\|^2$ 和 $\|v(t)\|_S^2 := \sum_{i,j \in S} \|v_i(t) - v_j(t)\|^2$. 由命题 5.1.1 直接可以得到 $\|x(t)\|_S^2 \leqslant 2|S|^2 x_M^2$ 和 $\|v(t)\|_S^2 \leqslant 2|S|^2 M^2$. 进而由

$$\pm \frac{\mathrm{d}\|x(t)\|_S^2}{\mathrm{d}t} \leqslant 2\|x(t)\|_S \cdot \|v(t)\|_S, \quad \text{a.e.} \quad t \in [0, a),$$

可得

$$\left\| \frac{\mathrm{d}\|x(t)\|_S}{\mathrm{d}t} \right\| \leqslant \|v(t)\|_S, \quad \text{a.e.} \quad t \in [0, a). \tag{5.36}$$

进而, 从 (5.23) 的第二个方程可导出

$$\begin{aligned}
\frac{\mathrm{d}\|v(t)\|_S^2}{\mathrm{d}t} &= 2 \sum_{i,j \in S} \left\langle v_i(t) - v_j(t), \frac{\mathrm{d}}{\mathrm{d}t} v_i(t) - \frac{\mathrm{d}}{\mathrm{d}t} v_j(t) \right\rangle \\
&= 2 \sum_{i,j \in S} \left\langle v_i(t) - v_j(t), \alpha \sum_{l=1}^N I(r_{il})(v_l(t) - v_i(t)) + \sum_{l=1}^N f(r_{il}) \right\rangle \\
&\quad - 2 \sum_{i,j \in S} \left\langle v_i(t) - v_j(t), \alpha \sum_{l=1}^N I(r_{jl})(v_l(t) - v_j(t)) + \sum_{l=1}^N f(r_{jl}) \right\rangle \\
&=: \mathrm{I} + \mathrm{II},
\end{aligned} \tag{5.37}$$

其中

$$\begin{aligned}
\mathrm{I} &= 2\alpha \sum_{i,j \in S} \left\langle v_i(t) - v_j(t), \sum_{l=1}^N I(r_{il})(v_l(t) - v_i(t)) \right\rangle \\
&\quad - 2\alpha \sum_{i,j \in S} \left\langle v_i(t) - v_j(t), \sum_{l=1}^N I(r_{jl})(v_l(t) - v_j(t)) \right\rangle, \\
\mathrm{II} &= 2 \sum_{i,j \in S} \left\langle v_i(t) - v_j(t), \sum_{l=1}^N (f(r_{il}) - f(r_{jl})) \right\rangle.
\end{aligned}$$

下面分别对 I, II 进行估计. 对于前者, 首先可改写为

$$
\begin{aligned}
\mathrm{I} = & 2\alpha \sum_{i,j\in S} \left\langle v_i(t) - v_j(t), \left(\sum_{l\in S} + \sum_{l\notin S}\right) I(r_{il})(v_l(t) - v_i(t)) \right\rangle \\
& - 2\alpha \sum_{i,j\in S} \left\langle v_i(t) - v_j(t), \left(\sum_{l\in S} + \sum_{l\notin S}\right) I(r_{jl})(v_l(t) - v_j(t)) \right\rangle . \qquad (5.38)
\end{aligned}
$$

一方面, 根据 $I(\cdot)$ 的单调性、$\|x_i(t) - x_l(t)\|_S \leqslant \|x(t)\|_S$ 以及 $\|x_j(t) - x_l(t)\|_S \leqslant \|x(t)\|_S$, 可得

$$
\begin{aligned}
& 2\alpha \sum_{i,j\in S} \left\langle v_{ij}(t), \sum_{l\in S} [I(r_{il})v_{lj}(t) - I(r_{jl})v_{lj}(t)] \right\rangle \\
\leqslant & -2\alpha|S|I(\|x\|_S) \cdot \|v\|_S^2 \\
& + 2\alpha \sum_{i,j,l\in S} \langle v_{ij}(t), (I(r_{il}) - I(r_{jl}))v_{lj}(t) \rangle \\
\leqslant & \ -2\alpha|S|I(\|x\|_S) \cdot \|v\|_S^2 + 4\alpha LM|S|\sqrt{(|S|-1)|S|}\ \|x\|_S \cdot \|v\|_S, \qquad (5.39)
\end{aligned}
$$

其中 $v_{ij} = v_i - v_j$; $|S|$ 表示集合 S 中元素个数, 由 S 的定义容易知道 $|S| \geqslant 1$. 另一方面,

$$
\begin{aligned}
& 2\alpha \sum_{i,j\in S} \left\langle v_i(t) - v_j(t), \sum_{l\notin S} [I(r_{il})(v_l(t) - v_i(t)) - I(r_{jl})(v_l(t) - v_j(t))] \right\rangle \\
= & -\alpha \sum_{i,j\in S, l\notin S} (I(r_{il}) + I(r_{jl})) \cdot \|v_i(t) - v_j(t)\|_S^2 \\
& + \alpha \sum_{i,j\in S, l\notin S} \langle v_i(t) - v_j(t), (I(r_{il}) - I(r_{jl}))(v_l(t) - v_j(t)) \rangle \\
& + \alpha \sum_{i,j\in S, l\notin S} \langle v_i(t) - v_j(t), (I(r_{il}) - I(r_{jl}))(v_l(t) - v_i(t)) \rangle ,
\end{aligned}
$$

进而

$$
2\alpha \sum_{i,j\in S} \left\langle v_i(t) - v_j(t), \sum_{l\notin S} [I(r_{il})v_{li}(t) - I(r_{jl})v_{lj}(t)] \right\rangle
$$

$$\leqslant 2\alpha \sum_{i,j\in S,l\notin S} \langle v_i(t)-v_j(t),(I(r_{il})-I(r_{jl}))(v_l(t)-v_i(t))\rangle$$

$$\leqslant 2\alpha L \sum_{i,j\in S,l\notin S} \|v_i(t)-v_j(t)\|_S\cdot\|x_i(t)-x_j(t)\|_S\cdot\|v_l(t)-v_i\|$$

$$\leqslant 4\alpha LM(N-|S|)\sum_{i,j\in S}\|v_i(t)-v_j(t)\|_S\cdot\|x_i(t)-x_j(t)\|_S. \tag{5.40}$$

基于 Cauchy-Schwarz 不等式可得

$$\left(\sum_{i,j\in S}\|v_i(t)-v_j(t)\|_S\cdot\|x_i(t)-x_j(t)\|_S\right)^2$$
$$\leqslant(|S|-1)|S|\sum_{i,j\in S}\|v_i(t)-v_j(t)\|_S^2\cdot\|x_i(t)-x_j(t)\|_S^2.$$

此时, 可导出 (5.40) 的一个上界 $4\alpha LM(N-|S|)\sqrt{(|S|-1)|S|}\ \|x\|_S\cdot\|v\|_S$. 结合 (5.39) 和 (5.40) 有

$$\mathrm{I}\leqslant -2\alpha|S|I(\|x\|_S)\cdot\|v\|_S^2+4\alpha NLM\sqrt{(|S|-1)|S|}\ \|x\|_S\cdot\|v\|_S. \tag{5.41}$$

类似地, 结合 (5.25) 和 II 可得

$$\mathrm{II}=2\sum_{i,j\in S}\left\langle v_i(t)-v_j(t),\left(\sum_{l\in S}+\sum_{l\notin S}\right)\frac{\|x_i-x_l\|-R}{\|x_i-x_l\|}(x_l(t)-x_i(t))\right\rangle$$
$$-2\sum_{i,j\in S}\left\langle v_i(t)-v_j(t),\left(\sum_{l\in S}+\sum_{l\notin S}\right)\frac{\|x_j-x_l\|-R}{\|x_j-x_l\|}(x_l(t)-x_j(t))\right\rangle$$
$$\leqslant 4\sum_{i,j\in S}\|v_i(t)-v_j(t)\|\left(\sum_{l\in S}+\sum_{l\notin S}\right)\|x_l(t)-x_i(t)\|.$$

由 Cauchy-Schwarz 不等式可知

$$\left(\sum_{i,j,l\in S}\|v_i(t)-v_j(t)\|\cdot\|x_l(t)-x_i(t)\|\right)^2$$
$$\leqslant C_{|S|}^1(C_{|S|-1}^1)^2\sum_{i,j,l\in S}\|v_i(t)-v_j(t)\|^2\cdot\|x_l(t)-x_i(t)\|^2$$
$$\leqslant|S|^3(|S|-1)^2\|x(t)\|_S\cdot\|v(t)\|_S. \tag{5.42}$$

进而, 对于 II 具有如下估计式,

$$\begin{aligned}\mathrm{II} \leqslant\ & 4(|S|-1)|S|\sqrt{|S|}\ \|x\|_S \cdot \|v\|_S \\ & + 4(N-|S|)\sqrt{(|S|-1)|S|}\ x_M \cdot \|v\|_S.\end{aligned} \tag{5.43}$$

因此, 结合 (5.37) 式和 (5.43) 式可得

$$\frac{\mathrm{d}\|v\|_S^2}{\mathrm{d}t} \leqslant -2c_0 I(\|x\|_S)\|v\|_S^2 + 2c_1\|x\|_S \cdot \|v\|_S + 2c_2\|v\|_S. \tag{5.44}$$

进而, 可得

$$\frac{\mathrm{d}\|v(t)\|_S}{\mathrm{d}t} \leqslant -c_0 I(\|x(t)\|_S)\|v(t)\|_S + c_1\|x(t)\|_S + c_2, \tag{5.45}$$

其中

$$\begin{aligned} c_0 &= \alpha|S|, \\ c_1 &= 2\left(\alpha NLM\sqrt{2(|S|-1)|S|} + (|S|-1)|S|\sqrt{|S|}\right), \\ c_2 &= 2(N-|S|)\sqrt{2(|S|-1)|S|}x_M. \end{aligned}$$

将 (5.36) 式代入 (5.45) 式得到

$$\begin{aligned}\frac{\mathrm{d}\|v(t)\|_S}{\mathrm{d}t} \leqslant & -c_0 I(\|x(t)\|_S)\|v\|_S + c_1\|x(t)\|_S + c_2 \\ \leqslant & -c_0\ I(\|x(t)\|_S)\left(-\frac{\mathrm{d}\|x(t)\|_S}{\mathrm{d}t}\right) + c_1\|x(t)\|_S + c_2.\end{aligned} \tag{5.46}$$

对不等式 (5.46) 两边从 0 到 t ($t \in [0, a)$) 积分可导出

$$\|v(t)\|_S - \|v(0)\|_S \leqslant c_0 \int_{\|x(0)\|_S}^{\|x(t)\|_S} I(r)\mathrm{d}r + c_1 \int_0^t \|x(\theta)\|_S \mathrm{d}\theta + c_2 \int_0^t \mathrm{d}\theta,$$

即

$$c_0 \int_{\|x(t)\|_S}^{\|x(0)\|_S} I(r)\mathrm{d}r \leqslant \|v(0)\|_S - \|v(t)\|_S + \int_0^t c_1\|x(\theta)\|_S \mathrm{d}\theta + c_2 a. \tag{5.47}$$

令 $t \to a^-$, 由 (5.47) 式与命题 5.1.1 容易验证, 不等式 (5.47) 的右端是有界的; 另一方面, 由集合 S 的定义, 首先可得 $\lim\limits_{t\to a^-} \|x(t)\|_S = 0$, 进而由 (5.47) 式左端就有

$$\lim_{t\to a^-}\int_{\|x(t)\|_S}^{\|x(0)\|_S} I(r)\mathrm{d}r = \int_0^{\|x(0)\|_S} I(r)\mathrm{d}r = +\infty.$$

这与 (5.47) 式矛盾. 因此, 对任意的 $i, j \in \{1, 2, \cdots, N\}$, $i \neq j$, 都有 $\|x_i(t) - x_j(t)\| > 0$, $t \geqslant 0$ 成立, 即系统能够实现免碰撞.

推论 5.1.1　设定理 5.1.2 的条件成立, 则系统 (5.23) 的解在 $[0, +\infty)$ 上存在且唯一.

证明　假设解的最大存在区间为 $[0, \vartheta)$. 下面证明 $\vartheta = +\infty$. 反证法, 假设 $\vartheta < +\infty$, 即存在 $i \neq j \in \{1, 2, \cdots, N\}$, 当 $t \to \vartheta^-$ 时就有 $r_{ij}(t) = \|x_i(t) - x_j(t)\| \to 0$. 这就意味着 $\lim\limits_{t\to\vartheta^-} I(r_{ij}(t)) = +\infty$ 并且 (5.23) 的第二个方程右端当 $t \to \vartheta^-$ 时是无界的. 然而, 作为命题 5.1.1 和定理 5.1.2 的直接应用, 可以得到对任意的 $i \in \{1, 2, \cdots, N\}$ 和 $t \geqslant 0$ 都有 $\left\|\dfrac{\mathrm{d}v_i(t)}{\mathrm{d}t}\right\|$ 是有界的. 因此, 假设不成立. 故 (5.23) 满足初值 (5.24) 的解在 $[0, +\infty)$ 上存在且唯一. □

5.1.2.2　免碰撞集群分析

借助 Lyapunov 函数来证明系统 (5.23) 在一定条件下能够渐近收敛形成集群.

引理 5.1.2 (Barbalat 引理)　设函数 $x(t) : [0, +\infty) \to \mathbb{R}$ 一致连续, 并且 $\int_0^{+\infty} x(s)\mathrm{d}s < +\infty$, 则 $\lim\limits_{t\to+\infty} x(t) = 0$.

定理 5.1.3　设 $(x_i(t), v_i(t))$, $i \in \{1, 2, \cdots, N\}$ 是系统 (5.23) 满足初值 (5.24) 的解, 影响函数 $I(\cdot)$ 满足 $(\mathcal{H}2.1)$. 如果对任意的 $i \neq j \in \mathcal{N}$, 都有 $\|x_{i0} - x_{j0}\| > 0$ 成立, 则系统将发生集群行为, 即对任意的 $i, j \in \mathcal{N}$, 都有 $\sup\limits_{0\leqslant t<+\infty} \|x_i(t) - x_j(t)\| \leqslant x_M$ 和 $\lim\limits_{t\to+\infty} \|v_i(t) - v_j(t)\| = 0$ 成立, 其中 x_M 如命题 5.1.1 中定义.

证明　考虑系统 (5.23), 根据命题 5.1.1 可以直接得到 $\sup\limits_{0\leqslant t<+\infty} \|x_i(t) - x_j(t)\| \leqslant x_M := R + \sqrt{2Q(0)}$. 为了得到渐近集群结果, 对于模型 (5.23), 只需要证明 $\lim\limits_{t\to+\infty} \|\hat{v}_i(t)\| = 0$, $i \in \mathcal{N}$. 对系统 (5.23), 考虑 Lyapunov 函数 $V(t)$ 为

$$V(t) = \frac{1}{2}\sum_{i=1}^N \|v_i(t)\|^2 + \frac{1}{4}\sum_{i,j=1}^N (\|x_i(t) - x_j(t)\| - R)^2, \quad t \geqslant 0. \tag{5.48}$$

显然, $V(t)$ 是正定的连续函数. 由于 $I(r)$ 非增及 $\hat{r}_{ij}(t)=r_{ij}(t)\leqslant x_M$, 就有 $I(\hat{r}_{ij}(t))\geqslant I(x_M),t\geqslant 0$, 从而可得

$$\begin{aligned}\left.\frac{\mathrm{d}}{\mathrm{d}t}V\right|_{(5.23)}&=-\frac{\alpha}{2}\sum_{i,j=1}^{N}I(\hat{r}_{ij}(t))\|\hat{v}_j(t)-\hat{v}_i(t)\|^2\\&\leqslant-\frac{\alpha}{2}I(x_M)\sum_{i,j=1}^{N}\|\hat{v}_j(t)-\hat{v}_i(t)\|^2\\&=-\alpha NI(x_M)\|\hat{v}_i(t)\|^2.\end{aligned}\tag{5.49}$$

对不等式 (5.49) 两端从 0 到 t 进行积分有

$$\alpha NI(x_M)\int_0^t\|\hat{v}_i(s)\|^2\mathrm{d}s\leqslant V(0)-V(t)\leqslant V(0),$$

故有 $\int_0^t\|\hat{v}_i(s)\|^2\mathrm{d}s\leqslant\dfrac{V(0)}{\alpha NI(x_M)}$, $t\geqslant 0$. 结合 (5.28) 和命题 5.1.1 可得 $\|\dot{\hat{v}}_i(t)\|$ 一致有界, 可得 $\|\hat{v}_i(s)\|$ 一致连续. 由引理 5.1.2, 可得对任意的 $i\in\mathcal{N}$, 下式始终成立.

$$\lim_{t\to+\infty}\|\hat{v}_i(t)\|^2=\lim_{t\to+\infty}\|v_i(t)-v_c(0)\|^2=0,\quad i\in\mathcal{N}.$$

因此, 对任意的 $i,j\in\mathcal{N}$ 有 $\lim\limits_{t\to+\infty}\|v_i(t)-v_j(t)\|=0$. □

5.1.2.3 仿真验证

在本节中, 通过几个数值模拟实例对 5.1 节中理论结果进行验证, 并希望揭示新的现象. 在所有模拟实验中, 选取满足假设 ($\mathcal{H}$2.1) 的通信速率 $I(r)=r^{-1}$. 初始位置和速度分别从区间 $[0,10]$ 和 $[0,1]$ 中随机确定, 初始位置满足 $\|x_i(0)-x_j(0)\|>0$ 对于 $i\neq j$, i, $j\in\{1,2,\cdots,N\}$. 本节用两个图来表征集群现象, 即速度收敛和所有个体的稳定构型. 由于每个实验的初始条件是随机生成的, 所以对于一个给定系统, 通过使用随机初始数据的重复实验, 平衡状态将是不同的. 下面考虑 $N=5$ 和 $N=10$ 两种情形.

从图 5.1 和图 5.2 可以直观地看出, 在命题 5.1.1 和定理 5.1.3 的条件下, 该系统的速度将会同步并且所有个体都将被控制在一定范围内.

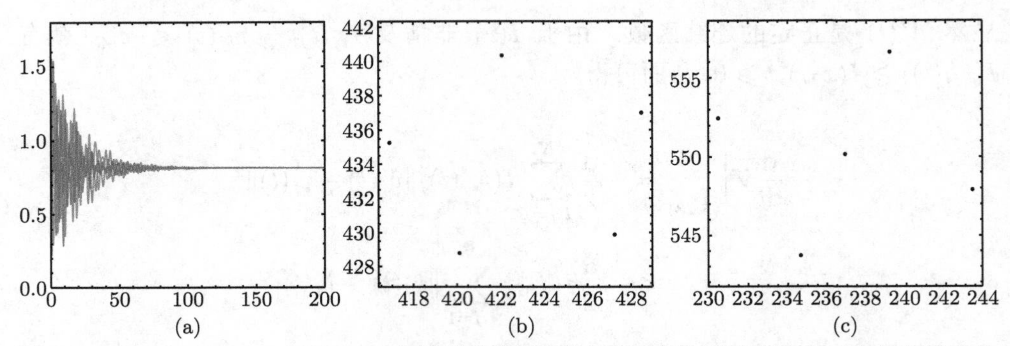

图 5.1　$N = 5$, $\alpha = 0.2$, $R = 5$. (a) 速度收敛图. 稳定构型有以下两种形式: (b) 为五个个体分布在正五边形顶点, (c) 所有个体分布在一个正方形的四个顶点及其中心

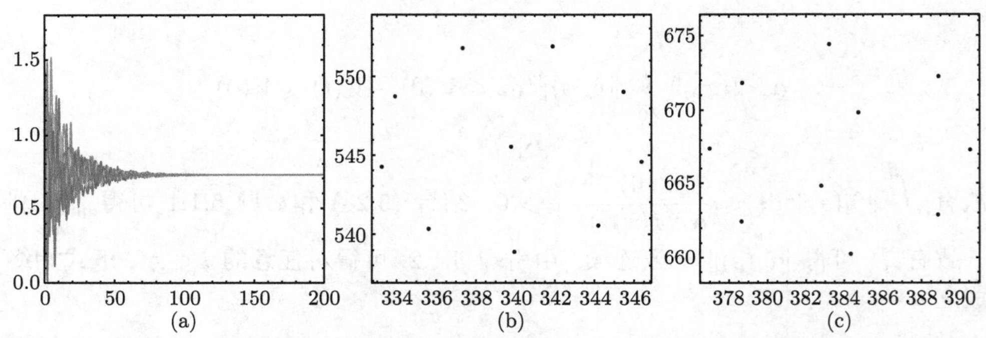

图 5.2　$N = 10$, $\alpha = 0.1$, $R = 5$. (a) 速度收敛图. 稳定构型有以下两种形式: (b) 在正九边形的顶点处分布九个个体, 剩下一个个体位于其中心; (c) 八个个体分布在正八边形的顶点, 形成一个外环; 其余的最终稳定均匀地位于外圈内

5.2　有限/固定时间免碰撞集群模型

避碰控制已经在工程领域得到了广泛的应用, 以自主水下航行器为例, 为了完成诸如海洋调查、深海探测或海洋勘探等特殊任务, 不仅需要水下机器人既要在有限时间内形成所需的编队, 又要在复杂的水下环境中避免相互碰撞. 因此, 避碰问题在实际应用中起着关键作用.

受上述分析的启发, 本节中要解决的问题是: 二阶多智能体系统是否能够在有限时间内集群, 并且所有的智能体之间不发生碰撞? 本节将设计一类新的有限时间一致性控制, 以保证二阶多智能体系统的集群在有限时间内发生, 并且状态演化过程中各智能体不发生碰撞.

5.2.1 有限时间免碰撞集群条件

考虑具有 N 个个体的系统, 第 i 个个体的状态演化规律描述如下

$$\frac{\mathrm{d}}{\mathrm{d}t}x_i(t)=v_i(t),\quad \frac{\mathrm{d}}{\mathrm{d}t}v_i(t)=u_i(t), \tag{5.50}$$

其中 $t\geqslant 0$, $x_i=\left(x_i^1,x_i^2,\cdots,x_i^d\right)\in\mathbb{R}^d$, $v_i=\left(v_i^1,v_i^2,\cdots,v_i^d\right)\in\mathbb{R}^d$ 定义为个体 i 在 t 时刻的位移和速度. $u_i(t)$ 为个体 i 的控制器. 本节的目的是讨论系统(5.50)—(5.53)的免碰撞有限时间集群问题. 因此, $u_i(t)$ 定义为

$$u_i(t)=\frac{K_1}{N}\sum_{j=1}^{N}\psi\left(r_{ij}-\delta\right)v_{ji}+\frac{K_2}{N}\sum_{j=1}^{N}\frac{1}{r_{ij}+R}\operatorname{sig}v_{ji}^{\beta}, \tag{5.51}$$

其中 $v_{ji}=v_j-v_i$, ψ 为个体之间的交流函数, 定义为

$$\psi\left(r_{ij}-\delta\right)=\left(r_{ij}-\delta\right)^{-\alpha},\quad \alpha\geqslant 2,\quad r_{ij}=\left\|x_i-x_j\right\|.$$

在模型 (5.51) 中, 正常数 K_1 和 K_2 是耦合强度; $\delta>0$, $R>0$ 为两个参数控制个体吸引和排斥. $\operatorname{sig}v_{ji}^{\beta}$ 定义为

$$\operatorname{sig}v_{ji}^{\beta}=\left\{\operatorname{sgn}(v_{ji}^1)\left|v_{ji}^1\right|^{\beta},\cdots,\operatorname{sgn}\left(v_{ji}^d\right)\left|v_{ji}^d\right|^{\beta}\right\}^{\mathrm{T}}, \tag{5.52}$$

其中 $v_{ji}^k=v_j^k-v_i^k(k=1,2,\cdots,d)$; $\beta\in(0,+\infty)$, $\operatorname{sgn}(\cdot)$ 为符号函数

$$\operatorname{sgn}(s)=\begin{cases}1, & s>0,\\ 0, & s=0,\\ -1, & s<0.\end{cases}$$

系统初始条件设置为

$$\left(x_i,v_i\right)(0)=:\left(x_{i0},v_{i0}\right),\quad i=1,\cdots,N. \tag{5.53}$$

注 5.2.1 关于系统 (5.50)-(5.51) 能实现有限时间免碰撞集群运动的本质在于: 由常微分方程稳定性理论可知, 有限时间稳定性不存在于 Lipschitz 系统中[250, 251]. 因此, 本节中设计 u_i 的关键点在于 $u_i(t)$ 不满足 Lipschitz 条件.

为了证明有限时间免碰撞集群结果, 需要以下引理.

引理 5.2.1[250] 如果一个正定的连续函数 $V(t)$ 满足如下微分不等式

$$\frac{\mathrm{d}}{\mathrm{d}t}V(t) \leqslant -kV^{\rho}(t),$$

其中 $k>0, 0<\rho<1$. 则对任意给定 $t_0, V(t)$ 满足

$$V(t) \equiv 0, \quad t \geqslant t_1,$$

其中 t_1 定义如下

$$t_1 = t_0 + \frac{[V(t_0)]^{1-\rho}}{k(1-\rho)}.$$

引理 5.2.2[252] 令 $a_1, a_2, \cdots, a_n > 0$ 且 $0<r<p$, 则

$$\left(\sum_{i=1}^{N} a_i^p\right)^{1/p} \leqslant \left(\sum_{i=1}^{N} a_i^r\right)^{1/r}.$$

引理 5.2.3[252] 如果 $a_1, a_2, \cdots, a_n \geqslant 0$ 且 $0<p\leqslant 1$, 则

$$\left(\sum_{i=1}^{n} a_i\right)^{p} \leqslant \sum_{i=1}^{n} a_i^p.$$

5.2.1.1 全局解存在性

本节将讨论系统 (5.50)-(5.51) 全局解的存在性. 首先引入一些记号: $x = (x_1, \cdots, x_N)$, 其中 $x_i = \left(x_i^1, x_i^2, \cdots, x_i^d\right) \in \mathbb{R}^d$. 对于向量 $x_i, v_i \in \mathbb{R}^d$, 其欧氏范数和内积满足如下

$$\|x_i\| := \left(\sum_{k=1}^{d}\left(x_i^k\right)^2\right)^{1/2}, \quad \langle x_i, v_i\rangle := \sum_{k=1}^{d} x_i^k v_i^k, \tag{5.54}$$

其中 x_i^k 和 v_i^k 分别为 x_i 和 v_i 的第 k 个分量. 定义质心坐标 $(\bar{x}, \bar{v})$ 如下

$$\bar{x} := \frac{1}{N}\sum_{i=1}^{N} x_i, \quad \bar{v} := \frac{1}{N}\sum_{i=1}^{N} v_i.$$

由于 $r_{ij} = r_{ji}$, 则根据符号函数 $\mathrm{sig}(\cdot)$ 的定义 (5.52), 可得

$$\frac{\mathrm{sig}\left(v_j - v_i\right)^{\beta}}{r_{ij}+R} = -\frac{\mathrm{sig}\left(v_i - v_j\right)^{\beta}}{r_{ij}+R}. \tag{5.55}$$

这意味着

$$\sum_{i,j=1}^{N} \frac{1}{r_{ij}+R} \operatorname{sig}(v_j - v_i)^{\beta} = 0.$$

另一方面, 由于

$$\frac{\mathrm{d}\bar{x}}{\mathrm{d}t} = \bar{v}, \quad \frac{\mathrm{d}\bar{v}}{\mathrm{d}t} = 0,$$

可以得到一个解 $\bar{x}(t) = \bar{x}(0) + \bar{v}(0)t$, $\bar{v}(t) = \bar{v}(0)$, $t \geqslant 0$. 因此, 不失一般性, 可假设系统的质心坐标在任意 t 时刻为 0, 满足 $\bar{x}(t) = 0$ 以及 $\bar{v}(t) = 0$, 这意味着

$$\sum_{i=1}^{N} x_i(t) = 0, \quad \sum_{i=1}^{N} v_i(t) = 0, \quad t \geqslant 0, \tag{5.56}$$

进而考虑新变量 $(\widehat{x}_i, \widehat{v}_i) := (x_i - \bar{x}, v_i - \bar{v})$, 其表示位移和速度相对质心位移和速度的波动.

本节的目的是考虑系统(5.50)-(5.51)的全局光滑解的存在性. 为此, 引入初值为 x_0 的解的存在区间的上界 T_0, 其定义为

$$T_0 := \sup\left\{ s \in \mathbb{R}_+ \middle| \text{系统(5.50)-(5.51)的区间}[0,s)\text{上有解}(x(t), v(t)) \right\}.$$

此外, 引入记号

$$\mathcal{L}^{\alpha-2}(t) := \frac{1}{N^2} \sum_{i,j=1}^{N} \left[\|x_i(t) - x_j(t)\| - \delta \right]^{-(\alpha-2)}, \tag{5.57}$$

其中 $\delta > 0$ 为控制参数, 它能确保每个个体相互排斥. 接下来将给出系统(5.50)-(5.51)全局解存在唯一性条件.

定理 5.2.1 假设 $\alpha \geqslant 2, \beta > 0$, 初始条件满足

$$\|x_{i0} - x_{j0}\| > \delta, \quad 1 \leqslant i \neq j \leqslant N. \tag{5.58}$$

则系统(5.50)-(5.51)存在全局唯一解 $(x(t), v(t))$. 此外, 如果 $\alpha = 2$, 则有

$$\begin{aligned} &\left\| \frac{1}{N^2} \sum_{i,j=1}^{N} \log\left(\|x_i(t) - x_j(t)\| - \delta \right) \right\| \\ \leqslant &\left\| \frac{1}{N^2} \sum_{i,j=1}^{N} \log\left(\|x_i(0) - x_j(0)\| - \delta \right) \right\| + \frac{T_0}{2} + \frac{1}{2N} \sum_{i=1}^{N} \|v_i(0)\|^2. \end{aligned} \tag{5.59}$$

如果 $\alpha > 2$, 则有

$$\mathcal{L}^{\alpha-2}(t) \leqslant \mathcal{L}^{\alpha-2}(0)\mathrm{e}^{Ct} + C\mathrm{e}^{Ct}\frac{1}{N}\sum_{i=1}^{N}\|v_i(0)\|^2, \quad t \geqslant 0, \tag{5.60}$$

其中 C 为依赖于 α 的常数.

证明　首先令 $\tau = \alpha - 2$, 由(5.57)式可知, 存在 $\tau > 0$ 使得 $\mathcal{L}(t) < \infty$ 当且仅当在 $t \in [0, T]$ 上个体间的距离大于 δ, 此时, 定理中给定的初值条件可以满足. 为此, 首先证明系统(5.50)-(5.51)能量耗散. 由系统(5.51)可得

$$\frac{\mathrm{d}}{\mathrm{d}t}\left(\frac{1}{N}\sum_{i=1}^{N}\|v_i(t)\|^2\right) = \frac{2}{N}\sum_{i=1}^{N}\left\langle v_i(t), \frac{\mathrm{d}}{\mathrm{d}t}v_i(t)\right\rangle = A + B, \tag{5.61}$$

其中

$$\begin{aligned} A &= \frac{2}{N}\sum_{i=1}^{N}\left\langle v_i, \frac{K_1}{N}\sum_{j=1}^{N}\psi\left(r_{ij} - \delta\right)\left(v_j - v_i\right)\right\rangle, \\ B &= \frac{2}{N}\sum_{i=1}^{N}\left\langle v_i, \frac{K_2}{N}\sum_{j=1}^{N}\frac{1}{r_{ij} + R}\operatorname{sig}\left(v_j - v_i\right)^{\beta}\right\rangle. \end{aligned} \tag{5.62}$$

接下来分别估计 A 和 B. 对于 A, 由对称性可得

$$\begin{aligned} A &= \frac{2}{N}\sum_{i=1}^{N}\left\langle v_i, \frac{K_1}{N}\sum_{j=1}^{N}\psi\left(r_{ij} - \delta\right)\left(v_j - v_i\right)\right\rangle \\ &= \frac{2K_1}{N^2}\sum_{i,j=1}^{N}\frac{\left(v_j - v_i\right)v_i}{\left(\|x_i - x_j\| - \delta\right)^{\alpha}} \\ &= -\frac{K_1}{N^2}\sum_{i,j=1}^{N}\frac{\left(v_i - v_j\right)v_i}{\left(\|x_i - x_j\| - \delta\right)^{\alpha}} + \frac{K_1}{N^2}\sum_{i,j=1}^{N}\frac{\left(v_i - v_j\right)v_j}{\left(\|x_i - x_j\| - \delta\right)^{\alpha}} \\ &= -\frac{K_1}{N^2}\sum_{i,j=1}^{N}\frac{\|v_i - v_j\|^2}{\left(\|x_j - x_i\| - \delta\right)^{\alpha}}. \end{aligned} \tag{5.63}$$

注意到 $x \in \mathbb{R}^d$ 且 $\beta > 0$, 有 $x \cdot \operatorname{sig}(x) = |x|^{\beta+1}$. 对于 B, 结合(5.55)式以及对称性可得

$$B = \frac{2}{N}\sum_{i=1}^{N}\left\langle v_i, \frac{K_2}{N}\sum_{j=1}^{N}\frac{1}{r_{ij} + R}\operatorname{sig}\left(v_j - v_i\right)^{\beta}\right\rangle$$

$$\begin{aligned}
&= -\frac{K_2}{N^2}\sum_{i,j=1}^{N}\frac{1}{r_{ij}+R}v_i\,\mathrm{sig}\,(v_i-v_j)^{\beta} \\
&\quad +\frac{K_2}{N^2}\sum_{i,j=1}^{N}\frac{1}{r_{ij}+R}v_j\,\mathrm{sig}\,(v_i-v_j)^{\beta} \\
&= -\frac{K_2}{N^2}\sum_{i,j=1}^{N}\frac{1}{r_{ij}+R}(v_i-v_j)\,\mathrm{sig}\,(v_i-v_j)^{\beta} \\
&= -\frac{K_2}{N^2}\sum_{i,j=1}^{N}\frac{1}{r_{ij}+R}\|v_i-v_j\|^{\beta+1}.
\end{aligned} \tag{5.64}$$

因此, 将(5.63)式和(5.64)式代入(5.61)式可得

$$\begin{aligned}
\frac{\mathrm{d}}{\mathrm{d}t}\frac{1}{N}\sum_{i=1}^{N}\|v_i(t)\|^2 =& -\frac{K_1}{N^2}\sum_{i,j=1}^{N}\frac{\|v_i-v_j\|^2}{(\|x_i-x_j\|-\delta)^{\alpha}} \\
&-\frac{K_2}{N^2}\sum_{i,j=1}^{N}\frac{1}{r_{ij}+R}\|v_i-v_j\|^{\beta+1}.
\end{aligned} \tag{5.65}$$

进而对 (5.65) 式两端对 t 进行积分可得

$$\begin{aligned}
&\frac{1}{N}\sum_{i=1}^{N}\|v_i(t)\|^2-\frac{1}{N}\sum_{i=1}^{N}\|v_i(0)\|^2 \\
= & -\int_0^t\frac{K_1}{N^2}\sum_{i,j=1}^{N}\frac{\|v_i-v_j\|^2}{(\|x_i-x_j\|-\delta)^{\alpha}}\mathrm{d}s \\
& -\int_0^t\frac{K_2}{N^2}\sum_{i,j=1}^{N}\frac{1}{r_{ij}+R}\|v_i-v_j\|^{\beta+1}\mathrm{d}s, \quad t\in[0,T_0),
\end{aligned} \tag{5.66}$$

进而可导出

$$\int_0^t\frac{K_1}{N^2}\sum_{i,j=1}^{N}\frac{\|v_i-v_j\|^2}{(\|x_i-x_j\|-\delta)^{\alpha}}\mathrm{d}s \leqslant \frac{1}{N}\sum_{i=1}^{N}\|v_i(0)\|^2, \quad t\in[0,T_0). \tag{5.67}$$

此外, 对于 $\alpha=2$ 且 $t\in[0,T_0)$, 可得

$$\left\|\frac{\mathrm{d}}{\mathrm{d}t}\left(\frac{K_1}{N^2}\sum_{i,j=1}^{N}\log\left(\|x_i(t)-x_j(t)\|-\delta\right)\right)\right\|$$

$$\leqslant \frac{K_1}{N^2}\sum_{i,j=1}^{N}\frac{\|v_i(t)-v_j(t)\|}{(\|x_i(t)-x_j(t)\|-\delta)}$$

$$\leqslant \frac{1}{2}+\frac{K_1}{2N^2}\sum_{i,j=1}^{N}\frac{\|v_i(t)-v_j(t)\|^2}{(\|x_i(t)-x_j(t)\|-\delta)^2}. \tag{5.68}$$

因此, 当 $t\in[0,T_0)$ 时, 对不等式两边积分并结合(5.67)可得

$$\left\|\frac{K_1}{N^2}\sum_{i,j=1}^{N}\log\left(\|x_i(t)-x_j(t)\|-\delta\right)\right\|$$

$$\leqslant \left\|\frac{K_1}{N^2}\sum_{i,j=1}^{N}\log\left(\|x_i(0)-x_j(0)\|-\delta\right)\right\|+\frac{T_0}{2}+\frac{K_1}{2N}\sum_{i=1}^{N}\|v_i(0)\|^2.$$

因此可得(5.59)式.

类似地, 对于 $\alpha>2$, 由 Young 不等式可得, 当 $t\in[0,T_0)$ 时,

$$\frac{\mathrm{d}}{\mathrm{d}t}\mathcal{L}^{\tau}(t)=-\tau\frac{1}{N^2}\sum_{i,j=1}^{N}\frac{[x_i(t)-x_j(t)]\,[v_i(t)-v_j(t)]}{\|x_i(t)-x_j(t)\|\,[\|x_i(0)-x_j(0)\|-\delta]^{\beta+1}}$$

$$\leqslant C\mathcal{L}^{\tau}(t)+\frac{C}{N^2}\sum_{i,j=1}^{N}\frac{\|v_i(t)-v_j(t)\|^2}{(\|x_i(0)-x_j(0)\|-\delta)^{\beta+2}}, \tag{5.69}$$

其中 C 为仅依赖于 α 的常数. 进而由 Gronwall 不等式可得

$$\mathcal{L}^{\tau}(t)\leqslant \mathcal{L}^{\tau}(0)\mathrm{e}^{Ct}+C\mathrm{e}^{Ct}\int_0^t\frac{1}{N^2}\sum_{i,j=1}^{N}\frac{\|v_i(t)-v_j(t)\|^2}{(\|x_i(0)-x_j(0)\|-\delta)^{\beta+2}}\mathrm{d}s. \tag{5.70}$$

结合(5.67)式, 可推出

$$\mathcal{L}^{\alpha-2}\leqslant \mathcal{L}^{\alpha-2}(0)\mathrm{e}^{Ct}+C\mathrm{e}^{Ct}\frac{1}{N}\sum_{i=1}^{N}\|v_i(0)\|^2,\quad 0\leqslant t<T_0,$$

这表明(5.60)式成立. 因此 $T_0=\infty$, 即个体之间不会发生碰撞. □

5.2.1.2　有限时间集群条件

本节的目的是证明系统(5.50)-(5.51)在定理 5.2.1 所给定的条件下能够在有限时间内发生集群行为. 陈述主要结果前, 首先介绍有限时间集群的定义.

定义 5.2.1 设 $\{x_i(t), v_i(t)\}_{i=1}^N$ 为系统 $\mathcal{P}$ 在初始条件 $\{x_i(0), v_i(0)\}$, $1 \leqslant i,j \leqslant N$ 下的解. 系统 $\mathcal{P}$ 发生有限时间集群当且仅当解 $\{x_i(t), v_i(t)\}_{i=1}^N$ 满足以下条件:

(1) 在有限时间内速度波动量趋于 0, 即

$$\|v_i(t) - v_j(t)\| = 0, \quad t \geqslant T_1,$$

其中 T_1 称为收敛时间, 并定义为 $T_1 = \inf\{T : \|v_i - v_j\| = 0,\ t \geqslant T\}$.

(2) 群体的直径有界, 即 $\sup\limits_{0\leqslant t\leqslant\infty} \|x_i(t) - x_j(t)\|^2 < \infty$.

接下来给出本节的主要结论.

定理 5.2.2 假设 $\alpha \geqslant 2$, $\beta \in (0,1)$ 并且初值满足(5.58)式. 则系统(5.50)-(5.51)可在有限时间内集群, 收敛时间满足

$$T \leqslant T^* = \frac{2N(M+R)}{K_2(1-\beta)(2N)^{(1+\beta)/2}} \left(\sum_{i=1}^N \|v_{i0}\|^2\right)^{(1-\beta)/2}, \tag{5.71}$$

其中 $M = \max\limits_{i\neq j}\{\|x_i - x_j\|\}$.

证明 令 $x = (x_1, x_2, \cdots, x_N) \in \mathbb{R}^{d\times N}$, $v = (v_1, v_2, \cdots, v_N) \in \mathbb{R}^{d\times N}$. 定义如下 Lyapunov 函数

$$V(t) := \sum_{i=1}^N \|v_i(t)\|^2.$$

令

$$X(t) := \sum_{i=1}^N \|x_i(t)\|^2.$$

根据范数的定义直接计算得

$$\sum_{i,j=1}^N \|v_i(t) - v_j(t)\|^2 = 2NV(t), \quad \sum_{i,j=1}^N \|x_i(t) - x_j(t)\|^2 = 2NX(t). \tag{5.72}$$

由定义 5.2.1 和 (5.72) 式可知, 如果在有限时间内函数 $V(t)$ 趋于 0, 则所有个体的速度差将趋于零; 如果 $X(t)$ 有界, 则群体的直径有界. 因此, 首先证明 $V(t)$ 在有限时间趋于 0.

由 (5.51) 式可得

$$\frac{\mathrm{d}}{\mathrm{d}t}V(t) = 2\sum_{i=1}^N \left\langle v_i(t), \frac{\mathrm{d}}{\mathrm{d}t}v_i(t)\right\rangle$$

$$= NA + \frac{2K_2}{N}\sum_{i,j=1}^{N}\left\langle v_i(t), \frac{1}{r_{ij}+R}\,\mathrm{sig}\,(v_j - v_i)^{\beta}\right\rangle, \tag{5.73}$$

其中 A 定义于 (5.63) 式. 由 (5.55) 式可得

$$\begin{aligned}
&\frac{2K_2}{N}\sum_{i,j=1}^{N}\frac{1}{r_{ij}+R}\left\langle v_i(t), \mathrm{sig}\,(v_j - v_i)^{\beta}\right\rangle \\
=&\frac{2K_2}{N}\sum_{i,j=1}^{N}\frac{1}{r_{ij}+R}\left\langle v_i(t)-v_j(t), \mathrm{sig}\,(v_j - v_i)^{\beta}\right\rangle \\
&+\frac{2K_2}{N}\sum_{i,j=1}^{N}\frac{1}{r_{ij}+R}\left\langle v_j(t), \mathrm{sig}\,(v_j - v_i)^{\beta}\right\rangle \\
=&-\frac{2K_2}{N}\sum_{i,j=1}^{N}\frac{1}{r_{ij}+R}\left\langle v_j(t)-v_i(t), \mathrm{sig}\,(v_j - v_i)^{\beta}\right\rangle \\
&-\frac{2K_2}{N}\sum_{i,j=1}^{N}\frac{1}{r_{ij}+R}\left\langle v_j(t), \mathrm{sig}\,(v_i - v_j)^{\beta}\right\rangle.
\end{aligned} \tag{5.74}$$

这意味着

$$\begin{aligned}
&\frac{2K_2}{N}\sum_{i,j=1}^{N}\frac{1}{r_{ij}+R}\left\langle v_i(t), \mathrm{sig}\,(v_j - v_i)^{\beta}\right\rangle \\
=&-\frac{K_2}{N}\sum_{i,j=1}^{N}\frac{1}{r_{ij}+R}\left\langle v_j(t)-v_i(t), \mathrm{sig}\,(v_j - v_i)^{\beta}\right\rangle \\
=&-\frac{K_2}{N}\sum_{i,j=1}^{N}\frac{1}{r_{ij}+R}\sum_{k=1}^{d}\left\|v_{jk}(t)-v_{ik}(t)\right\|^{\beta+1}.
\end{aligned} \tag{5.75}$$

由 $\beta \in (0,1)$ 以及引理 5.2.2 可得

$$\begin{aligned}
\left(\sum_{k=1}^{d}\left\|v_{jk}(t)-v_{ik}(t)\right\|^{\beta+1}\right)^{1/(\beta+1)} &\geqslant \left(\sum_{k=1}^{d}\left\|v_{jk}(t)-v_{ik}(t)\right\|^{2}\right)^{1/2} \\
&= \left\|v_j(t)-v_i(t)\right\|.
\end{aligned} \tag{5.76}$$

因此可导出

$$\sum_{k=1}^{d}\left\|v_{jk}(t)-v_{ik}(t)\right\|^{\beta+1} \geqslant \left\|v_j(t)-v_i(t)\right\|^{\beta+1}. \tag{5.77}$$

结合 (5.73) 式、(5.75) 式和 (5.77) 式可得

$$\frac{\mathrm{d}}{\mathrm{d}t}V(t) \leqslant NA - \frac{K_2}{N}\sum_{i,j=1}^{N}\frac{1}{r_{ij}+R}\|v_j(t)-v_i(t)\|^{\beta+1} \leqslant 0. \tag{5.78}$$

这意味着 $V(t)$ 非增, 因此可得

$$V(0) \geqslant V(t) \geqslant 0, \quad t > 0. \tag{5.79}$$

进而, 根据 Cauchy-Schwarz 不等式可推出

$$\begin{aligned}\frac{\mathrm{d}}{\mathrm{d}t}X(t) &= 2\sum_{i=1}^{N}\langle x_i(t), v_i(t)\rangle \leqslant 2\sum_{i=1}^{N}\|x_i(t)\|\,\|v_i(t)\| \\ &\leqslant 2X^{1/2}(t)V^{1/2}(t).\end{aligned} \tag{5.80}$$

结合 (5.59) 式和 (5.60) 式可知, $|x_i - x_j|$ 有上界, 即存在正常数 M 使得

$$r_{ij} = \|x_i - x_j\| \leqslant M. \tag{5.81}$$

又因为 $A \leqslant 0$, 根据 (5.78) 式和 (5.81) 式可得

$$\begin{aligned}\frac{\mathrm{d}}{\mathrm{d}t}V(t) \leqslant & -\frac{K_2}{N(M+R)}\sum_{i,j=1}^{N}\|v_j(t)-v_i(t)\|^{\beta+1} \\ = & -\frac{K_2}{N(M+R)}\sum_{i,j=1}^{N}\left(\|v_j(t)-v_i(t)\|^2\right)^{(\beta+1)/2}.\end{aligned} \tag{5.82}$$

根据引理 5.2.3 和 (5.72) 式可得

$$\begin{aligned}\frac{\mathrm{d}}{\mathrm{d}t}V(t) \leqslant & -\frac{K_2}{N(M+R)}\left(\sum_{i,j=1}^{N}\|v_j(t)-v_i(t)\|^2\right)^{(\beta+1)/2} \\ = & -\frac{K_2(2N)^{(\beta+1)/2}}{N(M+R)}[V(t)]^{(\beta+1)/2}.\end{aligned} \tag{5.83}$$

此外, 由于 $V(t)$ 为连续函数, 并结合引理 5.2.1 可得

$$V(t) \equiv 0, \quad t \geqslant T. \tag{5.84}$$

因此定义 5.2.1 条件 (1) 成立, 其中 T 满足

$$T \leqslant T^* := \frac{2N(M+R)}{K_2(1-\beta)(2N)^{(1+\beta)/2}}\left(\sum_{i=1}^{N}\|v_{i0}\|^2\right)^{(1-\beta)/2}. \tag{5.85}$$

此外根据 (5.80) 式, 有

$$X^{1/2}(t) \leqslant X^{1/2}(0) + \int_0^t V^{1/2}(s)\mathrm{d}s, \quad t > 0. \tag{5.86}$$

如果 $t \leqslant T$, 结合 (5.86) 式和 (5.79) 式, 有

$$X^{1/2}(t) \leqslant X^{1/2}(0) + V^{1/2}(0)T < \infty.$$

如果 $t > T$, 根据 (5.86) 式、(5.79) 式和 (5.84) 式, 有

$$\begin{aligned} X^{1/2}(t) &\leqslant X^{1/2}(0) + \int_0^{\mathrm{T}} V^{1/2}(s)\mathrm{d}s + \int_T^t V^{1/2}(s)\mathrm{d}s \\ &\leqslant X^{1/2}(0) + V^{1/2}(0)T < \infty. \end{aligned} \tag{5.87}$$

结合上面的不等式和 (5.72) 式, 可得

$$\sup_{0 \leqslant t \leqslant \infty} \|x_i(t) - x_j(t)\|^2 < \infty$$

这意味着定义 5.2.1 中条件 (2) 成立. □

5.2.2 固定时间免碰撞集群条件

在文献 [253] 中, 当影响函数是局部 Lipschitz 连续且有下界时, 通过构造 Lyapunov 函数, 得到具有连续非 Lipschitz 控制协议, 能够确保系统在有限时间 (收敛时间依赖于初始速度) 内发生集群行为. 在文献 [79] 中, 考虑了一类具有奇异影响函数的 Cucker-Smale 模型, 通过引入连续非 Lipschitz 控制协议并构造 Lyapunov 函数, 得到了有限时间集群条件. 虽然有限时间集群具有良好的性能, 但是限制了在初始速度未知的情况下的实际应用. 虽然很多作者对固定时间一致性问题做了很多有意思的工作[254,255], 但是现有文献中, 对 Cucker-Smale 模型的固定时间集群问题还没有讨论.

本节在上述讨论基础上, 利用 Lyapunov 方法、固定时间控制技术, 提出了两类具有连续非 Lipschitz 控制协议的 Cucker-Smale 模型, 当影响函数是局部 Lipschitz 连续且有下界时, 该控制协议能够确保系统在固定的时间内发生集群行为. 当 $\alpha \geqslant 2$, 初值满足一定的条件和影响函数具有奇异区间时, 该系统在固定时间内发生集群行为, 并且在集群演化过程中智能体之间的最小距离大于控制参数 δ, 以确保碰撞避免. 两类控制协议的 Cucker-Smale 模型的收敛时间均与个体的初始速度无关, 只与系统智能体的数量、控制参数等有关.

5.2.2.1 模型描述与准备

考虑具有 N 个智能体所组成的系统, $x_i=\left[x_i^1,x_i^2,\cdots,x_i^d\right]^{\mathrm{T}}\in\mathbb{R}^d$, $v_i=[v_i^1,v_i^2,\cdots,v_i^d]^{\mathrm{T}}\in\mathbb{R}^d$ 为第 i 个智能体在 t 时刻的位置和速度. 本节考虑的模型如下

$$\begin{cases}\dfrac{\mathrm{d}}{\mathrm{d}t}x_i=v_i,\\ \dfrac{\mathrm{d}}{\mathrm{d}t}v_i=\dfrac{k_1}{N}\displaystyle\sum_{j=1}^{N}\psi\left(\|x_j-x_i\|\right)\mathrm{sig}(v_j-v_i)^p\\ \qquad\quad+\dfrac{k_2}{N}\displaystyle\sum_{j=1}^{N}\psi\left(\|x_j-x_i\|\right)\mathrm{sig}(v_j-v_i)^q.\end{cases}\tag{5.88}$$

初始条件设置为

$$(x_i(0),v_i(0))=(x_{i0},v_{i0}),\quad i=1,2,\cdots,N.\tag{5.89}$$

在模型 (5.88) 中, k_1,k_2 是相互作用强度. 假设交互权重函数 ψ 是局部 Lipschitz 连续且存在下界; 如果 $z\in\mathbb{R}^d$, 则 $\mathrm{sig}(z)^k=(|z_1|^k\mathrm{sig}(z_1),\cdots,|z_d|^k\mathrm{sig}(z_d))$, $0<p<1<q$ 是两个控制参数.

接下来介绍固定时间稳定的定义和两个重要的引理.

定义 5.2.2 设微分方程

$$\frac{\mathrm{d}}{\mathrm{d}t}x=f(x),\tag{5.90}$$

初值为 $x(0)=x_0$. 假设 $x^\star$ 为方程 (5.90) 的平衡点, 如果从所有可能的初始条件出发, 存在时间 T (与初值 x_0 无关) 使得

$$x(t)\equiv x^\star,\quad t\geqslant T,$$

则称平衡点 $x=x^\star$ 是固定时间稳定的.

引理 5.2.4 [44] 考虑如下方程

$$\frac{\mathrm{d}}{\mathrm{d}t}x=f(t,x),\quad x(0)=x_0,\tag{5.91}$$

其中 $x\in\mathbb{R}^n$ 和 $f:\mathbb{R}_+\times\mathbb{R}^n\to\mathbb{R}^n$ 为非线连续函数. 假设零点是方程 (5.91) 的稳定点. 如果存在一个连续的径向无界函数 $H:\mathbb{R}^n\to\mathbb{R}_+\cup\{0\}$, 使得

(1) $H(z)=0\Leftrightarrow z=0$;

(2) 对正实数 ϑ , $\delta_1>0$, $0<a<1<b$, 任意解 $z(t)$ 满足方程

$$\frac{\mathrm{d}H}{\mathrm{d}t}(z(t))\leqslant-\vartheta H^a(z(t))-\delta_1H^b(z(t)).$$

则零点是固定时间稳定的, 并且

$$H(t) \equiv 0, \quad t \geqslant \frac{1}{\vartheta(1-a)} + \frac{1}{\delta_1(b-1)}.$$

引理 5.2.5[252] 令 $y \in \mathbb{R}^n$ 和 $0 < r < s$. 则下列不等式成立:

$$\left(\sum_{i=1}^{n}|y_i|^s\right)^{\frac{1}{s}} \leqslant \left(\sum_{i=1}^{n}|y_i|^r\right)^{\frac{1}{r}}, \tag{5.92}$$

$$\left(\frac{1}{n}\sum_{i=1}^{n}|y_i|^s\right)^{\frac{1}{s}} \geqslant \left(\frac{1}{n}\sum_{i=1}^{n}|y_i|^r\right)^{\frac{1}{r}}. \tag{5.93}$$

5.2.2.2 固定时间集群的充分条件

本节通过构造系统 (5.88)-(5.89) 的连续非 Lipschitz 控制协议, 分析固定时间集群条件. 首先介绍固定时间集群的定义.

定义 5.2.3 系统 (5.88)-(5.89) 达到固定时间集群当且仅当以下两个条件成立:

(1) (速度匹配) 在固定的 T 时刻以后速度的波动为 0, 称与初值无关的 T 为收敛时间, 即

$$\|v_i - v_j\| = 0, \quad t \geqslant T, \quad i,j = 1,2,\cdots,N.$$

(2) (位置有界) 位置波动函数关于时间 t 是一致有界的,

$$\sup_{0\leqslant t\leqslant\infty} \|x_i - x_j\|^2 < \infty, \quad i,j = 1,2,\cdots,N.$$

定理 5.2.3 设定模型 (5.88)-(5.89) 中函数 ψ 是局部 Lipschitz 连续且存在下界, 即存在 $\psi^* > 0$ 使得 $\inf\limits_{s>0}\psi(s) \geqslant \psi^*$, 则系统 (5.88)-(5.89) 能达成固定时间集群, 收敛时间 T 与初值无关, 由下式给出:

$$T \leqslant T^* \triangleq \frac{2}{\vartheta(1-p)} + \frac{2}{\delta_1(q-1)}, \tag{5.94}$$

其中 $\vartheta = k_1\psi^* 2^{\frac{p+1}{2}} N^{\frac{p-1}{2}}, \delta_1 = k_2\psi^* 2^{\frac{q+1}{2}} d^{\frac{1-q}{2}}$.

证明 考虑质心变量

$$x_c = \frac{1}{N}\sum_{i=1}^{N}x_i, \quad v_c = \frac{1}{N}\sum_{i=1}^{N}v_i.$$

由下标的对称性可知

$$\sum_{i=1}^{N}\frac{\mathrm{d}v_i}{\mathrm{d}t}=\frac{k_1}{N}\sum_{i=1}^{N}\sum_{j=1}^{N}\psi\left(\|x_j-x_i\|\right)\mathrm{sig}(v_j-v_i)^p$$

$$+\frac{k_2}{N}\sum_{i=1}^{N}\sum_{j=1}^{N}\psi\left(\|x_j-x_i\|\right)\mathrm{sig}(v_j-v_i)^q=0. \tag{5.95}$$

因此, 质心变量满足 $\frac{\mathrm{d}x_c}{\mathrm{d}t}=v_c$, $\frac{\mathrm{d}v_c}{\mathrm{d}t}=0$. 由此可得

$$v_c(t)=v(0),\quad x_c(t)=x_c(0)+tv_c(0),\quad t\geqslant 0.$$

考虑波动变量 $(\hat{x}_i,\hat{v}_i)$,

$$\hat{x}_i\triangleq x_i-x_c,\quad \hat{v}_i\triangleq v_i-v_c.$$

进而系统 (5.88)-(5.89) 可改写为

$$\begin{cases}\frac{\mathrm{d}}{\mathrm{d}t}\hat{x}_i=\hat{v}_i,\quad t>0,\ \ i=1,2,\cdots,N,\\ \frac{\mathrm{d}}{\mathrm{d}t}\hat{v}_i=\frac{k_1}{N}\sum_{j=1}^{N}\psi\left(\|\hat{x}_j-\hat{x}_i\|\right)\mathrm{sig}(\hat{v}_j-\hat{v}_i)^p\\ \qquad\quad+\frac{k_2}{N}\sum_{j=1}^{N}\psi\left(\|\hat{x}_j-\hat{x}_i\|\right)\mathrm{sig}(\hat{v}_j-\hat{v}_i)^q,\end{cases} \tag{5.96}$$

初始条件为

$$(\hat{x}_i(0),\hat{v}_i(0))=(\hat{x}_{i0},\hat{v}_{i0}). \tag{5.97}$$

波动变量满足系统 (5.88)-(5.89), 且有

$$\hat{x}_c=\frac{1}{N}\sum_{i=1}^{N}\hat{x}_i=0,\quad \hat{v}_c=\frac{1}{N}\sum_{i=1}^{N}\hat{v}_i=0.$$

为了方便起见, 仍用 (x_i,v_i) 代替 $(\hat{x}_i,\hat{v}_i)$, 故有

$$\sum_{i=1}^{N}x_i=0,\quad \sum_{i=1}^{N}v_i=0.$$

考虑如下 Lyapunov 函数,

$$V(t)\triangleq\sum_{i=1}^{N}\|v_i\|^2.$$

令

$$X(t) \triangleq \sum_{i=1}^{N} \|x_i\|^2,$$

可得

$$\sum_{1\leqslant i,j\leqslant N} \|v_j - v_i\|^2 = 2N\sum_{i=1}^{N} \|v_i\|^2 = 2NV \tag{5.98}$$

和

$$\sum_{1\leqslant i,j\leqslant N} \|x_j - x_i\|^2 = 2N\sum_{i=1}^{N} \|x_i\|^2 = 2NX. \tag{5.99}$$

易知, 如果函数 $V(t)$ 在固定时间趋向于 0 , 则个体的速度差将会在固定时间趋向于 0; 如果函数 $X(t)$ 是有界的, 则个体之间的最大直径也是有界的.

由引理 5.2.5 可得

$$\begin{aligned}
\left\|\frac{\mathrm{d}V}{\mathrm{d}t}\right\| &= \left\|\frac{\mathrm{d}}{\mathrm{d}t}\sum_{i=1}^{N}\|v_i\|^2\right\| = \left\|2\sum_{i=1}^{N}\left\langle v_i, \frac{\mathrm{d}}{\mathrm{d}t}v_i\right\rangle\right\| \\
&= \frac{2k_1}{N}\left\langle \sum_{1\leqslant i,j\leqslant N} \psi\left(\|x_j - x_i\|\right)\mathrm{sig}(v_j - v_i)^p, v_i\right\rangle \\
&\quad + \frac{2k_2}{N}\left\langle \sum_{1\leqslant i,j\leqslant N} \psi\left(\|x_j - x_i\|\right)\mathrm{sig}(v_j - v_i)^q, v_i\right\rangle \\
&= -\frac{k_1}{N}\left\langle \sum_{1\leqslant i,j\leqslant N} \psi\left(\|x_j - x_i\|\right)\mathrm{sig}(v_j - v_i)^p, (v_j - v_i)\right\rangle \\
&\quad - \frac{k_2}{N}\left\langle \sum_{1\leqslant i,j\leqslant N} \psi\left(\|x_j - x_i\|\right)\mathrm{sig}(v_j - v_i)^q, (v_j - v_i)\right\rangle.
\end{aligned}$$

因此

$$\begin{aligned}
\left\|\frac{\mathrm{d}V}{\mathrm{d}t}\right\| \leqslant & -\frac{k_1}{N}\psi^* \sum_{1\leqslant i,j\leqslant N}\sum_{k=1}^{d} \|v_{jk} - v_{ik}\|^{p+1} \\
& -\frac{k_2}{N}\psi^* \sum_{1\leqslant i,j\leqslant N}\sum_{k=1}^{d} \|v_{jk} - v_{ik}\|^{q+1}.
\end{aligned}$$

上述过程用到 $\inf\limits_{s>0}\psi(s)\geqslant\psi^*$. 注意到 $0<p<1<q$, 由引理 5.2.5 可得

$$
\begin{aligned}
\left(\sum_{k=1}^{d}\left\|v_{jk}-v_{ik}\right\|^{p+1}\right)^{\frac{1}{p+1}} &\geqslant \left(\sum_{k=1}^{d}\left\|v_{jk}-v_{ik}\right\|^{2}\right)^{1/2}=\left\|v_j(t)-v_i(t)\right\|,\\
\left(\sum_{k=1}^{d}\left\|v_{jk}-v_{ik}\right\|^{q+1}\right)^{\frac{1}{q+1}} &\geqslant d^{\frac{1}{q+1}}\left(\frac{1}{d}\sum_{k=1}^{d}\left\|v_{jk}-v_{ik}\right\|^{2}\right)^{1/2}\\
&= d^{\frac{1-q}{2(1+q)}}\left\|v_j(t)-v_i(t)\right\|,
\end{aligned}
$$

即

$$
\sum_{k=1}^{d}\left\|v_{jk}-v_{ik}\right\|^{p+1}\geqslant\left\|v_j(t)-v_i(t)\right\|^{p+1}, \tag{5.100}
$$

以及

$$
\sum_{k=1}^{d}\left\|v_{jk}-v_{ik}\right\|^{q+1}\geqslant d^{\frac{1-q}{2}}\left\|v_j(t)-v_i(t)\right\|^{q+1}. \tag{5.101}
$$

取 $s=1, r=\dfrac{p+1}{2}$, 应用引理 5.2.5 中的式 (5.92) 和式 (5.98) 可得

$$
\begin{aligned}
\sum_{i,j=1}^{N}\left(\left\|v_j(t)-v_i(t)\right\|^2\right)^{(p+1)/2} &\geqslant \left(\sum_{i,j=1}^{N}\left\|v_j(t)-v_i(t)\right\|^2\right)^{(p+1)/2}\\
&= (2NV)^{(p+1)/2}.
\end{aligned}
$$

取 $s=\dfrac{q+1}{2}, r=1$, 应用引理 5.2.5 中的式 (5.93) 和式 (5.98) 可得

$$
\begin{aligned}
\sum_{i,j=1}^{N}\left(\left\|v_j(t)-v_i(t)\right\|^2\right)^{(q+1)/2} &\geqslant N^{\frac{1-q}{2}}\left(\sum_{i,j=1}^{N}\left\|v_j(t)-v_i(t)\right\|^2\right)^{(q+1)/2}\\
&= N^{\frac{1-q}{2}}(2NV)^{(q+1)/2}.
\end{aligned}
$$

综上可得

$$
\frac{\mathrm{d}V}{\mathrm{d}t}\leqslant -k_1\psi^*2^{\frac{p+1}{2}}N^{\frac{p-1}{2}}V^{\frac{p+1}{2}}-k_2\psi^*2^{\frac{q+1}{2}}d^{\frac{1-q}{2}}V^{\frac{q+1}{2}}. \tag{5.102}
$$

进而由引理 5.2.4, 取 $0<a=\dfrac{p+1}{2}<1, 1<b=\dfrac{q+1}{2}$, 可得

$$
V(t)\equiv 0,\quad t\geqslant T, \tag{5.103}
$$

其中收敛时间与个体的初始条件无关, 可估计为

$$T \leqslant T^* \triangleq \frac{1}{\vartheta\left(1-\frac{p+1}{2}\right)}+\frac{1}{\delta_1\left(\frac{q+1}{2}-1\right)}=\frac{2}{\vartheta(1-p)}+\frac{2}{\delta_1(q-1)},$$

其中 $\vartheta=k_1\psi^* 2^{\frac{p+1}{2}} N^{\frac{p-1}{2}}$, $\delta_1=k_2\psi^* 2^{\frac{q+1}{2}} d^{\frac{1-q}{2}}$. 结合 (5.98) 式可得 $v_i(t)\equiv 0,\ t\geqslant T,\ i=1,2,\cdots,N$. 这就证明了固定时间集群定义 5.2.3 中的条件 (1).

接下来, 证明定义 5.2.3 中的条件 (2), 函数 $X(t)$ 是有界的.

由式 (5.102) 可知 $V(t)$ 是非增函数, 即当 $t>0$, $V(0)\geqslant V(t)\geqslant 0$, 由三角不等式和 Cauchy 不等式有

$$\frac{\mathrm{dX}}{\mathrm{d}t}=2\sum_{i=1}^{N}\langle x_i,v_i\rangle \leqslant 2\sum_{i=1}^{N}\|x_i\|\,\|v_i\|\leqslant 2X^{\frac{1}{2}}V^{\frac{1}{2}}. \tag{5.104}$$

对 (5.104) 式从 0 到 t 积分可得

$$X^{\frac{1}{2}}(t)\leqslant X^{\frac{1}{2}}(0)+\int_0^t V^{\frac{1}{2}}(s)\mathrm{d}s. \tag{5.105}$$

若 $t<T$, 由式 (5.105) 可得

$$X^{\frac{1}{2}}(t)\leqslant X^{\frac{1}{2}}(0)+\int_0^T V^{\frac{1}{2}}(t)\mathrm{d}t\leqslant X^{\frac{1}{2}}(0)+\sqrt{V(0)}T<\infty.$$

若 $t>T$, 由式 (5.103) 和式 (5.105) 可得

$$\begin{aligned}X^{\frac{1}{2}}(t)&\leqslant X^{\frac{1}{2}}(0)+\int_0^T V^{\frac{1}{2}}(t)\mathrm{d}t+\int_T^t V^{\frac{1}{2}}(t)\mathrm{d}t\\&\leqslant X^{\frac{1}{2}}(0)+\int_0^T V^{\frac{1}{2}}(t)\mathrm{d}t\\&\leqslant X^{\frac{1}{2}}(0)+\sqrt{V(0)}T<\infty.\end{aligned}$$

结合 (5.99) 式可得

$$\sup_{0\leqslant t\leqslant\infty}\|x_i-x_j\|^2<\infty,\quad i,j=1,2,\cdots,N. \qquad \square$$

注 5.2.2 与文献 [253] 相比, 本节在控制协议上增加了 $\dfrac{k_2}{N}\sum_{j=1}^{N}\psi\left(\|x_j-x_i\|\right)\cdot \mathrm{sig}(v_j-v_i)^q$, 定理 5.2.3 的优点是收敛时间与智能体的初始速度无关, 收敛时间估计为

$$T\leqslant T^*\triangleq\frac{2}{k_1\psi^* 2^{\frac{p+1}{2}} N^{\frac{p-1}{2}}(1-p)}+\frac{2}{k_2\psi^* 2^{\frac{q+1}{2}} d^{\frac{1-q}{2}}(q-1)}.$$

第 6 章 多自主体系统的周期集群运动

众所周知, 自组织集体系统经常出现在人工智能、物理、生物和社会科学等领域. 集群系统有着不平凡能力来调节独立个体间的信息流动, 以达到预期的目的. 在理论和应用中, 了解自我推动的个体如何仅利用有限的环境信息和简单的规则来组织成有序的运动是一个特别有趣的问题. 群体模型作为建模和分析的框架, 被广泛应用于实际观测的验证, 参见 [256, 257] 等. 本章的目的是分析和解释时滞系统中单个粒子具有局部相互作用的动态涌现模式, 主要分析处理时滞对系统状态演化的影响.

6.1 时滞影响下一阶系统的周期一致性

对于多节点网络系统, 一致性问题在理论和应用上都有着非常重要的意义, 这类问题在分布式计算[258]、管理科学[163]、分布式控制[37] 以及传感器网络[259] 等领域被广泛研究. 正如先前在仿真和理论中观察到的, 邻接矩阵的连通性和处理时滞是系统实现集群行为的关键因素. 本节目的是分析和解释多节点系统的动态一致性模式, 同时考虑了邻接矩阵的连通性和分布式处理延迟.

6.1.1 具有处理时滞的同步模型

考虑具有分布式处理时滞的 N 节点网络系统, 其中节点 i 的演化规律为

$$\frac{\mathrm{d}}{\mathrm{d}t}x_i = \lambda \sum_{j=1}^{N} a_{ij}(\overline{x}_j(t) - \overline{x}_i(t)), \quad i = 1, 2, \cdots, N, \tag{6.1}$$

其中 $x_i \in \mathbb{R}^n$ 为第 i 个节点在 t 时刻的 n 维状态, λ 为耦合强度,

$$\overline{x}_j(t) = \int_{-\tau}^{0} \varphi(s) x_j(t+s) \mathrm{d}s$$

是 $[t-\tau, t]$ 上 v_j 的加权平均值, 其中 τ 是从 j 到 i 的最大处理延迟, φ 是 (正) 标准化分布函数. 因此, $\int_{-\tau}^{0} \varphi(s) \mathrm{d}s = 1$. $\overline{x}_i(t)$ 的定义类似. 时滞通常服从均匀分布、指数分布和离散分布. 对于均匀分布, $\varphi(s) = \dfrac{1}{\tau}$; 对于指数分布, $\varphi(s) = \dfrac{\alpha}{1 - \mathrm{e}^{-\alpha\tau}} \mathrm{e}^{\alpha s}$,

其中 α 是正常数. 常量 $a_{ij} \geqslant 0$ 是节点 j 对 i 的影响强度, 且 $a_{ii}=0$. 在模型 (6.1) 中, 考虑了处理时滞, 其中平均状态的差异 $x_j - x_i$ 延迟一段时间 τ 后影响节点的动态.

为了更好地理解一致性动力学, 假设邻接矩阵 $A=(a_{ij})_{N\times N}$ 是一个对称矩阵. 设 $C=\sum_{i,j=1}^{N} a_{ij}$ 为系统的容积, a_{ij} 标准化为

$$\widetilde{a}_{ii} = 1 - \frac{\displaystyle\sum_{j=1}^{N} a_{ij}}{C}, \quad \widetilde{a}_{ij} = \frac{a_{ij}}{C}, \quad i \neq j.$$

设 $\widetilde{\lambda} = \lambda C$, 则系统 (6.1) 可写为如下形式

$$\frac{\mathrm{d}}{\mathrm{d}t} x_i = \widetilde{\lambda} \sum_{j=1}^{N} \widetilde{a}_{ij} (\overline{x}_j(t) - \overline{x}_i(t)), \quad i = 1, 2, \cdots, N. \tag{6.2}$$

易知, 系统 (6.1) 和系统 (6.2) 具有相同的动力学行为.

令 $\widetilde{A} = (\widetilde{a}_{ij})_{N\times N}$, 则 $\widetilde{A}$ 是行和为 1 的随机矩阵[260]. 它也是可对角化的矩阵, 1 为它的一个特征值, 且其他的特征值都是实数. 本节假设随机矩阵 $\widetilde{A}$ 的特征值 1 是半单的, 代数重数为 n_0, 并且 $\widetilde{A}$ 的所有不同特征值为 μ_i $(i=1,2,\cdots,m_0)$, 代数重数分别为 p_i. $\widetilde{A}$ 的所有特征值满足如下顺序

$$1 = \mu_1 > \mu_2 > \cdots > \mu_{m_0}.$$

易知, 如果 $n_0 = 1$, 则矩阵 $\widetilde{A}$ 为连通矩阵. 当 $n_0 > 1$ 时, 矩阵 $\widetilde{A}$ 将失去连通性. 由矩阵理论可知, 存在正交矩阵 T_0 使得 $\widetilde{A} = T_0 J_0 T_0^{-1}$, 其中 J_0 是第一个块 I_{n_0} 的对角矩阵, 记为 $J_0 = \begin{pmatrix} I_{n_0} & \mathbf{0} \\ \mathbf{0} & J^* \end{pmatrix}$, 其中 $\mathbf{0}$ 为零矩阵. 定义 $S \in \mathbb{R}^{N\times m}$ 的范数为

$$\|S\| = \sup_{|\alpha|\neq 0} \frac{|S\alpha|}{|\alpha|}, \quad \alpha \in \mathbb{R}^m,$$

则 $\|T_0\| = \|T_0^{-1}\| = 1$.

本节考虑如下方程, 并给出其动力学行为

$$\dot{w} = -\widetilde{\lambda}\overline{w}(t) + \widetilde{\lambda} J^* \overline{w}(t), \tag{6.3}$$

其特征方程为

$$h_0(z) = \det\left(zI + \widetilde{\lambda} \int_{-\tau}^{0} \varphi(s) \mathrm{e}^{zs} \mathrm{d}s (I - J^*) \right) = 0. \tag{6.4}$$

引理 6.1.1 ([135], 定理 5.2) 若 $a_0 = \max\{\mathrm{Re}z : h_0(z) = 0\}$, 则对任意 $c_0 > a_0$, 存在常数 $K = K(c_0)$ 使得方程 (6.3) 的基本解 $S_w(t)$ 满足如下不等式

$$\|S_w(t)\| \leqslant K\mathrm{e}^{c_0 t}.$$

6.1.2 周期一致性条件

为了确定系统 (6.1) 的解, 需要给出如下初始条件

$$x_i(\theta) = f_i(\theta), \quad \theta \in [-\tau, 0], \ i = 1, 2, \cdots, N, \tag{6.5}$$

其中 f_i 是给定的连续向量值函数.

定义 6.1.1 假设 $\{x_i(t)\}_{i=1}^N$ 为系统 (6.1)—(6.5) 的解. 上述系统被称为弱周期一致, 如果存在周期函数 $\phi_\pi(t)$ 与之具有相同的周期, 即

$$\lim_{t\to\infty} (x_i(t) - \phi_{pi}(t)) = x_{i\infty}, \quad i = 1, 2, \cdots, N.$$

若对任意 i 有 $x_{i\infty} = x_\infty$, 则称系统达到了周期一致性, 其中 $x_\infty \in \mathbb{R}^n$ 为常向量; 若 $\phi_{pi}(t) = 0$, 则称系统 (6.1) 达到弱周期一致性; 若 $x_{i\infty} = x_\infty$ 和 $\phi_\pi(t) = 0$ 同时成立, 则称系统达到一致性.

令 $f_{\max} = \max\{\|f(\theta)\| : \theta \in [-\tau, 0]\}$, $f(\theta) = (f_1(\theta), \cdots, f_N(\theta))^{\mathrm{T}}$,

$$k^* = \frac{\tau y_{im}}{-\displaystyle\int_{-\tau}^{0} \varphi(s)\sin(y_{im}s)\mathrm{d}s}, \tag{6.6}$$

其中 y_{im} 为方程

$$\int_{-\tau}^{0} \varphi(s)\cos(ys)\mathrm{d}s = 0, \quad y + \widetilde{\lambda}(1 - \mu_{m_0})\int_{-\tau}^{0} \varphi(s)\sin(ys)\mathrm{d}s = 0 \tag{6.7}$$

的最小正根, 其中

$$c_1 := \max_{2\leqslant i\leqslant m_0} \sup\left\{\mathrm{Re}(z) : z + \widetilde{\lambda}(1 - \mu_i)\int_{-\tau}^{0} \varphi(s)\mathrm{e}^{zs}\mathrm{d}s = 0\right\},$$

$$c_2 := \max_{2\leqslant i\leqslant m_0-1} \sup\left\{\mathrm{Re}(z) : z + \widetilde{\lambda}(1 - \mu_i)\int_{-\tau}^{0} \varphi(s)\mathrm{e}^{zs}\mathrm{d}s = 0\right\}.$$

接下来给出本节的主要结果.

定理 6.1.1 设 $X(t) = (x_1(t), \cdots, x_N(t))^{\mathrm{T}}$ 为系统 (6.1) 的解, 1 为矩阵 $\widetilde{a}$ 的 n_0-重特征值.

(1) 假设 $0 \leqslant \widetilde{\lambda}\tau(1 - \mu_{m_0}) < k^*$, 则系统实现弱周期一致

$$\lim_{t\to\infty} X(t) = T_0 \begin{pmatrix} I_{n_0} & \mathbf{0} \\ \mathbf{0} & \mathbf{0} \end{pmatrix} T_0^{-1} f(0) := X_\infty,$$

且对任意的 $\varepsilon \in (0, -c_1)$, 存在常数 K_1 使得

$$\|X(t) - X_\infty\| \leqslant f_{\max} K_1 \mathrm{e}^{-(|c_1|-\varepsilon)t}.$$

特别地, 当 $n_0 = 1$ 时, 则系统实现一致.

(2) 假设 $\widetilde{\lambda}\tau(1-\mu_{m_0}) = k^*$, 则系统实现弱周期一致

$$\lim_{t\to\infty}(X(t) - X_p(t)) = X_\infty,$$

且对任意的 $\varepsilon \in (0, -c_2)$, 存在常数 K_2 使得

$$\|X(t) - X_p(t) - X_\infty\| \leqslant f_{\max} K_2 \mathrm{e}^{-(|c_2|-\varepsilon)t},$$

其中 $X_p(t)$ 由 (6.16) 式给出. 特别地, 当 $n_0 = 1$ 时, 系统实现周期一致.

为了证明定理 6.1.1, 构建以下引理.

引理 6.1.2 设 $\widetilde{\lambda} > 0$. 若 $0 \leqslant \widetilde{\lambda}\tau(1-\mu_{m_0}) < k^*$, 则等式 (6.4) 的所有其他根都具有负的实部和 $c < 0$. 若 $\widetilde{\lambda}\tau(1-\mu_{m_0}) = k^*$, 那么方程 $z + \widetilde{\lambda}(1 - mu_i)\int_{-\tau}^{0}\varphi(s)\mathrm{e}^{zs}\mathrm{d}s = 0$ $(i = 2, \cdots, m_0 - 1)$ 除了纯虚数根外, 其他根都具有负实部, 且 $c_2 < 0$.

证明 设 $z = x + y\mathrm{i}$ $(y > 0)$ 为 $z + \widetilde{\lambda}(1-\mu_i)\int_{-\tau}^{0}\varphi(s)\mathrm{e}^{zs}\mathrm{d}s = 0$ 的一个根. 则有

$$\begin{cases} x + \widetilde{\lambda}(1-\mu_i)\displaystyle\int_{-\tau}^{0}\varphi(s)\mathrm{e}^{xs}\cos(ys)\mathrm{d}s = 0, \\ y + \widetilde{\lambda}(1-\mu_i)\displaystyle\int_{-\tau}^{0}\varphi(s)\mathrm{e}^{xs}\sin(ys)\mathrm{d}s = 0. \end{cases} \tag{6.8}$$

下面证明对任意 $y \in [0, y_{im}]$ 都有 $x \leqslant 0$. 假设 $x > 0$, 则 $\int_{-\tau}^{0}\varphi(s)\mathrm{e}^{xs}\cos(ys)\mathrm{d}s < 0$ 和 $\int_{-\tau}^{0}\varphi(s)\mathrm{e}^{xs}\sin(ys)\mathrm{d}s < 0$ 成立. 令

$$\begin{cases} F(x,y) = x + \widetilde{\lambda}(1-\mu_i)\displaystyle\int_{-\tau}^{0}\varphi(s)\mathrm{e}^{xs}\cos(ys)\mathrm{d}s, \\ G(x,y) = y + \widetilde{\lambda}(1-\mu_i)\displaystyle\int_{-\tau}^{0}\varphi(s)\mathrm{e}^{xs}\sin(ys)\mathrm{d}s. \end{cases}$$

则有

$$\frac{\partial}{\partial x}F(x,y) = 1+\widetilde{\lambda}(1-\mu_i)\int_{-\tau}^{0} s\varphi(s)\mathrm{e}^{xs}\cos(ys)\mathrm{d}s > 0,$$

$$\frac{\partial}{\partial y}F(x,y) = -\widetilde{\lambda}(1-\mu_i)\int_{-\tau}^{0} s\varphi(s)\mathrm{e}^{xs}\sin(ys)\mathrm{d}s < 0,$$

$$\frac{\partial}{\partial x}G(x,y) = \widetilde{\lambda}(1-\mu_i)\int_{-\tau}^{0} s\varphi(s)\mathrm{e}^{xs}\sin(ys)\mathrm{d}s > 0,$$

$$\frac{\partial}{\partial y}G(x,y) = 1+\widetilde{\lambda}(1-\mu_i)\int_{-\tau}^{0} s\varphi(s)\mathrm{e}^{xs}\cos(ys)\mathrm{d}s > 0.$$

因此, 由 $y+\widetilde{\lambda}(1-\mu_i)\int_{-\tau}^{0}\varphi(s)\mathrm{e}^{xs}\sin(ys)\mathrm{d}s = 0$ 和 $\frac{\partial}{\partial y}G(x,y) \neq 0$ 可知, 存在隐函数 $y = y(x)$, $y(0) = y_{im}$. 定义

$$s(x) = x+\widetilde{\lambda}(1-\mu_i)\int_{-\tau}^{0}\varphi(s)\mathrm{e}^{xs}\cos(y(x)s)\mathrm{d}s, \quad x > 0.$$

则 $s(0) = 0$. 注意到 $y'(x) < 0$, 当 $x > 0$ 时, 可知 $y < y_{im}$. 通过直接计算可得

$$s'(x) = -\frac{\partial F}{\partial y}\frac{\partial G}{\partial x}\left(\frac{\partial G}{\partial y}\right)^{-1} + \frac{\partial F}{\partial x} > 0.$$

可知 s 为 $(0,\infty)$ 上的单调递减函数. 因此, 对任意 $x > 0$ 有 $s(x) > s(0) = 0$. 这与 $z = x+y\mathrm{i}$ $(y > 0)$ 为 $z+\widetilde{\lambda}(1-\mu_i)\int_{-\tau}^{0}\varphi(s)\mathrm{e}^{zs}\mathrm{d}s = 0$ 的根矛盾. 因此, 当 $y \in [0, y_{im})$ 时, 方程 $z+\widetilde{\lambda}(1-\mu_i)\int_{-\tau}^{0}\varphi(s)\mathrm{e}^{zs}\mathrm{d}s = 0$ 的所有其他根都具有负实部. 当 $y = y_{im}$, 除了纯虚数根, 当 $i = 2,\cdots,m_0-1$ 时, 方程 $z+\widetilde{\lambda}(1-\mu_i)\int_{-\tau}^{0}\varphi(s)\mathrm{e}^{zs}\mathrm{d}s = 0$ 有负实部.

另一方面, 结合

$$\tau y(x)+\widetilde{\lambda}\tau(1-\mu_{m_0})\int_{-\tau}^{0}\varphi(s)\mathrm{e}^{xs}\sin(y(x)s)\mathrm{d}s = 0$$

和 $\tau y_{im}+k^*\int_{-\tau}^{0}\varphi(s)\sin(y_{im}s)\mathrm{d}s = 0$, 可知 $y \in [0, y_{im})$ 当且仅当 $0 \leqslant \widetilde{\lambda}\tau(1-\mu_{m_0}) < k^*$. 同理, $y = y_{im}$ 当且仅当 $\widetilde{\lambda}\tau(1-\mu_{m_0}) = k^*$. 由于对 $i = 2,\cdots,m_0$,

有 $\widetilde{\lambda}\tau(1-\mu_i) \leqslant \widetilde{\lambda}\tau(1-\mu_{m_0}) < k^*$ 成立, 因此, 当 $0 \leqslant \widetilde{\lambda}\tau(1-\mu_{m_0}) < k^*$ 时, 方程 (6.3) 的所有其他根有负实部. 若 $\widetilde{\lambda}\tau(1-\mu_{m_0}) = k^*$, 当 $i=2,\cdots,m_0-1$ 时, $z+\widetilde{\lambda}(1-\mu_i)\displaystyle\int_{-\tau}^{0}\varphi(s)\mathrm{e}^{zs}\mathrm{d}s=0$ 除了纯虚数根外有负实部.

注意到, 当 $0\leqslant\widetilde{\lambda}\tau(1-\mu_{m_0})<k^*$ 时, 集合 $\left\{\mathrm{Re}(z): z=-\widetilde{\lambda}(1-\mu_i)\displaystyle\int_{-\tau}^{0}\varphi(s)\mathrm{e}^{zs}\mathrm{d}s\right\}$ 有上界, 从上面的论证中, 可知上确界

$$c_1 := \max_{1\leqslant i\leqslant m_0}\sup\left\{\mathrm{Re}(z): z=-\widetilde{\lambda}(1-\mu_i)\int_{-\tau}^{0}\varphi(s)\mathrm{e}^{zs}\mathrm{d}s\right\}\leqslant 0.$$

假设 $c_1=0$, 则存在序列 $\{z_n\}$ $(z_n=x_n+\mathrm{i}y_n, y_n>0)$, 有

$$\lim_{n\to\infty}x_n=0,\quad z_n=-\widetilde{\lambda}(1-\mu_i)\int_{-\tau}^{0}\varphi(s)\mathrm{e}^{zs}\mathrm{d}s,\quad \text{对某些 } i. \tag{6.9}$$

因此, 有

$$\begin{aligned} x_n &= -\widetilde{\lambda}(1-\mu_i)\int_{-\tau}^{0}\varphi(s)\mathrm{e}^{x_n s}\cos(y_n s)\mathrm{d}s,\\ y_n &= -\widetilde{\lambda}(1-\mu_i)\int_{-\tau}^{0}\varphi(s)\mathrm{e}^{x_n s}\sin(y_n s)\mathrm{d}s. \end{aligned}$$

对于 $x_n\leqslant 0$, 序列 $\{y_n\}$ 以 $\widetilde{\lambda}(1-\mu_i)$ 为界. 因此存在 $\{y_n\}$ 的收敛子序列. 不失一般性, 假设 $\{y_n\}$ 为收敛序列, 其极限为 y_∞. 对于 $\lim\limits_{n\to\infty}x_n=0$, 有

$$\int_{-\tau}^{0}\varphi(s)\cos(y_\infty s)\mathrm{d}s=0,\quad y_\infty=-\widetilde{\lambda}(1-\mu_i)\int_{-\tau}^{0}\varphi(s)\sin(y_\infty s)\mathrm{d}s.$$

因为, 当 $y>0$ 和 $\displaystyle\int_{-\tau}^{0}\varphi(s)\cos(y_\infty s)\mathrm{d}s=0$ 时, $\displaystyle\int_{-\tau}^{0}\varphi(s)\sin(ys)\mathrm{d}s$ 为递增的负函数, 结合

$$\begin{aligned} &\tau y_{im}+k^*\int_{-\tau}^{0}\varphi(s)\sin(y_{im}s)\mathrm{d}s=0,\\ &\tau y_\infty+\widetilde{\lambda}\tau(1-\mu_i)\int_{-\tau}^{0}\varphi(s)\sin(y_\infty s)\mathrm{d}s=0, \end{aligned}$$

以及 $y_\infty\geqslant y_{im}$, 可知 $\widetilde{\lambda}\tau(1-\mu_i)\geqslant k^*$. 这与 $\widetilde{\lambda}\tau(1-\mu_i)<\widetilde{\lambda}\tau(1-\mu_{m_0})<k^*$ 矛盾. 因此, $c_1<0$. 同理, $c_2<0$. □

定理 6.1.1 的证明 设 $X=(x_1,x_2,\cdots,x_N)^{\mathrm{T}}$, $\overline{X}(t)=\int_{-\tau}^{0}\varphi(s)X(t+s)\mathrm{d}s$. 因此, 系统 (6.1) 可以写成向量形式:

$$\dot{X}=-\widetilde{\lambda}(I-\widetilde{A})\overline{X}(t),\quad X(t)=f(t),\quad t\in[-\tau,0]. \tag{6.10}$$

由于 $\widetilde{A}=T_0\begin{pmatrix} I_{n_0} & \mathbf{0}\\ \mathbf{0} & J^*\end{pmatrix}T_0^{-1}$, $Y(t)=T_0^{-1}X(t)=(y_1(t),y_2(t),\cdots,y_{n_0}(t),\,y^*(t))^{\mathrm{T}}$, 则方程 (6.10) 的解为

$$\dot{Y}=-\widetilde{\lambda}\begin{pmatrix} \mathbf{0} & \mathbf{0}\\ \mathbf{0} & I-J^*\end{pmatrix}\overline{Y}(t),$$

即 $\dot{y}_i(t)=0\ (i=1,2,\cdots,n_0)$, 其中 $y^*(t)$ 为方程 (6.3) 的解. 进而特征方程 $h_0(z)=0$ 为

$$h(z)=\prod_{i=2}^{m_0}\left(z+\widetilde{\lambda}(1-\mu_i)\int_{-\tau}^{0}\varphi(s)\mathrm{e}^{zs}\mathrm{d}s\right)^{p_i}=0, \tag{6.11}$$

其中 p_i 是 μ_i 的代数重数, m_0 是 P_0 的不同特征值的个数.

设 $S^*(t)$ 是方程 (6.3) 的基本解算子, 那么方程 (6.10) 的解 $X(t)$ 变为

$$X(t+\theta)=T_0\begin{pmatrix} I_{n_0} & \mathbf{0}\\ \mathbf{0} & S^*(t)\end{pmatrix}T_0^{-1}f(\theta),\quad t\in[0,t_1),\ \theta\in[-\tau,0]. \tag{6.12}$$

令

$$X_a(\theta)=T_0\begin{pmatrix} I_{n_0} & \mathbf{0}\\ \mathbf{0} & \mathbf{0}\end{pmatrix}T_0^{-1}f(\theta),\quad \theta\in[-\tau,0]. \tag{6.13}$$

由等式 (6.12) 和 (6.13) 有

$$\|X(t+\theta)-X_a(\theta)\|=\left\|T_0\begin{pmatrix} \mathbf{0} & \mathbf{0}\\ \mathbf{0} & S^*(t)\end{pmatrix}T_0^{-1}f(\theta)\right\|. \tag{6.14}$$

情形 I. $\widetilde{\lambda}\tau(1-\mu_{m_0})<k^*$. 根据引理 6.1.2 可知, 特征方程 (6.11) 的所有根都有负实部. 由引理 6.1.1 可知, 存在常数 $K_1>0$ 使得

$$\|S^*(t)\|\leqslant K_1\mathrm{e}^{-ct},\quad c\in(0,-c_1).$$

因此, 对任意的 $\varepsilon \in (0, -c_1)$, $\|S^*(t)\| \leqslant K_1 \mathrm{e}^{-(|c_1|-\varepsilon)t}$ 且

$$\|X(t+\theta) - X_a(\theta)\| = \left\| T_0 \begin{pmatrix} \mathbf{0} & \mathbf{0} \\ \mathbf{0} & S^*(t) \end{pmatrix} T_0^{-1} f(\theta) \right\| \leqslant f_{\max} K_1 \mathrm{e}^{-(|c_1|-\varepsilon)t}.$$

这意味着

$$\sup_{\theta \in [-\tau, 0]} \|X(t+\theta) - X_a(\theta)\| \leqslant f_{\max} K_1 \mathrm{e}^{-(|c_1|-\varepsilon)t}, \quad t \in [0, +\infty), \tag{6.15}$$

即 $\lim\limits_{t\to\infty} X(t+\theta) = X_a(\theta)$. 另一方面, 注意到 $\dot{y}_i(t) = 0 (i = 1, 2, \cdots, n_0)$, $\lim\limits_{t\to\infty} y^*(t) = \mathbf{0}$, 可知

$$\lim_{t\to\infty} X(t) = T_0 \begin{pmatrix} I_{n_0} & \mathbf{0} \\ \mathbf{0} & \mathbf{0} \end{pmatrix} T_0^{-1} f(0) := X_\infty.$$

因此, 有

$$X_a(\theta) = T_0 \begin{pmatrix} I_{n_0} & \mathbf{0} \\ \mathbf{0} & \mathbf{0} \end{pmatrix} T_0^{-1} f(0) = X_\infty$$

且

$$\|X(t) - X_\infty\| \leqslant \sup_{\theta \in [-\tau, 0]} \|X(t+\theta) - X_\infty\| \leqslant f_{\max} K_1 \mathrm{e}^{-(|c_1|-\varepsilon)t}.$$

因此, 从定义 6.1.2 可知, 系统 (6.1) 实现弱一致.

特别地, 当 $n_0 = 1$ 时, 对于 T_0 是正交矩阵, 则 X_∞ 定义为

$$X_\infty = \frac{1}{N} \sum_{i=1}^{N} v_i(0) \otimes \mathbf{1}_N,$$

其中 $\otimes$ 表示 Kronecker 积, 此时系统 (6.1) 达成一致性.

情形 II. $\widetilde{\lambda}\tau(1 - \mu_{m_0}) = k^*$. 考虑方程

$$\dot{y}(t) = -\widetilde{\lambda}(1 - \mu_{m_0}) \int_{-\tau}^{0} \varphi(s) y(t+s) \mathrm{d}s,$$

其特征方程由 $z = -\widetilde{\lambda}(1 - \mu_{m_0}) \displaystyle\int_{-\tau}^{0} \varphi(s) \mathrm{e}^{zs} \mathrm{d}s$ 给出. 由 k^* 的定义可知, $\pm y_{im}\mathrm{i}$ 为上面方程的两个纯虚数根. 因此, 基本周期解为

$$y(t) = \cos(y_{im} t) y(0) - \frac{\widetilde{\lambda}(1 - \mu_{m_0})}{y_{im}} \sin(y_{im} t) \int_{-\tau}^{0} \varphi(s) y(s) \mathrm{d}s, \quad t \in (0, \infty).$$

令

$$\begin{aligned}X_p(t)= & \cos(y_{im}t)T_0\begin{pmatrix}\mathbf{0} & \mathbf{0}\\ \mathbf{0} & I_{p_{m_0}}\end{pmatrix}T_0^{-1}f(0)\\ & -\frac{\widetilde{\lambda}(1-\mu_{m_0})}{y_{im}}\sin(y_{im}t)T_0\begin{pmatrix}\mathbf{0} & \mathbf{0}\\ \mathbf{0} & I_{p_{m_0}}\end{pmatrix}T_0^{-1}\int_{-\tau}^{0}\varphi(s)f(s)\mathrm{d}s.\end{aligned}\tag{6.16}$$

将对角矩阵 J 改写为

$$J=\begin{pmatrix}I_{n_0} & \mathbf{0} & \mathbf{0}\\ \mathbf{0} & J_p^* & \mathbf{0}\\ \mathbf{0} & \mathbf{0} & \mu_{m_0}I_{p_{m_0}}\end{pmatrix}.$$

同理, 设 $S_p^*(t)$ 为方程的基本解算子

$$\dot{u}^*=-\widetilde{\lambda}(I-J_p^*)\overline{u}^*(t).\tag{6.17}$$

对任意 $t\in[0,+\infty),\theta\in[-\tau,0]$, 方程 (6.10) 的解 $X(t)$ 写为

$$X(t+\theta)=X_\infty+X_p(t)+T_0\begin{pmatrix}\mathbf{0} & \mathbf{0} & \mathbf{0}\\ \mathbf{0} & S_p^*(t) & \mathbf{0}\\ \mathbf{0} & \mathbf{0} & \mathbf{0}\end{pmatrix}T_0^{-1}f(\theta).\tag{6.18}$$

为分析系统的渐近行为, 考虑系统 (6.17) 对应的特征方程

$$\det\left(zI+\widetilde{\lambda}\int_{-\tau}^{0}\varphi(s)\mathrm{e}^{zs}\mathrm{d}s(I-J_p^*)\right)=0.$$

通过直接计算可得

$$h_1(z)=\prod_{i=2}^{m_0-1}\left(z+\widetilde{\lambda}(1-\mu_i)\int_{-\tau}^{0}\varphi(s)\mathrm{e}^{zs}\mathrm{d}s\right)^{p_i}=0.\tag{6.19}$$

注意到 $\widetilde{\lambda}\tau(1-\mu_j)<k^*(j=2,\cdots,m_0-1)$, 且 $h_1(z)=0$ 的根也是 $h_0(z)=0$ 的根, 由引理 6.1.2 可得, 当 $\widetilde{\lambda}\tau(1-\mu_{m_0})=k^*$ 时, 特征方程 (6.19) 的所有根都有负实部.

由引理 6.1.1 可知, 存在常数 $K_2>0$ 使得

$$\|S_p^*(t)\|\leqslant K_2\mathrm{e}^{-ct},\quad c\in(0,-c_2).$$

因此, 对任意 $\varepsilon \in (0, -c_2)$, 有 $\|S_p^*(t)\| \leqslant K_2 \mathrm{e}^{-(|c_2|-\varepsilon)t}$, 且

$$\begin{aligned}\|X(t+\theta) - X_\infty - X_p(t)\| &= \left\| T_0 \begin{pmatrix} \mathbf{0} & \mathbf{0} & \mathbf{0} \\ \mathbf{0} & S_p^*(t) & \mathbf{0} \\ \mathbf{0} & \mathbf{0} & \mathbf{0} \end{pmatrix} T_0^{-1} f(\theta) \right\| \\ &\leqslant f_{\max} K_2 \mathrm{e}^{-(|c_2|-\varepsilon)t}.\end{aligned}$$

故对任意 $t \in [0, +\infty)$, 有

$$\sup_{\theta \in [-\tau, 0]} \|X(t+\theta) - X_\infty - X_p(t)\| \leqslant f_{\max} K_2 \mathrm{e}^{-(|c_2|-\varepsilon)t}, \tag{6.20}$$

因此

$$\lim_{t \to +\infty} [X(t) - X_p(t)] = X_\infty.$$

此外, 当 $n_0 = 1$ 时, 所有的 X_∞ 是相同的. 因此, 所有的 $X_p(t)$ 具有相同的周期 $\dfrac{2\pi}{y^*}$, 且

$$\lim_{t \to +\infty} (x_i(t) - x_{ip}(t)) = \frac{1}{N} \sum_{i=1}^{N} v_i(0).$$

因此, 从定义 6.1.1 可知, 当 $n_0 = 1$ 时, 系统 (6.1) 实现了周期性一致. 当 $n_0 > 1$ 时, 系统 (6.1) 达到弱周期一致. □

6.2 局部交互机制下二阶系统的周期集群性

实际上, 时滞通常被认为是反应时间或接收其他粒子信息所需的时间. 反应时间将导致处理延迟, 其中 $x_j - x_i$ 和 $v_j - v_i$ 两种状态的差异在延迟 τ (见 [166]) 一段时间后会影响代理的动态, 因而导致传输延迟. 其中每个粒子可以确定自己的状态, 没有任何时间延迟, 但是 x_j 和 v_j 状态与时间延迟有关 (参见 [86, 261]).

6.2.1 具有处理时滞的集群模型

本节将考虑具有处理延迟的 N 粒子自组织系统

$$\frac{\mathrm{d}}{\mathrm{d}t} x_i = v_i, \quad \frac{\mathrm{d}}{\mathrm{d}t} v_i = \frac{\lambda}{\overline{N}_i(t)} \sum_{j \in \overline{\mathcal{N}}_i(t)} \chi_r(|\overline{x}_j(t) - \overline{x}_i(t)|)(\overline{v}_j(t) - \overline{v}_i(t)), \tag{6.21}$$

其中 $x_i \in \mathbb{R}^n$, $v_i \in \mathbb{R}^n$ 分别表示第 $i (i \in \mathcal{N})$ 个粒子在 t 时刻的位置和速度, $\mathcal{N} = \{i = 1, 2, \cdots, N\}$. r 是邻域大小的常数, λ 是度量耦合强度的常数, i 的邻

居集定义为 $\mathcal{N}_i(t) = \{j : \|x_j(t) - x_i(t)\| < r\}$, 其邻居数量为 $N_i(t) = \mathrm{card}\{j : |x_j(t) - x_i(t)| < r\}$. $\overline{v}_j(t) = v_j(t-\tau)$, τ 是 j 到 i 之间的最大处理延迟. $\overline{N}_i(t)$, $\overline{x}_i(t)$ 和 $\overline{x}_j(t)$ 定义类似. 截断权重函数定义为

$$\chi_r(s) = \begin{cases} 1, & 0 \leqslant s < r, \\ 0, & s \geqslant r. \end{cases}$$

在集群建模和定性分析中主要包含三个因素, 第一个是对称性, 即每对粒子之间的相互作用是相同的; 第二个是所有个体的全局交互作用; 第三个是邻接结构的连通性. 基于文献 [23, 24] 中提出的模型, 很多学者研究了非对称相互作用、局部相互作用权重和时滞变元等模型, 见 [55, 57, 68, 72, 102, 119, 138, 168, 257] 等文献. 研究表明, 邻接矩阵的连通性在同步分析中起着至关重要的作用. 当然, 如何消除连通性条件或在局部相互作用和连通性之间寻找到平衡在理论上是非常困难的.

接下来给出周期集群和周期分群的数学定义.

定义 6.2.1 设 $(x_i(t), v_i(t))$ $(i = 1, 2, \cdots, N)$ 为 (6.21) 的解. 如果存在具有相同周期的周期函数 $\phi_\pi(t)$ 使得对任意的 i, 有

$$\sup_{t\geqslant 0, \forall i,j} \|x_i(t) - x_j(t)\| < +\infty, \quad \lim_{t\to\infty} (v_i(t) - \phi_\pi(t)) = v_\infty,$$

其中 $v_\infty \in \mathbb{R}^n$ 为常向量. 特别地, 若 $\phi_{pi}(t) = 0$, 则系统 (6.21) 形成集群.

定义 6.2.2 设 $(x_i(t), v_i(t))(i = 1, 2, \cdots, N)$ 为 (6.21) 的解. 如果存在具有相同周期的周期函数 $\phi_{pi}(t)$, 对于向量 $\varphi_j \in \mathbb{R}^n$ 以及集合 $S_j \subset \{1, 2, \cdots, N\}$ 满足 $S_j \cap S_i = \varnothing$ (空集), $\varphi_j \neq \varphi_i (i \neq j)$, $\cup_j S_j = \{1, 2, \cdots, N\}$, 使得 $\lim\limits_{t\to\infty} (v_i(t) - \phi_{pi}(t)) = \varphi_j, i \in S_j, j = 1, 2, \cdots, k$. 则称上述系统实现了周期多集群, φ_j $(j = 1, \cdots, k)$ 称为集群类. 特别地, 若 $\phi_{pi}(t) = 0$, 系统 (6.21) 将分成 k 个簇.

通过 $A(t) = (a_{ij}(t))_{N\times N}$ 和 $P(t) = (p_{ij}(t))_{N\times N}$ 分别定义系统 (6.21) 的邻接矩阵和平均矩阵, 其中

$$a_{ij}(t) = \begin{cases} 1, & j \in \mathcal{N}_i(t), \\ 0, & j \notin \mathcal{N}_i(t), \end{cases} \quad p_{ij}(t) = \frac{a_{ij}(t)}{N_i(t)}. \tag{6.22}$$

本节将列出矩阵理论[260]中的一些基本概念, 这些概念在后续分析中是很重要的. 当 $s_{ij} \geqslant 0$, $\sum_{j=1}^N s_{ij} = 1$ 时, 称 $S = (s_{ij})_{N\times N}$ 为随机矩阵. 由于 $\sum_{j=1}^N p_{ij} = 1$, 可知 $P(t)$ 为随机矩阵. 对于任意整数 i 和 j $(1 \leqslant i, j \leqslant N)$, 存在整数 $k_1, k_2, \cdots, k_q$ 序列, 使得 $s_{k_{l-1},k_l} > 0$, $l = 1, 2, \cdots, q+1$, 其中 $k_0 = i, k_{q+1} = j$, 则称矩阵 S 为

连通矩阵. 根据 Perron-Frobenius 定理[260], 当且仅当 S 的特征值 1 为单根时, 矩阵 S 是连通矩阵. 如果一个特征值的代数重数等于它的几何重数, 则称为半单特征值. 矩阵 $L(t)=I-P(t)$ 称为系统 (6.21) 的 Laplace 矩阵.

当两个粒子的距离接近 r 时, 为了量化平均矩阵的灵敏度, 下面使用变量:

$$\begin{aligned} l_{ij}(t) &= |x_j(t)-x_i(t)|, \\ \Gamma(t) &= \min\left\{r-\max_{j\in\mathcal{N}_i(t)} l_{ij}(t),\ \min_{j\notin\mathcal{N}_i(t)} l_{ij}(t)-r\right\}, \\ d_M(t) &= \max\{l_{ij}(t):1\leqslant i,j\leqslant N\}, \\ d_m(t) &= \min\{l_{ij}(t):1\leqslant i,j\leqslant N\}, \quad t>0. \end{aligned} \tag{6.23}$$

易知, $\Gamma(t)\geqslant 0$. 如果 $\Gamma(t)>0$, 称为非临界邻域情况. 如果 $\Gamma(t)=0$, 称为一般邻域情况.

注意, 当与另一个粒子的距离超过 r 时, 平均矩阵将会改变. 由 x_i $(1\leqslant i\leqslant N)$ 轨迹的连续性可知, 存在 $t_1>0$ 使得平均矩阵 $P(t)$ 在 $[0,t_1)$ 上保持不变, 在 $t=t_1$ 处发生变化. 记 t_n 为在 nth 时刻的切换时刻, 那么 $\{t_n\}$ 被称为切换时序, 它可以是有限的, 也可以是无限的. 由于平均矩阵在区间 $(t_n,t_{n+1}), n=0,1,2,\cdots$ $(t_0=0)$ 上保持不变, $P(t)$ 在 (t_n,t_{n+1}) 上为常矩阵, 即 $P(t_n)$. 假设初始平均矩阵保持不变, 即 $P(\theta)=P_0(\theta\in[-\tau,0])$.

下面引入一些记号:

$$V=(v_1,v_2,\cdots,v_N)^{\mathrm{T}},\quad v_i\in\mathbb{R}^n,\quad 1\leqslant i\leqslant N,$$

欧氏范数

$$\|V\|_2=\left(\sum_{i=1}^{N}\|v_i\|\right)^{\frac{1}{2}},$$

其中 $|v_i|$ 为 v_i 的欧氏范数. 实矩阵 $S\in R^{N\times n}$ 定义为

$$\|S\|=\sup_{|\alpha|\neq 0}\frac{|S\alpha|}{|\alpha|},\quad \alpha\in\mathbb{R}^n.$$

若矩阵 S 为方阵, 则 $\|S\|$ 为 S 的最大特征值. 若矩阵 S 为正交矩阵, 则 $\|S\|=1$. 利用上面的定义和 Cauchy-Schwarz 不等式, 有

$$\|V\|\leqslant\|V\|_2\leqslant\sqrt{n}\|V\|.$$

由于矩阵 P_0 可对角化, 它的所有特征值为实数. 本节中假设随机矩阵 P_0 的特征值 1 是代数重数为 n_0 的半单特征值. P_0 的其他不同特征值为 μ_i $(i = 2, 3, \cdots, m_0)$, 代数重数为 p_i. P_0 的所有特征值都满足顺序

$$1 = \mu_1 > \mu_2 > \cdots > \mu_{m_0}.$$

显然, 若 $n_0 = 1$, 则 P_0 为连通矩阵; 当 $n_0 > 1$ 时, 矩阵 P_0 的连通性将不存在. 由矩阵理论可知, 存在非退化矩阵 T_0 使得 $P_0 = T_0 J_0 T_0^{-1}$, 其中 J_0 是一个对角矩阵, 第一个块为 I_{n_0}, 即 $J_0 = \begin{pmatrix} I_{n_0} & \mathbf{0} \\ \mathbf{0} & J^* \end{pmatrix}$. 令 $N_{\max} = \max\{N_1(0), \cdots, N_N(0)\}$, $N_{\min} = \min\{N_1(0), \cdots, N_N(0)\}$, 可知 (参见引理 6.2.3 证明过程)

$$\|T_0\|\|T_0^{-1}\| \leqslant \sqrt{\frac{N_{\max}}{N_{\min}}} =: D. \tag{6.24}$$

考虑如下方程

$$\dot{w} = -\lambda \overline{w}(t) + \lambda J^* \overline{w}(t), \tag{6.25}$$

其特征方程为

$$h_0(z) = \det\left(zI + \lambda \mathrm{e}^{-z\tau}(I - J^*)\right) = 0. \tag{6.26}$$

最后, 概述了具有非零常数初值的方程 $\dot{w} = -\lambda w(t-\tau)(\lambda > 0)$ 解的定性行为.

引理 6.2.1 [135] 对于方程 $\dot{w} = -\lambda w(t-\tau)$, 其中 λ, τ 为正常数, 则

(1) 若 $\lambda\tau \leqslant \dfrac{1}{\mathrm{e}}$, 当 $t \to \infty$ 时, 解单调收敛到零;

(2) 若 $\dfrac{1}{\mathrm{e}} < \lambda\tau < \dfrac{\pi}{2}$, 将出现振荡, 并且振荡的振幅渐近消失;

(3) 若 $\lambda\tau = \dfrac{\pi}{2}$, 将出现周期解;

(4) 若 $\lambda\tau > \dfrac{\pi}{2}$, 当 $t \to \infty$ 时, 振荡的振幅将发散.

引理 6.2.2 [262] 假设零为 Laplace 矩阵 $L = I - P_0$ 的重数为 n_0 的半单特征值. 那么存在唯一的正规 0-1 向量族 $a_1, \cdots, a_{n_0}$ 使得 $La_i = \mathbf{0}$, $a_1 + a_2 + \cdots + a_{n_0} = \mathbf{1}$.

6.2.2 周期集群条件

本节将给出系统 (6.21) 实现周期集群的条件. 主要结论总结如下:

(1) 若 $r = +\infty$, $0 < \lambda\tau < \dfrac{\pi}{2}$, 系统 (6.21) 将实现集群, 当 $\lambda\tau = \dfrac{\pi}{2}$ 时, 将出现周期性集群. 当 $\lambda\tau > \dfrac{\pi}{2}$ 时将出现分岔.

(2) 若 $r < +\infty$, 则邻接矩阵将保持不变.

(i) 若 $0 < \lambda\tau(1-\mu_{m_0}) < \dfrac{\pi}{2}$, 当 $n_0 = 1$ 时, 系统 (6.21) 实现集群, 当 $n_0 > 1$ 时, 系统实现集群或多聚点行为.

(ii) 若 $\lambda\tau(1-\mu_{m_0}) = \dfrac{\pi}{2}$, 当 $n_0 = 1$ 时, 系统 (6.21) 实现周期集群, 当 $n_0 > 1$ 时, 系统实现周期集群或多个周期集群.

(iii) 若 $\lambda\tau(1-\mu_{m_0}) > \dfrac{\pi}{2}$, 系统 (6.21) 将出现分岔.

(3) 若 $r < +\infty$, 邻接矩阵不会频繁剧烈地变化.

(i) 若 $0 < \lambda\tau(1-\mu_{m_0}) < \dfrac{\pi}{2}$, 系统 (6.21) 将实现集群, 当 $n_0 > 1$ 时, 系统实现集群或多聚点行为.

(ii) 若 $\lambda\tau(1-\mu_{m_0}) = \dfrac{\pi}{2}$, 系统 (6.21) 实现周期集群, 当 $n_0 > 1$ 时, 系统实现周期集群或多个周期集群.

(iii) 当 $\lambda\tau(1-\mu_{m_0}) > \dfrac{\pi}{2}$, 方程 $h_0(z) = 0$ 存在正实部根. 因此, 当邻接矩阵保持不变时, 系统 (6.21) 将分岔.

令 $g_0 = \sup\limits_{\theta\in[-\tau,0]} \|g(\theta)\|$,

$$c_1 = \max_{2\leqslant i\leqslant m_0} \sup\left\{\mathrm{Re}(z) : z = -\lambda(1-\mu_i)\mathrm{e}^{-z\tau},\ 0 \leqslant \lambda\tau(1-\mu_i) < \frac{\pi}{2}\right\},$$

由引理 6.1.1 可得 $c_1 < 0$.

为了证明主要结果, 需要以下引理.

引理 6.2.3 由 (6.22) 定义的矩阵 $P(t)$ 是一个可对角化的矩阵, 则所有特征值都是实数.

证明 只需要证明 P_0 是可对角化的矩阵, 并且所有特征值都是实数. 由矩阵理论[260], 存在一个非退化矩阵 T_0 使得 $P_0 = T_0 J_0 T_0^{-1}$, 其中 J_0 是一个 Jordan 矩阵, 第一个块是 1, 记为 $J_0 = \begin{pmatrix} I_{n_0} & \mathbf{0} \\ \mathbf{0} & J^* \end{pmatrix}$. 受 [257] 的启发, 记

$$p_{ij} = \frac{a_{ij}}{N_i} = \frac{1}{\sqrt{N_i}}\frac{a_{ij}}{\sqrt{N_i N_j}}\sqrt{N_j}, \quad M_0 = \left(\frac{a_{ij}}{\sqrt{N_i N_j}}\right)_{N\times N},$$

则

$$P_0 = \mathrm{diag}\left\{\frac{1}{\sqrt{N_1}}, \frac{1}{\sqrt{N_2}}, \cdots, \frac{1}{\sqrt{N_N}}\right\} M_0 \mathrm{diag}\{\sqrt{N_1}, \sqrt{N_2}, \cdots, \sqrt{N_N}\},$$

其中 M_0 为对称矩阵, 且 P_0 与 M_0 相似, 则存在正交矩阵 O 和对角矩阵 $\widetilde{J}_0$ 使得 $M_0 = O\widetilde{J}_0O^{-1}$. 因此

$$\begin{aligned}
P_0 &= T_0J_0T_0^{-1}\\
&= \mathrm{diag}\left\{\frac{1}{\sqrt{N_1(0)}},\cdots,\frac{1}{\sqrt{N_N(0)}}\right\}M_0\mathrm{diag}\{\sqrt{N_1(0)},\cdots,\sqrt{N_N(0)}\}\\
&= \mathrm{diag}\left\{\frac{1}{\sqrt{N_1(0)}},\cdots,\frac{1}{\sqrt{N_N(0)}}\right\}O\widetilde{J}_0O^{-1}\mathrm{diag}\{\sqrt{N_1(0)},\cdots,\sqrt{N_N(0)}\}.
\end{aligned}$$

由于 $\widetilde{J}_0$ 和 J_0 的所有对角线元素是相同的, 因此, $\widetilde{J}_0 = J_0$ 和 P_0 是一个可对角化矩阵, 并且矩阵 P_0 的特征值都是实数. □

引理 6.2.4 设 $\lambda > 0$. 如果 $0 \leqslant \lambda\tau(1-\mu_{m_0}) < \dfrac{\pi}{2}$, μ_i $(i = 2,\cdots,m_0)$ 为 P_0 的特征值, 则 $z = -\lambda(1-\mu_i)\mathrm{e}^{-z\tau}$ 的所有根有正实部, 并且

$$c_1 := \max_{2\leqslant i\leqslant m_0}\sup\{\mathrm{Re}(z) : z = -\lambda(1-\mu_i)\mathrm{e}^{-z\tau}\} < 0.$$

证明 由于对 $i = 2,\cdots,m_0$ 有

$$\lambda\tau(1-\mu_i) \leqslant \lambda\tau(1-\mu_{m_0}) < \frac{\pi}{2}.$$

进而, 可知方程 $z = -\lambda(1-\mu_i)\mathrm{e}^{-z\tau}$ 的所有根有正的实部. 注意到集合 $\{\mathrm{Re}(z) : z = -\lambda(1-\mu_i)\mathrm{e}^{-z\tau}\}$ 有上界, 从上面的论证中, 记上界值为

$$c_1 := \sup\{\mathrm{Re}(z) : z = -\lambda(1-\mu_i)\mathrm{e}^{-z\tau}\} \leqslant 0.$$

如果 $c_1 = 0$, 则存在序列 $\{z_n\}$ $(z_n = x_n + \mathrm{i}y_n)$, 使得

$$\lim_{n\to\infty} x_n = 0, \quad z_n = -\lambda(1-\mu_i)\mathrm{e}^{-z_n\tau}. \tag{6.27}$$

因此, 有

$$x_n = -\lambda(1-\mu_i)\mathrm{e}^{-x_n\tau}\cos(y_n\tau), \quad y_n = \lambda(1-\mu_i)\mathrm{e}^{-x_n\tau}\sin(y_n\tau).$$

由 $\lim\limits_{n\to\infty} x_n = 0$, 可知 $\lim\limits_{n\to\infty}\cos(y_n\tau) = 0$. 进而可得 $\lim\limits_{n\to\infty}\sin(y_n\tau) = 1$ 以及 $\lim\limits_{n\to\infty} y_n = \lambda(1-\mu_i) < \dfrac{\pi}{2\tau}$. 因此, 有 $\lim\limits_{n\to\infty}\sin(y_n\tau) = \sin(\lambda(1-\mu_i)\tau) < 1$. 这与 $\lim\limits_{n\to\infty}\sin(y_n\tau) = 1$ 矛盾. 因此, $c_1 < 0$. □

引理 6.2.5 [262] 如果 1 是重数为 n_0 的随机矩阵 P_0 的半单特征值, 则 P_0 为分块对角矩阵.

系统 (6.21) 发生周期集群或周期分簇的条件总结如下.

定理 6.2.1 设 1 为矩阵 P_0 的一个 n_0-重特征值. 假设在定理 6.1.1中对于常数 K, 有

$$0 \leqslant \lambda\tau(1-\mu_{m_0}) < \frac{\pi}{2}, \quad \sqrt{2n}Dg_0K < |c_1|\Gamma(0),$$

则存在常数 $c \in \left(\dfrac{\sqrt{2n}Dg_0K}{\Gamma(0)}, -c_1\right)$, 使得系统收敛于

$$\lim_{t\to\infty} V(t) = T_0 \begin{pmatrix} I_{n_0} & \mathbf{0} \\ \mathbf{0} & \mathbf{0} \end{pmatrix} T_0^{-1}V(0) := V_\infty,$$

并且

$$\|V(t) - V_\infty\| \leqslant Dg_0K\mathrm{e}^{-ct}.$$

特别地, 当 $n_0 = 1$ 时, 系统将实现集群. 当 $n_0 > 1$ 时, 系统实现周期集群或周期分簇.

证明 设 $X = (x_1, x_2, \cdots, x_N)^{\mathrm{T}}$, $V = (v_1, v_2, \cdots, v_N)^{\mathrm{T}}$, $\overline{V}(t) = V(t-\tau)$. 因此, 系统 (6.21) 在 $[0, t_1)$ 上写成如下向量形式

$$\begin{cases} \dfrac{\mathrm{d}}{\mathrm{d}t}X = V(t), \quad \dfrac{\mathrm{d}}{\mathrm{d}t}V = -\lambda\overline{V}(t) + \lambda P_0\overline{V}(t), \\ X(t) = f(t), \quad V(t) = g(t), \quad t \in [-\tau, 0]. \end{cases} \tag{6.28}$$

由于 $P_0 = T_0 \begin{pmatrix} I_{n_0} & \mathbf{0} \\ \mathbf{0} & J^* \end{pmatrix} T_0^{-1}$, 令 $U(t) = T_0^{-1}V(t) = (u_1(t), u_2(t), \cdots, u_{n_0}(t), u^*(t))^{\mathrm{T}}$, 其中 $u_i(t)$ 是 $U(t)$ 阶数为 i 的分块, 由方程 (6.28) 可解得

$$\dot{U} = -\lambda\overline{U}(t) + \lambda \begin{pmatrix} I_{n_0} & \mathbf{0} \\ \mathbf{0} & J^* \end{pmatrix} \overline{U}(t),$$

即 $\dot{u}_i(t) = 0$ $(i = 1, 2, \cdots, n_0)$, 且

$$\dot{u}^* = -\lambda\overline{u}^*(t) + \lambda J^*\overline{u}^*(t). \tag{6.29}$$

因此, 特征方程 $h_0(z) = 0$ 可改写为

$$h(z) = \prod_{i=2}^{m_0} \left(z + \lambda(1-\mu_i)\mathrm{e}^{-z\tau}\right)^{p_i} = 0, \tag{6.30}$$

其中 p_i 为 μ_i 的代数重数, m_0 为 P_0 的不同特征值的个数.

设 $S^*(t)$ 为方程 (6.29) 的基本解算子, 则 (6.28) 中第二个方程的解 $V(t)$ 变为

$$V(t+\theta)=T_0\begin{pmatrix} I_{n_0} & \mathbf{0} \\ \mathbf{0} & S^*(t)\end{pmatrix}T_0^{-1}g(\theta),\quad t\in[0,t_1),\ \theta\in[-\tau,0]. \tag{6.31}$$

令

$$V_a(\theta)=T_0\begin{pmatrix} I_{n_0} & \mathbf{0} \\ \mathbf{0} & \mathbf{0}\end{pmatrix}T_0^{-1}g(\theta). \tag{6.32}$$

由等式 (6.31) 和 (6.32) 可得

$$\|V(t+\theta)-V_a(\theta)\|=\left\|T_0\begin{pmatrix} \mathbf{0} & \mathbf{0} \\ \mathbf{0} & S^*(t)\end{pmatrix}T_0^{-1}g(\theta)\right\|. \tag{6.33}$$

由引理 6.2.1 可知, 当 $\lambda\tau(1-\mu_{m_0})<\dfrac{\pi}{2}$ 时, 特征方程 (6.30) 的所有根都有负实部. 由引理 6.1.2 可知, 存在常数 $c\in\left(\dfrac{\sqrt{2n}Dg_0K}{\Gamma(0)},-c_1\right)$ 和 $K>0$ 使得

$$\|S^*(t)\|\leqslant K\mathrm{e}^{-ct}.$$

因此

$$\|V(t+\theta)-V_a(\theta)\|=\left\|T_0\begin{pmatrix} \mathbf{0} & \mathbf{0} \\ \mathbf{0} & S^*(t)\end{pmatrix}T_0^{-1}g(\theta)\right\|\leqslant Dg_0K\mathrm{e}^{-ct}.$$

故

$$\sup_{\theta\in[-\tau,0]}\|V(t+\theta)-V_a(\theta)\|\leqslant Dg_0K\mathrm{e}^{-ct},\quad t\in[0,t_1). \tag{6.34}$$

下面证明 $t_1=+\infty$. 若 $t_1<+\infty$, 则平均矩阵将在 $t=t_1$ 时发生变化. 因此, 存在 (i_0,j_0) 使得

$$\bar{l}_{i_0,j_0}(t_1)=|\overline{x}_{i_0}(t_1)-\overline{x}_{j_0}(t_1)|=r.$$

由方程 (6.21) 的第一个等式, 有

$$x_{i_0}(t)-x_{j_0}(t)=x_{i_0}(0)-x_{j_0}(0)+\int_0^t(v_{i_0}(s)-v_{j_0}(s))\mathrm{d}s.$$

若 $n_0=1$, 则 T_0 的第一列向量将选为 $(1,1,\cdots,1)^{\mathrm{T}}$. 根据 (6.34) 式可得

$$
\begin{aligned}
|v_{i_0}(s)-v_{j_0}(s)| &\leqslant \sqrt{2}\sup_{\theta\in[-\tau,0]}\|V(s+\theta)-V_a(\theta)\|_2 \\
&\leqslant \sqrt{2n}\sup_{\theta\in[-\tau,0]}\|V(s+\theta)-V_a(\theta)\| \\
&\leqslant \sqrt{2n}Dg_0K\mathrm{e}^{-cs}.
\end{aligned}
$$

当 $\theta\in[-\tau,0]$, $j_0\notin\mathcal{N}_{i_0}(0)$ 时, 有

$$
\begin{aligned}
l_{i_0j_0}(t_1+\theta) &= |x_{i_0}(t_1+\theta)-x_{j_0}(t_1+\theta)| \\
&\geqslant l_{i_0j_0}(0)-\sqrt{2n}Dg_0K\int_0^\infty \mathrm{e}^{-cs}\mathrm{d}s \\
&= l_{i_0j_0}(0)-\frac{\sqrt{2n}Dg_0K}{c} \\
&> l_{i_0j_0}(0)-\Gamma(0)\geqslant r.
\end{aligned}
$$

这意味着

$$
\bar{l}_{i_0j_0}(t_1)=l_{i_0j_0}(t_1-\tau)>r. \tag{6.35}
$$

当 $\theta\in[-\tau,0]$, $j_0\in\mathcal{N}_{i_0}(0)$ 时, 有

$$
\begin{aligned}
l_{i_0j_0}(t_1+\theta) &= |x_{i_0}(t_1+\theta)-x_{j_0}(t_1+\theta)| \\
&\leqslant l_{i_0j_0}(0)+\sqrt{2n}Dg_0K\int_0^\infty \mathrm{e}^{-cs}\mathrm{d}s \\
&= l_{i_0j_0}(0)+\frac{\sqrt{2n}Dg_0K}{c} \\
&< l_{i_0j_0}(0)+\Gamma(0)\leqslant r,
\end{aligned}
$$

即

$$
\bar{l}_{i_0j_0}(t_1)=l_{i_0j_0}(t_1-\tau)<r. \tag{6.36}
$$

显然, 不等式 (6.35) 和 (6.36) 与存在 (i_0,j_0) 使得 $\bar{l}_{i_0j_0}(t_1)=r$ 矛盾. 因此, 有 $t_1=\infty$, 并且 $P(t)\equiv P_0$ $(\forall t)$.

若 $n_0>1$, 不失一般性 (如果需要, 可交换矩阵 P_0 的行, 并重新标记 v_i 的下标), 假设 P_0 为一个分块对角矩阵, 即 $P_0=\text{diag}(Q_1,Q_2,\cdots,Q_{n_0})$. 此时, 考虑如下子系统

$$\dot{V}_i=-\lambda(I-Q_i)V_i(t-\tau),\quad t\in[0,t_1),$$

其中 Q_i 为随机矩阵 $i=1,2,\cdots,n_0$, 其简单特征值为 1.

令

$$\begin{aligned}\mu_{2i}&=\max\{\text{Re}(z):\det((z+\lambda)I-\text{e}^{-z\tau}Q_i)=0,z\neq 1\},\\ N_{\max}^{Q_i}&=\max\{N_k(0):P_0\text{ 的第 }k\text{ 行部分位于 }Q_i\text{ 中}\},\\ N_{\min}^{Q_i}&=\min\{N_k(0):P_0\text{ 的第 }k\text{ 行部分位于 }Q_i\text{ 中}\},\end{aligned}$$

则有

$$\mu_{2i}\leqslant c_1,\quad\sqrt{\frac{N_{\max}^{Q_i}}{N_{\min}^{Q_i}}}\leqslant\sqrt{\frac{N_{\max}}{N_{\min}}}=D.$$

因此

$$\sqrt{2n}\sqrt{\frac{N_{\max}^{Q_i}}{N_{\min}^{Q_i}}}g_{i0}K\leqslant\sqrt{2n}\sqrt{\frac{N_{\max}}{N_{\min}}}g_0K<|c_1|\Gamma(0)\leqslant|\mu_{2i}|\Gamma(0),$$

其中 g_{i0} 为初始值 $g(\theta)$ 的最大分量. 因为 Q_i 的特征值 1 是单的. 类似于 $n_0=1$ 的情形, 可知 $t_1=+\infty$. 继而, 由 (6.34) 式和 $t_1=+\infty$, 有 $\lim\limits_{t\to\infty}V(t+\theta)=V_a(\theta)$. 一方面, 由于 $\dot{u}_i(t)=0$ $(i=1,2,\cdots,n_0)$, $\lim\limits_{t\to\infty}u^*(t)=\mathbf{0}$, 可断定

$$\lim_{t\to\infty}V(t)=T_0\begin{pmatrix}I_{n_0}&\mathbf{0}\\ \mathbf{0}&\mathbf{0}\end{pmatrix}T_0^{-1}V(0):=V_\infty.$$

因此, 由 (6.34) 有

$$\begin{gathered}V_a(\theta)=T_0\begin{pmatrix}I_{n_0}&\mathbf{0}\\ \mathbf{0}&\mathbf{0}\end{pmatrix}T_0^{-1}V(0)=V_\infty,\\ \|V(t)-V_\infty\|\leqslant\sup_{\theta\in[-\tau,0]}\|V(t+\theta)-V_\infty\|\leqslant Dg_0K\text{e}^{-ct}.\end{gathered}$$

当 $n_0 = 1$ 时, V_∞ 的所有分量相同. 于是可得

$$\begin{aligned}\|X(t) - tV_\infty\| &= \left\|X(0) + \int_0^t (V(s) - V_\infty)\mathrm{d}s\right\| \\ &\leqslant \|f(0)\| + Dg_0K\int_0^\infty \mathrm{e}^{-cs}\mathrm{d}s = \|f(0)\| + \frac{Dg_0K}{c}.\end{aligned}$$

因此

$$\begin{aligned}\sup_{t\geqslant 0}|x_i(t) - x_j(t)| &\leqslant \sqrt{2}\|X(t) - tV_\infty\|_2 \leqslant \sqrt{2n}\|X(t) - tV_\infty\| \\ &\leqslant \sqrt{2n}\|f(0)\| + \sqrt{2n}\frac{Dg_0K}{c} < \sqrt{2n}\|f(0)\| + \Gamma(0).\end{aligned}$$

因此当 $n_0 = 1$ 时, 系统 (6.21) 实现了集群.

当 $n_0 > 1$ 时, 由于 T_0 的前 n_0 列是矩阵 $I - P_0$ 的特征向量 $\mathbf{0}$, 根据引理 6.2.2 以及 $L = I - P_0$, 可选取 0-1 向量 $a_1, \cdots, a_{n_0}$ 作为 T_0 的 n_0 列, 即 $T_0 = (a_1, \cdots, a_{n_0}, *)$. 设 s_i 为 $T_0^{-1}V(0)$ 的第 i 个分量, 则

$$\begin{aligned}T_0\begin{pmatrix} I_{n_0} & \mathbf{0} \\ \mathbf{0} & \mathbf{0}\end{pmatrix}T_0^{-1}V(0) &= T_0\begin{pmatrix} I_{n_0} & \mathbf{0} \\ \mathbf{0} & \mathbf{0}\end{pmatrix}\begin{pmatrix} s_1 \\ s_2 \\ \vdots \\ s_N\end{pmatrix} \\ &= s_1 \otimes a_1 + s_2 \otimes a_2 + \cdots + s_{n_0} \otimes a_{n_0}.\end{aligned}$$

由 a_i $(i = 1, 2, \cdots, n_0)$ 为 0-1 向量可知, 向量集合 $\{s_1, s_2, \cdots, s_{n_0}\}$ 中彼此不同的个数将决定系统 (6.21) 的分簇数目. 事实上, 假设向量 $\varphi_1, \varphi_2, \cdots, \varphi_k$ 在 $\{s_1, s_2, \cdots, s_{n_0}\}$ 中彼此不同, 则

$$T_0\begin{pmatrix} I_{n_0} & \mathbf{0} \\ \mathbf{0} & \mathbf{0}\end{pmatrix}T_0^{-1}V(0) = \varphi_1 \otimes \widetilde{a}_1 + \cdots + \varphi_k \otimes \widetilde{a}_k,$$

其中 $\widetilde{a}_1, \cdots, \widetilde{a}_k$ 为 0-1 向量. 令

$$S_j = \{i: \widetilde{a}_j \text{ 的第 } i \text{ 个分量为 } 1\},$$

则 $\bigcup_j S_j = \{1, 2, \cdots, N\}$, $\lim\limits_{t\to\infty} v_i(t) = \varphi_j$ $(i \in S_j)$. 进而由定义 6.2.1 和定义 6.2.2 可知, 若 $k = 1$, 系统 (6.21) 将实现集群. 若 $k > 1$, 系统 (6.21) 实现分簇. □

令

$$V_p(t)=\cos\left(\frac{\pi t}{2\tau}\right)T_0\begin{pmatrix}\mathbf{0}&\mathbf{0}\\\mathbf{0}&I_{p_{m_0}}\end{pmatrix}T_0^{-1}g(0)$$
$$-\sin\left(\frac{\pi t}{2\tau}\right)T_0\begin{pmatrix}\mathbf{0}&\mathbf{0}\\\mathbf{0}&I_{p_{m_0}}\end{pmatrix}T_0^{-1}g(-\tau),\tag{6.37}$$

则有下面结果.

定理 6.2.2 设 1 为矩阵 P_0 的一个 n_0-重特征值, $\lambda\tau(1-\mu_{m_0})=\frac{\pi}{2}$. 假设在定理 6.1.1中对于常数 K, 有

$$\sqrt{2n}D\left(\frac{2\tau}{\pi}\|g(0)\|+\frac{4\tau}{\pi}\|g(-\tau)\|+\frac{g_0K}{|c_1|}\right)<\Gamma(0).$$

则存在 $c\in(0,-c_1)$, 使得系统收敛到周期速度,

$$\lim_{t\to\infty}(V(t)-V_p(t))=V_\infty,$$

且

$$\|V(t)-V_p(t)-V_\infty\|\leqslant Dg_0K\mathrm{e}^{-ct}.$$

特别地, 当 $n_0=1$ 时, 系统将实现周期集群. 当 $n_0>1$ 时, 系统实现周期集群或周期分簇.

证明 首先, 对于 $\lambda\tau(1-\mu_{m_0})=\frac{\pi}{2}$, 方程的特征方程为

$$\dot{u}(t)=-\lambda(1-\mu_{m_0})u(t-\tau).\tag{6.38}$$

此时, 方程 (6.38) 的解为

$$u(t)=\cos\left(\frac{\pi t}{2\tau}\right)u(0)-\sin\left(\frac{\pi t}{2\tau}\right)u(-\tau),\quad t\in(0,t_1).$$

令

$$V_p(t)=\cos\left(\frac{\pi t}{2\tau}\right)T_0\begin{pmatrix}\mathbf{0}&\mathbf{0}\\\mathbf{0}&I_{p_{m_0}}\end{pmatrix}T_0^{-1}g(0)$$
$$-\sin\left(\frac{\pi t}{2\tau}\right)T_0\begin{pmatrix}\mathbf{0}&\mathbf{0}\\\mathbf{0}&I_{p_{m_0}}\end{pmatrix}T_0^{-1}g(-\tau),$$

将对角矩阵 J 改写为

$$J=\begin{pmatrix} I_{n_0} & \mathbf{0} & \mathbf{0} \\ \mathbf{0} & J_p^* & \mathbf{0} \\ \mathbf{0} & \mathbf{0} & \mu_{m_0} I_{p_{m_0}} \end{pmatrix}.$$

类似地, 设 $S_p^*(t)$ 为方程的基本解算子

$$\dot{u}^*=-\lambda\overline{u}^*(t)+\lambda J_p^*\overline{u}^*(t). \tag{6.39}$$

则方程 (6.28) 的解 $V(t)$ 变为

$$V(t+\theta)=V_\infty+V_p(t)+T_0\begin{pmatrix} \mathbf{0} & \mathbf{0} & \mathbf{0} \\ \mathbf{0} & S_p^*(t) & \mathbf{0} \\ \mathbf{0} & \mathbf{0} & \mathbf{0} \end{pmatrix}T_0^{-1}g(\theta), \tag{6.40}$$

$t\in[0,t_1),\theta\in[-\tau,0]$.

考虑方程 (6.39) 的特征方程,

$$\det\left(zI+\lambda \mathrm{e}^{-z\tau}(I-J_p^*)\right)=0.$$

可计算得到

$$h_1(z)=\prod_{i=2}^{m_0-1}\left(z+\lambda(1-\mu_i)\mathrm{e}^{-z\tau}\right)^{p_i}=0. \tag{6.41}$$

因为 $h_1(z)=0$ 的所有根也是 $h_0(z)=0$ 的根, 由引理 6.1.2, 当 $\lambda\tau(1-\mu_{m_0})=\dfrac{\pi}{2}$ 时, 特征方程 (6.41) 的所有根都有负实部.

由于

$$\sqrt{2n}D\left(\frac{2\tau}{\pi}\|g(0)\|+\frac{4\tau}{\pi}\|g(-\tau)\|+\frac{g_0K}{|c_1|}\right)<\Gamma(0),$$

继而根据定理 6.1.1, 存在常数 $K>0$ 和 $c\in(0,-c_1)$, 使得 $\|S_p^*(t)\|\leqslant K\mathrm{e}^{-ct}$ 以及

$$\sqrt{2n}D\left(\frac{2\tau}{\pi}\|g(0)\|+\frac{4\tau}{\pi}\|g(-\tau)\|+\frac{g_0K}{c}\right)<\Gamma(0). \tag{6.42}$$

因此, 有

$$\begin{aligned}\|V(t+\theta)-V_\infty-V_p(t)\|&=\left\|T_0\begin{pmatrix} \mathbf{0} & \mathbf{0} & \mathbf{0} \\ \mathbf{0} & S_p^*(t) & \mathbf{0} \\ \mathbf{0} & \mathbf{0} & \mathbf{0} \end{pmatrix}T_0^{-1}g(\theta)\right\|\\ &\leqslant Dg_0K\mathrm{e}^{-ct}.\end{aligned}$$

这意味着

$$\sup_{\theta\in[-\tau,0]}\|V(t+\theta)-V_\infty-V_p(t)\|\leqslant Dg_0K\mathrm{e}^{-ct},\quad t\in[0,t_1).\tag{6.43}$$

下面证明 $t_1=\infty$. 若 $t_1<\infty$, 则矩阵 $P(t)$ 将在 $t=t_1$ 时改变. 因此存在 (i_0,j_0) 使得

$$\bar{l}_{i_0j_0}(t_1)=|\overline{x}_{i_0}(t_1)-\overline{x}_{j_0}(t_1)|=r.$$

由方程 (6.21) 的第一个等式有 $\dot{x}_{i_0}(t)=v_{i_0}(t)$,

$$x_{i_0}(t)-x_{j_0}(t)=x_{i_0}(0)-x_{j_0}(0)+\int_0^t(v_{i_0}(s)-v_{j_0}(s))\mathrm{d}s.$$

易知

$$\left\|\int_0^t V_p(s)\mathrm{d}s\right\|\leqslant\frac{2\tau}{\pi}D\|g(0)\|+\frac{4\tau}{\pi}D\|g(-\tau)\|.$$

若 $n_0=1$, 由 (6.47) 式可得

$$\begin{aligned}
&\left\|\int_0^t(v_{i_0}(s)-v_{j_0}(s))\mathrm{d}s\right\|\\
\leqslant&\left\|\int_0^t((v_{i_0}(s)-v_{i\infty}-v_{ip}(s))-(v_{j_0}(s)-v_{j\infty}-v_{jp}(s)))\mathrm{d}s\right\|\\
&+\left\|\int_0^t(v_{ip}(s)-v_{jp}(s))\mathrm{d}s\right\|\\
\leqslant&\sqrt{2}\left(\sup_{\theta\in[-\tau,0]}\int_0^t\|V(s+\theta)-V_\infty-V_p(s)\|_2\mathrm{d}s+\left\|\int_0^t V_p(s)\mathrm{d}s\right\|_2\right)\\
\leqslant&\sqrt{2n}\left(\sup_{\theta\in[-\tau,0]}\int_0^t\|V(s+\theta)-V_\infty-V_p(s)\|\mathrm{d}s+\left\|\int_0^t V_p(s)\mathrm{d}s\right\|\right)\\
\leqslant&\sqrt{2n}\left(\frac{2\tau}{\pi}D\|g(0)\|+\frac{4\tau}{\pi}D\|g(-\tau)\|+\frac{Dg_0K}{c}\right),
\end{aligned}$$

其中 $v_{j\infty}$, $v_{jp}(s)$ 分别为 V_∞ 和 $V_p(t)$ 的第 j 个分量. 当 $\theta\in[-\tau,0]$, $j_0\notin\mathcal{N}_{i_0}(0)$

时, 由 (6.42) 式可得

$$\begin{aligned}
l_{i_0j_0}(t_1+\theta) &= \|x_{i_0}(t_1+\theta)-x_{j_0}(t_1+\theta)\| \\
&\geqslant l_{i_0j_0}(0)-\left\|\int_0^t (v_{i_0}(s)-v_{j_0}(s))\mathrm{d}s\right\| \\
&= l_{i_0j_0}(0)-\sqrt{2n}\left(\frac{2\tau}{\pi}D\|g(0)\|+\frac{4\tau}{\pi}D\|g(-\tau)\|+\frac{Dg_0K}{c}\right) \\
&> l_{i_0j_0}(0)-\Gamma(0)\geqslant r,
\end{aligned}$$

即

$$\bar{l}_{i_0j_0}(t_1)=l_{i_0j_0}(t_1-\tau)>r. \tag{6.44}$$

同理, 若 $j_0\in\mathcal{N}_{i_0}(0)$, 则有

$$\begin{aligned}
l_{i_0j_0}(t_1+\theta) &= \|x_{i_0}(t_1+\theta)-x_{j_0}(t_1+\theta)\| \\
&\leqslant l_{i_0j_0}(0)+\left\|\int_0^t (v_{i_0}(s)-v_{j_0}(s))\mathrm{d}s\right\| \\
&= l_{i_0j_0}(0)+\sqrt{2n}D\left(\frac{2\tau}{\pi}\|g(0)\|+\frac{4\tau}{\pi}\|g(-\tau)\|+\frac{g_0K}{c}\right) \\
&< l_{i_0j_0}(0)+\Gamma(0)\leqslant r.
\end{aligned}$$

这意味着

$$\bar{l}_{i_0j_0}(t_1)=l_{i_0j_0}(t_1-\tau)<r. \tag{6.45}$$

显然, 等式 (6.44) 和 (6.45) 与存在 (i_0,j_0) 使得 $\bar{l}_{i_0j_0}(t_1)=r$ 矛盾. 因此 $t_1=\infty$, $P(t)\equiv P_0(\forall t)$.

若 $n_0>1$, 不失一般性 (如果需要, 可交换矩阵 P_0 的行, 并重新标记 v_i 的下标), 假设 P_0 为分块对角矩阵, 即 $P_0=\mathrm{diag}(Q_1,Q_2,\cdots,Q_{n_0})$. 在这种情形下, 给出如下子系统

$$\dot{V}_i=-\lambda(I-Q_i)V_i(t-\tau),\quad t\in[0,t_1),$$

其中 $Q_i(i=1,2,\cdots,n_0)$ 为随机矩阵, 且 1 为简单特征值.

如果 μ_{m_0} 不是 Q_i 的特征值, 则 Q_i 的所有特征值 μ_{Q_i} 满足 $\lambda\tau(1-\mu_{Q_i})<\dfrac{\pi}{2}$. 由定理 6.2.1 和 $\sqrt{2n}Dg_0K<c\Gamma(0)$, 可得 $t_1=\infty$.

若 μ_{m_0} 为 Q_i 的特征值, 则有

$$\sqrt{2n}D\left(\frac{2\tau}{\pi}\|g(0)\|+\frac{4\tau}{\pi}\|g(-\tau)\|+\frac{g_0K}{c}\right)<\Gamma(0),$$

成立. 因此, 可以把它转换为 $n_0=1$ 的情况, 得出 $t_1=\infty$.

由不等式 (6.43), 有

$$\|V(t)-V_\infty-V_p(t)\|\leqslant Dg_0K\mathrm{e}^{-ct},\quad t>0.$$

因此

$$\lim_{t\to\infty}[V(t)-V_p(t)]=V_\infty.$$

当 $n_0=1$ 时, V_∞ 的所有分量相同, 记为 v_∞. 此外, 我们有

$$\begin{aligned}\|X(t)-tV_\infty\|&=\left\|X(0)+\int_0^t(V(s)-V_\infty-V_p(s))\mathrm{d}s+\int_0^tV_p(s)\mathrm{d}s\right\|\\&\leqslant\|f(0)\|+\int_0^t\|V(s)-V_\infty-V_p(s)\|\mathrm{d}s+\left\|\int_0^tV_p(s)\mathrm{d}s\right\|\\&\leqslant\|f(0)\|+Dg_0\int_0^\infty K\mathrm{e}^{-cs}\mathrm{d}s+\left\|\int_0^tV_p(s)\mathrm{d}s\right\|\\&\leqslant\|f(0)\|+\frac{Dg_0K}{c}+\frac{2\tau}{\pi}D\|g(0)\|+\frac{4\tau}{\pi}D\|g(-\tau)\|.\end{aligned}$$

因此

$$\sup_{t\geqslant0}|x_i(t)-x_j(t)|\leqslant\sqrt{2n}C_0,$$

其中

$$C_0=\|f(0)\|+\frac{Dg_0K}{c}+\frac{2\tau}{\pi}D\|g(0)\|+\frac{4\tau}{\pi}D\|g(-\tau)\|.$$

此外, $V_p(t)$ 的所有分量都为具有相同周期的周期函数, 且周期为 4τ,

$$\lim_{t\to\infty}(v_i(t)-v_{ip}(t))=v_\infty.$$

因此, 根据定义 6.1.1, 当 $n_0=1$ 时, 系统 (6.21) 实现了周期集群.

当 $n_0>1$ 时, 与定理 6.2.1 证明中的方法类似, 选择序列向量 $\{\varphi_1,\varphi_2,\cdots,\varphi_k\}$(彼此不同) 使得

$$T_0\begin{pmatrix}I_{n_0}&\mathbf{0}\\\mathbf{0}&\mathbf{0}\end{pmatrix}T_0^{-1}V(0)=\varphi_1\otimes\widetilde{a}_1+\cdots+\varphi_k\otimes\widetilde{a}_k,$$

其中 $\widetilde{a}_1,\cdots,\widetilde{a}_k$ 为 0-1 向量. 令

$$S_j=\{i:\ \widetilde{a}_j \text{ 的第 } i \text{ 个分量为 } 1\},$$

则对任意的 $i\in S_j$, 有 $\bigcup_j S_j=\{1,2,\cdots,N\}$, $\lim\limits_{t\to\infty}(v_i(t)-v_{ip}(t))=\varphi_j$. 根据定义 6.1.1 和定义 6.2.1, 若 $k=1$, 系统 (6.21) 实现周期集群. 若 $k>1$, 系统 (6.21) 实现周期 k-分簇. □

若 $r=+\infty$, 邻接矩阵始终保持不变且 $P_0=\dfrac{1}{N}\mathbf{1}_{N\times N}$. 在这种情况下, 可知特征值 1 为单根, $\mu_2=0$ 为 $(N-1)$-重特征值. 由定理 6.2.1 和定理 6.2.2, 可得到下面推论. 若 $r=+\infty$, $0\leqslant\lambda\tau<\dfrac{\pi}{2}$, 系统 (6.21) 实现集群

$$\lim_{t\to\infty}V(t)=T_0\begin{pmatrix}1&\mathbf{0}\\ \mathbf{0}&\mathbf{0}\end{pmatrix}T_0^{-1}V(0).$$

若 $r=+\infty$ 并且 $\lambda\tau=\dfrac{\pi}{2}$, 系统 (6.21) 将出现周期性集群现象, 即

$$\lim_{t\to\infty}[V(t)-V_{p0}(t)]=T_0\begin{pmatrix}1&\mathbf{0}\\ \mathbf{0}&\mathbf{0}\end{pmatrix}T_0^{-1}V(0),$$

其中

$$\begin{aligned}V_{p0}(t)=&\ \cos(\lambda t)T_0\begin{pmatrix}0&\mathbf{0}\\ \mathbf{0}&I_{N-1}\end{pmatrix}T_0^{-1}g(0)\\ &-\sin(\lambda t)T_0\begin{pmatrix}0&\mathbf{0}\\ \mathbf{0}&I_{N-1}\end{pmatrix}T_0^{-1}g(-\tau).\end{aligned}$$

为了更好地理解一般情况下系统 (6.21) 的动力学, 下面假设邻接矩阵不会频繁和剧烈地变化, 并考虑以下假设.

(A_1) 存在正常数 δ,γ 以及序列 $t_n^*\in(t_n,t_{n+1})$, 使得对任意的 n, 有

$$t_{n+1}-t_n\geqslant\delta,\quad t_{n+1}-t_n^*\geqslant\tau,\quad \Gamma(t_n^*)\geqslant\gamma.$$

(A_2) 假设振幅 $\|P(t)-P_0\|$ 关于 t 一致有界. 令 $\eta=\sup\limits_{t\geqslant 0}\|P(t)-P_0\|$.

定理 6.2.3 设 1 为矩阵 P_0 的一个 n_0-重特征值. 假设在引理 6.1.2 中对于常数 K, 有 (A_1)-(A_2) 以及

$$0\leqslant\lambda\tau(1-\mu_{m_0})<\frac{\pi}{2},\quad \lambda\eta DK<|c_1|$$

成立. 则存在常数 Q 和 $c\in(\lambda\eta DK,-c_1)$, 使得系统收敛

$$\lim_{t\to\infty}V(t)=V_\infty+\lambda W_\infty,$$

且

$$\|V(t)-V_\infty-\lambda W_\infty\|\leqslant Q\mathrm{e}^{-(c-\lambda\eta DK)t},$$

其中 W_∞ 和 Q 分别定义为

$$W_\infty=\lim_{t\to\infty}\int_0^t T_0\begin{pmatrix} I_{n_0} & \mathbf{0}\\ \mathbf{0} & \mathbf{0}\end{pmatrix}T_0^{-1}(\overline{P}(s)-P_0)\overline{V}(s)\mathrm{d}s,$$

$$Q=KDg_0+\frac{\eta KD^2g_0}{c-\lambda\eta DK}.$$

特别地, 当 $n_0=1$ 时, 系统实现集群; 当 $n_0>1$ 时, 系统实现集群或分簇.

证明 在一般情况下, 邻接矩阵有时会发生变化. 为了给出系统的集群行为, 系统 (6.21) 在 $[0,t_1)$ 上可改写为

$$\begin{cases}\dot{X}=V(t),\\ \dot{V}=-\lambda(I-P_0)\overline{V}(t)+\lambda(\overline{P}(t)-P_0)\overline{V}(t),\\ X(\theta)=f(\theta),\ V(\theta)=g(\theta),\quad \theta\in[-\tau,0],\end{cases}\tag{6.46}$$

其中 $\overline{P}(t)=P(t-\tau)$, $\overline{V}(t)=V(t-\tau)$. 设 $S^*(t)$ 为方程 (6.29) 的基本解算子, 则齐次系统 (6.28) 的基本解为

$$T_0\begin{pmatrix} I_{n_0} & \mathbf{0}\\ \mathbf{0} & S^*(t)\end{pmatrix}T_0^{-1}g(\theta).$$

进而, 由常数变分公式可得 (6.46) 的通解如下

$$\begin{aligned}V(t+\theta)={}&T_0\begin{pmatrix} I_{n_0} & \mathbf{0}\\ \mathbf{0} & S^*(t)\end{pmatrix}T_0^{-1}g(\theta)\\ &+\lambda\int_0^t T_0\begin{pmatrix} I_{n_0} & \mathbf{0}\\ \mathbf{0} & S^*(t-s)\end{pmatrix}T_0^{-1}(\overline{P}(s)-P_0)\overline{V}(s)\mathrm{d}s.\end{aligned}$$

取

$$\begin{aligned}\hat{V}(t+\theta)={}&T_0\begin{pmatrix} I_{n_0} & \mathbf{0}\\ \mathbf{0} & \mathbf{0}\end{pmatrix}T_0^{-1}g(\theta)\\ &+\lambda\int_0^t T_0\begin{pmatrix} I_{n_0} & \mathbf{0}\\ \mathbf{0} & \mathbf{0}\end{pmatrix}T_0^{-1}(\overline{P}(s)-P_0)\overline{V}(s)\mathrm{d}s,\end{aligned}$$

并利用

$$T_0 \begin{pmatrix} \mathbf{0} & \mathbf{0} \\ \mathbf{0} & S^*(t-s) \end{pmatrix} T_0^{-1}(\overline{P}(s) - P_0)\hat{V}(s) = \mathbf{0},$$

可得

$$V(t+\theta) - \hat{V}(t+\theta) = T_0 \begin{pmatrix} \mathbf{0} & \mathbf{0} \\ \mathbf{0} & S^*(t) \end{pmatrix} T_0^{-1} g(\theta) + q(t),$$

其中

$$q(t) = \lambda \int_0^t T_0 \begin{pmatrix} \mathbf{0} & \mathbf{0} \\ \mathbf{0} & S^*(t-s) \end{pmatrix} T_0^{-1}(\overline{P}(s) - P_0)(\overline{V}(s) - \hat{V}(s))\mathrm{d}s.$$

由引理 6.1.1 可知, 存在常数 $K > 0$ 和 $c \in (\lambda\eta DK, -c_1)$, 使得

$$\|S^*(t)\| \leqslant K\mathrm{e}^{-ct}.$$

因此, 由假设 (A_2) 可得

$$\begin{aligned} &\sup_{\theta\in[-\tau,0]} \|V(t+\theta) - \hat{V}(t+\theta)\| \\ &\leqslant DKg_0\mathrm{e}^{-ct} + \lambda\eta DK \int_0^t \mathrm{e}^{-c(t-s)} \sup_{\theta\in[-\tau,0]} \|V(s+\theta) - \hat{V}(s+\theta)\|\mathrm{d}s. \end{aligned}$$

则

$$\begin{aligned} &\mathrm{e}^{ct} \sup_{\theta\in[-\tau,0]} \|V(t+\theta) - \hat{V}(t+\theta)\| \\ &\leqslant DKg_0 + \lambda\eta DK \int_0^t \mathrm{e}^{cs} \sup_{\theta\in[-\tau,0]} \|V(s+\theta) - \hat{V}(s+\theta)\|\mathrm{d}s. \end{aligned}$$

基于 Gronwall 不等式, 求解上述不等式, 得到

$$\sup_{\theta\in[-\tau,0]} \|V(t+\theta) - \hat{V}(t+\theta)\| \leqslant KDg_0\mathrm{e}^{-(c-\lambda\eta DK)t}. \tag{6.47}$$

由 $\lambda\eta DK < c$ 可知, 存在正整数 k_1, 使得

$$\sqrt{2n}KDg_0\mathrm{e}^{-(c-\lambda\eta DK)k_1\delta} < (c - \lambda\eta DK)\gamma.$$

接下来证明 $t_{k_1+1}=\infty$. 若 $t_{k_1+1}<\infty$, 则存在 (i_0,j_0) 使得 $\bar{l}_{i_0j_0}(t_{k_1+1})=r$. 根据假设 (A_1), 存在常数 δ, γ 和 $t^*_{k_1}\in(t_{k_1},t_{k_1+1})$, 使得

$$t_{k_1+1}-t_{k_1}\geqslant\delta,\quad k_1+1-t^*_{k_1}\geqslant\tau,\quad \Gamma(t^*_{k_1})\geqslant\gamma.$$

若 $n_0=1$, 对任意的 $\theta\in[-\tau,0]$, $j_0\notin\mathcal{N}_{i_0}(t^*_{k_1})$, 有

$$\begin{aligned}
l_{i_0j_0}(t_{k_1+1}+\theta)&=|x_{i_0}(t_{k_1+1}+\theta)-x_{j_0}(t_{k_1+1}+\theta)|\\
&\geqslant l_{i_0j_0}(t^*_{k_1})-\sqrt{2n}KDg_0\int_{t^*_{k_1}}^{\infty}\mathrm{e}^{-(c-\lambda\eta DK)s}\mathrm{d}s\\
&\geqslant l_{i_0j_0}(t^*_{k_1})-\sqrt{2n}KDg_0\int_{k_1\delta}^{\infty}\mathrm{e}^{-(c-\lambda\eta DK)s}\mathrm{d}s\\
&=l_{i_0j_0}(t^*_{k_1})-\frac{\sqrt{2n}KDg_0}{c-\lambda\eta DK}\mathrm{e}^{-(c-\lambda\eta DK)k_1\delta}\\
&>l_{i_0j_0}(t^*_{k_1})-\gamma\geqslant l_{i_0j_0}(t^*_{k_1})-\Gamma(t^*_{k_1})\geqslant r,
\end{aligned}$$

因此, 有

$$\bar{l}_{i_0j_0}(t_{k_1+1})=l_{i_0j_0}(t_{k_1+1}-\tau)>r. \tag{6.48}$$

同理, 若 $j_0\in\mathcal{N}_{i_0}(t^*_{k_1})$, 有

$$\begin{aligned}
l_{i_0j_0}(t_{k_1+1}+\theta)&=|x_{i_0}(t_{k_1+1}+\theta)+x_{j_0}(t_{k_1+1}+\theta)|\\
&\leqslant l_{i_0j_0}(t^*_{k_1})+\sqrt{2n}KDg_0\int_{t^*_{k_1}}^{\infty}\mathrm{e}^{-(c-\lambda\eta DK)s}\mathrm{d}s\\
&\leqslant l_{i_0j_0}(t^*_{k_1})+\sqrt{2n}KDg_0\int_{k_1\delta}^{\infty}\mathrm{e}^{-(c-\lambda\eta DK)s}\mathrm{d}s\\
&=l_{i_0j_0}(t^*_{k_1})+\frac{\sqrt{2n}KDg_0}{c-\lambda\eta DK}\mathrm{e}^{-(c-\lambda\eta DK)k_1\delta}\\
&<l_{i_0j_0}(t^*_{k_1})+\gamma\leqslant l_{i_0j_0}(t^*_{k_1})+\Gamma(t^*_{k_1})\leqslant r,
\end{aligned}$$

即

$$\bar{l}_{i_0j_0}(t_{k_1+1})=l_{i_0j_0}(t_{k_1+1}-\tau)<r. \tag{6.49}$$

显然, 不等式 (6.48) 和 (6.49) 与存在 (i_0,j_0) 使得 $\bar{l}_{i_0j_0}(t_{k_1+1})=r$ 矛盾. 因此, $t_{k_1+1}=\infty$, $P(t)\equiv P_{k_1}(t>t_{k_1})$.

若 $n_0 > 1$, 利用定理 6.2.1 证明中的类似论证可得 $t_{k_1+1} = \infty$. 进而根据定理 6.2.1, 有

$$\lim_{t\to\infty} T_0 \begin{pmatrix} I_{n_0} & \mathbf{0} \\ \mathbf{0} & S^*(t) \end{pmatrix} T_0^{-1} g(\theta) = V_\infty,$$

对于 $\theta \in [-\tau, 0]$ 一致成立. 基于 $\begin{pmatrix} I_{n_0} & \mathbf{0} \\ \mathbf{0} & \mathbf{0} \end{pmatrix} (\overline{P}(s) - P_0)\hat{V}(s) = \mathbf{0}$, 可得

$$\begin{aligned} & \left\| \int_0^t T_0 \begin{pmatrix} I_{n_0} & \mathbf{0} \\ \mathbf{0} & \mathbf{0} \end{pmatrix} T_0^{-1} (\overline{P}(s) - P_0) \overline{V}(s) \mathrm{d}s \right\| \\ = & \left\| \int_0^t T_0 \begin{pmatrix} I_{n_0} & \mathbf{0} \\ \mathbf{0} & \mathbf{0} \end{pmatrix} T_0^{-1} (\overline{P}(s) - P_0)(\overline{V}(s) - \hat{V}(s)) \mathrm{d}s \right\| \\ \leqslant & \ \eta K D^2 g_0 \int_0^t \mathrm{e}^{-(c - \lambda\eta DK)s} \mathrm{d}s < \frac{\eta K D^2 g_0}{c - \lambda\eta DK} < \infty. \end{aligned}$$

继而, 可知如下极限存在,

$$\lim_{t\to\infty} \int_0^t T_0 \begin{pmatrix} I_{n_0} & \mathbf{0} \\ \mathbf{0} & \mathbf{0} \end{pmatrix} T_0^{-1} (\overline{P}(s) - P_0) \overline{V}(s) \mathrm{d}s, \tag{6.50}$$

记为 W_∞. 因此有

$$\lim_{t\to\infty} \hat{V}(t) = V_\infty + \lambda W_\infty.$$

进而结合

$$\begin{aligned} & \|\hat{V}(t) - V_\infty - \lambda W_\infty\| \\ = & \left\| \int_0^t T_0 \begin{pmatrix} I_{n_0} & \mathbf{0} \\ \mathbf{0} & \mathbf{0} \end{pmatrix} T_0^{-1} (\overline{P}(s) - P_0)(\overline{V}(s) - \hat{V}(s)) \mathrm{d}s \right\| \\ \leqslant & \ \frac{\eta K D^2 g_0}{c - \lambda\eta DK} \mathrm{e}^{-(c - \eta D\lambda K)t}, \end{aligned}$$

可推出

$$\lim_{t\to\infty} V(t) = V_\infty + \lambda W_\infty,$$

$$\|V(t) - V_\infty - \lambda W_\infty\| \leqslant Q\mathrm{e}^{-(c - \eta D\lambda K)t},$$

其中

$$Q = KDg_0 + \frac{\eta KD^2 g_0}{c - \lambda\eta DK}. \tag{6.51}$$

类似于定理 6.2.1 的证明, 可得当 $n_0 = 1$ 时系统实现集群, 当 $n_0 > 1$ 时系统实现周期集群或分簇. □

定理 6.2.4 设 1 为矩阵 P_0 的一个 n_0-重特征值. 假设在定理 6.1.1 中对于常数 K, 有 (A_1)-(A_2) 以及

$$\lambda\tau(1-\mu_{m_0}) = \frac{\pi}{2}, \quad \lambda\eta DK < |c_1|$$

成立. 则存在常数 $c \in (\lambda\eta DK, -c_1)$, 使得系统收敛到周期速度

$$\lim_{t\to\infty}(V(t) - V_p(t)) = V_\infty + \lambda W_{p\infty},$$

其中 $W_{p\infty}$ 由 (6.53) 式给出. 特别地, 当 $n_0 = 1$ 时, 系统实现周期集群. 当 $n_0 > 1$ 时, 系统实现周期集群或者多个周期集群.

证明 对于 $\lambda\tau(1-\mu_{m_0}) = \dfrac{\pi}{2}$, 方程

$$u(t) = \cos\left(\frac{\pi t}{2\tau}\right)u(0) - \sin\left(\frac{\pi t}{2\tau}\right)u(-\tau), \quad t \in (0, t_1)$$

的解可写为

$$\dot{u}(t) = -\lambda(1-\mu_{m_0})u(t-\tau).$$

定义如下解算子

$$S_0(t)\phi(\theta) = \cos\left(\frac{\pi t}{2\tau}\right)\phi(0) - \sin\left(\frac{\pi t}{2\tau}\right)\phi(-\tau),$$

则周期 $V_p(t)$ 可写为

$$\begin{aligned}
V_p(t) &= T_0\begin{pmatrix} \mathbf{0} & \mathbf{0} \\ \mathbf{0} & S_0(t)I_{p_{m_0}} \end{pmatrix} T_0^{-1}g(\theta) \\
&= \cos\left(\frac{\pi t}{2\tau}\right)T_0\begin{pmatrix} \mathbf{0} & \mathbf{0} \\ \mathbf{0} & I_{p_{m_0}} \end{pmatrix} T_0^{-1}g(0) \\
&\quad - \sin\left(\frac{\pi t}{2\tau}\right)T_0\begin{pmatrix} \mathbf{0} & \mathbf{0} \\ \mathbf{0} & I_{p_{m_0}} \end{pmatrix} T_0^{-1}g(-\tau).
\end{aligned}$$

令 $S_p^*(t)$ 为方程

$$\dot{u}^* = -\lambda\overline{u}^*(t) + \lambda J_p^*\overline{u}^*(t)$$

的基本解算子. 因此

$$T_0\begin{pmatrix} I_{n_0} & \mathbf{0} & \mathbf{0} \\ \mathbf{0} & S_p^*(t) & \mathbf{0} \\ \mathbf{0} & \mathbf{0} & S_0(t)I_{p_{m_0}} \end{pmatrix} T_0^{-1}g(\theta)$$

是齐次方程组 (6.28) 的基本解. 运用常数变分公式可得方程 (6.46) 的通解为

$$\begin{aligned} V(t+\theta) = {} & T_0\begin{pmatrix} I_{n_0} & \mathbf{0} & \mathbf{0} \\ \mathbf{0} & S_p^*(t) & \mathbf{0} \\ \mathbf{0} & \mathbf{0} & S_0(t)I_{p_{m_0}} \end{pmatrix} T_0^{-1}g(\theta) \\ & + \lambda\int_0^t T_0 Q(t,s)T_0^{-1}(\overline{P}(s)-P_0)\overline{V}(s)\mathrm{d}s, \end{aligned}$$

其中

$$Q(t,s) = \begin{pmatrix} I_{n_0} & \mathbf{0} & \mathbf{0} \\ \mathbf{0} & S_p^*(t-s) & \mathbf{0} \\ \mathbf{0} & \mathbf{0} & S_0(t-s)I_{p_{m_0}} \end{pmatrix}.$$

选取

$$\begin{aligned} \widetilde{V}(t+\theta) = {} & T_0\begin{pmatrix} I_{n_0} & \mathbf{0} & \mathbf{0} \\ \mathbf{0} & \mathbf{0} & \mathbf{0} \\ \mathbf{0} & \mathbf{0} & S_0(t)I_{p_{m_0}} \end{pmatrix} T_0^{-1}g(\theta) \\ & + \lambda\int_0^t T_0\begin{pmatrix} I_{n_0} & \mathbf{0} & \mathbf{0} \\ \mathbf{0} & \mathbf{0} & \mathbf{0} \\ \mathbf{0} & \mathbf{0} & S_0(t-s)I_{p_{m_0}} \end{pmatrix} T_0^{-1}(\overline{P}(s)-P_0)\overline{V}(s)\mathrm{d}s, \end{aligned}$$

并运用

$$\begin{pmatrix} \mathbf{0} & \mathbf{0} & \mathbf{0} \\ \mathbf{0} & S_p^*(t-s) & \mathbf{0} \\ \mathbf{0} & \mathbf{0} & \mathbf{0} \end{pmatrix} T_0^{-1}(\overline{P}(s)-P_0)\widetilde{V}(s) = \mathbf{0},$$

可得

$$
\begin{aligned}
&V(t+\theta)-\widetilde{V}(t+\theta)\\
&=\overline{T}+\lambda\int_0^t T_0\begin{pmatrix}\mathbf{0}&\mathbf{0}&\mathbf{0}\\\mathbf{0}&S_p^*(t-s)&\mathbf{0}\\\mathbf{0}&\mathbf{0}&\mathbf{0}\end{pmatrix}T_0^{-1}(\overline{P}(s)-P_0)\overline{V}(s)\mathrm{d}s\\
&=\overline{T}+\lambda\int_0^t T_0\begin{pmatrix}\mathbf{0}&\mathbf{0}&\mathbf{0}\\\mathbf{0}&S_p^*(t-s)&\mathbf{0}\\\mathbf{0}&\mathbf{0}&\mathbf{0}\end{pmatrix}T_0^{-1}(\overline{P}(s)-P_0)(\overline{V}(s)-\widetilde{V}(s))\mathrm{d}s,
\end{aligned}
$$

其中

$$
\overline{T}=T_0\begin{pmatrix}\mathbf{0}&\mathbf{0}&\mathbf{0}\\\mathbf{0}&S_p^*(t)&\mathbf{0}\\\mathbf{0}&\mathbf{0}&\mathbf{0}\end{pmatrix}T_0^{-1}g(\theta).
$$

由引理 6.1.1 可知, 存在常数 $K>0$ 和 $c\in(\lambda\eta DK,-c_1)$ 使得

$$
\|S_p^*(t)\|\leqslant K\mathrm{e}^{-ct}.
$$

因此, 有

$$
\begin{aligned}
&\sup_{\theta\in[-\tau,0]}\|V(t+\theta)-\widetilde{V}(t+\theta)\|\\
&\leqslant DKg_0\mathrm{e}^{-ct}+\lambda\eta DK\int_0^t\mathrm{e}^{-c(t-s)}\sup_{\theta\in[-\tau,0]}\|V(s+\theta)-\widetilde{V}(s+\theta)\|\mathrm{d}s.
\end{aligned}
$$

故

$$
\begin{aligned}
&\mathrm{e}^{ct}\sup_{\theta\in[-\tau,0]}\|V(t+\theta)-\widetilde{V}(t+\theta)\|\\
&\leqslant DKg_0+\lambda\eta DK\int_0^t\mathrm{e}^{cs}\sup_{\theta\in[-\tau,0]}\|V(s+\theta)-\widetilde{V}(s+\theta)\|\mathrm{d}s.
\end{aligned}
$$

由 Gronwall 不等式可得

$$
\sup_{\theta\in[-\tau,0]}\|V(t+\theta)-\widetilde{V}(t+\theta)\|\leqslant KDg_0\mathrm{e}^{-(c-\lambda\eta DK)t}, \tag{6.52}
$$

即

$$
\|V(t)-\widetilde{V}(t)\|\leqslant KDg_0\mathrm{e}^{-(c-\lambda\eta DK)t}.
$$

由 $\lambda\eta DK < c$ 可知, 存在正整数 k_2 使得

$$\sqrt{2n}KDg_0\mathrm{e}^{-(c-\lambda\eta DK)k_2\delta} < (c-\lambda\eta DK)\gamma,$$

其中 δ 和 γ 由假设 (A_1) 给出. 类似于定理 6.2.3 的证明, 可得 $t_{k_2+1}=\infty$. 继而, 由定理 6.2.2 可知

$$\lim_{t\to\infty}\left[T_0\begin{pmatrix} I_{n_0} & \mathbf{0} & \mathbf{0} \\ \mathbf{0} & S_p^*(t) & \mathbf{0} \\ \mathbf{0} & \mathbf{0} & S_0(t)I_{p_{m_0}} \end{pmatrix}T_0^{-1}g(\theta)-V_p(t)\right]=V_\infty,$$

对 $\theta\in[-\tau,0]$ 一致成立. 而解算子 $\|S_0(t-s)\|$ 有界, 记为 M_0, 因此可得

$$\begin{aligned}
&\left\|\int_0^t T_0\begin{pmatrix} I_{n_0} & \mathbf{0} & \mathbf{0} \\ \mathbf{0} & \mathbf{0} & \mathbf{0} \\ \mathbf{0} & \mathbf{0} & S_0(t-s)I_{p_{m_0}} \end{pmatrix}T_0^{-1}(\overline{P}(s)-P_0)\overline{V}(s)\mathrm{d}s\right\| \\
=&\left\|\int_0^t T_0\begin{pmatrix} I_{n_0} & \mathbf{0} & \mathbf{0} \\ \mathbf{0} & \mathbf{0} & \mathbf{0} \\ \mathbf{0} & \mathbf{0} & S_0(t-s)I_{p_{m_0}} \end{pmatrix}T_0^{-1}(\overline{P}(s)-P_0)(\overline{V}(s)-\widetilde{V}(s))\mathrm{d}s\right\| \\
\leqslant&\ \eta KM_0\frac{N_{\max}}{N_{\min}}g_0\int_0^t\mathrm{e}^{-(c-\lambda\eta DK)s}\mathrm{d}s<\frac{\eta KM_0\dfrac{N_{\max}}{N_{\min}}g_0}{c-\lambda\eta DK}<\infty.
\end{aligned}$$

因此极限

$$\lim_{t\to\infty}\int_0^t T_0\begin{pmatrix} I_{n_0} & \mathbf{0} & \mathbf{0} \\ \mathbf{0} & \mathbf{0} & \mathbf{0} \\ \mathbf{0} & \mathbf{0} & S_0(t-s)I_{p_{m_0}} \end{pmatrix}T_0^{-1}(\overline{P}(s)-P_0)\overline{V}(s)\mathrm{d}s \tag{6.53}$$

存在, 记作 $W_{p\infty}$. 故

$$\lim_{t\to\infty}(\widetilde{V}(t)-V_p(t))=V_\infty+\lambda W_{p\infty}.$$

结合上面的不等式和 (6.52) 式, 可得

$$\lim_{t\to\infty}(V(t)-V_p(t))=V_\infty+\lambda W_{p\infty}.$$

类似于定理 6.2.2 的证明可得, 当 $n_0 = 1$ 时, 系统实现周期集群; 当 $n_0 > 1$ 时, 系统实现周期集群或周期分簇. □

注 6.2.1 接下来指出最终的值 $T_0\begin{pmatrix} I_{n_0} & \mathbf{0} \\ \mathbf{0} & \mathbf{0} \end{pmatrix}T_0^{-1}V(0)$ 不依赖于 T_0 的选择.

选取 $T_0=(c_1,\cdots,c_{n_0},*)$, $T_0^{-1}=\left(r_1^{\mathrm{T}},\cdots,r_{n_0}^{\mathrm{T}},*\right)^{\mathrm{T}}$, 则 $r_ic_i=1(i=1,2,\cdots,n_0)$. 如果选择 k_ic_i $(k_i\neq 0)$ 作为 T_0 的第 i 列, 则 T_0^{-1} 的第 i 行变为 $\dfrac{1}{k_i}r_i$, 进而有

$$
\begin{aligned}
&T_0\begin{pmatrix} I_{n_0} & \mathbf{0} \\ \mathbf{0} & \mathbf{0} \end{pmatrix}T_0^{-1}V(0) \\
&= T_0\begin{pmatrix} I_{n_0} & \mathbf{0} \\ \mathbf{0} & \mathbf{0} \end{pmatrix}\begin{pmatrix} \dfrac{1}{k_1}r_1V(0) \\ \dfrac{1}{k_2}r_2V(0) \\ \vdots \\ * \end{pmatrix} \\
&= \left(\frac{1}{k_1}r_1V(0)\right)\otimes(k_1c_1)+\cdots+\left(\frac{1}{k_{n_0}}r_{n_0}V(0)\right)\otimes(k_{n_0}c_{n_0}) \\
&= (r_1V(0))\otimes c_1+\cdots+(r_{n_0}V(0))\otimes c_{n_0},
\end{aligned}
$$

其中 $\otimes$ 为 Kronecker 积. 因此, 最终的值不依赖于 T_0 的选择.

此外, 若 $\tau=0$, 则 $c_1=-\lambda(1-\mu_2)$, 其中 μ_2 为 P_0 的第二最大特征值. 此时, 文献 [257] 中的定理 6.1.2 为定理 6.2.1 的特例.

注 6.2.2 对于均匀分布的情况, 分布函数为 $\varphi(s)\equiv\dfrac{1}{\tau}$. 通过直接计算, 可得到 $k^*=\dfrac{\pi^2}{2}$, $y_{im}=\dfrac{\pi}{\tau}$. 表 6.1 列出了典型分布的 k^* 和 y_{im} 的值.

注 6.2.3 在平均的意义下, 更好地理解定理 6.2.2 中的周期集群和周期分簇现象. 事实上, $V_p(t)$ 的每个分量都是 4τ-周期的. 因此,

$$
\lim_{t\to\infty}\frac{1}{4\tau}\int_t^{t+4\tau}V(s)\mathrm{d}s=\lim_{t\to\infty}\frac{1}{4\tau}\int_t^{t+4\tau}(V(s)-V_p(s))\mathrm{d}s=V_\infty.
$$

虽然每个 v_i 的最终振幅不同, 但其系统的平均将实现集群或分簇行为.

表 6.1 特殊情形下, k^* 和 y_{im} 的值

例子	k^*	y_{im}	分布
$\varphi(s)=\tau^{-1}$	$\dfrac{\pi^2}{2}$	$\dfrac{\pi}{\tau}$	均匀分布
$\varphi(s)=\alpha e^{\alpha\tau}(e^{\alpha\tau}-1)^{-1}e^{\alpha s}(\alpha=2,\tau=1)$	116.7278	16.8680	指数分布
$\varphi(s)=\dfrac{\alpha^2e^{\alpha\tau}}{e^{\alpha\tau}-\alpha\tau-1}\|s\|e^{\alpha s}(\alpha=2,\tau=1)$	3.8152	2.8801	特殊的 γ 分布
$\varphi(s)=\dfrac{\alpha^3e^{\alpha\tau}}{2e^{\alpha\tau}-(\alpha\tau+1)^2-1}s^2e^{\alpha s}(\alpha=2,\tau=1)$	2.7019	2.3530	特殊的 γ 分布
$\varphi(s)=\begin{cases}0, & s\in(-\tau,0],\\ 1, & s=-\tau\end{cases}$ (离散时滞)	$\dfrac{\pi}{2}$	$\dfrac{\pi}{2\tau}$	伯努利分布

6.2.3 仿真验证

考虑系统(6.21)有 10 个节点. 它们的初速度如表 6.2 所示, 其中数值在 (0, 10) 中随机选择.

表 6.2 初始速度 $x_i(\theta)(i=1,2,\cdots,N)$, $\theta\in[-\tau,0]$

$x_1(\theta)$	$x_2(\theta)$	$x_3(\theta)$	$x_4(\theta)$	$x_5(\theta)$	$x_6(\theta)$	$x_7(\theta)$	$x_8(\theta)$	$x_9(\theta)$	$x_{10}(\theta)$
7.0605	0.3183	2.7692	0.4617	0.9713	8.2346	6.9483	6.2.1710	9.5022	0.3445

情形一 $A=(a_{ij})_{N\times N}$ 满足 $a_{ij}=1\ (j\neq i)$, $a_{ii}=0$, 则 $\widetilde{A}=(\widetilde{a}_{ij})_{N\times N}$ 满足 $\widetilde{a}_{ij}=\dfrac{1}{N(N-1)}\ (j\neq i)$, $\widetilde{a}_{ii}=\dfrac{N-1}{N}$. 直接计算可知

$$|\mu I-\widetilde{A}|=(\mu-1)\left[\mu-\frac{(N-1)^2-1}{N(N-1)}\right]^{N-1}.$$

取 $N=10$, 可知 $\mu_1=1\ (n_0=p_1=1)$, $\mu_2=\dfrac{8}{9}\ (p_2=9)$. 情形一的数值模拟如表 6.3 所示, 不同分布类型的数值仿真图依次参见图 6.1 至图 6.5.

表 6.3 情形一的数值模拟

分布类型	$\widetilde{\lambda}$	τ	结果
均匀分布	$9\pi^2$	0.3	一致
	$9\pi^2$	0.5	周期一致
指数分布	270	1	一致
	1050.5502	1	周期一致
γ 分布 1	13.5	1	一致
	34.3368	1	周期一致
γ 分布 2	9	1	一致
	24.3171	1	周期一致

续表

分布类型	$\widetilde{\lambda}$	τ	结果
伯努利分布	9π	0.3	一致
	9π	0.5	周期一致

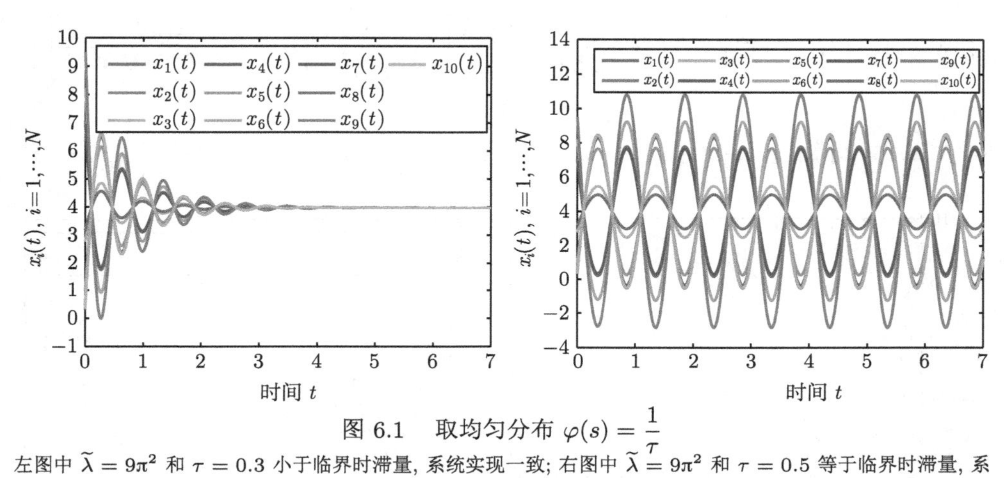

图 6.1 取均匀分布 $\varphi(s)=\dfrac{1}{\tau}$

左图中 $\widetilde{\lambda}=9\pi^2$ 和 $\tau=0.3$ 小于临界时滞量, 系统实现一致; 右图中 $\widetilde{\lambda}=9\pi^2$ 和 $\tau=0.5$ 等于临界时滞量, 系统实现周期一致

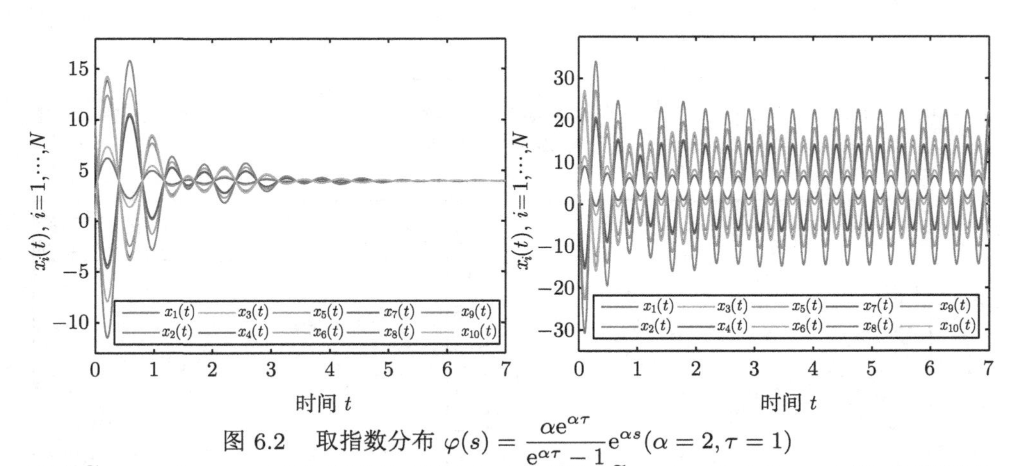

图 6.2 取指数分布 $\varphi(s)=\dfrac{\alpha e^{\alpha\tau}}{e^{\alpha\tau}-1}e^{\alpha s}(\alpha=2,\tau=1)$

左图中 $\widetilde{\lambda}=270$ 和 $\tau=1$ 小于临界时滞量, 系统实现一致; 右图中 $\widetilde{\lambda}=1050.5502$ 和 $\tau=1$ 等于临界时滞量, 系统实现周期一致

情形二 $A=\begin{pmatrix} A_1 & \mathbf{0} \\ \mathbf{0} & A_2 \end{pmatrix}_{2N\times 2N}$, 其中 $A_1=(a_{ij}^{(1)})_{N\times N}$ 满足 $a_{ij}^{(1)}=1\ (j\neq i)$, $a_{ii}^{(1)}=0$; $A_2=(a_{ij}^{(2)})_{N\times N}$ 满足 $a_{ij}^{(2)}=1\ (j>i)$, $a_{ii}^{(2)}=0$. 则 $\widetilde{A}=(\widetilde{a}_{ij})_{2N\times 2N}$

满足 $\widetilde{a}_{ij} = \dfrac{2}{3N(N-1)}$ $(j \neq i)$, $\widetilde{a}_{ii} = 1 - \dfrac{2}{3N}(i = 1, 2, \cdots, N)$, $\widetilde{a}_{ii} = 1 - \dfrac{2(2N-i)}{3N(N-1)}$ $(i = N+1, N+2, \cdots, 2N)$. 直接计算可知

$$|\mu I - \widetilde{A}| = (\mu - 1)^2 \left[\mu - 1 + \frac{2(N-1)+2}{3N(N-1)}\right]^{N-1} \prod_{i=N+1}^{2N} \left[\mu - 1 + \frac{2(2N-i)}{3N(N-1)}\right].$$

取 $N = 5$, 可知 $\mu_1 = 1$ $(n_0 = p_1 = 2)$, $\mu_2 = \dfrac{29}{30}$ $(p_2 = 1)$, $\mu_3 = \dfrac{14}{15}$ $(p_3 = 1)$,

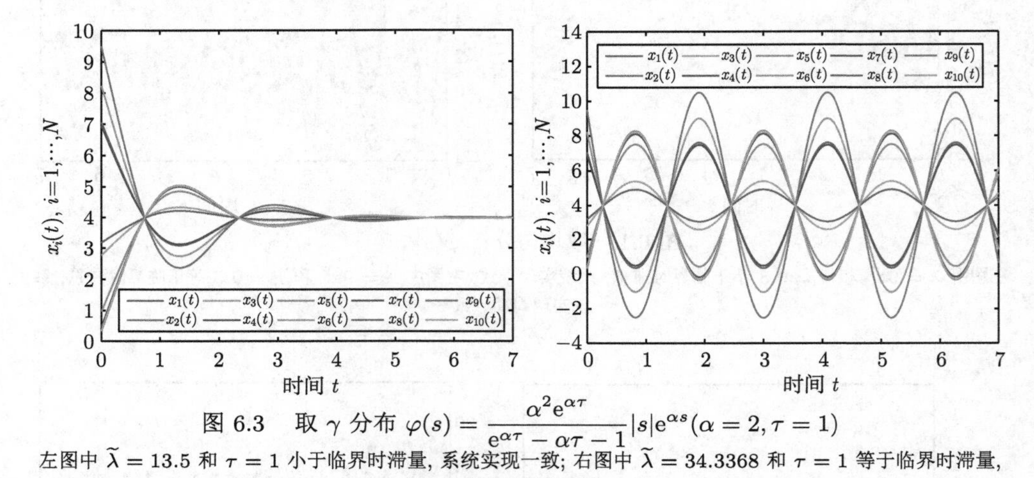

图 6.3 取 γ 分布 $\varphi(s) = \dfrac{\alpha^2 e^{\alpha\tau}}{e^{\alpha\tau} - \alpha\tau - 1}|s|e^{\alpha s}(\alpha = 2, \tau = 1)$

左图中 $\widetilde{\lambda} = 13.5$ 和 $\tau = 1$ 小于临界时滞量, 系统实现一致; 右图中 $\widetilde{\lambda} = 34.3368$ 和 $\tau = 1$ 等于临界时滞量, 系统实现周期一致

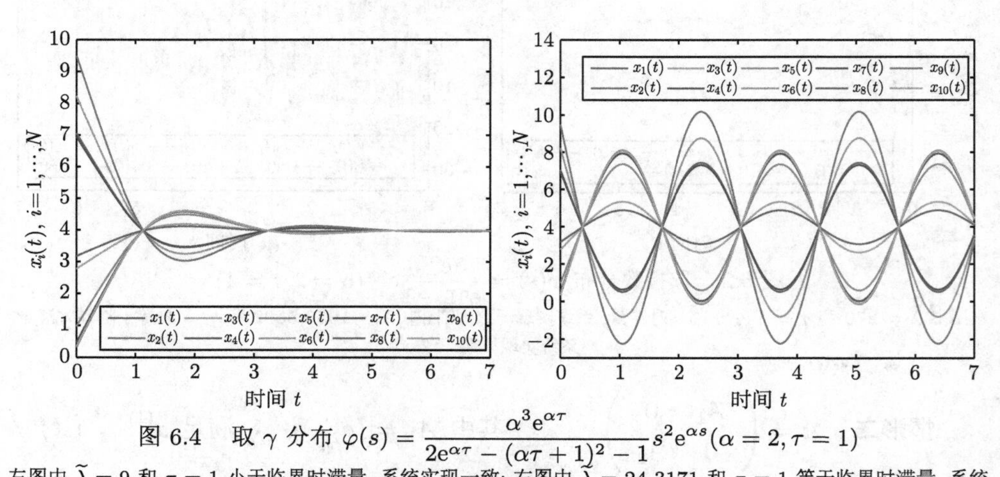

图 6.4 取 γ 分布 $\varphi(s) = \dfrac{\alpha^3 e^{\alpha\tau}}{2e^{\alpha\tau} - (\alpha\tau + 1)^2 - 1}s^2 e^{\alpha s}(\alpha = 2, \tau = 1)$

左图中 $\widetilde{\lambda} = 9$ 和 $\tau = 1$ 小于临界时滞量, 系统实现一致; 右图中 $\widetilde{\lambda} = 24.3171$ 和 $\tau = 1$ 等于临界时滞量, 系统实现周期一致

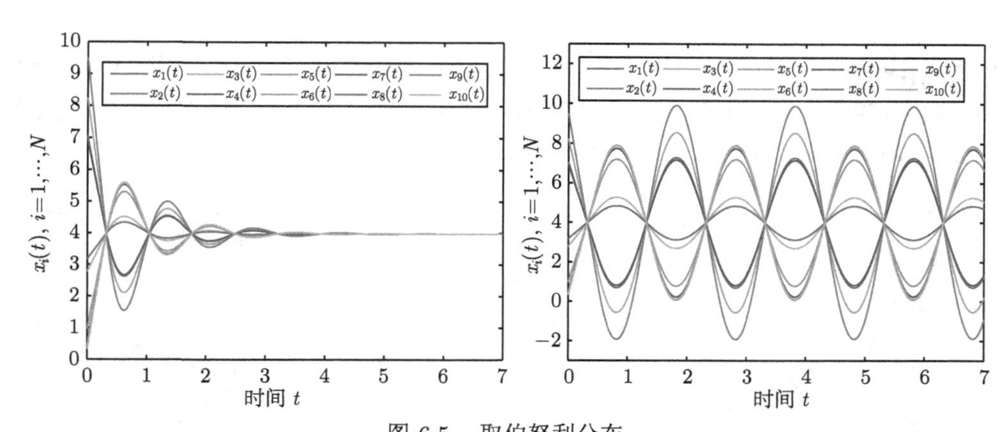

图 6.5 取伯努利分布

左图中 $\widetilde{\lambda}=9\pi$ 和 $\tau=0.3$ 小于临界时滞量, 系统实现一致; 右图中 $\widetilde{\lambda}=9\pi$ 和 $\tau=0.5$ 等于临界时滞量, 系统实现周期一致

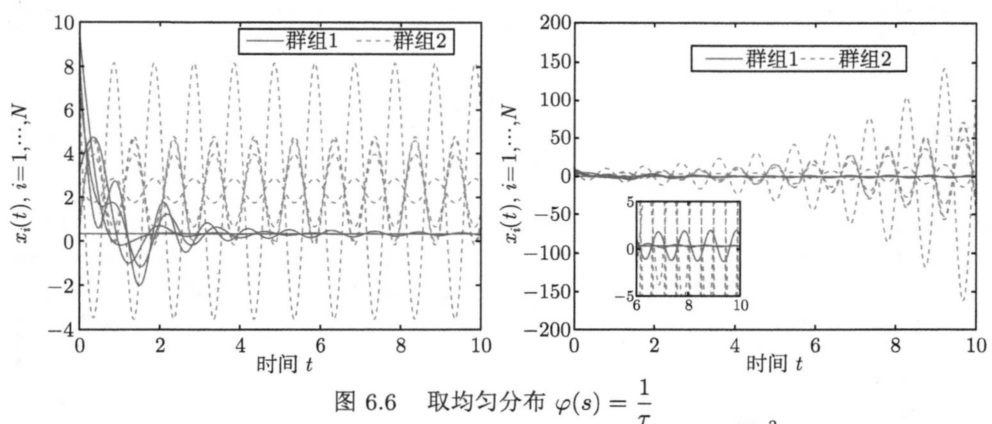

图 6.6 取均匀分布 $\varphi(s)=\dfrac{1}{\tau}$

左图中 $\widetilde{\lambda}=6\pi^2$ 和 $\tau=0.5$, 群组 1 实现一致, 群组 2 实现周期一致; 右图中 $\widetilde{\lambda}=\dfrac{15\pi^2}{2}$ 和 $\tau=0.5$, 群组 1 实现周期一致, 群组 2 发散

表 6.4 情形二的数值模拟

分布类型	$\widetilde{\lambda}$	τ	群组 1(蓝线)	群组 2(红线)
均匀分布	$6\pi^2$	0.5	一致	周期一致
	$\dfrac{15\pi^2}{2}$	0.5	周期一致	发散
指数分布	700.3668	1	一致	周期一致
	875.4585	1	周期一致	发散
γ 分布 1	22.8912	1	一致	周期一致
	28.614	1	周期一致	发散
γ 分布 2	16.2114	1	一致	周期一致
	20.2643	1	周期一致	发散
伯努利分布	6π	0.5	一致	周期一致
	$\dfrac{15\pi}{2}$	0.5	周期一致	发散

$\mu_4=\dfrac{9}{10}(p_4=1)$, $\mu_5=\dfrac{13}{15}(p_5=1)$, $\mu_6=\dfrac{5}{6}(p_6=4)$, 取群组 1 $x_i(i=6,7,\cdots,10)$ (蓝线) 和群组 2 $x_i(i=1,2,\cdots,5)$(红线), 表 6.4 列出了情形二的数值模拟, 不同分布类型的数值仿真图依次参见图 6.6 至图 6.10.

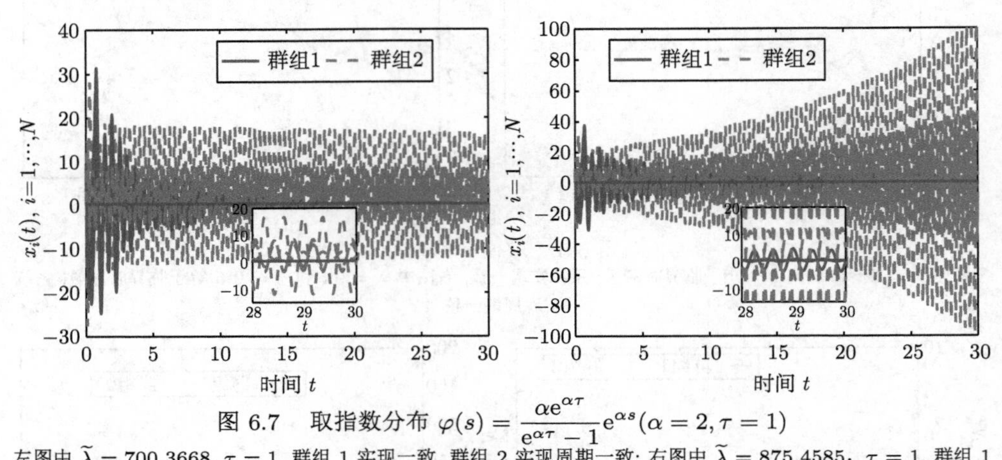

图 6.7　取指数分布 $\varphi(s)=\dfrac{\alpha e^{\alpha\tau}}{e^{\alpha\tau}-1}e^{\alpha s}(\alpha=2,\tau=1)$

左图中 $\widetilde{\lambda}=700.3668$, $\tau=1$, 群组 1 实现一致, 群组 2 实现周期一致; 右图中 $\widetilde{\lambda}=875.4585$, $\tau=1$, 群组 1 实现周期一致, 群组 2 发散

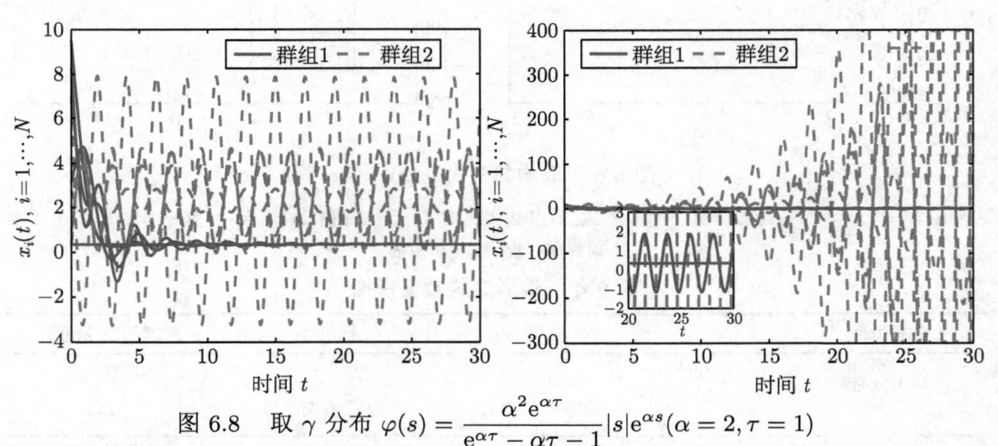

图 6.8　取 γ 分布 $\varphi(s)=\dfrac{\alpha^2 e^{\alpha\tau}}{e^{\alpha\tau}-\alpha\tau-1}|s|e^{\alpha s}(\alpha=2,\tau=1)$

左图中 $\widetilde{\lambda}=22.8912$, $\tau=1$, 群组 1 实现一致, 群组 2 实现周期一致; 右图中 $\widetilde{\lambda}=28.614$, $\tau=1$, 群组 1 实现周期一致, 群组 2 发散

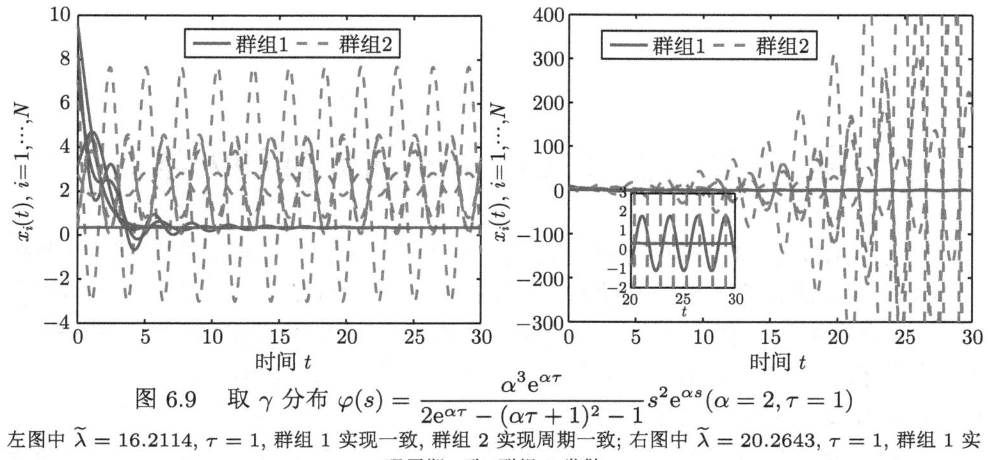

图 6.9 取 γ 分布 $\varphi(s)=\dfrac{\alpha^3\mathrm{e}^{\alpha\tau}}{2\mathrm{e}^{\alpha\tau}-(\alpha\tau+1)^2-1}s^2\mathrm{e}^{\alpha s}(\alpha=2,\tau=1)$

左图中 $\widetilde{\lambda}=16.2114$, $\tau=1$, 群组 1 实现一致, 群组 2 实现周期一致; 右图中 $\widetilde{\lambda}=20.2643$, $\tau=1$, 群组 1 实现周期一致, 群组 2 发散

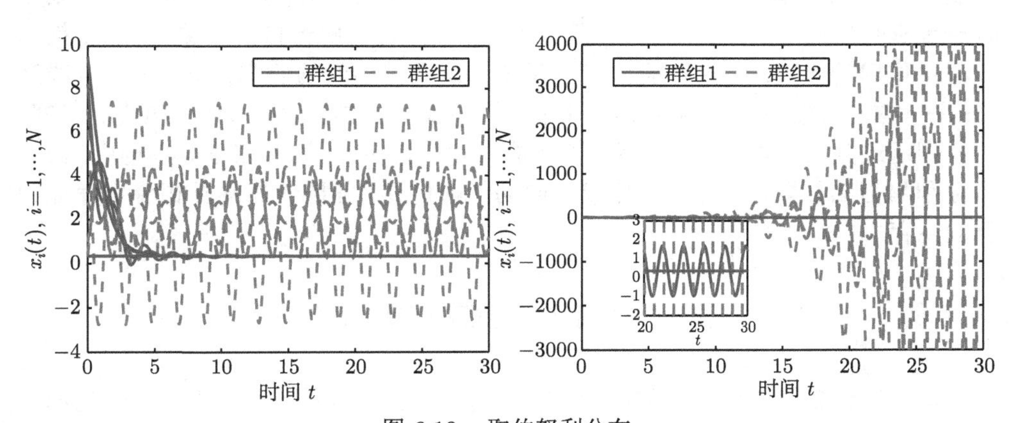

图 6.10 取伯努利分布

左图中 $\widetilde{\lambda}=6\pi$, $\tau=0.5$, 群组 1 实现一致, 群组 2 实现周期一致; 右图中 $\widetilde{\lambda}=\dfrac{15\pi}{2}$, $\tau=0.5$, 群组 1 实现周期一致, 群组 2 发散

第 7 章 多自主体系统的分群动力学

在人类社会和自然界中多群组行为时常发生, 例如在细菌培养过程中, 菌落会很明显地分成几个不同的菌类块; 狼群捕食就会分为多个群体负责不同的捕食环节; 蚁群在生存过程中也会分为功能不同的几个群体. 这些群体之间协同合作, 大大提升自己的生存能力. 研究集群行为中的多聚点问题能够为多自主体系统的多功能合作提供数学上的理论基础.

目前文献在研究多聚点问题时, 大部分都没有考虑时滞的存在. 从现实角度出发, 由于传感器和个体信息交流等方面不可避免的延时, 存在传输时滞和处理时滞等延时效应. 研究这一课题, 其一理论意义: 可以解释自然现象的发生, 揭示多群主作用的机理, 为多智能体集群系统的研究提供新的研究方向; 其二实践意义: 许多复杂的任务单个群体难以胜任, 需要多个子群协同完成特定复杂的任务, 动物们通过分工合作方式, 提高其工作能力和生存能力, 比如在蜜蜂种群中, 由于生存和繁衍的需要, 蜜蜂需要分成不同功能的群体, 各群体之间互相合作保证种群的生存.

7.1 固定时间二分集群性

本节讨论多智能体系统的固定时间二分集群控制问题. 利用平衡图理论和固定时间稳定性定理, 可以证明所有个体在固定时间内能够分割成两个不相交子群, 并且在同一子群内的个体速度相同, 不同子群内的个体速率相同方向相反. 研究结果发现, 集群的固定时间仅仅取决于参数和网络的连通性. 此外, 参数、网络连通性和初始状态对各个不连通子群的直径也有重要影响.

众所周知, 真实的多智能体系统中存在着许多有趣的现象, 因为系统中的智能体不只是相互协作, 也存在相互竞争. 其中一个有趣的现象, 称为二分集群, 引起了一些研究者的注意. 例如 Fan 等[227] 利用图论、LaSalle 不变性原理和 Barbalat 引理解决了动态双积分器中的二分集群问题. Cho 等在 [99] 和 [98] 中分别考虑了基于个体模型和 Cucker-Smale 模型的双聚点集群. 受文献 [98, 99] 的启发, Ru 和 Xue[102] 研究了等级 Cucker-Smale 模型的多聚点集群行为. 其他相关文献见 [100, 101] 及其参考文献. 然而, 需要指出的是, 所有这些工作主要是针对渐近行为, 这意味着二分聚集只发生在时间趋近于无穷时.

因此, 一个自然的问题是: 二分集群能在固定时间内发生吗? 事实上, 这个问题源于现实生活. 无论是在自然的集体运动中, 还是在捕食-被捕食和逃生场景中, 个体在短时间内分成两群的现象都是普遍存在的. 尽管已有很多关于有限时间或固定时间的群体一致性问题[263–267]. 但迄今为止, 没有任何关于多智能体系统的固定时间二分集群的结果. 鉴于此, 本节主要研究固定时间二分集群问题.

7.1.1 二分集群模型

考虑结构平衡图 $\mathcal{G}(A)$ 上 N 个粒子组成的多智能体系统, 其满足如下方程

$$\frac{\mathrm{d}}{\mathrm{d}t}x_i(t) = v_i(t), \quad \frac{\mathrm{d}}{\mathrm{d}t}v_i(t) = u_i(t), \tag{7.1}$$

初始条件为

$$(x_i, v_i)(0) =: (x_{i0}, v_{i0}), \quad i = 1, \cdots, N, \tag{7.2}$$

其中 $x_i \in \mathbb{R}^d$, $v_i \in \mathbb{R}^d$ 分别表示第 i 个粒子在时间 t 的位置和速度. $u_i(t)$ 称为第 i 个粒子的加速度.

接下来给出固定时间二分集群的定义.

定义 7.1.1 对任意的初值, 多智能体系统(7.1)发生固定时间二分集群当且仅当满足以下条件:

(1) 对任意的 $i, j \in \mathcal{V}$, $\lim\limits_{t\to T} v_i(t) = \kappa_{ij}$, 并且当 $t \geqslant T$ 时, $v_i(t) = \kappa_{ij}v_j(t)$, 其中若 $i, j \in \mathcal{V}_r, r = \{1, 2\}$, $\kappa_{ij} = 1$; 否则, $\kappa_{ij} = -1$. 此外, T 与系统初值无关.

(2) 存在常数 $C > 0$, 使得 $\sup\limits_{t\geqslant 0}\|x_i(t) - x_j(t)\| \leqslant C$, 其中 $i, j \in \mathcal{V}_r, r = \{1, 2\}$.

值得强调的是定义 7.1.1 的条件 (1) 源于文献 [227], 其意义为如果粒子在同一个子群 $\mathcal{V}_r$ 内, 则可以在固定时间内以相同的速率向同一方向移动. 否则, 它们将以相同的速率向反方向运动. 条件 (2) 表明每个子群的直径是有界的. 因此, 如果这两个条件同时满足, 则固定时间二分集群发生.

接下来列出一些预备知识. 令 $\mathcal{G} = (\mathcal{V}, \mathcal{E})$ 是符号图, 其中 $\mathcal{V} = \{v_1, v_2, \cdots, v_N\}$ 是顶点集, $\mathcal{E} = \{(v_i, v_j) \mid v_i, v_j \in \mathcal{V}\}$ 为边集. 加权无向图 $\mathcal{G}(A)$ 是具有权重 a_{ij} 的图 $\mathcal{G}$, 其具有非负的邻接矩阵 $A = [a_{ij}]_{N\times N}$. 如果 $(v_j, v_i) \in \mathcal{E}$, 则 $a_{ij} > 0$; 否则 $a_{ij} = 0$. 本节将不考虑具有自回路的图. 图 $\mathcal{G}(A)$ 的 Laplace 矩阵记为 $L = [l_{ij}]_{N\times N}$, 其中 $l_{ij} = -a_{ij}, i \neq j$, 并且 $l_{ii} = \sum_{j=1}^{N} |a_{ij}|$. 如果 $a_{ij} > 0$, 称个体 i 和个体 j 是合作的; 如果 $a_{ij} < 0$, 则为竞争关系.

定义 7.1.2[268] 符号图 $\mathcal{G}(A)$ 是结构平衡的, 如果其顶点集可以分为 $\mathcal{V}_1, \mathcal{V}_2$, $\mathcal{V}_1 \cup \mathcal{V}_2 = \mathcal{V}, \mathcal{V}_1 \cap \mathcal{V}_2 = \varnothing$, 并且 $a_{ij} \geqslant 0, \forall v_i, v_j \in \mathcal{V}_q$ $(q \in \{1, 2\})$, $a_{ij} \leqslant 0$ $(\forall v_i \in \mathcal{V}_q, v_j \in \mathcal{V}_r, q, r \in \{1, 2\})$. 否则成为非结构平衡.

引理 7.1.1[267] 给定一个微分方程

$$\dot{y}=-\alpha y^{1-\frac{1}{q}}-\beta y^{1+\frac{1}{q}},\quad y(0)=y_0, \tag{7.3}$$

其中 $y\in\mathbb{R}^+\cup 0$, $\alpha,\beta>0$, $q>1$. 则 (7.3) 的平衡解为固定时间稳定, 且时间的上界为

$$t\leqslant T_{\max}=\frac{q\pi}{2\sqrt{\alpha\beta}}.$$

引理 7.1.2[268] 如果图 $\mathcal{G}(A)$ 为结构平衡图, 则存在对角矩阵 $D=\mathrm{diag}\{\sigma_1,\sigma_2,\cdots,\sigma_N\}$, 其中 $\sigma_i=\{\pm 1\}$, 并且 $DAD\geqslant 0$. 此外, $0=\lambda_1(L)<\lambda_2(L)\leqslant\cdots\leqslant\lambda_N(L)$, 其中 $\lambda_k(L),k=1,2,\cdots,N$ 是 Laplace 矩阵 L 第 k 小的特征值.

引理 7.1.3[268] 如果 $a_1,a_2,\cdots,a_n\geqslant 0$, 则

$$\left(\sum_{i=1}^{n}a_i\right)^p\leqslant\sum_{i=1}^{n}a_i^p,\quad 当 0<p\leqslant 1,$$

$$n^{1-p}\left(\sum_{i=1}^{n}a_i\right)^p\leqslant\sum_{i=1}^{n}a_i^p,\quad 当 p>1.$$

7.1.2 固定时间二分集群条件

本节的目的是设计控制协议 $u_i(t)$, 使得系统在固定时间内发生二分集群. 为此, 定义 $u_i(t)$ 如下

$$u_i(t)=\sum_{\lambda=\{-1,1\}}K_\lambda\left(\sum_{j=1}^{N}a_{ij}(v_j(t)-\mathrm{sgn}(a_{ij})\,v_i(t))\right)^{1+\lambda\frac{2}{q}}, \tag{7.4}$$

其中 $q>1$, $K_\lambda>0$ 是耦合强度. 接下来介绍本节主要结论.

定理 7.1.1 对于系统(7.1), 其信息交互图为 $\mathcal{G}(A)$, $\mathcal{G}(A)$ 为无向连通图. 在 (7.4) 所示的控制器作用下, 若 $\mathcal{G}(A)$ 为结构平衡图, 则系统 (7.1) 发生固定时间二分集群, 并且固定时间上界为

$$T\leqslant T_{\max}=\frac{q\pi}{2\lambda_2(L)\sqrt{K_{-1}K_1N^{-\frac{1}{q}}}}.$$

证明 证明主要分为两步完成.

第一步 因为 $\mathcal{G}(A)$ 为结构平衡的, 由引理 7.1.2 可知, 存在 D 满足 $DAD\geqslant 0$. 令 $z(t)=Dv(t)$, 其中 $z(t)=(z_1(t),z_2(t),\cdots,z_d(t))^{\mathrm{T}}$, $v(t)=(v_1(t),v_2(t),\cdots,v_d(t))^{\mathrm{T}}$. 定义 $z_0=z(0)=Dv(0)$, 可得

$$\frac{\mathrm{d}}{\mathrm{d}t}x_i(t)=\sigma_i z_i(t),\quad z_i(t)=-\sigma_i v_i(t), \tag{7.5}$$

则 $\dot{z}_i(t) = -\sigma_i \frac{\mathrm{d}}{\mathrm{d}t} v_i(t) = -\sigma_i u_i(t)$. 由于 $DAD \geqslant 0$ 并且 $\sigma_i = \{-1, 1\}$, 则有 $\sigma_i \sigma_j a_{ij} = |a_{ij}|$, 这意味着 $\sigma_i \sigma_j = \mathrm{sgn}\,(a_{ij})$. 经过简单计算可得

$$
\begin{aligned}
\dot{z}_i(t) =& -\sigma_i \left(\sum_{\lambda=\{-1,1\}} K_\lambda \left(\sum_{j=1}^{N} a_{ij} \left(v_j(t) - \mathrm{sign}\,(a_{ij})\, v_i(t) \right) \right)^{1+\lambda \frac{2}{q}} \right) \\
=& - \sum_{\lambda=\{-1,1\}} \left(K_\lambda \left(\sum_{j=1}^{N} \sigma_i a_{ij} \left(\sigma_j^2 v_j(t) - \sigma_i \sigma_j v_i(t) \right) \right)^{1+\lambda \frac{2}{q}} \right) \\
=& - \sum_{\lambda=\{-1,1\}} \left(K_\lambda \left(\sum_{j=1}^{N} \sigma_i \sigma_j a_{ij} \left(\sigma_j v_j(t) - \sigma_i v_i(t) \right) \right)^{1+\lambda \frac{2}{q}} \right),
\end{aligned}
$$

即有

$$
\begin{aligned}
\dot{z}_i(t) =& - K_{-1} \left(\sum_{j=1}^{N} |a_{ij}| \left(z_i(t) - z_j(t) \right) \right)^{1-\frac{2}{q}} \\
& - K_1 \left(\sum_{j=1}^{N} |a_{ij}| \left(z_i(t) - z_j(t) \right) \right)^{1+\frac{2}{q}}.
\end{aligned} \tag{7.6}
$$

令

$$
V(t) = \frac{1}{2} z(t)^{\mathrm{T}} \widehat{L} z(t) = \frac{1}{4} \sum_{i=1}^{N} \sum_{j=1}^{N} |a_{ij}| \left\| z_i(t) - z_j(t) \right\|^2, \tag{7.7}
$$

其中 $\widehat{L} = DAD$. 注意 $q > 1$, 根据引理 7.1.3, 并对 $V(t)$ 求导以及 (7.6) 可得

$$
\begin{aligned}
\frac{\mathrm{d}}{\mathrm{d}t} V(t) =& - K_{-1} \sum_{i=1}^{N} \left(\sum_{j=1}^{N} |a_{ij}| \left(z_i(t) - z_j(t) \right) \right)^{\frac{2(q-1)}{q}} \\
& - K_1 \sum_{i=1}^{N} \left(\sum_{j=1}^{N} |a_{ij}| \left(z_i(t) - z_j(t) \right) \right)^{\frac{2(q+1)}{q}} \\
\leqslant & - K_{-1} \left(\sum_{i=1}^{N} \left(\sum_{j=1}^{N} |a_{ij}| \left(z_i(t) - z_j(t) \right) \right)^2 \right)^{1-\frac{1}{q}}
\end{aligned}
$$

$$- K_1 N^{-\frac{1}{q}} \left(\sum_{i=1}^{N} \left(\sum_{j=1}^{N} |a_{ij}| \left(z_i(t) - z_j(t) \right) \right)^2 \right)^{1+\frac{1}{q}}. \tag{7.8}$$

由文献 [268] 可得, 存在唯一半正定矩阵 M, 使得 $\widehat{L} = M^{\mathrm{T}} M$. 由引理 7.1.2 可得

$$\begin{aligned} &\frac{\sum_{i=1}^{N} \left(\sum_{j=1}^{N} |a_{ij}| \left(z_i(t) - z_j(t) \right) \right)^2}{V(t)} \\ =& \frac{2z(t)^{\mathrm{T}} M^{\mathrm{T}} M M^{\mathrm{T}} M z(t)}{z(t)^{\mathrm{T}} M^{\mathrm{T}} M z(t)} \geqslant 2\lambda_2(\widehat{L}) = 2\lambda_2(L). \end{aligned} \tag{7.9}$$

因而, 有

$$\frac{\mathrm{d}}{\mathrm{d}t} V(t) \leqslant -K_{-1} \left(2\lambda_2(L) V(t) \right)^{1-\frac{1}{q}} - K_1 N^{-\frac{1}{q}} \left(2\lambda_2(L) V(t) \right)^{1+\frac{1}{q}}. \tag{7.10}$$

利用比较原理, 可得当 $t \geqslant T$ 时,

$$V(t) \equiv 0. \tag{7.11}$$

因此, 对任意的 i, j, 有

$$\lim_{t \to T} \|z_i(t) - z_j(t)\| = 0, \quad \|z_i(t) - z_j(t)\| = 0, \quad t \geqslant T, \tag{7.12}$$

因为 $z_i(t) = \sigma_i v_i(t), \sigma_i = \pm 1$,

$$\lim_{t \to T} v_i(t) = \kappa_{ij} \lim_{t \to T} v_j(t), \quad z_i(t) = \kappa_{ij} z_j(t), \quad t \geqslant T,$$

这意味着定义 7.1.1 的条件 (1) 满足, 其中 T 满足

$$T \leqslant T_{\max} = \frac{q\pi}{2\lambda_2(L) \sqrt{K_{-1} K_1 N^{-\frac{1}{q}}}}. \tag{7.13}$$

第二步 对于任意的 $i, j \in \mathcal{V}_r, r = 1, 2$, 考虑以下 Lyapunov 函数为

$$\widetilde{V}(t) := \sum_{i,j=1}^{N} \|v_i(t) - v_j(t)\|^2, \quad \widetilde{X}(t) := \sum_{i,j=1}^{N} \|x_i(t) - x_j(t)\|^2. \tag{7.14}$$

根据 (7.7) 式、(7.11) 式以及 (7.14) 式可得, 当 $t \geqslant T$ 时, $\widetilde{V}(t)=0$. 结合 (7.10) 式可得, $\widetilde{V}(t)$ 有界. 因此, 存在 $M>0$, 使得 $\widetilde{V}(t) \leqslant M$. 所以, 对任意的 $i, j \in \{1,2,\cdots,N\}$, 由三角不等式和 Cauchy-Schwarz 不等式可得

$$\begin{aligned}\frac{\mathrm{d}}{\mathrm{d}t}\widetilde{X}(t) &= 2\sum_{i,j=1}^{N}\langle x_i(t)-x_j(t), v_i(t)-v_j(t)\rangle \\ &\leqslant 2\sum_{i,j=1}^{N}\|x_i(t)-x_j(t)\|\,\|v_i(t)-v_j(t)\| \leqslant 2\widetilde{X}^{\frac{1}{2}}(t)\widetilde{V}^{\frac{1}{2}}(t). \end{aligned} \tag{7.15}$$

对 (7.15) 式两端从 0 到 t 的积分可得

$$\widetilde{X}^{\frac{1}{2}}(t) \leqslant \widetilde{X}^{\frac{1}{2}}(0)+\int_0^t \widetilde{V}^{\frac{1}{2}}(s)\mathrm{d}s, \quad t \geqslant 0. \tag{7.16}$$

如果 $t \leqslant T_{\max}$, 则根据 (7.16) 式可推出

$$\widetilde{X}^{\frac{1}{2}}(t) \leqslant \widetilde{X}^{\frac{1}{2}}(0)+\int_0^{T_{\max}} \widetilde{V}^{\frac{1}{2}}(s)\mathrm{d}s \leqslant \widetilde{X}^{\frac{1}{2}}(0)+M^{\frac{1}{2}}T_{\max}<\infty.$$

如果 $t > T_{\max}$, 则根据 (7.11) 式和 (7.16) 式可得

$$\begin{aligned}\widetilde{X}^{\frac{1}{2}}(t) &\leqslant \widetilde{X}^{\frac{1}{2}}(0)+\int_0^{T_{\max}} \widetilde{V}^{\frac{1}{2}}(s)\mathrm{d}s+\int_{T_{\max}}^{t} \widetilde{V}^{\frac{1}{2}}(s)\mathrm{d}s \\ &= \widetilde{X}^{\frac{1}{2}}(0)+\int_0^{T_{\max}} \widetilde{V}^{\frac{1}{2}}(s)\mathrm{d}s \leqslant \widetilde{X}^{\frac{1}{2}}(0)+M^{\frac{1}{2}}T_{\max}<\infty. \end{aligned} \tag{7.17}$$

结合上述不等式和 (7.14) 式, 可得

$$\max_{i\neq j}\|x_i(t)-x_j(t)\| \leqslant \widetilde{X}(t) \leqslant \left(\widetilde{X}^{\frac{1}{2}}(0)+M^{\frac{1}{2}}T_{\max}\right)^2 \leqslant C. \tag{7.18}$$

因此

$$\sup_{0\leqslant t\leqslant\infty}\|x_i(t)-x_j(t)\| \leqslant C.$$ □

7.2 时滞系统的多聚点集群性

在现实世界中, 系统中每个个体在接收和处理信息时都会产生延时, 因此考虑带有时间延迟的多智能体系统具有重要意义. 目前, 关于时滞 Cucker-Smale 模

型的研究已经产生了许多重要的结果. 在文献 [85] 中, Liu 和 Wu 研究了带有时滞的 Cucker-Smale 模型的集群行为, 并给出了系统产生集群的充分条件. Choi 和 Haškovec 在 [86] 研究了带有固定传输时滞模型. Pignotti 和 Vallejo 在文献 [269] 中研究了等级结构的时滞模型. Choi 和 Li 在文献 [270] 中利用一种新的方法研究了一类带有传输时滞模型. 上述所研究的集群行为都是单聚点集群行为, 对于时滞系统的多聚点集群行为研究比较少.

7.2.1 多聚点集群模型

本节在文献 [85,101,270] 基础上, 研究了一类具有时滞的多聚点集群模型. 具体考虑了如下带有时滞的群体运动模型:

$$\begin{cases} \dfrac{\mathrm{d}}{\mathrm{d}t}x_i(t) = v_i(t), \quad t>0,\ i=1,2,\cdots,N, \\ \dfrac{\mathrm{d}}{\mathrm{d}t}v_i(t) = \dfrac{K}{N}\displaystyle\sum_{k\neq i,k=1}^{N} \psi\left(\|\widetilde{x}_k(t)-\widetilde{x}_i(t)\|\right)\left(\widetilde{v}_k(t)-v_i(t)\right), \end{cases} \tag{7.19}$$

其中 $x_i(t)\in\mathbb{R}^d$ 和 $v_i(t)\in\mathbb{R}^d$ 分别表示个体 i 在 t 时刻的位移和速度. 正整数 $d\geqslant 1$ 是空间维数. K 是耦合强度, 个体间影响函数 $\psi(r)$ 为非负单减的连续函数, 定义为 $\psi(r)=(1+r^\alpha)^{-\beta}$, 其中 $\alpha,\beta\geqslant 0$. $\widetilde{x}_i(t):=x_i(t-\tau)$, $\widetilde{v}_i(t):=v_i(t-\tau)$. 为了方便证明, 本节假设 $\psi(0)=1$, τ 是时间延迟. 对于系统 (7.19), 初始条件满足

$$(x_i(t),v_i(t))=(f_i(t),g_i(t)), \quad t\in[-\tau,0],\ 1\leqslant i\leqslant N,$$

其中 $f_i(t)$ 和 $g_i(t)$ 都是连续函数.

对于向量 $x,v\in\mathbb{R}^d$, 定义 l_2 范数和内积为

$$\|x\|^2=\sum_{i=1}^{d}|x^i|^2, \quad \langle x,v\rangle=\sum_{i=1}^{d}x^iv^i.$$

对于 $x=(x_1,\cdots,x_N), v=(v_1,\cdots,v_N)$, 其中 $x_i,v_i\in\mathbb{R}^d$, 定义范数如下

$$\|x\|_{2,\infty}:=\max_{1\leqslant i\leqslant N}\|x_i\|, \quad \|v\|_{2,\infty}:=\max_{1\leqslant i\leqslant N}\|v_i\|.$$

假设 ψ 为一个短程的交流函数, 即

$$\|\psi\|_{L^1(\mathbb{R}_+)}:=\int_0^\infty\psi(s)\mathrm{d}s<\infty.$$

令 $\{\mathcal{N}_\alpha\}_{\alpha=1}^n$ 为全部个体集合的一个子集族, $|\mathcal{N}_\alpha|$ 是集合 $\mathcal{N}_\alpha$ 的基数. 此外子集族满足

$$|\mathcal{N}_\alpha| \geqslant 1, \quad |\mathcal{N}_\alpha| = N_\alpha, \quad \sum_{\alpha=1}^n |\mathcal{N}_\alpha| = N, \quad \mathcal{N}_\alpha \cap \mathcal{N}_\beta = \varnothing, \quad 若\alpha \neq \beta.$$

下面给出多聚点集群的定义.

定义 7.2.1 令 $\mathcal{G} := \{(x_i(t), v_i(t))\}_{i=1}^N$ 为系统 (7.19) 所有个体集合. 群体 $\mathcal{G}$ 渐近收敛为多聚点集群, 当且仅当存在子群 $\mathcal{G}_\alpha := \{(x_i(t), v_i(t)) : i \in \mathcal{N}_\alpha\}$, $\alpha = 1, 2, \cdots, n$ 满足

(i) $\sup\limits_{t \geqslant 0} \|x_i(t) - x_j(t)\| < \infty$, $\lim\limits_{t\to\infty} \|v_i(t) - v_j(t)\| = 0$, $i, j \in \mathcal{N}_\alpha$;

(ii) $\sup\limits_{t \geqslant 0} \|x_i(t) - x_j(t)\| = \infty$,

$$\liminf_{t\to\infty} \|v_i(t) - v_j(t)\| > 0, \ i \in \mathcal{N}_\alpha, \ j \in \mathcal{N}_\beta, \ \alpha \neq \beta.$$

为了研究系统 (7.19) 的多聚点集群行为, 首先根据初值将全部个体分为 n 个子群 $\mathcal{G}_\alpha := \{(f_i, g_i), i \in \mathcal{N}_\alpha\}$, $\alpha = 1, 2, \cdots, n$. 给定常数 λ_0, 如果 (f_i, g_i) 和 (f_j, g_j) 满足

$$\|g_i(0) - g_j(0)\| < \frac{\lambda_0}{4},$$

则 (f_i, g_i) 和 (f_j, g_j) 在相同的子群中; 如果 (f_i, g_i) 和 (f_j, g_j) 满足

$$\|g_i(0) - g_j(0)\| > 2\lambda_0,$$

则 (f_i, g_i) 和 (f_j, g_j) 在不同子群中. 因此, 给定合适的 λ_0 可以将所有个体分群. 根据上面划分的子群, 当 $n \geqslant 2$ 时, 系统 (7.19) 可以表示为

$$\begin{cases} \dfrac{\mathrm{d}}{\mathrm{d}t} x_i(t) = v_i(t), \quad i \in \mathcal{N}_\alpha, \\ \dfrac{\mathrm{d}}{\mathrm{d}t} v_i(t) = \dfrac{K}{N} \displaystyle\sum_{k \neq i, k \in \mathcal{N}_\alpha} \psi\left(\widetilde{r}_{ki}(t)\right)\left(\widetilde{v}_k(t) - v_i(t)\right) \\ \qquad\qquad + \dfrac{K}{N} \displaystyle\sum_{\alpha \neq \beta, k \in \mathcal{N}_\beta} \psi\left(\widetilde{r}_{ki}(t)\right)\left(\widetilde{v}_k(t) - v_i(t)\right). \end{cases} \tag{7.20}$$

接下来, 定义位移和速度的局部平均和局部波动:

$$\begin{aligned} &x_\alpha^c := \frac{1}{N_\alpha} \sum_{i \in \mathcal{N}_\alpha} x_i, \quad v_\alpha^c := \frac{1}{N_\alpha} \sum_{i \in \mathcal{N}_\alpha} v_i, \\ &\widehat{x}_i^\alpha := x_i - x_\alpha^c, \qquad \widehat{v}_i^\alpha := v_i - v_\alpha^c, \quad i \in \mathcal{N}_\alpha. \end{aligned} \tag{7.21}$$

令 $d_{X\alpha}$ 和 $d_{V\alpha}$ 是子群 $\mathcal{G}_\alpha$ 的位置和速度的直径, 其定义分别为

$$\begin{aligned} &d_{V\alpha}(t) := \max_{i,k\in\mathcal{N}_\alpha}\|v_i(t)-v_k(t)\|, \quad d_{X\alpha}(t) := \max_{i,k\in\mathcal{N}_\alpha}\|x_i(t)-x_k(t)\|, \\ &R_v^\tau := \max_{s\in[-\tau,0]}\max_{1\leqslant i\leqslant N}\|g_i(s)\|>0. \end{aligned} \tag{7.22}$$

由上述划分规则可知, 局部平均速度和局部波动满足

$$\|\widehat{g}_\alpha(0)\|_{2,\infty}<\frac{\lambda_0}{4}, \quad \|g_\beta^c(0)-g_\alpha^c(0)\|>2\lambda_0.$$

7.2.2　多聚点行为分析

在陈述主要结果前, 首先给出关于系统初值和系统参数的假设条件 (F).

(1) 存在正常数 r_1, 使得

$$\int_{r_1}^\infty \psi(s)\mathrm{d}s \leqslant \frac{\gamma\lambda_0}{8\Gamma+8(1-\gamma)D}\min_\alpha\int_{\|\widehat{f}_\alpha(0)\|_{2,\infty}+\frac{D\tau}{2}}^\infty \psi(2s)\mathrm{d}s,$$

并且

$$\min_{\beta\neq\alpha,i\in\mathcal{N}_\alpha,k\in\mathcal{N}_\beta}\left\{(f_k^0-f_i^0)\cdot\frac{g_\beta^c(0)-g_\alpha^c(0)}{\|g_\beta^c(0)-g_\alpha^c(0)\|}\right\}\geqslant r_1+D\tau, \tag{7.23}$$

其中

$$D=2R_v^\tau, \quad \gamma=\frac{\min N_\alpha}{N}, \quad \Gamma=\frac{\max N_\alpha}{N}.$$

(2) 耦合强度 K 满足下面的不等式

$$\frac{\max\limits_\alpha\|\widehat{g}_\alpha(0)\|_{2,\infty}\lambda_0}{4C_0\displaystyle\int_{r_1}^\infty\psi(s)\mathrm{d}s}<K<\frac{\lambda_0^2}{12C_0\displaystyle\int_{r_1}^\infty\psi(s)\mathrm{d}s}, \tag{7.24}$$

其中 $C_0=\Gamma+(1-\gamma)D$.

(3) 上极限

$$\varlimsup_{t\to\infty}\frac{\psi(r_1+\lambda_0(t-\tau_0))}{\psi(r_1+\lambda_0 t)}<\infty.$$

因此 $\sup\limits_{t\in[0,+\infty)}\left\{\dfrac{\psi(r_1+\lambda_0(t-\tau_0))}{\psi(r_1+\lambda_0 t)}\right\}$ 有界. 定义 L 为

$$L=\sup_{t\in[0,+\infty)}\left\{\frac{\psi(r_1+\lambda_0(t-\tau_0))}{\psi(r_1+\lambda_0 t)}\right\},$$

其中 $\tau_0 = \dfrac{r_1}{\lambda_0}$.

注 7.2.1 假设 (F) 中 (3) 是可以满足的. 例如令 $\psi(r) = \dfrac{1}{(1+r^p)^\beta}$, $p=1$, 则有

$$\frac{\psi(r_1+\lambda_0(t-\tau_0))}{\psi(r_1+\lambda_0 t)} = \frac{(1+r_1+\lambda_0 t)^\beta}{(1+r_1+\lambda_0(t-\tau_0))^\beta} = \frac{(1+r_1+\lambda_0 t)^\beta}{(1+\lambda_0 t)^\beta},$$

以及

$$L = (1+r_1)^\beta.$$

当 $p=2$ 时, 则有

$$\frac{\psi(r_1+\lambda_0(t-\tau_0))}{\psi(r_1+\lambda_0 t)} = \frac{(1+(r_1+\lambda_0 t)^2)^\beta}{(1+(r_1+\lambda_0(t-\tau_0))^2)^\beta},$$

以及

$$L = \frac{(4+(\sqrt{\tau_0^2\lambda_0^2+4}+\lambda_0\tau_0)^2)^\beta}{(4+(\sqrt{\tau_0^2\lambda_0^2+4}-\lambda_0\tau_0)^2)^\beta}.$$

注 7.2.2 在假设 (F) 中, 关于 K 的限制是合理的. 由 $\|\widehat{g}_\alpha(0)\|_{2,\infty} < \dfrac{\lambda_0}{4}$ 可知, (7.24) 式左边是严格小于右边的.

接下来给出后面证明所需要的一些不等式. 由假设 (F) 可得

$$\begin{aligned} K &> \frac{\max\limits_\alpha \|\widehat{g}_\alpha(0)\|_{2,\infty}\lambda_0}{4(\Gamma+(1-\gamma)D)\displaystyle\int_{r_1}^\infty \psi(s)\mathrm{d}s} \\ &\geqslant \frac{2\max\limits_\alpha \|\widehat{g}_\alpha(0)\|_{2,\infty}}{\gamma \min_\alpha \displaystyle\int_{\|\widehat{f}_\alpha(0)\|_{2,\infty}+\frac{D\tau}{2}}^\infty \psi(2s)\mathrm{d}s}. \end{aligned}$$

进而, 对任意 α, 有

$$\max_\alpha \|\widehat{g}_\alpha(0)\|_{2,\infty} < \frac{1}{2}K\gamma \int_{\|\widehat{f}_\alpha(0)\|_{2,\infty}+\frac{D\tau}{2}}^\infty \psi(2s)\mathrm{d}s,$$

以及

$$\frac{3}{2}\max_\alpha \|\widehat{g}_\alpha(0)\|_{2,\infty} + \frac{1}{4}K\gamma\int_{d_\alpha}^\infty \psi(2s)\mathrm{d}s < K\gamma\int_{d_\alpha}^\infty \psi(2s)\mathrm{d}s.$$

因此, 存在正常数 a_1, 使得

$$\frac{3}{2}\max_{\alpha}\|\widehat{g}_{\alpha}(0)\|_{2,\infty}+\frac{1}{4}K\gamma\int_{d_{\alpha}}^{\infty}\psi(2s)\mathrm{d}s\leqslant K\gamma\int_{d_{\alpha}}^{\widehat{d}}\psi(2s)\mathrm{d}s, \tag{7.25}$$

其中

$$d_{\alpha}=\|\widehat{f}_{\alpha}(0)\|_{2,\infty}+\frac{D\tau}{2},\quad \widehat{d}=\frac{d_{X\alpha}(0)+a_1+D\tau}{2}.$$

引入记号

$$\begin{aligned} a=a_1+1,\quad b=\frac{\max\limits_{\alpha}\|\widehat{g}_{\alpha}(0)\|_{2,\infty}}{8},\\ \psi_{\infty}=\psi(d_{X\alpha}(0)+a+D\tau),\quad c\in\left(\frac{1}{2},1\right). \end{aligned} \tag{7.26}$$

定义时间延迟的上界为

$$\widetilde{\tau}=\min\left\{\tau_0,\frac{\psi(2r_1)}{KD},\frac{1}{cK\Gamma\psi_{\infty}}\ln\left(1+\frac{bcK\psi_{\infty}^3\gamma}{M_1}\right),\frac{1}{M_2L}\right\},$$

其中

$$\begin{aligned} M_1&=K\Gamma\left(\max_{\alpha}\{d_{V\alpha}(0)\}+\frac{\psi_{\infty}}{1-c}+2b\psi_{\infty}^2+\frac{2(\gamma^{-1}-1)D+1}{\psi_{\infty}}\psi(r_1)\right),\\ M_2&=DK(1-\gamma)+\left(K\Gamma-\frac{K}{N}\right)\left(\frac{2(\gamma^{-1}-1)D+1}{\psi_{\infty}}+1\right)+1. \end{aligned}$$

接下来给出本节的主要结论.

定理 7.2.1 令 $\{(x_i(t),v_i(t))\}_{i=1}^N$ 为系统 (7.19) 的全局解. 如果假设 (F) 成立并且 $\tau\in[0,\widetilde{\tau})$, 则存在常数 C_1 和 C_2, 使得

$$d_{X\alpha}(t)<d_{X\alpha}(0)+a,\quad d_{V\alpha}(t)<C_1\psi\left(r_1+\frac{\lambda_0}{2}t\right)+C_2\mathrm{e}^{\frac{-KN_{\alpha}\psi_{\infty}}{2N}t},\quad t>0,$$

以及

$$\min_{\alpha\neq\beta,i\in\mathcal{N}_{\alpha},k\in\mathcal{N}_{\beta}}\|x_k(t)-x_i(t)\|\geqslant r_1+\lambda_0 t,\quad t>0,$$

即系统发生多聚点集群.

为了证明定理 7.2.1, 本节将构造局部波动和局部平均速度的微分不等式.

引理 7.2.1 假设 $\{(x_i(t), v_i(t))\}_{i=1}^N$ 为系统 (7.19) 的解. 则有

$$
(1)\begin{cases}
\dfrac{\mathrm{d}}{\mathrm{d}t}x_\alpha^c(t) = v_\alpha^c(t),\\[2ex]
\dfrac{\mathrm{d}}{\mathrm{d}t}v_\alpha^c(t) = \dfrac{K}{NN_\alpha}\displaystyle\sum_{k\neq i, i,k\in\mathcal{N}_\alpha}\psi\left(\widetilde{r}_{ki}(t)\right)\left(\widetilde{v}_k(t)-v_i(t)\right)\\[2ex]
\qquad\qquad\quad + \dfrac{K}{NN_\alpha}\displaystyle\sum_{\beta\neq\alpha, k\in\mathcal{N}_\beta, i\in\mathcal{N}_\alpha}\psi\left(r_{ki}\right)\left(\widetilde{v}_k(t)-v_i(t)\right),
\end{cases}
$$

其中 $r_{ki}(t)=\|x_k(t)-x_i(t)\|$, $\widetilde{r}_{ki}(t)=\|x_k(t-\tau)-x_i(t-\tau)\|$, $\alpha=1,\cdots,n$ 并且 $t\geqslant 0$;

$$
(2)\begin{cases}
\dfrac{\mathrm{d}}{\mathrm{d}t}\widehat{x}_i^\alpha(t) = \widehat{v}_i^\alpha(t),\\[2ex]
\dfrac{\mathrm{d}}{\mathrm{d}t}\widehat{v}_i^\alpha(t) = \dfrac{\mathrm{d}}{\mathrm{d}t}v_\alpha^c(t) + \dfrac{K}{N}\displaystyle\sum_{k\neq i, k\in\mathcal{N}_\alpha}\psi\left(\widetilde{r}_{ki}(t)\right)\left(\widetilde{v}_k(t)-v_i(t)\right)\\[2ex]
\qquad\qquad\quad + \dfrac{K}{N}\displaystyle\sum_{\beta\neq\alpha, k\in\mathcal{N}_\beta}\psi\left(\widetilde{r}_{ki}(t)\right)\left(\widetilde{v}_k(t)-v_i(t)\right),
\end{cases}
$$

其中 $\alpha=1,\cdots,n$, $i\in\mathcal{N}_\alpha$ 并且 $t\geqslant 0$.

证明 (1) 由 $x_\alpha^c(t)$ 的定义可得

$$
\frac{\mathrm{d}}{\mathrm{d}t}x_\alpha^c(t) = \frac{1}{N_\alpha}\sum_{i\in\mathcal{N}_\alpha}\frac{\mathrm{d}}{\mathrm{d}t}x_i = \frac{1}{N_\alpha}\sum_{i\in\mathcal{N}_\alpha}v_i(t) = v_\alpha^c(t).
$$

同理, 对于 $v_\alpha^c(t)$ 可得

$$
\begin{aligned}
\frac{\mathrm{d}}{\mathrm{d}t}v_\alpha^c(t) = {} & \frac{K}{NN_\alpha}\sum_{k\neq i, i,k\in\mathcal{N}_\alpha}\psi\left(\widetilde{r}_{ki}(t)\right)\left(v_k(t-\tau)-v_i(t)\right)\\
& + \frac{K}{NN_\alpha}\sum_{\beta\neq\alpha, i\in\mathcal{N}_\alpha, k\in\mathcal{N}_\beta}\psi\left(r_{ki}(t)\right)\left(\widetilde{v}_k(t)-v_i(t)\right).
\end{aligned}
$$

(2) 易知, $\dot{\widehat{x}}_i^\alpha(t)=\widehat{v}_i^\alpha(t)$. 此外, 由局部波动的定义 (7.21) 可知, 对于 $i\in\mathcal{N}_\alpha$ 有

$$
\frac{\mathrm{d}}{\mathrm{d}t}\widehat{v}_i^\alpha(t) = \frac{\mathrm{d}}{\mathrm{d}t}v_\alpha^c(t) + \frac{K}{N}\sum_{k\neq i, k\in\mathcal{N}_\alpha}\psi\left(\widetilde{r}_{ki}(t)\right)\left(v_k(t-\tau)-v_i(t)\right)
$$

$$+\frac{K}{N}\sum_{\beta\neq\alpha,k\in\mathcal{N}_\beta}\psi\left(\widetilde{r}_{ki}(t)\right)\left(\widetilde{v}_k(t)-v_i(t)\right). \qquad \square$$

接下来证明系统 (7.19) 的全局解存在唯一.

引理 7.2.2[270]　设 $\{(x_i(t),v_i(t))\}_{i=1}^N$ 为系统 (7.19) 的解, 则

$$\max_{1\leqslant i\leqslant N}\|v_i(t)\|\leqslant R_v^\tau,\quad t\geqslant -\tau.$$

引入记号

$$\|\widehat{v}_\alpha(t)\|_{2,\infty}:=\max_{i\in\mathcal{N}_\alpha}\|\widehat{v}_i^\alpha(t)\|.$$

接下来对 $\|v_\alpha^c\|$ 和 $\|\widehat{v}_\alpha\|_{2,\infty}$ 的导数进行估计.

引理 7.2.3　设 $\{(x_i(t),v_i(t))\}_{i=1}^N$ 是系统 (7.19) 的解, 则有

$$\begin{aligned}\left\|D^+v_\alpha^c(t)\right\|&\leqslant\frac{K(N_\alpha-1)}{N}\Delta(t)+\frac{K(N-N_\alpha)D}{N}\psi_M(t),\\ D^+\|\widehat{v}_\alpha(t)\|_{2,\infty}&\leqslant\frac{2K(N_\alpha-1)}{N}\Delta(t)+\frac{2K(N-N_\alpha)}{N}\psi_M(t)D,\end{aligned}$$

其中

$$\begin{aligned}\psi_M(t)&=\max_{\beta\neq\alpha,i\in\mathcal{N}_\alpha,k\in\mathcal{N}_\beta}\psi(\|\widetilde{x}_k(t)-\widetilde{x}_i(t)\|),\\ \Delta(t)&=\max_{1\leqslant k\leqslant N}\|\widetilde{v}_k(t)-v_k(t)\|.\end{aligned}$$

证明　首先, 由引理 7.2.2, 可得

$$\max_{1\leqslant i\leqslant N}\|v_i(t)\|\leqslant R_v^\tau,\quad t\geqslant -\tau.$$

因此, $\|v_k^\beta(t-\tau)-v_i^\alpha(t)\|\leqslant 2R_v^\tau=D$, $t\geqslant 0$. 进而, 由引理 7.2.1 可得

$$\begin{aligned}D^+v_\alpha^c(t)=&\frac{K}{NN_\alpha}\sum_{k\neq i,i,k\in\mathcal{N}_\alpha}\psi\left(\widetilde{r}_{ki}(t)\right)\left(\widetilde{v}_k(t)-v_k(t)+v_k(t)-v_i(t)\right)\\&+\frac{K}{NN_\alpha}\sum_{\beta\neq\alpha,i\in\mathcal{N}_\alpha,k\in\mathcal{N}_\beta}\psi\left(\widetilde{r}_{ki}(t)\right)\left(\widetilde{v}_k(t)-v_i(t)\right),\end{aligned}$$

以及

$$\frac{K}{NN_\alpha}\sum_{i,k\in\mathcal{N}_\alpha}\psi\left(\widetilde{r}_{ki}(t)\right)\left(v_k(t)-v_i(t)\right)=0.$$

又因为 $\psi(0)=1$, 因此

$$\begin{aligned}\|D^+v_\alpha^c(t)\| \leqslant & \frac{K}{NN_\alpha}\sum_{k\neq i,i,k\in\mathcal{N}_\alpha}\psi\left(\widetilde{r}_{ki}(t)\right)\|v_k(t-\tau)-v_k(t)\| \\ & +\frac{K}{NN_\alpha}\sum_{\beta\neq\alpha,i\in\mathcal{N}_\alpha,k\in\mathcal{N}_\beta}\psi\left(\widetilde{r}_{ki}(t)\right)\|\widetilde{v}_k(t)-v_i(t)\| \\ \leqslant & \frac{K}{NN_\alpha}\sum_{k\neq i,i,k\in\mathcal{N}_\alpha}\Delta(t)+\frac{KD}{NN_\alpha}\sum_{\beta\neq\alpha,i\in\mathcal{N}_\alpha,k\in\mathcal{N}_\beta}\psi_M(t) \\ = & \frac{K(N_\alpha-1)}{N}\Delta(t)+\frac{K(N-N_\alpha)D}{N}\psi_M(t).\end{aligned}$$

其次, 对任意的 $t>0$ 以及 $\alpha=1,2,\cdots,n$, 存在序列 $\{t_k\}$ 满足 $0=t_0<t_1<t_2<\cdots<t_n<\cdots$, 并且 $\|\widehat{v}_\alpha(s)\|_{2,\infty}$ 在 (t_{k-1},t_k) 上可微. 任意给定区间 (t_{k-1},t_k), 可选取 $i\in\mathcal{N}_\alpha$ 满足 $\|\widehat{v}_\alpha(t)\|_{2,\infty}=\|\widehat{v}_i^\alpha(t)\|$.

$$\begin{aligned}D^+\|\widehat{v}_\alpha(t)\|_{2,\infty}^2 = & -2\left\langle\widehat{v}_i^\alpha(t),\frac{\mathrm{d}}{\mathrm{d}t}v_\alpha^c(t)\right\rangle \\ & +\frac{2K}{N}\sum_{k\neq i,k\in\mathcal{N}_\alpha}\psi(\widetilde{r}_{ki}(t))\langle\widehat{v}_i^\alpha(t),\widetilde{v}_k(t)-v_i(t)\rangle \\ & +\frac{2K}{N}\sum_{\beta\neq\alpha,k\in\mathcal{N}_\beta}\psi(\widetilde{r}_{ki}(t))\langle\widehat{v}_i^\alpha(t),\widetilde{v}_k(t)-v_i(t)\rangle \\ = & I_1+I_2+I_3.\end{aligned}\tag{7.27}$$

此外, 由引理 7.2.1 可得 (7.27). 又因为

$$\|\widetilde{x}_k(t)-\widetilde{x}_i(t)\|\leqslant 2\|\widehat{x}_\alpha(t-\tau)\|_{2,\infty}=2\max_{i\in\mathcal{N}_\alpha}\|\widehat{x}_i^\alpha(t-\tau)\|,$$

并且 $\|\widehat{v}_\alpha(t)\|_{2,\infty}=\|\widehat{v}_i^\alpha(t)\|$ 可知

$$\langle\widehat{v}_i^\alpha(t),v_k(t)-v_i(t)\rangle=\langle\widehat{v}_i^\alpha(t),\widehat{v}_k^\alpha(t)-\widehat{v}_i^\alpha(t)\rangle\leqslant 0,\quad i,k\in\mathcal{N}_\alpha.$$

因此

$$\begin{aligned}I_1 &= \frac{2K}{N}\sum_{k\neq i,k\in\mathcal{N}_\alpha}\psi(\|\widetilde{x}_k(t)-v_i(t-\tau)\|)\langle\widehat{v}_i^\alpha(t),\widetilde{v}_k(t)-v_i(t)\rangle \\ &= \frac{2K}{N}\sum_{k\neq i,k\in\mathcal{N}_\alpha}\psi(\|x_k(t-\tau)-\widetilde{x}_i(t)\|)\langle\widehat{v}_i^\alpha(t),v_k(t)-v_i(t)\rangle\end{aligned}$$

$$
\begin{aligned}
&+\frac{2K}{N}\sum_{k\neq i,k\in\mathcal{N}_\alpha}\psi(\|x_k(t-\tau)-\widetilde{x}_i(t)\|)\langle\widehat{v}_i^\alpha(t),\widetilde{v}_k(t)-v_k(t)\rangle\\
\leqslant&\frac{2K}{N}\sum_{k\neq i,k\in\mathcal{N}_\alpha}\psi(2\|\widehat{x}_\alpha(t-\tau)\|_{2,\infty})\langle\widehat{v}_i^\alpha(t),v_k(t)-v_i(t)\rangle\\
&+\frac{2K}{N}\sum_{k\neq i,k\in\mathcal{N}_\alpha}\psi(0)\|\widehat{v}_\alpha(t)\|_{2,\infty}\Delta(t).
\end{aligned}
$$

上式不等式左边的第一部分满足

$$
\begin{aligned}
&\frac{2K}{N}\sum_{k\neq i,k\in\mathcal{N}_\alpha}\psi(2\|\widehat{x}_\alpha(t-\tau)\|_{2,\infty})\langle\widehat{v}_i^\alpha(t),v_k(t)-v_i(t)\rangle\\
=&\frac{2K}{N}\psi(2\|\widehat{x}_\alpha(t-\tau)\|_{2,\infty})\langle\widehat{v}_i^\alpha(t),N_\alpha v_\alpha^c(t)-v_i(t)-(N_\alpha-1)v_i(t)\rangle\\
\leqslant&-\frac{2KN_\alpha}{N}\psi(2\|\widehat{x}_\alpha(t-\tau)\|_{2,\infty})\|\widehat{v}_\alpha(t)\|_{2,\infty}^2.
\end{aligned}
$$

因此, 有

$$
\begin{aligned}
I_1\leqslant&-\frac{2KN_\alpha}{N}\psi(2\|\widehat{x}_\alpha(t-\tau)\|_{2,\infty})\|\widehat{v}_\alpha(t)\|_{2,\infty}^2\\
&+\frac{2K(N_\alpha-1)}{N}\|\widehat{v}_\alpha(t)\|_{2,\infty}\Delta(t).
\end{aligned}
$$

对于 I_2, 同样可得

$$
I_2\leqslant\frac{2K(N-N_\alpha)}{N}\|\widehat{v}_\alpha(t)\|_{2,\infty}\psi_M(t)D.
$$

此外, 有

$$
\begin{aligned}
I_3=&-2\left\langle\widehat{v}_i^\alpha(t),\frac{\mathrm{d}}{\mathrm{d}t}v_\alpha^c(t)\right\rangle\\
\leqslant&-\frac{2K}{NN_\alpha}\sum_{k\neq i,k\in\mathcal{N}_\alpha}\psi(\widetilde{r}_{ki}(t))\left\langle\widehat{v}_i^\alpha(t),v_k(t)-v_i(t)\right\rangle\\
&+\frac{2K(N_\alpha-1)}{N}\psi(0)\Delta(t)\|\widehat{v}_\alpha(t)\|_{2,\infty}\\
&+\frac{2K(N-N_\alpha)}{N}\psi_M(t)D\|\widehat{v}_\alpha(t)\|_{2,\infty}\\
=&\frac{2K(N_\alpha-1)}{N}\Delta(t)\|\widehat{v}_\alpha(t)\|_{2,\infty}
\end{aligned}
$$

$$
+\frac{2K(N-N_\alpha)}{N}\psi_M(t)D\|\widehat{v}_\alpha(t)\|_{2,\infty}. \tag{7.28}
$$

因此, 综上可得

$$
\begin{aligned}
D^+\|\widehat{v}_\alpha(t)\|_{2,\infty}\leqslant &-\frac{KN_\alpha}{N}\psi(2\|\widehat{x}_\alpha(t-\tau)\|_{2,\infty})\|\widehat{v}_\alpha(t)\|_{2,\infty}\\
&+\frac{2K(N_\alpha-1)}{N}\Delta(t)+\frac{2K(N-N_\alpha)}{N}\psi_M(t)D.
\end{aligned}
$$

□

引理 7.2.4 令 $\{(x_i(t),v_i(t))\}_{i=1}^N$ 为系统 (7.19) 的解, 当 $t>0$ 时, 有

$$
\begin{cases}
D^+d_{X\alpha}(t)\leqslant d_{V\alpha}(t),\\
D^+d_{V\alpha}(t)\leqslant -\dfrac{KN_\alpha\psi(d_{X\alpha}(t)+D\tau)}{N}d_{V\alpha}(t)\\
\qquad\qquad\qquad +\dfrac{KN_\alpha}{N}\Delta(t)+\dfrac{2K(N-N_\alpha)D}{N}\psi_M(t).
\end{cases} \tag{7.29}
$$

此外, 当 $t\geqslant\tau$ 时, 有

$$
\begin{aligned}
\Delta(t)\leqslant&\frac{K(N\Gamma-1)}{N}\int_{t-\tau}^t(\max_\alpha\{d_{V\alpha}(s)\}+\Delta(s))\mathrm{d}s\\
&+K(1-\gamma)D\int_{t-\tau}^t\psi_M(s)\mathrm{d}s.
\end{aligned}
$$

证明 首先, 由 $d_{X\alpha}(t)$ 的定义易得引理 7.2.1(1) 成立. 此外, 存在一个序列 $\{t_k\}$ 满足 $0=t_0<t_1<t_2<\cdots<t_n<\cdots$, 并且 $d_{V\alpha}(t)$ 在 (t_{k-1},t_k) 上可微. 因此, 对于任意 (t_{k-1},t_k), 可以选择 $i,j\in\mathcal{N}_\alpha$ 满足

$$
d_{V\alpha}(t)=\|v_i(t)-v_j(t)\|.
$$

从而可得

$$
\frac{1}{2}D^+(d_{V\alpha}(t))^2=\left\langle v_i(t)-v_j(t),\frac{\mathrm{d}}{\mathrm{d}t}v_i(t)-\frac{\mathrm{d}}{\mathrm{d}t}v_j(t)\right\rangle=A_1+A_2,
$$

其中

$$\begin{aligned}A_1 =& \left\langle v_i(t) - v_j(t), \frac{K}{N} \sum_{k \neq i, k \in \mathcal{N}_\alpha} \psi\left(\widetilde{r}_{ki}(t)\right)\left(\widetilde{v}_k(t) - v_i(t)\right)\right. \\ &\left. + \frac{K}{N} \sum_{\beta \neq \alpha, k \in \mathcal{N}_\beta} \psi\left(\widetilde{r}_{ki}(t)\right)\left(\widetilde{v}_k(t) - v_i(t)\right)\right\rangle, \\ A_2 =& -\left\langle v_i(t) - v_j(t), \frac{K}{N} \sum_{k \neq j, k \in \mathcal{N}_\alpha} \psi\left(\widetilde{r}_{kj}(t)\right)\left(\widetilde{v}_k(t) - v_j(t)\right)\right. \\ &\left. + \frac{K}{N} \sum_{\beta \neq \alpha, k \in \mathcal{N}_\beta} \psi\left(\|\widetilde{x}_k(t) - x_j(t-\tau)\|\right)\left(\widetilde{v}_k(t) - v_j(t)\right)\right\rangle.\end{aligned}$$

注意到 $\psi(0) = 1$, $\psi(t) \leqslant 1$, $d_{V\alpha}(t) = \|v_i(t) - v_j(t)\|$ 以及

$$(x_k(t) - x_i(t)) - (\widetilde{x}_k(t) - \widetilde{x}_i(t)) = \int_{t-\tau}^{t} (v_k(s) - v_i(s))\mathrm{d}s,$$

因此, 有

$$\|\widetilde{x}_k(t) - \widetilde{x}_i(t)\| \leqslant d_{X\alpha}(t) + D\tau.$$

又因为 $\langle v_k(t) - v_i(t), v_i(t) - v_j(t)\rangle \leqslant 0$, 有

$$\begin{aligned}A_1 =& \frac{K}{N} \sum_{k \neq i, k \in \mathcal{N}_\alpha} \psi\left(\widetilde{r}_{ki}(t)\right)\langle v_k(t) - v_i(t), v_i(t) - v_j(t)\rangle \\ &+ \frac{K}{N} \sum_{k \neq i, k \in \mathcal{N}_\alpha} \psi\left(\widetilde{r}_{ki}(t)\right)\langle \widetilde{v}_k(t) - v_k(t), v_i(t) - v_j(t)\rangle \\ &+ \frac{K}{N} \sum_{\beta \neq \alpha, k \in \mathcal{N}_\beta} \psi\left(\widetilde{r}_{ki}(t)\right)\langle \widetilde{v}_k(t) - v_i(t), v_i(t) - v_j(t)\rangle \\ \leqslant& \frac{K\psi(d_{X\alpha}(t) + D\tau)}{N} \sum_{k \neq i, k \in \mathcal{N}_\alpha} \langle v_k(t) - v_i(t), v_i(t) - v_j(t)\rangle \\ &+ \frac{K}{N} \sum_{k \neq i, k \in \mathcal{N}_\alpha} \psi\left(\widetilde{r}_{ki}(t)\right)\langle \widetilde{v}_k(t) - v_k(t), v_i(t) - v_j(t)\rangle \\ &+ \frac{K(N - N_\alpha)}{N} \psi_M(t) D d_{V\alpha}(t).\end{aligned}$$

类似地, 可得

$$A_2 \leqslant -\frac{K\psi(d_{X\alpha}(t) + D\tau)}{N} \sum_{k \neq j, k \in \mathcal{N}_\alpha} \langle v_k(t) - v_j(t), v_i(t) - v_j(t)\rangle$$

$$
-\frac{K}{N}\sum_{k\neq j,k\in\mathcal{N}_\alpha}\psi\left(\widetilde{r}_{kj}(t)\right)\left\langle\widetilde{v}_k(t)-v_k(t),v_i(t)-v_j(t)\right\rangle
+\frac{K(N-N_\alpha)}{N}\psi_M(t)Dd_{V\alpha}(t).
$$

综上可知, 对于 $t>0$ 有

$$
\begin{aligned}
\frac{1}{2}D^+(d_{V\alpha}(t))^2\leqslant&-\frac{kN_\alpha\psi(d_{X\alpha}(t)+D\tau)}{N}d_{V\alpha}(t)^2+\frac{KN_\alpha d_{V\alpha}(t)}{N}\Delta(t)\\
&+\frac{2K(N-N_\alpha)}{N}\psi_M(t)Dd_{V\alpha}(t).
\end{aligned}
$$

因此, 可推出

$$
\begin{aligned}
D^+d_{V\alpha}(t)\leqslant&-\frac{kN_\alpha\psi(d_{X\alpha}(t)+D\tau)}{N}d_{V\alpha}(t)+\frac{KN_\alpha}{N}\Delta(t)\\
&+\frac{2K(N-N_\alpha)}{N}\psi_M(t)D.
\end{aligned}
$$

最后, 可估计 $\Delta(t)$, 根据定义 $\Delta(t)=\max\limits_k\|\widetilde{v}_k(t)-v_k(t)\|$ 以及

$$
\|\widetilde{v}_k(t)-v_k(t)\|\leqslant\int_{t-\tau}^t\left\|\frac{\mathrm{d}}{\mathrm{d}t}v_k(s)\right\|\mathrm{d}s.
$$

由此可得

$$
\begin{aligned}
\left\|\frac{\mathrm{d}}{\mathrm{d}t}v_k(t)\right\|=&\left\|\frac{K}{N}\sum_{k\neq i,k\in\mathcal{N}_\alpha}\psi\left(\widetilde{r}_{ki}(t)\right)\left(\widetilde{v}_k(t)-v_i(t)\right)\right.\\
&\left.+\frac{K}{N}\sum_{\beta\neq\alpha,k\in\mathcal{N}_\beta}\psi\left(\widetilde{r}_{ki}(t)\right)\left(\widetilde{v}_k(t)-v_i(t)\right)\right\|\\
\leqslant&\frac{K(N_\alpha-1)}{N}d_{V\alpha}(t)+\frac{K(N_\alpha-1)}{N}\Delta(t)\\
&+\frac{K(N-N_\alpha)D}{N}\psi_M(t).
\end{aligned}
$$

因此, 当 $t\geqslant\tau$ 时, 可得

$$
\begin{aligned}
\Delta(t)\leqslant&\max_\alpha\left\{\frac{K(N_\alpha-1)}{N}\int_{t-\tau}^t(d_{V\alpha}(s)+\Delta(s))\mathrm{d}s\right\}\\
&+DK(1-\gamma)\int_{t-\tau}^t\psi_M(s)\mathrm{d}s.
\end{aligned}
$$

化简得到

$$\Delta(t) \leqslant \frac{K(N\Gamma-1)}{N}\int_{t-\tau}^{t}(\max_{\alpha}\{d_{V\alpha}(s)\}+\Delta(s))\mathrm{d}s$$
$$+DK(1-\gamma)\int_{t-\tau}^{t}\psi_M(s)\mathrm{d}s.$$ □

注 7.2.3 根据引理 7.2.2 可得 $\|\widetilde{v}_k(t)-v_i(t)\|\leqslant D$ 以及

$$\left\|\frac{\mathrm{d}}{\mathrm{d}t}v_k(t)\right\|\leqslant\frac{K(N-1)D}{N}.$$

因此, 可得

$$\sup_{t\geqslant 0}\Delta(t)\leqslant\frac{K(N-1)D}{N}\tau.$$

当 $\tau\to 0$ 时, $\sup\limits_{t\geqslant 0}\Delta(t)\to 0$.

接下来将证明定理 7.2.1. 首先集合 T_1 定义为

$$T_1=\sup\left\{T\in(0,+\infty)\ \middle|\ \min_{\beta\neq\alpha,i\in\mathcal{N}_\alpha,k\in\mathcal{N}_\beta}v_{ki}(t)\cdot e_{\beta\alpha}>\lambda_0,t\in[0,T]\right\},\tag{7.30}$$

其中 $v_{ki}(t)=v_k(t)-v_i(t)$, $e_{\beta\alpha}$ 定义为

$$e_{\beta\alpha}=\frac{g_\beta^c(0)-g_\alpha^c(0)}{\|g_\beta^c(0)-g_\alpha^c(0)\|}.$$

此外, T_2,T_3 分别定义为

$$T_2=\sup_{1\leqslant\alpha\leqslant n}\left\{T\in[0,T_1)\ \middle|\ d_{X\alpha}(t)<d_{X\alpha}(0)+a,t\in[0,T)\right\},\tag{7.31}$$

以及

$$T_3=\sup_{1\leqslant\alpha\leqslant n}\left\{T\in[0,T_2)\ \middle|\ d_{V\alpha}(t)<\left(d_{V\alpha}(0)+\frac{2b\psi_\infty}{1-c}\right)\mathrm{e}^{\frac{-cKN_\alpha\psi_\infty}{N}t}\right.$$
$$+\frac{2(N-N_\alpha)D+N_\alpha}{N_\alpha\psi_\infty}\left(\psi\left(r_1+\frac{\lambda_0}{2}t\right)+\mathrm{e}^{\frac{-KN_\alpha\psi_\infty}{2N}t}\psi(r_1)\right)\text{ 且}$$

$$\left.\Delta(t) < b\psi_\infty^2 \mathrm{e}^{\frac{-cKN_\alpha\psi_\infty}{N}t} + \psi(r_1+\lambda_0 t), t\in[0,T)\right\}, \tag{7.32}$$

其中

$$b = \frac{\max\limits_{\alpha}\|\widehat{g}_\alpha(0)\|_{2,\infty}}{8}, \quad \frac{1}{2} < c < 1.$$

显然, $T_2 > 0$, 这是因为

$$d_{V\alpha}(0) < d_{V\alpha}(0) + \frac{4(N-N_\alpha)D + (N_\alpha - 1)}{N_\alpha \psi_\infty}\psi(r_1).$$

此外, 当 $\tau\in[0,\widetilde{\tau})$ 时, $T_3>0$. 由 $\widetilde{\tau}$ 的定义以及注 7.2.3 可得

$$\widetilde{\tau} \leqslant \frac{\psi(2r_1)}{KD}, \quad \sup_{t\geqslant 0}\Delta(t) \leqslant \frac{K(N-1)D}{N}\tau.$$

进而就有

$$\frac{K(N-1)D}{N}\tau < KD\tau < b\psi_\infty^2 + \psi(r_1).$$

这意味着 $\Delta(0) < b\psi_\infty^2 + \psi(r_1)$. 因此, 对于 $\tau\in[0,\widetilde{\tau})$, 有 $T_3 > 0$.

引理 7.2.5 设 $\{(x_i(t), v_i(t))\}_{i=1}^N$ 为系统 (7.19) 的全局解并且满足初值条件 (F), 则有

$$T_1 > 0, \quad \psi_M(t) \leqslant \psi(r_1 + \lambda_0 t), \quad t\in[0,T_1).$$

证明 由于初始条件满足 (F), 因此有

$$(g_k(0) - g_i(0))\cdot e_{\beta\alpha} \geqslant \|g_\beta^c(0) - g_\alpha^c(0)\| - \|\widehat{g}_k^\beta(0)\| - \|\widehat{g}_i^\alpha(0)\| > \lambda_0.$$

这意味着 $T_1>0$. 对任意的 $\alpha\neq\beta, i\in\mathcal{N}_\alpha, k\in\mathcal{N}_\beta$,

$$\begin{aligned}\|x_k(t) - x_i(t)\| &\geqslant (x_k(t) - x_i(t))\cdot e_{\beta\alpha} \\ &= (f_k(0) - f_i(0))\cdot e_{\beta\alpha} + \int_0^t (v_k(s) - v_i(s))\cdot e_{\beta\alpha}\mathrm{d}s \\ &\geqslant r_1 + D\tau + \lambda_0 t.\end{aligned}$$

注意到

$$\begin{aligned}\|\widetilde{x}_k(t) - \widetilde{x}_i(t)\| &\geqslant \|x_k(t) - x_i(t)\| - D\tau \\ &\geqslant r_1 + D\tau + \lambda_0 t - D\tau = r_1 + \lambda_0 t.\end{aligned}$$

根据 ψ 为减函数, 我们可以得到

$$\psi_M(t) \leqslant \psi(r_1 + \lambda_0 t). \qquad \square$$

下面证明 $T_2 = T_3$.

引理 7.2.6　令 $\{(x_i(t), v_i(t))\}_{i=1}^N$ 为系统 (7.19) 的全局解并且假设 (F) 成立. 当 $\tau \in [0, \widetilde{\tau})$ 时有 $T_3 = T_2$.

证明　显然, 从(7.31) 和 (7.32) 可得 $T_3 \leqslant T_2$. 下面证明 $T_3 = T_2$. 假如 $T_3 < T_2$, 则下面的两个等式必有一个成立

$$\begin{aligned} d_{V\alpha}(T_3) = & \left(d_{V\alpha}(0) + \frac{2b\psi_\infty}{1-c}\right)\mathrm{e}^{\frac{-cKN_\alpha\psi_\infty}{N}T_3} \\ & + c_0\left(\psi\left(r_1 + \frac{\lambda_0}{2}T_3\right) + \mathrm{e}^{\frac{-KN_\alpha\psi_\infty}{2N}T_3}\psi(r_1)\right), \end{aligned} \tag{7.33}$$

其中 $c_0 = \dfrac{2(N-N_\alpha)D + (N_\alpha - 1)}{N_\alpha\psi_\infty}$ 或者

$$\Delta(T_3) = b\psi_\infty^2 \mathrm{e}^{\frac{-cKN_\alpha\psi_\infty}{N}T_3} + \psi(r_1 + \lambda_0 T_3). \tag{7.34}$$

接下来将证明式 (7.33) 和 (7.34) 均不成立. 首先由引理 7.2.4, 有

$$\begin{aligned} D^+ d_{V\alpha}(t) \leqslant & -\frac{KN_\alpha\psi(d_{X\alpha}(t) + D\tau)}{N} d_{V\alpha}(t) + \frac{KN_\alpha}{N}\Delta(t) \\ & + \frac{2K(N-N_\alpha)D}{N}\psi_M(t). \end{aligned}$$

又因为 $d_{X\alpha}(t) < d_{X\alpha}(0) + a$, 有

$$\begin{aligned} D^+ d_{V\alpha}(t) \leqslant & -\frac{KN_\alpha\psi_\infty}{N} d_{V\alpha}(t) + \frac{KN_\alpha}{N}\left(b\psi_\infty^2 \mathrm{e}^{\frac{-cKN_\alpha\psi_\infty}{N}t} + \psi(r_1 + \lambda_0 t)\right) \\ & + \frac{2K(N-N_\alpha)D}{N}\psi(r_1 + \lambda_0 t). \end{aligned}$$

进而, 由 Gronwall 不等式可得

$$\begin{aligned} d_{V\alpha}(t) \leqslant & \, d_{V\alpha}(0)\mathrm{e}^{\frac{-KN_\alpha\psi_\infty}{N}t} + \frac{b\psi_\infty}{1-c}\left(\mathrm{e}^{\frac{-cKN_\alpha\psi_\infty}{N}t} - \mathrm{e}^{\frac{-KN_\alpha\psi_\infty}{N}t}\right) \\ & + \frac{2(N-N_\alpha)D + N_\alpha}{N_\alpha\psi_\infty}\left(\psi\left(r_1 + \frac{\lambda_0}{2}t\right) + \mathrm{e}^{\frac{-KN_\alpha\psi_\infty}{2N}t}\psi(r_1)\right). \end{aligned}$$

继而, 当 $t \to T_3$ 时, 有

$$d_{V\alpha}(T_3) < \left(d_{V\alpha}(0) + \frac{b\psi_\infty}{1-c}\right)\mathrm{e}^{\frac{-cKN_\alpha\psi_\infty}{N}T_3}$$
$$+ \frac{2(N-N_\alpha)D+N_\alpha}{N_\alpha\psi_\infty}\left(\psi\left(r_1 + \frac{\lambda_0}{2}T_3\right) + \mathrm{e}^{\frac{-KN_\alpha\psi_\infty}{2N}T_3}\psi(r_1)\right).$$

这意味着等式 (7.33) 不成立.

另一方面, 当 $\tau < \widetilde{\tau} \leqslant \min\left\{\tau_0, \dfrac{\psi(2r_1)}{KD}\right\}$ 并且 $\tau_0 = \dfrac{r_1}{\lambda_0}$ 时, 可得

$$\begin{aligned}\sup_{\tau>t\geqslant 0}\Delta(t) \leqslant &\frac{K(N-1)D}{N}\tau \\ <& b\psi_\infty^2\mathrm{e}^{\frac{-cKN_\alpha\psi_\infty}{N}\tau} + \psi(r_1+\lambda_0\tau).\end{aligned}$$

进而根据引理 7.2.4, 对于 $t \geqslant \tau$, 可得

$$\Delta(t) \leqslant \max_\alpha\left\{\frac{K(N_\alpha-1)}{N}\int_{t-\tau}^t (d_{V\alpha}(s)+\Delta(s))\mathrm{d}s\right\}$$
$$+ DK(1-\gamma)\int_{t-\tau}^t \psi_M(s)\mathrm{d}s.$$

结合 T_3 的定义, 可知当 $t < T_3$ 时

$$\Delta(t) < b\psi_\infty^2\mathrm{e}^{\frac{-cKN_\alpha\psi_\infty}{N}t} + \psi(r_1+\lambda_0 t).$$

因此, 当 $T_3 \geqslant \tau$, $t \in [\tau, T_3)$ 时, 由上述两个不等式, 可推出

$$\begin{aligned}\Delta(t) \leqslant K\Gamma\Bigg(&\max_\alpha\{d_{V\alpha}(0)\} + \frac{b\psi_\infty}{1-c} + b\psi_\infty^2 \\ &+ \frac{2(N-N_\alpha)D+N_\alpha}{N_\alpha\psi_\infty}\psi(r_1)\Bigg)\frac{\mathrm{e}^{\frac{cKN_\alpha\psi_\infty}{N}\tau}-1}{cK\psi_\infty\gamma}\mathrm{e}^{\frac{-cKN_\alpha\psi_\infty t}{N}} \\ &+ C_\alpha\int_{t-\tau}^t \psi(r_1+\lambda_0 s)\mathrm{d}s,\end{aligned}$$

其中

$$C_\alpha = DK(1-\gamma) + \frac{K(N_\alpha-1)}{N}\left(\frac{2(N-N_\alpha)D+N_\alpha}{N_\alpha\psi_\infty}+1\right).$$

当 $T_3 < \tau$ 并且 $t \in [0, T_3)$ 时, 根据 $\Delta(t)$ 的定义可得

$$\begin{aligned}\Delta(t) \leqslant & \frac{K(N_\alpha - 1)}{N} \int_0^t (\max_\alpha \{d_{V\alpha}(s)\} + \Delta(s)) \mathrm{d}s \\ & + DK(1-\gamma) \int_0^t \psi_M(s) \mathrm{d}s + \frac{K(N-1)D}{N}(\tau - t),\end{aligned} \tag{7.35}$$

以及

$$\begin{aligned}\frac{K(N-1)D}{N}\tau &< b\psi_\infty^2 \mathrm{e}^{\frac{-cKN_\alpha\psi_\infty}{N}\tau} + \psi(r_1 + \lambda_0 \tau) \\ &\leqslant b\psi_\infty^2 \mathrm{e}^{\frac{-cKN_\alpha\psi_\infty}{N}t} + \psi(r_1 + \lambda_0 t).\end{aligned}$$

因此, 由上述不等式, 可导出

$$\begin{aligned}\Delta(t) \leqslant & K\Gamma\left(\max_\alpha \{d_{V\alpha}(s)\} + \frac{b\psi_\infty}{1-c} + 2b\psi_\infty^2 + C_{\alpha,1}\psi(r_1) \right) \\ & \cdot \frac{\mathrm{e}^{\frac{cKN_\alpha\psi_\infty}{N}\tau} - 1}{cK\psi_\infty\gamma} \mathrm{e}^{\frac{-cKN_\alpha\psi_\infty t}{N}} \\ & + \left(DK(1-\gamma) + \frac{K(N_\alpha - 1)}{N} C_{\alpha,2} + 1 \right) \int_0^t \psi(r_1 + \lambda_0 s) \mathrm{d}s,\end{aligned}$$

其中

$$C_{\alpha,1} = \frac{2(N - N_\alpha)D + N_\alpha}{N_\alpha \psi_\infty}, \quad C_{\alpha,2} = C_{\alpha,1} + 1.$$

进而由 M_1 和 M_2 定义. 上式可以化简为

$$\Delta(t) \leqslant M_1 \frac{\mathrm{e}^{\frac{cKN_\alpha\psi_\infty}{N}\tau} - 1}{cK\psi_\infty\gamma} \mathrm{e}^{\frac{-cKN_\alpha\psi_\infty t}{N}} + M_2 \int_{t-\tau}^t \psi(r_1 + \lambda_0 s) \mathrm{d}s.$$

另一方面, 由于

$$\tau < \widetilde{\tau} = \min\left\{ \tau_0, \frac{\psi(2r_1)}{KD}, \frac{1}{\Gamma cK\psi_\infty} \ln\left(1 + \frac{bcK\gamma\psi_\infty^3}{M_1}\right), \frac{1}{M_2 L} \right\}.$$

因此, 存在 α, 使得

$$\tau < \frac{N}{cKN_\alpha\psi_\infty} \ln\left(1 + \frac{bcKN_\alpha\psi_\infty^3}{NM_1}\right), \tag{7.36}$$

从而有

$$M_1\left(\mathrm{e}^{\frac{cKN_\alpha\psi_\infty}{N}\tau}-1\right)\frac{N}{cKN_\alpha\psi_\infty}<b\psi_\infty^2. \tag{7.37}$$

因此, 当 $\tau<\widetilde{\tau}\leqslant\dfrac{1}{M_2L}$ 时,

$$\begin{aligned}M_2\int_{t-\tau}^{t}\psi(r_1+\lambda_0 s)\mathrm{d}s&\leqslant M_2\tau\psi(r_1+\lambda_0(t-\tau))\\&=M_2\tau\frac{\psi(r_1+\lambda_0(t-\tau))}{\psi(r_1+\lambda_0 t)}\psi(r_1+\lambda_0 t)\\&\leqslant M_2L\tau\psi(r_1+\lambda_0 t)<\psi(r_1+\lambda_0 t).\end{aligned}$$

当 $t<\tau$ 时, 积分可以被写成 $M_2\displaystyle\int_0^t\psi(r_1+\lambda_0 s)\mathrm{d}s$, 因此, 可以得到相似结论: 当 $t\in[0,T_3)$ 时, 有

$$\lim_{t\to T_3}\Delta(t)<b\psi_\infty^2\mathrm{e}^{\frac{-cN_\alpha\psi_\infty t}{N}}+\psi(r_1+\lambda_0 t). \tag{7.38}$$

这意味着不等式 (7.34) 不成立. 因此, 不等式 (7.33) 和 (7.34) 都不成立.

综上所述, 当 $\tau\in[0,\widetilde{\tau})$ 时, 有 $T_2=T_3$. □

引理 7.2.7 令 $\{(x_i(t),v_i(t))\}_{i=1}^N$ 为系统 (7.19) 的全局解并且假设 (F) 成立. 当 $\tau\in[0,\widetilde{\tau})$ 时有 $T_2=T_1$.

证明 首先不难看出 $T_2\leqslant T_1$. 下面证明 $T_2=T_1$. 假设 $T_2<T_1$, 则有

$$\lim_{t\to T_2}d_{X\alpha}(t)=d_{X\alpha}(0)+a. \tag{7.39}$$

根据引理 7.2.3 的证明,

$$D^+\|\widehat{x}_\alpha(t)\|_{2,\infty}\leqslant\|\widehat{v}_\alpha(t)\|_{2,\infty}, \tag{7.40}$$

$$\begin{aligned}D^+\|\widehat{v}_\alpha(t)\|_{2,\infty}\leqslant&-\frac{KN_\alpha}{N}\psi(2\|\widehat{x}_\alpha(t-\tau)\|_{2,\infty})\|\widehat{v}_\alpha(t)\|_{2,\infty}\\&+\frac{2K(N_\alpha-1)}{N}\Delta(t)+\frac{2K(N-N_\alpha)}{N}\psi_M(t)D.\end{aligned} \tag{7.41}$$

又因为 $\gamma=\dfrac{\min N_\alpha}{N}$ 和 $\Gamma=\dfrac{\max N_\alpha}{N}$, 则有

$$D^+\|\widehat{v}_\alpha(t)\|_{2,\infty}\leqslant-K\gamma\psi(2\|\widehat{x}_\alpha(t)\|_{2,\infty}+D\tau)\|\widehat{v}_\alpha(t)\|_{2,\infty}+2K\Gamma\Delta(t)+2K(1-\gamma)\psi_M(t)D.$$

定义 Lyapunov 泛函 $L_\alpha(t)$ 为

$$L_\alpha(t) = \|\widehat{v}_\alpha(t)\|_{2,\infty} + K\gamma \int_0^{\|\widehat{x}_\alpha(t)\|_{2,\infty}+\frac{D\tau}{2}} \psi(2s)\mathrm{d}s.$$

则结合 (7.40) 式和 (7.41) 式, 可得

$$D^+L_\alpha(t) \leqslant 2K\Gamma\Delta(t) + 2K(1-\gamma)D\psi(r_1+\lambda_0 t).$$

通过引理 7.2.6, 有 $T_3 = T_2$. 当 $t < T_2$ 时, 有

$$\Delta(t) < b\psi_\infty^2 \mathrm{e}^{\frac{-cKN_\alpha\psi_\infty}{N}t} + \psi(r_1+\lambda_0 t).$$

对上面关于 $D^+L_\alpha(t)$ 的不等式积分, 可以得到

$$\begin{aligned}
&\|\widehat{v}_\alpha(t)\|_{2,\infty} + K\gamma \int_0^{\|\widehat{x}_\alpha(t)\|_{2,\infty}+\frac{D\tau}{2}} \psi(2s)\mathrm{d}s \\
&\quad - K\gamma \int_0^{\|\widehat{f}_\alpha(0)\|_{2,\infty}+\frac{D\tau}{2}} \psi(2s)\mathrm{d}s \\
&= \|\widehat{v}_\alpha(t)\|_{2,\infty} + K\gamma \int_{\|\widehat{f}_\alpha(0)\|_{2,\infty}+\frac{D\tau}{2}}^{\|\widehat{x}_\alpha(t)\|_{2,\infty}+\frac{D\tau}{2}} \psi(2s)\mathrm{d}s \\
&\leqslant \|\widehat{g}_\alpha(0)\|_{2,\infty} + 2K\frac{\Gamma+D(1-\gamma)}{\lambda_0}\int_{r_1}^{T_2}\psi(s)\mathrm{d}s + \frac{2b\psi_\infty}{c}, \quad t\in[0,T_2).
\end{aligned}$$

又因为 $b = \dfrac{1}{8}\max\limits_\alpha\|\widehat{g}_\alpha(0)\|_{2,\infty}$ 以及 $c > \dfrac{1}{2}$, 所以

$$\frac{2b\psi_\infty}{c} < \frac{1}{2}\max_\alpha\|\widehat{g}_\alpha(0)\|_{2,\infty}.$$

因此对任意的 α 和 $t\in[0,T_2)$,

$$\begin{aligned}
&K\gamma \int_{\|\widehat{f}_\alpha(0)\|_{2,\infty}+\frac{D\tau}{2}}^{\|\widehat{x}_\alpha(t)\|_{2,\infty}+\frac{D\tau}{2}} \psi(2s)\mathrm{d}s \\
&\leqslant 2K\frac{\Gamma+D(1-\gamma)}{\lambda_0}\int_{r_1}^{\infty}\psi(s)\mathrm{d}s + \frac{3}{2}\max_\alpha\|\widehat{g}_\alpha(0)\|_{2,\infty}.
\end{aligned}$$

根据注 7.2.2 和常数 a_1 的定义可得

$$\frac{3}{2}\max_{\alpha}\|\widehat{g}_\alpha(0)\|_{2,\infty}+\frac{1}{4}K\gamma\int_{\|\widehat{f}_\alpha(0)\|_{2,\infty}+\frac{D\tau}{2}}^{\infty}\psi(2s)\mathrm{d}s$$

$$\leqslant K\gamma\int_{\|\widehat{f}_\alpha(0)\|_{2,\infty}+\frac{D\tau}{2}}^{\frac{d_{X\alpha}(0)+a_1+D\tau}{2}}\psi(2s)\mathrm{d}s.$$

因此可以得到

$$\frac{3}{2}\max_{\alpha}\|\widehat{g}_\alpha(0)\|_{2,\infty}+2K(\Gamma+D(1-\gamma))\lambda_0^{-1}\int_{r_1}^{\infty}\psi(s)\mathrm{d}s$$

$$\leqslant K\gamma\int_{\|\widehat{f}_\alpha(0)\|_{2,\infty}+\frac{D\tau}{2}}^{\frac{d_{X\alpha}(0)+a_1+D\tau}{2}}\psi(2s)\mathrm{d}s.$$

这意味着

$$K\gamma\int_{\|\widehat{f}_\alpha(0)\|_{2,\infty}+\frac{D\tau}{2}}^{\|\widehat{x}_\alpha(t)\|_{2,\infty}+\frac{D\tau}{2}}\psi(2s)\mathrm{d}s\leqslant K\gamma\int_{\|\widehat{f}_\alpha(0)\|_{2,\infty}+\frac{D\tau}{2}}^{\frac{d_{X\alpha}(0)+a_1+D\tau}{2}}\psi(2s)\mathrm{d}s,\quad t\in[0,T_2).$$

当 $t\in(0,T_2)$ 时, 有

$$2\|\widehat{x}_\alpha(t)\|_{2,\infty}+D\tau\leqslant d_{X\alpha}(0)+a_1+D\tau.$$

因此我们可以得到

$$d_{X\alpha}(T_2)\leqslant 2\|\widehat{x}_\alpha(T_2)\|_{2,\infty}\leqslant d_{X\alpha}(0)+a_1.$$

又因为 $a=a_1+1$,

$$d_{X\alpha}(T_2)\leqslant d_{X\alpha}(0)+a_1<d_{X\alpha}(0)+a.$$

这与 (7.39) 式矛盾. 因此 $T_2=T_1$. □

引理 7.2.8 设 $\{(x_i(t),v_i(t))\}_{i=1}^N$ 为系统 (7.19) 的全局解, 初始条件满足 (F) 成立且 $\tau\in[0,\widetilde{\tau})$, $T_1=+\infty$.

证明 假设 $T_1<+\infty$, 根据 T_1 的定义, 可以选择 α,β,k 和 i 满足

$$i\in\mathcal{N}_\alpha,k\in\mathcal{N}_\beta,\quad (v_k(T_1)-v_i(T_1))\cdot e_{\beta\alpha}=\lambda_0. \tag{7.42}$$

当 $t<T_1$ 时, 有

$$(v_k(t)-v_i(t))\cdot e_{\beta\alpha}\geqslant\|g_\beta^c(0)-g_\alpha^c(0)\|-\|\widehat{v}_i^\alpha(t)\|-\|\widehat{v}_k^\beta(t)\|$$

$$-\|v_\beta^c(t)-g_\beta^c(0)\|-\|v_\alpha^c(t)-g_\alpha^c(0)\|.$$

进而由引理 7.2.6 和引理 7.2.7 可知, 当 $\tau \in [0, \widetilde{\tau})$ 时, $T_1 = T_2 = T_3$; 当 $t < T_1$ 时, 可得

$$\Delta(t) < b\psi_\infty^2 \mathrm{e}^{\frac{-cKN_\alpha\psi_\infty}{N}t} + \psi(r_1 + \lambda_0 t).$$

根据引理 7.2.3 可推出

$$\begin{aligned}\|v_\alpha^c(t) - g_\alpha^c(0)\| &\leqslant \frac{K(N_\alpha - 1)}{N}\int_0^t \Delta(s)\mathrm{d}s + \frac{K(N - N_\alpha)}{N\lambda_0}D\int_{r_1}^t \psi(s)\mathrm{d}s \\ &\leqslant \frac{2b(N_\alpha - 1)\psi_\infty}{N_\alpha} + \frac{K(\Gamma + (1-\gamma)D)}{\lambda_0}\int_{r_1}^t \psi(s)\mathrm{d}s,\end{aligned}$$

以及

$$\begin{aligned}\|\widehat{v}_\alpha(t)\|_{2,\infty} \leqslant \|\widehat{g}_\alpha(0)\|_{2,\infty} &+ \frac{4b(N_\alpha - 1)\psi_\infty}{N_\alpha} \\ &+ \frac{2K(\Gamma + (1-\gamma)D)}{\lambda_0}\int_{r_1}^t \psi(s)\mathrm{d}s.\end{aligned}$$

因此, 有

$$\begin{aligned}(v_k(t) - v_i(t))\cdot e_{\beta\alpha} &\geqslant \|g_\beta^c(0) - g_\alpha^c(0)\| - \|\widehat{g}_i^\alpha(0)\| - \|\widehat{g}_k^\beta(0)\| \\ &\quad - \frac{12b(N_\alpha - 1)\psi_\infty}{N_\alpha} - \frac{6K(\Gamma + (1-\gamma)D)}{\lambda_0}\int_{r_1}^t \psi(s)\mathrm{d}s \\ &\geqslant 2\lambda_0 - \frac{12b(N_\alpha - 1)\psi_\infty}{N_\alpha} \\ &\quad - \frac{6K(\Gamma + (1-\gamma)D)}{\lambda_0}\int_{r_1}^t \psi(s)\mathrm{d}s.\end{aligned}$$

根据假设 (F), 就有

$$K < \frac{\lambda_0^2}{12(\Gamma + (1-\gamma)D)\displaystyle\int_{r_1}^\infty \psi(s)\mathrm{d}s},$$

以及

$$\frac{12b(N_\alpha - 1)\psi_\infty}{N_\alpha} < \frac{3\max\limits_\alpha \|\widehat{g}_\alpha(0)\|_{2,\infty}}{2} \leqslant \frac{3\lambda_0}{8}.$$

因此, 可得

$$(v_k(t) - v_i(t))\cdot e_{\beta\alpha} \geqslant \frac{9\lambda_0}{8} > \lambda_0,$$

这与 (7.42) 式矛盾. 这意味着 $T_1 = +\infty$. □

定理 7.2.1 的证明 根据引理 7.2.6、引理 7.2.7 以及引理 7.2.8, 可知当 $\tau \in [0, \widetilde{\tau})$ 时, 有 $T_3 = T_2 = T_1 = +\infty$. 因此, 当 $t \in [0, +\infty)$ 时, 对任意的 $1 \leqslant \alpha \leqslant n, \alpha \neq \beta, i \in \mathcal{N}_\alpha$ 以及 $k \in \mathcal{N}_\beta$, 有

$$\|x_k(t) - x_i(t)\| \geqslant r_1 + \lambda_0 t. \tag{7.43}$$

进而, 由 T_2 的定义, 可得

$$d_{X\alpha}(t) < d_{X\alpha}(0) + a,$$

并且

$$\begin{aligned} d_{V\alpha}(t) < & \frac{2(N - N_\alpha)D + N_\alpha}{N_\alpha \psi_\infty}\left(\psi\left(r_1 + \frac{\lambda_0}{2}t\right) + \mathrm{e}^{\frac{-KN_\alpha\psi_\infty}{2N}t}\psi(r_1)\right) \\ & + \left(d_{V\alpha}(0) + \frac{2b\psi_\infty}{1-c}\right)\mathrm{e}^{\frac{-cKN_\alpha\psi_\infty}{N}t}. \end{aligned}$$

进而, 可根据 T_3 的定义得到

$$d_{V\alpha}(t) < C_1\psi\left(r_1 + \frac{\lambda_0}{2}t\right) + C_2\mathrm{e}^{\frac{-KN_\alpha\psi_\infty}{2N}t},$$

其中

$$\begin{aligned} C_1 &= \frac{2(N - N_\alpha)D + N_\alpha}{N_\alpha\psi(d_{X\alpha}(0) + a + D\tau_0)}, \\ C_2 &= d_{V\alpha}(0) + \frac{2b\psi_\infty}{1-c} + C_1\psi(r_1). \end{aligned}$$

□

第 8 章 多自主体系统的编队动力学

最初的 Cucker-Smale 模型[23,24] 只能呈现集群效果, 即整个质点群的相对位置随时间的变化一致有界而速度趋于一致. 一方面, 在自然界中, 群体聚集后并不是形成混乱无章的结构, 而是更可能地表现出一定的队形或模式, 如大雁保持固定的队形前进、鸟群起飞时展现出圆形构型等; 另一方面, 在实际中, 不仅希望群体最终能够达到相同的速度, 还希望它们形成一定的构型, 比如直线形队形、圆形队形、"人" 字形队形等, 以此完成群体的编队. 这些集群模式无法在原始的 Cucker-Smale 模型中实现, 所以对原始的模型进行改进, 以实现所需要的带有集群模式的集群解.

本章通过在 Cucker-Smale 模型中引入编队作用力的方式, 实现了直线形和圆形的集群模式. 研究方法主要基于 Lyapunov 泛函方法以及微分不等式. 对于对称形式的直线形改进模型, 将给出系统实现集群的充分条件及严格证明; 对于圆形构型, 将给出仿真结果.

8.1 具有空间构型的集群模型

文献 [23, 24] 中所描述的集群状态仅要求系统所占的空域直径关于时间 t 一致有界. 而在自然界中, 一方面, 群体聚集后还可能表现出一定的队形或模式, 如大雁保持 "一" 字形或 "人" 字形前进, 鸟群起飞时展现出圆形的演化模式等; 另一方面, 在实际中, 如在无人机群的设计中, 可能还希望群体在达成速度一致的基础上实现某种形式的编队. 然而, 这些群体的构型、模式、编队无法在原始的 Cucker-Smale 模型中实现, 所以尝试对原始的模型进行改进, 以实现所需要的带有空间构型的集群解.

在本节, 先考虑质点群的直线形集群问题, 也就是要求系统中各质点的位置最终能够收敛到同一条给定的直线上.

定义 8.1.1 给定指向某个方向的单位向量 l, 若质点群在满足定义 4.2.1 的基础上, 对任意 $i = 1, 2, \cdots, N$, 均存在常数 α_i, 使得 $\lim\limits_{t\to\infty}(x_i - \overline{x}) = \alpha_i l$, 对于三维情形, 也即 $\lim\limits_{t\to\infty}(x_i - \overline{x}) \times l = 0$, 那么称质点群达成了直线构型的集群.

为满足定义 8.1.1 所述直线构型的集群, 在原始的 Cucker-Smale 模型中引入一个构型作用力, 使其实现集群的同时形成特定的空间构型, 也即将所要求的 "空

间构型信息”植入到个体的演化规则中, 从而使整个群体向着给定的构型发展、演化. 为此将模型改写为

$$\begin{cases}\dfrac{\mathrm{d}}{\mathrm{d}t}x_i(t)=v_i(t),\\[2ex]\dfrac{\mathrm{d}}{\mathrm{d}t}v_i(t)=\alpha\displaystyle\sum_{j=1}^{n}a_{ij}(x)(v_j(t)-v_i(t))+F(x_i).\end{cases}\tag{8.1}$$

方程 (8.1) 中各参数的意义和原始的 Cucker-Smale 模型基本一致, 只是引入了作用力 $F(x_i)$. 这一项和个体 i 的位置有关, 其作用在于, 进一步调节质点群的运动状态, 使之按照预定的目标收敛为某种空间构型. 可以通过改变模式驱动力 F 的具体形式实现不同构型的集群. 本节只考虑直线形的构型, 如定义 8.1.1 所述, 要求质点群最终集结到某条特定的直线上.

于是, 考虑引入比较合理的作用力来实现这一目的, 将函数 F 定义为如下形式

$$F(x_i(t))=\gamma[\langle x_i(t)-\overline{x}(t),l\rangle l-(x_i(t)-\overline{x}(t))],\tag{8.2}$$

其中 $\overline{x}=\dfrac{1}{N}\sum_{i=1}^{N}x_i$ 为群体的中心; $\langle\cdot\rangle$ 为 $\mathbb{R}^d$ 中的标准内积; 向量 l 为指向预定方向的单位向量; γ 为一正常数, 用来表示这个作用力的强弱. 事实上, $F(x_i)$ 刻画了驱动个体 i 向预定直线运动的一种构型驱动力, 其满足这样一种性质: 个体 i 离预定的直线越远, 那么作用力 $F(x_i)$ 的值越大.

针对构型作用力, 直接计算可得

$$\sum_{i=1}^{N}F(x_i(t))=\gamma\sum_{i=1}^{N}[\langle x_i(t)-\overline{x}(t),l\rangle l-(x_i(t)-\overline{x}(t))]=0,\tag{8.3}$$

这说明各 $F(x_i)$ 都可看作系统的内部作用力, 这也与群体自我组织的假设一致, 因此不涉及系统外的能量补给. 这样的作用力驱动质点朝向预定的直线（注意, 这条预定的直线穿过群体的中心, 并且其指向由 l 所决定）运动.

更进一步, 如果令 $\overline{v}(t)=\dfrac{1}{N}\sum_{i=1}^{N}v_i(t)$, 那么由

$$\frac{\mathrm{d}}{\mathrm{d}t}\overline{v}(t)=\frac{1}{N}\sum_{i=1}^{N}\left(\alpha\sum_{j\neq i}a_{ij}(x)(v_j-v_i)+F(x_i)\right)=0,\tag{8.4}$$

因此, 对任意时刻 t, $\overline{v}(t)\equiv\overline{v}(0)$, 即 $\dfrac{1}{N}\sum_{i=1}^{N}v_i(t)=\dfrac{1}{N}\sum_{i=1}^{N}v_i(0)$. 这说明质点群中个体的速度之和（或平均速度）始终保持不变.

8.1.1 直线形集群模式

对于具有对称结构的集群模型 (8.1), 这一节将给出实现定义 8.1.1 所述直线形集群模式的充分条件.

定理 8.1.1 对于由 (8.2) 式决定的集群系统 (8.1), 若个体间的相互作用函数 I 满足 $\int_0^\infty I(r)\mathrm{d}r=\infty$, 则系统将实现如定义 8.1.1 所述直线构型的集群.

证明 由于个体间的相互作用函数采用对称形式, 即 $a_{ij}=a_{ji}$. 其次, 直接计算可得

$$\frac{\mathrm{d}}{\mathrm{d}t}|\langle x_i-\overline{x},l\rangle|^2-\frac{\mathrm{d}}{\mathrm{d}t}\|x_i-\overline{x}\|^2=2\langle\langle x_i-\overline{x},l\rangle l-(x_i-\overline{x}),(v_i-\overline{v})\rangle$$
$$=\frac{2}{\gamma}\langle F(x_i),v_i-\overline{v}\rangle. \tag{8.5}$$

由于函数 I 单调递减并注意到公式 (8.4) 和 (8.5), 可导出

$$\frac{\mathrm{d}}{\mathrm{d}t}\sum_{i=1}^N\|v_i-\overline{v}\|^2=2\sum_{i=1}^N\left\langle\frac{\mathrm{d}v_i}{\mathrm{d}t}-\frac{\mathrm{d}\overline{v}}{\mathrm{d}t},v_i-\overline{v}\right\rangle$$
$$=-\frac{\alpha}{N}\sum_{i=1}^N\sum_{j=1}^N\langle I(\|x_j-x_i\|)(v_i-v_j),v_i-v_j\rangle+2\sum_{i=1}^N\langle F(x_i),v_i-\overline{v}\rangle$$
$$\leqslant-2\alpha\sum_{i=1}^N\langle I(d_X)(v_i-\overline{v}),v_i-\overline{v}\rangle+2\sum_{i=1}^N\langle F(x_i),v_i-\overline{v}\rangle$$
$$=-2\alpha\sum_{i=1}^N I(d_X)\|v_i-\overline{v}\|^2+\gamma\sum_{i=1}^N\left(\frac{\mathrm{d}}{\mathrm{d}t}|\langle x_i-\overline{x},l\rangle|^2-\frac{\mathrm{d}}{\mathrm{d}t}\|x_i-\overline{x}\|^2\right).$$

因此

$$\frac{\mathrm{d}}{\mathrm{d}t}\sum_{i=1}^N\|v_i-\overline{v}\|^2+\gamma\sum_{i=1}^N\frac{\mathrm{d}}{\mathrm{d}t}(\|x_i-\overline{x}\|^2-|\langle x_i-\overline{x},l\rangle|^2)$$
$$\leqslant-2\alpha\sum_{i=1}^N I(d_X)\|v_i-\overline{v}\|^2, \tag{8.6}$$

其中

$$d_X(t)\triangleq\max_{1\leqslant i<j\leqslant N}\{\|x_j(t)-x_i(t)\|\}.$$

由不等式 (8.6) 及函数 $I(r)$ 的非负性, 有

$$\frac{\mathrm{d}}{\mathrm{d}t}\sum_{i=1}^{N}\|v_i-\overline{v}\|^2+\gamma\sum_{i=1}^{N}\frac{\mathrm{d}}{\mathrm{d}t}(\|x_i-\overline{x}\|^2-|\langle x_i-\overline{x},l\rangle|^2)\leqslant 0. \tag{8.7}$$

简单起见, 记

$$\begin{aligned} s_i^2 &= \|x_i-\overline{x}\|^2-\|(x_i-\overline{x},l)\|^2 \quad (s_i\geqslant 0),\\ s^2 &= \gamma\sum_{i=1}^{N}(\|x_i-\overline{x}\|^2-\|(x_i-\overline{x},l)\|^2) \quad (s\geqslant 0), \qquad (8.8)\\ v^* &= (v_1-\overline{v},v_2-\overline{v},\cdots,v_N-\overline{v}). \end{aligned}$$

定义 v^* 的范数为

$$\|v^*\|=\left(\sum_{i=1}^{N}\|v_i-\overline{v}\|^2\right)^{\frac{1}{2}}. \tag{8.9}$$

则不等式 (8.7) 可写为

$$\frac{\mathrm{d}\|v^*\|^2}{\mathrm{d}t}+\frac{\mathrm{d}(s^2)}{\mathrm{d}t}\leqslant 0.$$

因此 $\|v^*\|^2+s^2$ 关于时间 t 不增, 于是

$$\|v^*(t)\|^2+s^2(t)\leqslant\|v^*(0)\|^2+s^2(0).$$

由于 $\|v^*(t)\|^2\geqslant 0$, 进一步可知

$$s^2(t)\leqslant\|v^*(0)\|^2+s^2(0)\triangleq M^* \quad (t\geqslant 0),$$

即

$$\gamma\sum_{i=1}^{N}s_i^2\leqslant M^*.$$

由均值不等式的推论, 有

$$\frac{\gamma}{N}\left(\sum_{i=1}^{N}s_i\right)^2\leqslant\gamma\sum_{i=1}^{N}s_i^2.$$

结合上述两式, 可知

$$s_i\leqslant\sum_{i=1}^{N}s_i\leqslant\sqrt{\frac{N}{\gamma}M^*}\triangleq \acute{M}. \tag{8.10}$$

事实上, 上式说明若将整个群体投影到垂直于预定方向 l 的平面内, 则投影群体可以实现相对位置的有界, 因此只需保证初始条件有界即可. 下面考虑平行于 l 方向的一维空间. 但是, 在这个一维空间内, 个体间的连接系数 $a_{ij}(x)$ 的大小仍然与群体在三维空间中的相对位置有关. 在方程 (8.1) 两端与向量 l 作内积, 得到新系统

$$\frac{\mathrm{d}\widetilde{x}_i(t)}{\mathrm{d}t}=\widetilde{v}_i(t),\quad \frac{\mathrm{d}\widetilde{v}_i(t)}{\mathrm{d}t}=\alpha\sum_{j\neq i}a_{ij}(x)(\widetilde{v}_j-\widetilde{v}_i), \tag{8.11}$$

其中 $\widetilde{x}_i\triangleq\langle x_i,l\rangle$, $\widetilde{v}_i\triangleq\langle v_i,l\rangle$, $i=1,2,\cdots,N$. 对于新系统, 依然可以仿照上述推导过程处理, 记

$$d_X=\max_{1\leqslant i<j\leqslant N}\|x_j-x_i\|,\quad d_{\widetilde{X}}=\max_{1\leqslant i<j\leqslant N}\|\widetilde{x}_j-\widetilde{x}_i\|.$$

则由 (8.10) 式, 可知

$$d_X\leqslant\sqrt{d_{\widetilde{X}}^2+M^2}. \tag{8.12}$$

于是, 有

$$\begin{aligned}\frac{\mathrm{d}}{\mathrm{d}t}\sum_{i=1}^N\|\widetilde{v}_i-\overline{\widetilde{v}}\|^2&=-\frac{\alpha}{N}\sum_{i=1}^N\sum_{j=1}^N I(\|x_j-x_i\|)\left\langle\widetilde{v}_i-\widetilde{v}_j,\widetilde{v}_i-\widetilde{v}_j\right\rangle\\&=-2\alpha\sum_{i=1}^N\Big\langle I(\|x_j-x_i\|)(\widetilde{v}_i-\overline{\widetilde{v}}),\widetilde{v}_i-\overline{\widetilde{v}}\Big\rangle\\&\leqslant-2\alpha\sum_{i=1}^N I(d_X)\|\widetilde{v}_i-\overline{\widetilde{v}}\|^2\\&\leqslant-2\alpha\sum_{i=1}^N I\left(\sqrt{d_{\widetilde{X}}^2+M^2}\right)\|\widetilde{v}_i-\overline{\widetilde{v}}\|^2.\end{aligned}$$

对 $r>0$, 令 $G(r)\triangleq I(\sqrt{r^2+M^2})$, 则上式可改写为

$$\frac{\mathrm{d}}{\mathrm{d}t}\sum_{i=1}^N\|\widetilde{v}_i-\overline{\widetilde{v}}\|^2\leqslant-2\alpha\sum_{i=1}^N G(d_{\widetilde{X}})\|\widetilde{v}_i-\overline{\widetilde{v}}\|^2.$$

文献 [54] 中, 通过构造 Lyapunov 函数的方法已经给出, 若

$$\int_0^\infty G(r)\mathrm{d}r=\infty, \tag{8.13}$$

那么存在 $d_* > 0$, 使得对任意的 $t > 0$, 均有

$$d_{\widetilde{X}}(t) \leqslant d_*. \tag{8.14}$$

接下来, 只要说明 $\int_0^{\infty} I(r)\mathrm{d}r = \infty$ 就意味着 (8.13) 的成立. 事实上, 由比较判别法, 这是显然的: $I(r+M) < G(r) < I(r)$. 综上, 由已知条件, 得到不等式 (8.14) 成立; 再由 (8.12), 得到

$$d_X(t) \leqslant \sqrt{d_{\widetilde{X}}^2 + M^2} \leqslant \sqrt{d_*^2 + M^2} \triangleq d. \tag{8.15}$$

再考虑方程 (8.6), 由不等式 (8.15), 有

$$\frac{\mathrm{d}\|v^*\|^2}{\mathrm{d}t} + \frac{\mathrm{d}(s^2)}{\mathrm{d}t} \leqslant -2\alpha I(d_*)\|v^*\|^2. \tag{8.16}$$

两边对 t 从 0 到 $+\infty$ 积分, 左边有界, 则 $\int_0^{\infty} \|v^*\|^2\mathrm{d}t$ 有界, 由 $\|v^*\|^2$ 的一致连续性, 知

$$\lim_{t\to+\infty} \|v^*\|^2 = 0. \tag{8.17}$$

这说明, 对任意个体 i, 有

$$\lim_{t\to+\infty} v_i(t) = \overline{v}(t) = \overline{v}(0). \tag{8.18}$$

对于不等式 (8.16), 注意到 $\|v^*\|^2+s^2$ 单调递减, 且 $\|v^*\|^2+s^2 \geqslant 0$, 故 $\lim\limits_{t\to+\infty}(\|v^*\|^2+s^2)$ 极限存在. 断言 $\lim\limits_{t\to+\infty} s(t) = 0$. 事实上, 若存在常数 δ, 使得 $\lim\limits_{t\to+\infty} s(t) = \delta > 0$, 则由 (8.17) 及 $s(t)$ 与 $s_i(t)$ 的定义知, 此时至少有一个 $s_i(t)$, 使得 $\overline{\lim\limits_{t\to+\infty}}\, s_i(t) = \delta_i^* > 0$. 以下分两种情况讨论:

(i) 若 $\underline{\lim\limits_{t\to+\infty}}\, s_i(t) = \delta_i > 0$, 则由 (8.18), 可取定 $t_* > 0$, 使得当 $t \geqslant t_*$ 时,

$$\left\|\alpha \sum_{j\neq i} a_{ij}(x)(v_j - v_i)\right\| < \frac{1}{3}\gamma\delta_i^*$$

与

$$\delta_i - s_i \leqslant \frac{1}{3}\delta_i^*$$

同时成立, 则当 $t \geqslant t_*$ 时, 始终有

$$\left\|\frac{\mathrm{d}}{\mathrm{d}t}v_i\right\| > \frac{1}{3}\gamma\delta_i,$$

且由 s_i 连续, 知 $\dfrac{\mathrm{d}v_i}{\mathrm{d}t}$ 保持定号. 这显然与 (8.18) 式矛盾.

(ii) 若 $\lim\limits_{t\to+\infty} s_i(t) = \delta_i = 0$, 则取 $\widetilde{\delta}_i$, 使得 $0 < \widetilde{\delta}_i < \delta_i^*$, 再取

$$N > \sqrt{\frac{2(\delta_i^* - \widetilde{\delta}_i)}{\gamma\widetilde{\delta}_i}}, \tag{8.19}$$

由 (8.18) 式, 可以取 $t_1 > 0$, 使得当 $t > t_1$ 时, 以下两式同时成立

$$\|v_i - \overline{v}\| < \frac{\delta_i^* - \widetilde{\delta}_i}{2N}, \quad \left\|\alpha\sum_{j\neq i} a_{ij}(x)(v_j - v_i)\right\| < \frac{\gamma\widetilde{\delta}_i}{2}. \tag{8.20}$$

由 $\overline{\lim\limits_{t\to+\infty}}\, s_i(t) = \delta_i^*$, 可取 $t_2 > t_1$, 使得

$$\delta_i^* - s_i(t_2) < \frac{\delta_i^* - \widetilde{\delta}_i}{2}, \tag{8.21}$$

由 $\underline{\lim\limits_{t\to+\infty}}\, s_i(t) = 0$ 以及 $s_i(t)$ 的连续性, 可取最小的 t_3, 使得 $t_3 > t_2$, 且

$$s_i(t_3) = \widetilde{\delta}_i, \tag{8.22}$$

由 (8.20) 式、(8.21) 式以及 (8.22) 式, 知

$$t_3 - t_2 > N,$$

于是由 (8.19) 式, 可得

$$\begin{aligned} v_i(t_3) - v_i(t_2) &= \int_{t_2}^{t_3}\left(\alpha\sum_{j\neq i}(x)(v_j - v_i) + \gamma s_i\right)\mathrm{d}t \\ &> \int_{t_2}^{t_3}\frac{\gamma s_i}{2}\mathrm{d}t > \frac{N\gamma\widetilde{\delta}_i}{2} > \frac{\delta_i^* - \widetilde{\delta}_i}{N}, \end{aligned} \tag{8.23}$$

这与 (8.20) 式矛盾.

因此, $\lim\limits_{t\to\infty}(\|v^*\|^2+s^2)=0$ 蕴含 $\lim\limits_{t\to\infty}s^2=0$, 从而

$$\lim_{t\to\infty}\left(\langle x_i-\overline{x},l\rangle l-(x_i-\overline{x})\right)=0,$$

对于三维情形，也即

$$\lim_{t\to\infty}(x_i-\overline{x})\times l=0.$$

至此, 定义 8.1.1 中的要求全部满足. 综上所述, 得到由方程 (8.1) 所刻画的系统, 只要系统的连接系数满足 $\int_0^\infty I(r)\mathrm{d}r=\infty$, 那么满足定义 8.1.1 的集群解就可以实现. □

8.1.2 圆形模式集群

类似于 8.1 节所给出的直线构型集群的定义, 给出圆形构型集群的定义.

定义 8.1.2 *给定圆的半径 R, 若群体在满足定义 1.2.1 的基础上, 对任意的个体 i, 均有 $\lim\limits_{t\to\infty}\|x_i-\overline{x}\|=R$. 就说质点群是最终实现圆形模式的集群.*

为满足定义 8.1.2 所述的集群, 在原始的 Cucker-Smale 模型中增添一个作用力, 使其最终不但实现集群, 而且还形成特定的圆形空间构型. 事实上, 将系统最终的“空间结构信息”引入到个体的演化规则中, 从而使整个群体向着给定的构型演化发展, 即 Cucker-Smale 模型中速度的变化应该受到特定外力的作用. 给出的模型如下

$$\begin{cases}\dfrac{\mathrm{d}}{\mathrm{d}t}x_i(t)=v_i(t),\\[2ex]\dfrac{\mathrm{d}}{\mathrm{d}t}v_i(t)=\alpha\displaystyle\sum_{j=1}^{n}a_{ij}(x)(v_j(t)-v_i(t))+\widetilde{F}(x_i).\end{cases}\tag{8.24}$$

空间构型作用力 $\widetilde{F}$ 定义为

$$\widetilde{F}(x_i)=\frac{w_i}{1+\displaystyle\sum_{i=1}^{N}\|w_i\|},\tag{8.25}$$

其中 $w_i=\left(1-\dfrac{R}{\|x_i-\overline{x}\|}\right)(\overline{x}-x_i)$, R 为集群构型所要求的圆或球的半径, $\overline{x}$ 代表群体的中心, 其他各参数的意义与上一节一致. 由 w_i 的定义, 可以看出 $\widetilde{F}(x_i)$ 刻画了个体具有的性质, 即当个体和群体质心的距离超过给定半径时, 赋予个体指

向圆心的加速度; 而当个体和质心的距离小于给定半径时, 施加给个体的构型驱动力应当使其远离圆心. 并且个体离圆心的距离越大, 这个施加的力就越大; 个体越接近圆周, 这个力就应当越小. 以上形式的力满足这样的特点.

8.1.3 仿真验证

本节将对 8.1.1 节及 8.1.2 节中的模型进行仿真, 验证所建立的集群模型的合理性. 从仿真结果中揭示模型中个体间连接系数 a_{ij} 以及群体的构型驱动力 F 对最终集群效果的影响.

在 8.1.1 节, 证明了具有对称形式相互作用的集群条件, 而在直线构型集群的仿真实验中, 将同时考虑对称与非对称的情况. 而在圆形构型的集群仿真中, 仅考虑对称形式的连接系数.

8.1.3.1 直线形集群模型的仿真

对于直线形的集群模型, 将对称形式和非对称形式的连接系数 a_{ij} 分别取为

$$a_{ij}^{CS}(x) = I(\|x_i - x_j\|)/N$$

及

$$a_{ij}^{MT}(x) = \frac{I(\|x_i - x_j\|)}{\sum_{k=1}^{N} I(\|x_i - x_j\|)}.$$

而对于实现直线集群模式的作用力, 分别取 (8.2) 所示对称形式的作用力

$$F(x_i) = \gamma\left(\langle x_i - \overline{x}, l\rangle l - (x_i - \overline{x})\right)$$

与非对称形式的作用力

$$F(x_i) = \frac{\gamma w_i}{1 + \sum_{i=1}^{N} |w_i|}, \quad w_i = \langle x_i - \overline{x}, l\rangle l - (x_i - \overline{x}).$$

在本节的仿真实验中都预定方向为 $y = x$, 个体数 $N = 20$, 初始位置和初始速度分别由区间 $[0, 10]$、区间 $[0, 1]$ 中的随机数产生, 时间间隔设定为 0.01. 通过调整系统的连接系数 a_{ij} 中参数 β 的取值, 探索 β 的取值与最终集群状态的关系. 仿真实验中, 发现 $\beta \leqslant \dfrac{1}{2}$ 时, 系统的集群模式总能实现, 只是系统的收敛速度有所不同; 参数 β 的值越小, 则系统收敛为直线模式的速度越快, 反之, 参数 β 的值越大, 则系统收敛的速度越慢; 而当 $\beta > \dfrac{1}{2}$ 时, 发现集群也有可能实现.

仿真中将同时考虑对称的个体间连接系数和非对称的个体间连接系数两种情况. 对于影响函数的形式, 取为原始 Cucker-Smale 模型所采用的函数, 即 $I(r)=(1+r^2)^{-\beta}$, 而模型 (8.1) 采用对称形式连接系数与非对称形式外力时进行仿真, 此时 $a_{ij}=a_{ij}^{CS}$, $F(x_i)=\dfrac{w_i}{1+\sum_{i=1}^{N}\|w_i\|}$, 其中 $w_i=\gamma\left(\langle x_i-\overline{x},l\rangle l-(x_i-\overline{x})\right)$. 取 $d=2$, $\beta=\dfrac{1}{10}$, $l=\dfrac{1}{\sqrt{2}}(1,1)$, $\alpha=1$, $N=20$. 仿真结果如图 8.1 所示, 可以看出, 质点群最终收敛到预定构型上.

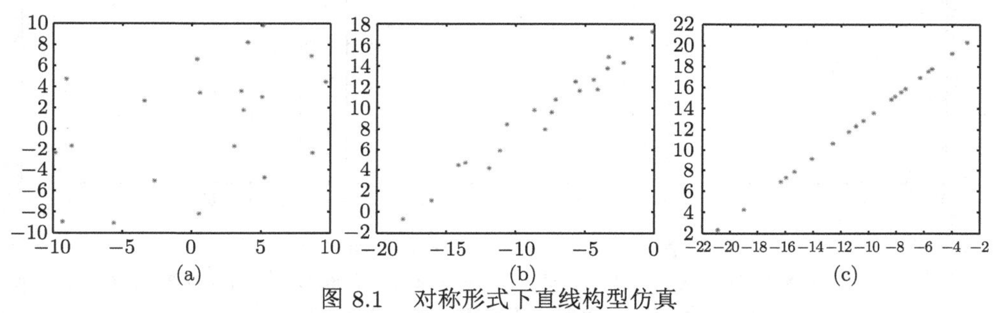

图 8.1　对称形式下直线构型仿真

(a) 为系统中各质点的初始位置; (b) 为群体运动到中间时刻的状态; (c) 为最终形成的集群样式. 各参数的值给定为 $d=2$, $\beta=1/10$, $l=\dfrac{1}{\sqrt{2}}(1,1)$, $\alpha=1$, $N=20$

对于非对称形式的连接系数, $a_{ij}=a_{ij}^{MT}$, F 由 (8.2) 给定, 其他各参数取值与上述相同. 仿真结果如图 8.2 所示.

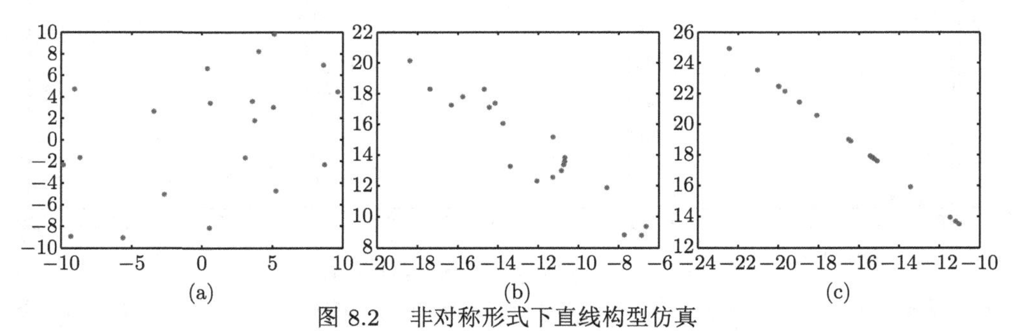

图 8.2　非对称形式下直线构型仿真

(a) 为系统中各质点的初始位置; (b) 为群体运动到中间时刻的状态; (c) 为最终形成的集群样式. 各参数的值给定为 $d=2$, $\beta=1/10$, $l=\dfrac{1}{\sqrt{2}}(1,1)$, $\alpha=1$, $N=20$

8.1.3.2　圆形集群模式的仿真

接下来, 对于圆形构型的仿真, 选取对称形式的连接系数, 此时 $a_{ij}=a_{ij}^{CS}$, 并且构型驱动力为

$$\widetilde{F}(x_i) = \frac{w_i}{1 + \sum_{i=1}^{N} \|w_i\|},$$

其中 $w_i = \left(1 - \frac{R}{\|x_i - \overline{x}\|}\right)(\overline{x} - x_i)$. 取参数 $d = 2$, $\beta = \frac{1}{6}$, $R = 5$, $\alpha = 1$, $N = 45$. 那么仿真结果如图 8.3 所示.

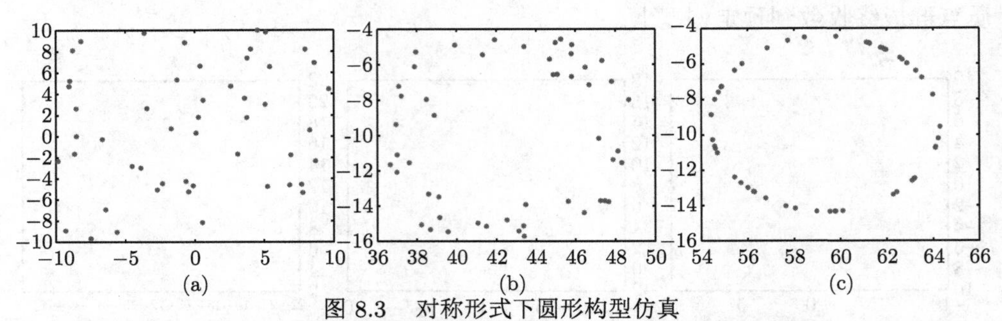

图 8.3　对称形式下圆形构型仿真

(a) 为系统中各质点的初始位置; (b) 为群体运动到中间时刻的状态; (c) 为最终形成的集群样式. 各参数的值给定为 $d = 2$, $\beta = \frac{1}{6}$, $R = 5$, $\alpha = 1$, $N = 45$

采用相同的初值, 以下取参数 $d = 2$, $\beta = \frac{1}{10}$, $R = 4$, $\alpha = 1$, $N = 45$ 并考虑非对称的连接系数 $a_{ij} = a_{ij}^{MT}$, 那么仿真结果如图 8.4 所示.

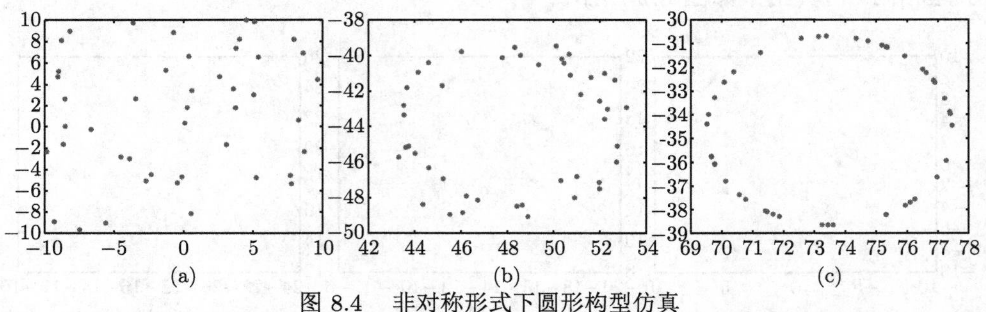

图 8.4　非对称形式下圆形构型仿真

(a) 为系统中各质点的初始位置; (b) 为群体运动到中间时刻的状态; (c) 为最终形成的集群样式. 各参数的值给定为 $d = 2$, $\beta = \frac{1}{10}$, $R = 4$, $\alpha = 1$, $N = 45$

8.2　免碰撞直线编队模型

众所周知, 研究避碰问题有两种方法. 一种方法是考虑带有奇异交流函数的 Cucker-Smale 模型. 例如, 在文献 [271] 中作者研究了一种排斥机制, 以确保避免粒子之间的碰撞. 文献 [73] 改进了 [178] 的结果, 证明了 $\alpha \in [1,\infty)$, 粒子不会碰撞, 因此系统的解在时间上是全局存在光滑且唯一的. [73] 的主要贡献是为解决避碰问题提供了一种思路, 但是作者并没有在 [73] 中指出这些粒子最终是否能形成所需的空间构型. 另一种方法是研究包含粒子间的结合力的 Cucker-Smale 模型. 例如, 文献 [72] 和 [175] 证明了不同的结合力表达式有不同的渐近免碰撞集群, 其渐近免碰撞集群解取决于 β 的值. 在文献 [172] 中, 作者采用能量法得到了另一种结合力表达式的避免碰撞集群, 并通过数值模拟给出了空间构型的一些结果. 然而, 他们并没有在论文中提供空间构型的数学证明. 在工作[38] 中, 验证了给定结合力表达式的 Cucker-Smale 模型具有渐近集群, 粒子最终排列成线形. 然而, 在集群过程中, 粒子之间的碰撞并不能避免. 鉴于此, 本节将研究粒子间具有结合力 F 以及奇异交流函数的群体运动模型的免碰撞集群问题和编队问题.

考虑由 N 个粒子组成的系统, 令 $x_i=\left(x_i^1,x_i^2,\cdots,x_i^d\right)\in\mathbb{R}^d$ 和 $v_i=(v_i^1,v_i^2,\cdots,v_i^d)\in\mathbb{R}^d$ 为粒子 i 在 t 时刻的位移和速度, 研究的模型如下

$$\begin{cases}\dfrac{\mathrm{d}}{\mathrm{d}t}x_i=v_i, \quad i=1,\cdots,N,\\[2ex] \dfrac{\mathrm{d}}{\mathrm{d}t}v_i=\dfrac{K_0}{N}\displaystyle\sum_{j=1,j\neq i}^{N}\psi\left(\|x_i-x_j\|\right)\left(v_j-v_i\right)+F\left(x_i\right),\end{cases} \tag{8.26}$$

满足初值

$$(x_i(0),v_i(0)):=\left(x_{i0},v_{i0}\right), \quad i=1,\cdots,N, \tag{8.27}$$

其中常数 $K_0>0$ 是系统的耦合强度, ψ 是奇异通信函数, 形式如下

$$\psi(r)=r^{-\alpha}, \quad 其中 \quad \alpha\geqslant 1. \tag{8.28}$$

在模型 (8.26) 中, $F\left(x_i\right):\mathbb{R}^d\to\mathbb{R}^d$ 定义为粒子间的结合力满足如下条件:

($F1$) $F(x)$ 满足 Lipschitz 条件

$$\left\|F\left(x_i\right)-F\left(x_j\right)\right\|\leqslant L\left\|x_i-x_j\right\|,$$

其中 $L>0$ 为 Lipschitz 常数;

($F2$) $\sum_{i=1}^{N}F\left(x_i\right)=\mathbf{0}$, 其中 $\mathbf{0}\in\mathbb{R}^d$ 为零向量;

($F3$) 对于 $x_i\neq 0$, 存在常数 $p>1$ 使得

$$\langle F(x_i),v_i\rangle\leqslant\frac{1}{p}K_0\psi\left(2\left\|x_i\right\|\right)\left\|v_i\right\|^2,$$

其中 ψ 定义如(8.28)所示.

定义 $x = (x_1, \cdots, x_N)$ 表示粒子的位移, $v = \dfrac{\mathrm{d}}{\mathrm{d}t}x$ 表示速度. 对于向量 x_i, $v_i \in \mathbb{R}^d$, 其欧氏范数和内积定义如下

$$\|x_i\| := \left(\sum_{k=1}^{d}\left(x_i^k\right)^2\right)^{\frac{1}{2}}, \quad \langle x_i, v_i\rangle := \sum_{k=1}^{d} x_i^k v_i^k, \tag{8.29}$$

其中 x_i^k 和 v_i^k 分别为 x_i 和 v_i 的第 k 个分量. 定义系统质心坐标 $(\overline{x}, \overline{v})$ 为

$$\overline{x} := \frac{1}{N}\sum_{i=1}^{N} x_i, \quad \overline{v} := \frac{1}{N}\sum_{i=1}^{N} v_i.$$

根据(8.26)式、条件 $(F2)$ 以及 $\psi(\|x_i - x_j\|)$ 的对称性, 易知

$$\frac{\mathrm{d}}{\mathrm{d}t}\overline{x} = \overline{v}, \quad \frac{\mathrm{d}}{\mathrm{d}t}\overline{v} = 0.$$

因此可得, $\overline{x}(t) = \overline{x}(0) + \overline{v}(0)t$, $\overline{v}(t) = \overline{v}(0)$, $t \geqslant 0$. 不失一般性, 假设质心坐标在任意 t 时刻为 0, 即

$$\overline{x}(t) = 0, \quad \overline{v}(t) = 0. \tag{8.30}$$

这意味着

$$\sum_{i=1}^{N} x_i = 0, \quad \sum_{i=1}^{N} v_i = 0, \quad t \geqslant 0. \tag{8.31}$$

8.2.1 免碰撞条件

本节的目的是给出系统 (8.26) 在状态演化过程中避免碰撞的条件. 在此之前, 先证明系统 (8.26) 全局解的存在唯一性. 为此, 结合 L_∞ 分析和 Lyapunov 泛函方法, 建立有限区间 $[0, T]$ 上的耗散微分不等式, 然后证明系统具有全局光滑解. 令

$$\|x(t)\|_\infty := \max_{1\leqslant i\leqslant N}\|x_i(t)\|, \quad \|v(t)\|_\infty := \max_{1\leqslant i\leqslant N}\|v_i(t)\|,$$

其中 $x := (x_1, \cdots, x_N)$ 和 $v := (v_1, \cdots, v_N)$ 为 $\mathbb{R}^{Nd}$ 中的向量.

为了证明集群结果, 需要构造以下引理.

引理 8.2.1 假设系统满足 $(F2)$ 和 $(F3)$, 令 $\{(x_i, v_i)\}_{i=1}^{N}$ 为具有(8.28) 形式的交流函数 ψ 的系统 (8.26) 的全局光滑解. 则 $\|x(t)\|_\infty$ 和 $\|v(t)\|_\infty$ 满足

$$\left|\frac{\mathrm{d}}{\mathrm{d}t}\|x(t)\|_\infty\right| \leqslant \|v(t)\|_\infty, \tag{8.32}$$

以及

$$\frac{\mathrm{d}}{\mathrm{d}t}\|v(t)\|_\infty \leqslant -\frac{p-1}{p}K_0\psi\left(2\|x(t)\|_\infty\right)\|v(t)\|_\infty, \quad \text{a.e.} \quad t\in[0,\infty). \tag{8.33}$$

证明 (8.32) 式的证明与文献 [178] 中引理 3.1(i) 的证明类似. 为了证明 (8.33) 式, 令 $\{s_i\}$, 存在时间序列满足 $0 = s_0 < s_i < \cdots < s_n < \cdots$, 并且$\|v(t)\|_\infty$ 在 (s_{i-1}, s_i), $i = 1, 2, \cdots$ 上可微. 根据 $\|x(t)\|_\infty$ 和 $\|v(t)\|_\infty$ 的定义, 任意给定 $t \in (s_{i-1}, s_i)$, 存在 $h, k \in \{1, \cdots, N\}$, 使得

$$\|x(t)\|_\infty = \|x_h(t)\|, \quad \|v(t)\|_\infty = \|v_k(t)\|, \tag{8.34}$$

其中 h 和 k 可以不相等. 由于 $v_k(t)$ 具有最大范数, 因此可得

$$\langle v_k(t) - v_j(t), v_k(t)\rangle \geqslant 0, \quad j \neq k.$$

此外根据 (8.34) 式可得

$$\|x_k(t) - x_j(t)\| \leqslant \|x_h(t) - x_j(t)\| \leqslant 2\|x(t)\|_\infty.$$

结合 (8.26) 式以及 (8.28) 式可得

$$\begin{aligned}\frac{\mathrm{d}}{\mathrm{d}t}\|v_k(t)\|^2 =& -\frac{2K_0}{N}\sum_{j=1}^N \psi\left(\|x_k(t) - x_j(t)\|\right)\langle v_k(t) - v_j(t), v_k(t)\rangle \\ &+ 2\left\langle F\left(x_k(t)\right), v_k(t)\right\rangle,\end{aligned}$$

进而由 (8.31) 式、(8.34) 式、条件 $(F3)$ 以及 ψ 的非增性有

$$\begin{aligned}\frac{\mathrm{d}}{\mathrm{d}t}\|v_k(t)\|^2 \leqslant& -\frac{2K_0}{N}\psi\left(2\|x(t)\|_\infty\right)\sum_{j=1}^N \langle v_k(t) - v_j(t), v_k(t)\rangle \\ &+ 2\left\langle F\left(x_k(t)\right), v_k(t)\right\rangle \\ \leqslant& -2K_0\psi\left(2\|x(t)\|_\infty\right)\|v(t)\|_\infty^2 \\ &+ \frac{2}{p}K_0\psi\left(2\|x(t)\|\right)\|v_k(t)\|^2 \\ =& -2\frac{p-1}{p}K_0\psi\left(2\|x(t)\|_\infty\right)\|v(t)\|_\infty^2, \quad t \in \left(s_{i-1}, s_i\right).\end{aligned} \tag{8.35}$$

因此, 对于 $t \in (s_{i-1}, s_i)$, 结合 (8.34) 式和 (8.35) 式可得

$$2\|v(t)\|_\infty\frac{\mathrm{d}}{\mathrm{d}t}\|v(t)\|_\infty = \frac{\mathrm{d}}{\mathrm{d}t}\|v(t)\|_\infty^2 = \frac{\mathrm{d}}{\mathrm{d}t}\|v_k(t)\|^2 \leqslant -2\frac{p-1}{p}K_0\psi\left(2\|x(t)\|_\infty\right)\|v(t)\|_\infty^2,$$

这意味着 (8.33) 式成立. □

引理 8.2.2　假设条件 $(F2)$ 和 $(F3)$ 成立, 令 $\{(x_i, v_i)\}_{i=1}^N$ 为具有 (8.28) 形式的交流函数 ψ 的系统 (8.26) 的全局光滑解. 若 $\{(x_{i0}, v_{i0})\}_{i=1}^N$ 满足

$$\|x_0\|_\infty > 0, \quad \|v_0\|_\infty < \frac{p-1}{p} K_0 \int_{2\|x_0\|_\infty}^{\infty} \psi(s)\mathrm{d}s, \tag{8.36}$$

则

$$\|v(t)\|_\infty + \frac{p-1}{2p} K_0 \left| \int_{2\|x_0\|_\infty}^{2\|x(t)\|_\infty} \psi(s)\mathrm{d}s \right| \leqslant \|v_0\|_\infty, \quad t \in (0, \infty). \tag{8.37}$$

此外, 存在 $x_M > \|x_0\|_\infty$ 使得

$$\|x(t)\|_\infty \leqslant x_M < \infty, \quad t \geqslant 0. \tag{8.38}$$

证明　为了证明上述引理, 考虑 Lyapunov 函数

$$\mathcal{L}_\pm \left(\|x(t)\|_\infty, \|v(t)\|_\infty\right) := \frac{1}{p-1}\|v(t)\|_\infty \pm \frac{K_0}{2p}\Psi\left(2\|x(t)\|_\infty\right),$$

其中 $\Psi(\cdot)$ 为 ψ 的原函数. 为了证明 (8.37) 式, 首先证明 $\mathcal{L}_\pm$ 非增. 利用 (8.32) 式可得

$$\begin{aligned}
&\frac{\mathrm{d}}{\mathrm{d}t}\mathcal{L}_\pm \left(\|x(t)\|_\infty, \|v(t)\|_\infty\right) \\
&= \frac{\mathrm{d}}{\mathrm{d}t}\left(\frac{1}{p-1}\|v(t)\|_\infty \pm \frac{K_0}{2p}\Psi\left(2\|x(t)\|_\infty\right)\right) \\
&= \frac{1}{p-1}\frac{\mathrm{d}}{\mathrm{d}t}\|v(t)\|_\infty \pm \frac{K_0}{p}\psi\left(2\|x(t)\|_\infty\right)\frac{\mathrm{d}}{\mathrm{d}t}\|x(t)\|_\infty \\
&\leqslant \left(-\|v(t)\|_\infty \pm \frac{\mathrm{d}\|x(t)\|_\infty}{\mathrm{d}t}\right)\frac{K_0}{p}\psi\left(2\|x(t)\|_\infty\right) \leqslant 0,
\end{aligned} \tag{8.39}$$

这意味着 $\mathcal{L}_\pm \left(\|x(t)\|_\infty, \|v(t)\|_\infty\right)$ 为关于 t 的非增函数. 因此

$$\frac{1}{p-1}\|v(t)\|_\infty \pm \frac{K_0}{2p}\Psi\left(2\|x(t)\|_\infty\right) \leqslant \frac{1}{p-1}\|v_0\|_\infty \pm \frac{K_0}{2p}\Psi\left(2\|x_0\|_\infty\right),$$

进而可导出

$$\|v(t)\|_\infty - \|v_0\|_\infty \leqslant \mp\frac{(p-1)K_0}{2p}\left[\Psi\left(2\|x(t)\|_\infty\right) - \Psi\left(2\|x_0\|_\infty\right)\right].$$

因此, 有

$$\begin{aligned}\|v(t)\|_\infty-\|v_0\|_\infty &\leqslant -\frac{(p-1)K_0}{2p}\left|\Psi\left(2\|x(t)\|_\infty\right)-\Psi\left(2\left\|x_0\right\|_\infty\right)\right| \\ &=-\frac{(p-1)K_0}{2p}\left|\int_{2\|x_0\|_\infty}^{2\|x(t)\|_\infty}\psi(s)\mathrm{d}s\right|,\end{aligned} \tag{8.40}$$

这意味着 (8.37) 式成立.

下面证明 (8.38) 式. 若不然, 存在 $t_*\in(0,\infty)$, 使得

$$\left\|x\left(t_*\right)\right\|_\infty>x_M.$$

然而, 对于 $t>0$, 由 (8.37) 式可得

$$\frac{(p-1)K_0}{2p}\left|\int_{2\|x_0\|_\infty}^{2\|x(t)\|_\infty}\psi(s)\mathrm{d}s\right|\leqslant\|v_0\|_\infty.$$

特别地, 当 $t=t_*$ 时, 有

$$\frac{(p-1)K_0}{2p}\left|\int_{2\|x_0\|_\infty}^{2\|x(t_*)\|_\infty}\psi(s)\mathrm{d}s\right|\leqslant\|v_0\|_\infty. \tag{8.41}$$

另一方面, 由于 ψ 为非增的正函数, 则 $\int_{2\|x_0\|_\infty}^{\delta}\psi(s)\mathrm{d}s$ 在 $\delta>2\left\|x_0\right\|_\infty$ 上非减. 因此, 可选择 $x_M>0$, 使得

$$\begin{aligned}\|v_0\|_\infty &=\frac{(p-1)K_0}{2p}\int_{2\|x_0\|_\infty}^{2x_M}\psi(s)\mathrm{d}s \\ &<\frac{(p-1)K_0}{2p}\left|\int_{2\|x_0\|_\infty}^{2\|x(t_*)\|_\infty}\psi(s)\mathrm{d}s\right|.\end{aligned} \tag{8.42}$$

这与 (8.41) 式矛盾. 因此, (8.38) 式成立. □

定义 8.2.1 在多自主体系统 $\mathcal{P}:=\{(x_i,v_i)\}_{i=1}^N$ 中, 粒子 j 和粒子 i 在 t_0 时刻发生碰撞当且仅当 $x_i(t_0)=x_j(t_0)$; 在 t_0 时刻不碰撞当且仅当 $x_i(t_0)\neq x_j(t_0)$.

定理 8.2.1 假设条件 $(F1)$—$(F3)$ 满足, 初始条件 $\{(x_{i0},v_{i0})\}_{i=1}^N$ 满足 (8.36) 式以及 $x_{i0}\neq x_{j0}$, $1\leqslant i\neq j\leqslant N$, 则具有 (8.28) 形式的交流函数 ψ 的系统 (8.26) 具有全局唯一光滑解 $\{x_i(t),v_i(t)\}_{i=1}^N$. 此外, 系统状态演化过程中能够避免碰撞, 即 $x_i(t)\neq x_j(t)$, $1\leqslant i\neq j\leqslant N, t\geqslant 0$.

证明　首先给定 $\alpha \geqslant 1$ 和 $T>0$, 可证明系统 (8.26) 在 $[0,T]$ 上有唯一解且任何粒子不发生碰撞. 这是因为, 当 $x_{i0} \neq x_{j0}$ 且交流函数 ψ 在 0 点为奇异函数. 因此, 局部解存在且唯一. 为了完成证明, 分为两种情形讨论, 其一是粒子在 $[0,T]$ 上不发生碰撞且解可以延拓到 $[0,T]$ 上; 其二是存在 $t_0 \in (0,T]$ 为粒子第一次发生碰撞的时间, 解在 $[0,t_0)$ 上光滑.

假设 t_0 存在, 则根据其定义可得存在指数 $l=1,\cdots,N$, 使得第 l 个粒子和其他粒子碰撞. 用集合 $[l]$ 表示和粒子 j 碰撞的粒子的集合, 即

$$
\begin{aligned}
&\|x_l(t)-x_j(t)\| \to 0, \quad \text{当 } t \to t_0 \text{ 时对任意 } j \in [l], \\
&\|x_l(t)-x_j(t)\| \geqslant \delta > 0, \quad \text{对于 } t \in [0,t_0),\ j \notin [l],\ \delta > 0.
\end{aligned}
\tag{8.43}
$$

根据 t_0 的定义可知, 集合 $[l]$ 非空. 定义如下变量

$$
\|x\|(t) := \left(\sum_{i,j\in[l]} \|x_i(t)-x_j(t)\|^2 \right)^{\frac{1}{2}},
$$

$$
\|v\|_{[l]}(t) := \left(\sum_{i,j\in[l]} \|v_i(t)-v_j(t)\|^2 \right)^{\frac{1}{2}}.
$$

由 (8.43) 式, 可得

$$
\|x\|_{[l]}(t) \to 0, \quad t \to t_0. \tag{8.44}
$$

如果当 $t \to t_0$ 时, $\|x\|_{[l]} \to 0$ 不成立, 这将与 t_0 的定义矛盾.

一方面, 利用 Cauchy-Schwarz 不等式可得

$$
\frac{\mathrm{d}}{\mathrm{d}t}\|x\|_{[l]}^2 = 2 \sum_{i,j\in[l]} (x_i-x_j)(v_i-v_j) \leqslant 2\|x\|_{[l]}\|v\|_{[l]}.
$$

这意味着

$$
\left| \frac{\mathrm{d}}{\mathrm{d}t}\|x\|_{[l]} \right| \leqslant \|v\|_{[l]}. \tag{8.45}
$$

另一方面, 由 (8.26) 式可导出

$$
\begin{aligned}
\frac{\mathrm{d}}{\mathrm{d}t}\|v\|_{[l]}^2 = 2 \sum_{i,j\in[l]} (v_i-v_j) \cdot \Bigg[&\frac{K_0}{N} \sum_{k=1}^{N} \psi(\|x_k-x_i\|)(v_k-v_i) \\
&- \frac{K_0}{N} \sum_{k=1}^{N} \psi(\|x_k-x_j\|)(v_k-v_j) + F(x_i) - F(x_j) \Bigg] =: J_1+J_2+J_3,
\end{aligned}
\tag{8.46}
$$

其中

$$J_1 = \frac{2K_0}{N} \sum_{i,j,k\in[l]} \left[\psi(r_{ik})v_{ij}\cdot(v_k - v_i) - \psi(r_{jk})v_{ij}\cdot v_{kj}\right],$$

$$J_2 = \frac{2K_0}{N} \sum_{i,j\in[l],k\notin[l]} \left[\psi(r_{ik})(v_i - v_j)v_{ki} - \psi(r_{jk})v_{ij}\cdot v_{kj}\right],$$

$$J_3 = 2\sum_{i,j\in[l]} v_{ij}\cdot\left[F(x_i) - \widehat{F}(x_j)\right],$$

其中 $r_{ij} = \|x_i - x_j\|$, $v_{ij} = v_i - v_j$. 接下来分别给出 J_1, J_2, J_3 的估计.

首先互换 J_1 中下标 k 和 i, 根据反对称性可得

$$\begin{aligned}
&\frac{2K_0}{N}\sum_{i,j,k\in[t]} \psi(r_{ik})v_{ij}\cdot v_{ki} \\
=&\frac{K_0}{N}\sum_{i,j,k\in[l]} \psi(r_{ki})v_{ij}\cdot(v_k - v_i) - \frac{K_0}{N}\sum_{i,j,k\in[l]} \psi(r_{ki})v_{kj}\cdot v_{ki} \\
=&\frac{K_0}{N}\sum_{i,j,k\in[l]} \psi(r_{ki})v_{ik}\cdot v_{ki} \\
=&-\frac{K_0|[l]|}{N}\sum_{i,j\in[l]} \psi(r_{ij})\|v_i - v_j\|^2.
\end{aligned} \tag{8.47}$$

类似地, 有

$$-\frac{2K_0}{N}\sum_{i,j,k\in[l]} \psi(r_{jk})v_{ij}\cdot(v_k - v_j) = -\frac{K_0|[l]|}{N}\sum_{i,j\in[l]} \psi(r_{ij})v_{ij}^2.$$

根据 ψ 的单调性和 $\|x_i - x_j\| \leqslant \|x\|_{[l]}$ 以及 $\|\cdot\|_{[l]}$ 的定义可得

$$\begin{aligned}
J_1 &= -\frac{2K_0|[l]|}{N}\sum_{i,j\in[l]} \psi\left(\|x_i - x_j\|\right)\|v_i - v_j\|^2 \\
&\leqslant -\frac{2K_0|[l]|}{N}\psi\left(\|x\|_{[l]}\right)\sum_{i,j\in[l]} \|v_i - v_j\|^2 \\
&= -\frac{2K_0|[l]|}{N}\psi\left(\|x\|_{[l]}\right)\|v\|_{[l]}^2.
\end{aligned}$$

下面对 J_2 进行估计. 根据 (8.43) 式可得, 对于 $i \in [l]$ 和 $k \notin [l]$, 有 $\|x_k - x_i\|$ 和 0 分离. 此外, 根据 (8.37) 式可得, 存在 $M > 0$ 使得

$$\|v_k - v_j\| \leqslant \|v_k\| + \|v_j\| \leqslant 2M.$$

因此, 利用 Cauchy-Schwarz 不等式可得

$$\begin{aligned}
J_2 &\leqslant \frac{2K_0L(\delta)}{N} \sum_{i,j\in[l],k\notin[l]} \|x_i - x_j\| \|(v_i - v_j)\| \|(v_k - v_j)\| \\
&\leqslant \sum_{i,j\in[l],k\notin[l]} \|x_i - x_j\| \|v_i - v_j\| \leqslant \sum_{i,j\in[l]} \|x_i - x_j\| \|v_i - v_j\| \\
&= \frac{4MK_0L(\delta)(N - |[l]|)}{N} \sum \|v\|_{[l]} \|x\|_{[l]},
\end{aligned} \tag{8.48}$$

其中 $L(\delta)$ 为 ψ 在区间 $(0, \delta)$ 的 Lipschitz 常数.

最后对 J_3 进行估计, 从条件 $(F1)$ 可以得到

$$\begin{aligned}
J_3 &= 2 \sum_{i,j\in[l]} (v_i - v_j) \left[F(x_i) - F(x_j)\right] \\
&\leqslant 2 \sum_{i,j\in[l]} (v_i - v_j) \|F(x_i) - F(x_j)\| \\
&\leqslant 2L \sum_{i,j\in[l]} \|v_i - v_j\| \|x_i - x_j\| \\
&\leqslant 2C \|x\|_{[l]} \|v\|_{[l]}.
\end{aligned} \tag{8.49}$$

因此, 综合上述估计可以得到

$$\frac{\mathrm{d}}{\mathrm{d}t} \|v\|_{[l]}^2 \leqslant -2c_0 \psi\left(\|x\|_{[l]}\right) \|v\|_{[l]}^2 + 2c_1 \|v\|_{[l]} \|x\|_{[l]}.$$

这意味着

$$\frac{\mathrm{d}}{\mathrm{d}t} \|v\|_{[l]} \leqslant -c_0 \psi\left(\|x\|_{[l]}\right) \|v\|_{[l]} + c_1 \|x\|_{[l]},$$

其中

$$c_0 := \frac{K_0|[l]|}{N}, \quad c_1 := \frac{2MK_0L(\delta)(N - |[l]|) + LN}{N}.$$

注意到如果 $\|v\|_{[l]} \neq 0$, 则 $\frac{\mathrm{d}}{\mathrm{d}t}\|v\|_{[l]}^2 = 2\|v\|_{[l]} \frac{\mathrm{d}}{\mathrm{d}t}\|v\|_{[l]}$. 另一方面, 如果 $\|v\|_{[l]} \equiv 0$ 在开子区间 (s, t_0) 上可得

$$0 \equiv \frac{\mathrm{d}}{\mathrm{d}t} \|v\|_{[l]} \leqslant -c_0 \psi\left(\|x\|_{[l]}\right) \|v\|_{[l]} + c_1 \|x\|_{[l]} = c_1 \|x\|_{[l]}.$$

因此, 可导出

$$\frac{\mathrm{d}}{\mathrm{d}t}\|v\|_{[l]} \leqslant -c_0\psi\left(\|x\|_{[l]}\right)\|v\|_{[l]} + c_1\|x\|_{[l]}, \quad \text{a.e.} \quad t \in (s, t_0).$$

进而由 Gronwall 不等式以及 $\|v\|_{[l]}$ 的连续性可得

$$\|v\|_{[l]}(t) \leqslant \left(c_1\int_s^t \|x\|_{[l]}(\tau)\mathrm{e}^{c_0\int_s^\tau \psi\left(\|x\|_{[l]}(\sigma)\right)\mathrm{d}\sigma}\mathrm{d}\tau + \|v\|_{[l]}(s)\right) \cdot \mathrm{e}^{-c_0\int_s^t \psi\left(\|x\|_{[l]}(\tau)\right)\mathrm{d}\tau}. \tag{8.50}$$

令 Ψ 为 ψ 的原函数

$$\Psi(s) = \begin{cases} \ln(s), & \alpha = 1, \\ \dfrac{1}{1-\alpha}s^{1-\alpha}, & \alpha > 1, \end{cases}$$

则在 (s, t_0) 上, 根据 (8.45) 式可得

$$\begin{aligned} \left|\Psi(\|x\|_{[l]}(t))\right| &= \left|\int_s^t \frac{\mathrm{d}}{\mathrm{d}t}\Psi(\|x\|_{[l]}(\tau))\mathrm{d}\tau + \Psi(\|x\|_{[l]}(s))\right| \\ &\leqslant \int_s^t \psi(\|x\|_{[l]}(\tau))\|v\|_{[l]}(\tau)\mathrm{d}\tau + \left|\Psi(\|x\|_{[l]}(s))\right|. \end{aligned} \tag{8.51}$$

进而由 (8.50) 式可得

$$\left|\Psi(\|x\|_{[l]}(t))\right| \leqslant A_1 + A_2\left|\Psi(\|x\|_{[l]}(s))\right|, \tag{8.52}$$

其中

$$\begin{aligned} A_1 &:= c_1\int_s^t a(\tau)\left(\int_s^\tau \|x\|_{[l]}(\sigma)\mathrm{e}^{c_0\int_s^\sigma a(\rho)\mathrm{d}\rho}\mathrm{d}\sigma\right)\mathrm{e}^{-c_0\int_s^\tau a(\sigma)\mathrm{d}\sigma}\mathrm{d}\tau, \\ A_1 &:= \|v\|_{[l]}(s)\int_s^t a(\tau)\mathrm{e}^{-c_0\int_s^\tau a(\sigma)\mathrm{d}\sigma}\mathrm{d}\tau, \quad a := \psi\left(\|x\|_{[l]}\right). \end{aligned} \tag{8.53}$$

接下来分别对 A_1 和 A_2 进行估计. 根据引理 8.2.2 可得, 存在常数 c_3 使得 $\|x\|_{[l]} \leqslant c_3$, $\|v\|_{[l]} \leqslant c_3$ 在 $[0, t_0)$ 上成立. 因此, 有

$$A_1 \leqslant c_3\int_s^t \left(\int_s^\tau \mathrm{e}^{c_0\int_s^\sigma a(\rho)\mathrm{d}\rho}\mathrm{d}\sigma\right)\left(a(\tau)\mathrm{e}^{-c_0\int_s^\tau a(\sigma)\mathrm{d}\sigma}\right)\mathrm{d}\tau.$$

又因为

$$\frac{\mathrm{d}}{\mathrm{d}t}\int_s^t a(\tau)\mathrm{e}^{-c_0\int_s^\tau a(\sigma)\mathrm{d}\sigma}\mathrm{d}\tau = -\frac{\mathrm{d}}{\mathrm{d}t}\frac{1}{c_0}\mathrm{e}^{-c_0\int_s^t a(\tau)\mathrm{d}\tau},$$

由分部积分法可得

$$\begin{aligned}A_1 \leqslant & -\frac{c_3}{c_0}\int_s^t \mathrm{e}^{c_0\int_s^\tau a(\sigma)\mathrm{d}\sigma}\mathrm{d}\tau\mathrm{e}^{-c_0\int_s^t a(\tau)\mathrm{d}\tau} \\ & +\frac{c_3}{c_0}\int_s^t \mathrm{e}^{c_0\int_s^\tau a(\sigma)\mathrm{d}\sigma}\mathrm{e}^{-c_0\int_s^\tau a(\sigma)\mathrm{d}\sigma}\mathrm{d}\tau \leqslant \frac{c_3}{c_0}T.\end{aligned} \tag{8.54}$$

类似地, 有

$$A_2 \leqslant \frac{c_3}{c_0}\left(1-\mathrm{e}^{-c_0\int_s^t a(\tau)\mathrm{d}\tau}\right) \leqslant \frac{c_3}{c_0}.$$

因此有

$$A_1 + A_2 \leqslant \frac{c_3}{c_0}(1+T).$$

结合 (8.52) 式可以得到

$$\left|\Psi\left(\|x\|_{[l]}(t)\right)\right| \leqslant \frac{c_3}{c_0}(1+T) + \left|\Psi\left(\|x\|_{[l]}(s)\right)\right|.$$

因此, 根据引理 8.2.2 可得右边的不等式在区间 $s \in [0, t_0)$ 上有界. 进而, $|\Psi(\|x\|_{[l]}(t))|$ 在 (s, t_0) 上有界, 这意味着 $\|x\|_{[l]}$ 在 (s, t_0) 上不等于 0, 即

$$\|x\|_{[l]}(t) \geqslant \left|\Psi^{-1}\left(\frac{c_3}{c_0}(1+T) + \left|\Psi\left(\|x\|_{[l]}(s)\right)\right|\right)\right| > 0.$$

这与 (8.45) 式矛盾. 因此 t_0 不存在. □

接下来将证明具有奇异交流函数 (8.32) 的系统 (8.26) 能够实现免碰撞集群行为. 继而给出具体的驱动力来证明这种集群最终会形成直线编队.

给定 N 个粒子系统 $\{(x_i, v_i)\}_{i=1}^N$, 定义

$$X_{ij}(t) := \|x_i(t) - x_j(t)\|, \quad V_{ij}(t) := \|v_i(t) - v_j(t)\|, \quad t \geqslant 0.$$

则定义 1.2.1 等价于

$$\lim_{t\to\infty} V_{ij}(t) = 0, \qquad \sup_{0\leqslant t<\infty} X_{ij}(t) < \infty. \tag{8.55}$$

接下来给出免碰撞集群条件.

定理 8.2.2 假设条件 (F1)—(F3) 成立, 并且初始条件 $\{(x_{i0}, v_{i0})\}_{i=1}^{N}$ 满足 (8.36) 式以及 $x_{i0} \neq x_{j0}$, $1 \leqslant i \neq j \leqslant N$. 则系统 (8.26) 能够渐近收敛形成集群, 即 (8.55) 式成立. 此外, 若初始条件还满足

$$X_{ij}(0) > \frac{2p\left\|v_0\right\|_\infty}{(p-1)K_0\psi\left(2x_M\right)}, \tag{8.56}$$

则 $\inf\limits_{t\geqslant 0} X_{ij}(t) > 0$, $t \in (0, \infty)$, 即系统能实现免碰撞集群行为, 其中 x_M 定义如引理 8.2.2 所示.

证明 根据 Cauchy-Schwarz 不等式可得

$$\begin{aligned}
\frac{\mathrm{d}}{\mathrm{d}t}X_{ij}^2(t) &= 2\left\langle x_i(t) - x_j(t), v_i(t) - v_j(t)\right\rangle \\
&\leqslant 2\left\|x_i(t) - x_j(t)\right\|\left\|v_i(t) - v_j(t)\right\| \\
&= 2X_{ij}(t)V_{ij}(t),
\end{aligned} \tag{8.57}$$

这意味着

$$\frac{\mathrm{d}}{\mathrm{d}t}X_{ij}(t) \leqslant V_{ij}(t). \tag{8.58}$$

此外, 由函数 ψ 非增性、引理 8.2.1 以及 (8.38) 式可得

$$\begin{aligned}
\frac{\mathrm{d}}{\mathrm{d}t}\|v(t)\|_\infty &\leqslant -\frac{p-1}{p}K_0\psi\left(2\|x(t)\|_\infty\right)\|v(t)\|_\infty \\
&\leqslant -\frac{p-1}{p}K_0\psi\left(2x_M\right)\|v(t)\|_\infty.
\end{aligned} \tag{8.59}$$

进而由 Gronwall 不等式可得

$$\|v(t)\|_\infty \leqslant \left\|v_0\right\|_\infty \mathrm{e}^{-\frac{p-1}{p}K_0\psi(2x_M)t}. \tag{8.60}$$

因此, 结合 (8.58) 式和 (8.60) 式可导出

$$\begin{aligned}
\frac{\mathrm{d}}{\mathrm{d}t}X_{ij}(t) &\leqslant V_{ij}(t) \leqslant \|v_i(t)\| + \|v_j(t)\| \\
&\leqslant 2\|v(t)\|_\infty \leqslant 2\left\|v_0\right\|_\infty \mathrm{e}^{-\frac{p-1}{p}K_0\psi(2x_M)t}.
\end{aligned} \tag{8.61}$$

对 (8.61) 式两端从 0 到 t 积分可得

$$\left|X_{ij}(t) - X_{ij}(0)\right| = \left|\int_0^t \frac{\mathrm{d}X_{ij}(s)}{\mathrm{d}s}\mathrm{d}s\right|$$

$$\leqslant 2\|v_0\|_\infty \int_0^t \mathrm{e}^{-\frac{p-1}{p}K_0\psi(2x_M)s}\mathrm{d}s$$

$$\leqslant \frac{2p\|v_0\|_\infty}{(p-1)K_0\psi(2x_M)}. \tag{8.62}$$

这意味着

$$X_{ij}(t) - X_{ij}(0) \leqslant \frac{2p\|v_0\|_\infty}{(p-1)K_0\psi(2x_M)}.$$

进而可导出

$$\sup_{t\geqslant 0}|X_{ij}(t)| \leqslant |X_{ij}(0)| + \frac{2p\|v_0\|_\infty}{(p-1)K_0\psi(2x_M)} := M_0. \tag{8.63}$$

因此, 可得位置直径一致有上界, 即

$$\sup_{0\leqslant t<\infty}\|x_i(t) - x_j(t)\| < \infty. \tag{8.64}$$

结合 (8.62) 式利用三角不等式可得

$$|X_{ij}(t)| \geqslant |X_{ij}(0)| - |X_{ij}(t) - X_{ij}(0)|$$

$$\geqslant |X_{ij}(0)| - \frac{2p\|v_0\|_\infty}{(p-1)K_0\psi(2x_M)}, \tag{8.65}$$

即表明

$$\inf_{t\geqslant 0} X_{ij}(t) > 0. \tag{8.66}$$

另一方面, 由 (8.61) 式可知

$$\lim_{t\to\infty} V_{ij}(t) = 0, \quad i,j \in \{1,\cdots,N\}. \tag{8.67}$$

因此, 由 (8.64) 式、(8.66) 式以及 (8.67) 式可知, 系统 (8.26) 能实现渐近集群, 且状态演化过程中任意两个粒子不会碰撞. □

8.2.2 直线形编队条件

为了实现直线编队, 将模型 (8.26) 中外力 F 定义为

$$F(x_i(t)) := \gamma\left[\langle x_i(t) - \overline{x}(t), l\rangle l - (x_i(t) - \overline{x}(t))\right], \tag{8.68}$$

其中 l 为单位向量表示预期的集群编队的方向, 正常数 γ 是控制力大小的参数, $\langle x_i(t) - \overline{x}(t), l\rangle l$ 定义为向量 $(x_i(t) - \overline{x}(t))$ 在 l 方向的投影. 易知, $F(x_i)$ 满足条件 $(F1),(F2)$ 和 $(F3)$. $F(x_i)$ 的作用是调整粒子的位置使其直线形编队.

首先给出直线形编队的定义.

定义 8.2.2 给定单位向量 l 为集群最终方向. 若系统 $\mathcal{P} := \{(x_i, v_i)\}_{i=1}^N$ 满足集群定义, 对任意 $i = 1, \cdots, N$, 存在 α_i, 使得 $\lim\limits_{t\to\infty}(x_i - \overline{x}) = \alpha_i l$ (对于高维情形为 $\lim\limits_{t\to\infty}(x_i - \overline{x}) \times l = 0$). 则称系统 $\mathcal{P}$ 能实现直线形编队.

定理 8.2.3 在定理 8.2.2 条件下, 则具有 (8.28) 形式的交互函数 ψ 和外力 $F(x_i)$(见 (8.68) 式) 的系统 (8.26) 能实现免碰撞编队集群, 并且系统最终构型为直线形.

证明 由于 $F(x_i)$ 满足条件 $(F1)$—$(F3)$, 由定理 8.2.1 和 (8.2.2) 式可以得到系统免碰撞集群. 接下来只需证明系统最终实现直线形编队.

对任意 $i, j \in \{1, \cdots, N\}$ 以及 $\psi(\|x_i - x_j\|) = \psi(\|x_j - x_i\|)$, 可得

$$\begin{aligned}
&\frac{\mathrm{d}}{\mathrm{d}t}\left(|\langle x_i - \overline{x}, l\rangle|^2 - \|x_i - \overline{x}\|^2\right) \\
&= 2\langle\langle x_i - \overline{x}, l\rangle l - (x_i - \overline{x}), v_i - \overline{v}\rangle = \frac{2}{\gamma}\langle F(x_i), v_i - \overline{v}\rangle.
\end{aligned} \tag{8.69}$$

结合(8.30) 式、(8.63) 式、(8.69) 式以及 ψ 单调减性可得

$$\begin{aligned}
\frac{\mathrm{d}}{\mathrm{d}t}\sum_{i=1}^N \|v_i - \overline{v}\|^2 =& -\frac{K_0}{N}\sum_{i=1}^N\sum_{j=1}^N \langle\psi(r_{ij})v_{ij}, v_{ij}\rangle + 2\sum_{i=1}^N \langle v_i - \overline{v}, F(x_i)\rangle \\
\leqslant& -2K_0\sum_{i=1}^N \psi(M_0)\|v_i - \overline{v}\|^2 \\
& -\gamma\sum_{i=1}^N \frac{\mathrm{d}}{\mathrm{d}t}\left(\|x_i - \overline{x}\|^2 - |\langle x_i - \overline{x}, l\rangle|^2\right),
\end{aligned}$$

这意味着

$$\begin{aligned}
&\frac{\mathrm{d}}{\mathrm{d}t}\sum_{i=1}^N \|v_i - \overline{v}\|^2 + \gamma\sum_{i=1}^N \frac{\mathrm{d}}{\mathrm{d}t}\left(\|x_i - \overline{x}\|^2 - |\langle x_i - \overline{x}, l\rangle|^2\right) \\
\leqslant& -2K_0\sum_{i=1}^N \psi(M_0)\|v_i - \overline{v}\|^2.
\end{aligned} \tag{8.70}$$

为了后续讨论, 引入如下记号:

$$\begin{aligned}
\vartheta_i^2 &= \|x_i - \overline{x}\|^2 - |\langle x_i - \overline{x}, l\rangle|^2, \quad \vartheta_i \geqslant 0, \\
\vartheta^2 &= \gamma\sum_{i=1}^N \left(\|x_i - \overline{x}\|^2 - |\langle x_i - \overline{x}, l\rangle|^2\right), \quad \vartheta \geqslant 0,
\end{aligned}$$

$$v^* = (v_1 - \overline{v}, \cdots, v_N - \overline{v}), \quad \|v^*\|^2 = \sum_{i=1}^{N} \|v_i - \overline{v}\|^2.$$

因此, (8.70) 式可简化为

$$\frac{\mathrm{d}}{\mathrm{d}t}\left(\|v^*\|^2 + \vartheta^2\right) \leqslant -2K_0 \sum_{i=1}^{N} \psi(M_0) \|v_i - \overline{v}\|^2 \leqslant 0, \tag{8.71}$$

这意味着 $\|v^*\|^2 + \vartheta^2$ 关于 t 是非增的函数, 因此有

$$\|v^*(t)\|^2 + \vartheta^2(t) \leqslant \|v^*(0)\|^2 + \vartheta^2(0), \quad t \geqslant 0. \tag{8.72}$$

另一方面, 有

$$x\sum_{i=1}^{N} s_i^2 = \vartheta^2(t) \leqslant \|v^*(0)\|^2 + \vartheta^2(0), \quad t \geqslant 0. \tag{8.73}$$

继而根据算术-几何不等式

$$\left(\sum_{i=1}^{N} \vartheta_i\right)^2 \leqslant N \sum_{i=1}^{N} \vartheta_i^2, \tag{8.74}$$

以及 (8.73) 式, (8.74) 式蕴含着

$$\vartheta_i \leqslant \sum_{i=1}^{N} \vartheta_i \leqslant \left(\frac{N}{\gamma}\left(\|v^*(0)\|^2 + \vartheta^2(0)\right)\right)^{\frac{1}{2}}. \tag{8.75}$$

这意味着对任意的 $t > 0$, ϑ_i 有界.

接下来证明 $\lim\limits_{t\to+\infty} \vartheta^2 = 0$. 由 (8.71) 式可得

$$\frac{\mathrm{d}}{\mathrm{d}t}\left(\|v^*\|^2 + \vartheta^2\right) \leqslant -2K_0 \sum_{i=1}^{N} \psi(M_0) \|v_i - \overline{v}\|^2. \tag{8.76}$$

对 (8.76) 式两端从 0 到 $+\infty$ 积分, 可知右边 $\int_0^{+\infty} \|v^*\|^2 \mathrm{d}t$ 必定也有界. 这意味着

$$\lim_{t\to+\infty} \|v^*\|^2 = 0. \tag{8.77}$$

又由于 $\dfrac{\mathrm{d}}{\mathrm{d}t}\|v^*\|^2$ 有界, 则可得

$$\lim_{t\to+\infty} v_i(t) = \lim_{t\to\infty} \overline{v}(t) = \overline{v}(0).$$

继而由 (8.71) 式以及 (8.72) 式可得, 极限 $\lim\limits_{t\to+\infty}(\|v^*\|^2+\vartheta^2)$ 存在. 可断言 $\lim\limits_{t\to+\infty}\vartheta(t) = 0$. 若不然, 假设存在常数 $\delta>0$, 使得 $\lim\limits_{t\to+\infty}\vartheta(t)=\delta>0$. 由 (8.77) 式以及 $\vartheta(t)$ 的定义可知, 存在 $\delta_i^*>0$ 和 $s_i(t)$, 使得 $\lim\sup\limits_{t\to+\infty}\vartheta_i(t)=\delta_i^*>0$. 进而根据定理 8.1.1 证明的第二步可证明 $\lim\limits_{t\to+\infty}\vartheta(t)=0$, 其可导出

$$\lim_{t\to+\infty}\left[\langle x_i-\overline{x},l\rangle\, l-\langle x_i-\overline{x}\rangle\right]=0.$$

因此, 存在常数 c_i, 使得 $\lim\limits_{t\to+\infty}\langle x_i-\overline{x}\rangle=c_il$ 成立. □

第 9 章　随机扰动下的多自主体系统的渐近集群

在实际系统中, 多自主体接收信息的过程经常会受到各种不确定因素的干扰, 比如噪声、丢包、时延等, 这些因素会影响多自主体之间通信的准确度, 降低传输质量, 因此, 讨论具有不确定因素的多自主体系统趋同问题更具有研究价值及意义. 本书讨论了局部交互机制和全局交互机制下具有随机扰动项的多自主体系统的集群行为演化机制.

9.1　局部交互机制下具有随机扰动的集群模型

本节主要讨论了一个具有分段交互函数和随机扰动项的非对称集群模型, 研究了期望意义下的系统集群行为. 研究模型如下

$$\begin{cases} \dfrac{\mathrm{d}}{\mathrm{d}t}x_i = v_i, \\ \dfrac{\mathrm{d}}{\mathrm{d}t}v_i = \dfrac{\lambda}{N_i(t)} \displaystyle\sum_{j\in\mathcal{N}_i(t)}^{N} \chi_r(x_j - x_i)(v_j - v_i) \\ \qquad\qquad + \dfrac{\lambda}{N - N_i(t)} \displaystyle\sum_{j\notin\mathcal{N}_i(t)}^{N} \chi_r(x_j - x_i)(v_j - v_i), \end{cases} \tag{9.1}$$

其中

$$\mathcal{N}_i(t) = \{j : l_{ij}(t) := |x_j(t) - x_i(t)| < r\}, \quad N_i(t) = \mathrm{card}(\mathcal{N}_i(t)),$$

$$\chi_r(s) = \begin{cases} 1, & |s| < r, \\ \delta, & |s| \geqslant r. \end{cases}$$

把交互函数的具体形式代入模型 (9.1) 中, 模型进一步简化为

$$\begin{cases} \dfrac{\mathrm{d}}{\mathrm{d}t}x_i = v_i, \\ \dfrac{\mathrm{d}}{\mathrm{d}t}v_i = \dfrac{\lambda}{N_i(t)} \displaystyle\sum_{j\in\mathcal{N}_i(t)} (v_j - v_i) + \dfrac{\lambda\delta}{N - N_i(t)} \displaystyle\sum_{j\notin\mathcal{N}_i(t)} (v_j - v_i). \end{cases} \tag{9.2}$$

对任意个体 $i,j(1\leqslant i,j\leqslant N,i\neq j)$, 如果 $j\in\mathcal{N}_i(t)$, 称 j 是 i 的邻居, 否则称 j 是 i 的远亲 (即 $j\notin\mathcal{N}_i(t)$). 因此, 对每一个个体 i, 系统 (9.2) 将其余个体分为两部分: 邻居和远亲. 在上述系统中, 邻居们总是相互吸引, 而远亲们相互吸引 $(\delta>0)$ 或相互排斥 $(\delta<0)$. 因此, 本节将研究系统 (9.2) 在 δ 值变化下的集群条件. 特别地, 如果 $\delta\to 0$, 则本节结论退化为文献 [257] 中的经典结果.

定义无向图 $\mathcal{G}(t)=(\mathcal{V},\mathcal{E}(t))$, 其中 $\mathcal{V}=\{1,2,\cdots,N\}$,

$$\mathcal{E}(t)=\{(i,j):l_{ij}:=|x_i(t)-x_j(t)|<r,\ i,j\in\mathcal{V}\}.$$

称 $\mathcal{G}(t)=(\mathcal{V},\mathcal{E}(t))$ 是系统 (9.2) 的邻居图. 根据图论相关知识可知, 无向图 $\mathcal{G}(t)$ 中从 i 到 j 的一条路径是指由互不相同的点 $k_0=i,k_1,\cdots,k_q=j\in\mathcal{V}$ 构成且满足 $(k_{p-1},k_p)\in\mathcal{E}(t),1\leqslant p\leqslant q$ 的点列. $\mathcal{G}(t)$ 在 t 时刻被称为是连通的, 若在 t 时刻图中任意两个顶点都存在一条路径. 下面定义图的邻接矩阵和平均矩阵:

$$A(t)=(a_{ij}(t))_{N\times N},\quad P(t)=(p_{ij}(t))_{N\times N},$$

其中

$$a_{ij}(t)=\begin{cases}1, & (i,j)\in\mathcal{E}(t),\\ 0, & (i,j)\notin\mathcal{E}(t),\end{cases}\qquad p_{ij}(t)=\frac{a_{ij}(t)}{N_i(t)}. \tag{9.3}$$

注意到 $N_i(t)=\sum_{j=1}^N a_{ij}(t)$ 是粒子 i 的邻居数. 定义 i 的远亲数为 $N_i^c(t)=N-N_i(t)$, 从而可以定义系统的远亲图为 $\mathcal{G}^c(t)=(\mathcal{V},\mathcal{E}^c(t))$, 其中

$$\mathcal{E}^c(t)=\{(i,j):l_{ij}:=|x_i(t)-x_j(t)|\geqslant r,\ i,j\in\mathcal{V}\}.$$

其邻接矩阵和平均矩阵分别为

$$A^c(t)=(a_{ij}^c(t))_{N\times N},\quad P^c(t)=(p_{ij}^c(t))_{N\times N},$$

其中

$$a_{ij}^c(t)=\begin{cases}0, & (i,j)\in\mathcal{E}(t),\\ 1, & (i,j)\notin\mathcal{E}(t),\end{cases}\qquad p_{ij}^c(t)=\begin{cases}\dfrac{a_{ij}^c(t)}{N_i^c(t)}, & N_i^c(t)\neq 0,\\ 0, & N_i^c(t)=0.\end{cases} \tag{9.4}$$

在后续讨论中, $\mathcal{G}_0$ 和 $\mathcal{G}_0^c$ 分别表示系统 (9.2) 的初始邻居图和初始远亲图, 且它们的平均矩阵分别是 P_0 和 P_0^c. 此外, 引入一些记号:

$$\begin{aligned}N_M=&\max_i N_i(0),\quad N_m=\min_i N_i(0),\\ N_M^c=&\max_i N_i^c(0),\quad N_m^c=\min_i N_i^c(0).\end{aligned} \tag{9.5}$$

接下来, 介绍所需要的矩阵相关知识. 矩阵 $M = (m_{ij})_{N\times N}$ 称为随机矩阵, 若 $m_{ij} \geqslant 0$, $\sum_{j=1}^{N} m_{ij} = 1$, $i = 1, 2, \cdots, N$. 对任意个体 i, j $(1 \leqslant i, j \leqslant N, i \neq j)$, 如果总存在整数序列 $k_1, k_2, \cdots, k_q$, $1 \leqslant q \leqslant N-2$, 使得矩阵的元素 $m_{ik_1}, m_{k_1k_2}, \cdots, m_{k_qj}$ 都非零, 那么称该矩阵是连通的. 由 (9.3) 式可得

$$\sum_{j=1}^{N} p_{ij}(t) = 1, \quad i = 1, 2, \cdots, N,$$

故平均矩阵 $P(t)$ 在任意 t 时刻都是随机矩阵. 由此可知, 邻居图 $\mathcal{G}(t)$ 在 t 时刻是连通的当且仅当平均矩阵 $P(t)$ 在 t 时刻是连通的随机矩阵. 然而, 当 $P(t)$ 是连通的随机矩阵时, 平均矩阵 $P^c(t)$ 可能既不是连通的也不是随机矩阵. 例如, 若存在个体 i_0 使得 $N_{i_0}^c(t) = 0$, 那么 $\sum_{j=1}^{N} p_{i_0j}^c(t) = 0$.

由于证明过程的需要, 定义以下新的矩阵范数. 设

$$\|Z\| = \sup_{|\alpha|\neq 0} \frac{|Z\alpha|}{|\alpha|}, \quad \alpha \in \mathbb{R}^n$$

是矩阵 Z 的范数, 则有

$$\|Z\|^2 = \sup_{|\alpha|\neq 0} \frac{\alpha^{\mathrm{T}} Z^{\mathrm{T}} Z \alpha}{|\alpha|^2}$$

为 $Z^{\mathrm{T}}Z$ 的最大特征值. 因此, 如果 Z 是正交矩阵, 则 $\|Z\| = 1$. 定义

$$V(t) = (v_1(t), v_2(t), \cdots, v_N(t))^{\mathrm{T}}, \quad v_i(t) \in \mathbb{R}^n, \quad 1 \leqslant i \leqslant N, \tag{9.6}$$

其欧氏范数为

$$\|V\|_2 = \left(\sum_{i=1}^{N} |v_i|^2\right)^{\frac{1}{2}},$$

其中 $|v_i|$ 也是 v_i 的欧氏范数. 由两种范数的定义以及 Cauchy-Schwarz 不等式可证明

$$\|V\| \leqslant \|V\|_2 \leqslant \sqrt{n}\|V\|. \tag{9.7}$$

由于邻居图对个体的位置变化十分敏感, 因此引入以下几个量来分析邻居图. 定义

$$\Gamma := \min\left\{r - \max_{(i,j)\in\mathcal{E}(0)} l_{ij}(0), \ \min_{(i,j)\notin\mathcal{E}(0)} l_{ij}(0) - r\right\}, \tag{9.8}$$

以及

$$R_i := \mathrm{card}\{j : (1-\eta)r \leqslant l_{ij}(0) \leqslant (1+\eta)r\}, \quad R_M := \max_i R_i, \tag{9.9}$$

其中 $l_{ij}(0)=|x_i(0)-x_j(0)|$, $0<\eta<1$. 显然, $\Gamma\geqslant 0$. 若 $\Gamma>0$, 则称系统处于非临界邻居状态; 若 $\Gamma\geqslant 0$, 则称系统处于一般邻居状态.

最后给出集群的定义和两个关键引理.

引理 9.1.1 [257] 如果随机矩阵 $Q=(q_{ij})_{N\times N}$ 是连通的, 那么 $Q=TJT^{-1}$, 其中

$$J=\begin{pmatrix}1 & & & \\ & J_2 & & \\ & & \ddots & \\ & & & J_k\end{pmatrix},\quad J_i=\begin{pmatrix}\mu_i & 1 & \\ & \ddots & 1 \\ & & \mu_i\end{pmatrix}_{n_i\times n_i},$$

$\sum_{i=2}^k n_i=N-1$, $\max\limits_{2\leqslant i\leqslant k}\mathrm{Re}\mu_i<1$, 且 $T=(t_{ij})_{N\times N}$ 满足 $t_{i1}=a\neq 0$, $1\leqslant i\leqslant N$.

引理 9.1.2 [257] 设 $P=(p_{ij})_{N\times N}$ 是一个无向图的平均矩阵. 那么 P 相似于一个对角矩阵且 P 的所有特征根是实数.

本节将考虑以下两种情形: 非临界邻居状态 ($\Gamma>0$) 和一般邻居状态 ($\Gamma\geqslant 0$). 类似于文献 [257] 的证明, 首先在区间 $[0,t_0)$ 上得到收敛结果, 然后证明 t_0 能扩展到无穷.

9.1.1 非临界邻居状态下集群条件分析

利用引理 9.1.1 和引理 9.1.2 得到如下引理.

引理 9.1.3 设 $\mathcal{G}_0$ 是系统 (9.2) 的初始邻居图, $P_0=(p_{ij})_{N\times N}$ 为其平均矩阵, $P_0^c=(p_{ij}^c)_{N\times N}$ 是远亲图的平均矩阵. 假设 $\mathcal{G}_0$ 是连通的但不是全连通的, 则存在可逆矩阵 S,U, 使得 $P_0=SJ_1S^{-1},P_0^c=UJ_2U^{-1}$, 其中

$$J_1=\begin{pmatrix}1 & & & \\ & \mu_2I_{n_2} & & \\ & & \ddots & \\ & & & \mu_kI_{n_k}\end{pmatrix},\quad J_2=\begin{pmatrix}1 & & & \\ & \nu_2I_{m_2} & & \\ & & \ddots & \\ & & & \nu_sI_{m_s}\end{pmatrix},$$

其中

$$\sum_{i=2}^k n_i=N-1,\quad \sum_{j=2}^s m_j=N-1,\quad 0<|\mu_i|<1,\quad |\nu_j|<1,$$

此外, 矩阵 $S=(s_{ij})_{N\times N}$ 满足

$$\det S\neq 0,\quad s_{i1}=a\neq 0,\quad 1\leqslant i\leqslant N.$$

证明 由引理 9.1.1 和引理 9.1.2 可知, 存在满足 $s_{i1}=a\neq 0\ (1\leqslant i\leqslant N)$ 的非退化矩阵 $S=(s_{ij})_{N\times N}$, 使得 $P_0=SJ_1S^{-1}$. 接下来考虑 $P_0^c=(p_{ij}^c)_{N\times N}$.

如果 $N_m^c>0$, 那么 P_0^c 是连通的随机矩阵. 利用引理 9.1.1 和引理 9.1.2, 存在满足 $u_{i1}=b\neq 0, 1\leqslant i\leqslant N$ 的非退化矩阵 $U=(u_{ij})_{N\times N}$, 使得 $P_0^c=UJ_2U^{-1}$.

如果 $N_m^c=0$, 那么 P_0^c 既不是连通的也不是随机矩阵. 设 E_{ij} 是由交换单位矩阵 E 的第 i 行和第 j 行所得到的初等矩阵. 容易验证 $E_{ij}^{\mathrm{T}}E_{ij}=I$. 由初等变换可知, 存在由有限个初等矩阵 E_{ij} 的乘积构成的非退化矩阵 F, 使得 $P_0^c=FQF^{-1}$, 其中

$$Q=\begin{pmatrix} Q_1 & \\ & O \end{pmatrix},\quad Q_1=(q_{ij})_{N_1\times N_1},\quad O=\{0\}_{N_2\times N_2},\quad N_1+N_2=N,$$

且 Q_1 是连通的随机矩阵. 由引理 9.1.1 和引理 9.1.2 可知, 存在非退化矩阵 S_1 使得 $Q_1=S_1J_3S_1^{-1}$, 其中

$$J_3=\begin{pmatrix} 1 & & & \\ & \nu_2 I_{m_2} & & \\ & & \ddots & \\ & & & \nu_{s-1}I_{m_{s-1}} \end{pmatrix},\quad \sum_{i=2}^{s-1}m_i=N_1-1,$$

且 $S_1=(s_{ij})_{N_1\times N_1}$ 满足 $s_{i1}=b\neq 0, 1\leqslant i\leqslant N_1$. 根据分块矩阵相关知识可知

$$P_0^c=F\begin{pmatrix} S_1 & \\ & I \end{pmatrix}\begin{pmatrix} J_3 & \\ & O \end{pmatrix}\begin{pmatrix} S_1^{-1} & \\ & I \end{pmatrix}F^{-1}.$$

设 $U=F\begin{pmatrix} S_1 & \\ & I \end{pmatrix}, J_2=\begin{pmatrix} J_3 & \\ & O \end{pmatrix}$, 那么 $P_0^c=UJ_2U^{-1}$. □

注 9.1.1 根据初始邻居图 $\mathcal{G}_0$ 的连通性可知, 存在下述四种情况:

(1) $\mathcal{G}_0$ 是全连通的. 此时, P_0 是连通的随机矩阵且 $P_0^c=\{0\}_{N\times N}$. 故存在非退化矩阵 S 使得 $P_0=S\mathrm{diag}(1,0,\cdots,0)S^{-1}$.

(2) $\mathcal{G}_0$ 是连通的但不是全连通的且 $N_M=N$. 那么 P_0 是连通的随机矩阵, 而 P_0^c 既不是连通的也不是随机矩阵.

(3) $\mathcal{G}_0$ 是连通的且 $N_M<N$, 那么 P_0 和 P_0^c 都是连通的随机矩阵.

(4) $\mathcal{G}_0$ 是不连通的. 此时, P_0 是不连通的而 P_0^c 是连通的随机矩阵. 故存在非

退化矩阵 S 和 U 使得 $P_0 = SJ_1'S^{-1}$, $P_0^c = UJ_2U^{-1}$, 其中

$$J_1' = \begin{pmatrix} I_{n_1} & & & \\ & \mu_2 I_{n_2} & & \\ & & \ddots & \\ & & & \mu_k I_{n_k} \end{pmatrix}, \quad \sum_{i=1}^{k} n_i = N, \quad 0 < |\mu_i| < 1,$$

且 $U = (u_{ij})_{N\times N}$ 满足 $u_{i1} = b \neq 0, 1 \leqslant i \leqslant N$.

命题 9.1.1 假设邻居图 $\mathcal{G}(t)$ 一直保持不变, 初始邻居图 $\mathcal{G}_0$ 是连通的且 $N_M < N$. 则有

$$\|V(t) - \overline{V}_\infty\| \leqslant \frac{(1-\mu_0)K}{1-\mu_0-|\delta|(1-\nu_0)KK^c}\|V_0 - \overline{V}_0\|\mathrm{e}^{-\lambda(1-\mu_0-|\delta|(1-\nu_0)KK^c)t},$$

其中

$$\overline{V}_0 = S\mathrm{diag}(1, 0, \cdots, 0)S^{-1}V_0,$$

$$\overline{V}_\infty = \overline{V}_0 - \lambda\delta\int_0^\infty S\mathrm{diag}(1, 0, \cdots, 0)S^{-1}(I - P_0^c)V(s)\mathrm{d}s,$$

$$\mu_0 = \max_{2\leqslant i\leqslant k}\mu_i, \quad \nu_0 = \min_{2\leqslant j\leqslant s}\nu_j, \quad K = \sqrt{\frac{N_M}{N_m}}, \quad K^c = \sqrt{\frac{N_M^c}{N_m^c}}. \tag{9.10}$$

证明 由于 $\mathcal{G}(t)$ 一直保持不变, 因此邻居图和远亲图的平均矩阵分别是常矩阵 P_0 和 P_0^c. 由假设可知 P_0 和 P_0^c 都是连通的随机矩阵, 则系统 (9.2) 的第二个方程可改写为

$$\frac{\mathrm{d}V}{\mathrm{d}t} = -\lambda(I - P_0)V - \lambda\delta(I - P_0^c)V, \quad V(0) = V_0.$$

利用常数变异法得到

$$V(t) = \exp[-\lambda(I-P_0)t]V_0 - \lambda\delta\int_0^t \exp[-\lambda(I-P_0)(t-s)](I-P_0^c)V(s)\mathrm{d}s. \tag{9.11}$$

由引理 9.1.3 可知

$$\exp[-\lambda(I-P_0)t] = S\begin{pmatrix} 1 & & & \\ & \mathrm{e}^{-\lambda(1-\mu_2)t}I_{n_2} & & \\ & & \ddots & \\ & & & \mathrm{e}^{-\lambda(1-\mu_k)t}I_{n_k} \end{pmatrix}S^{-1}, \tag{9.12}$$

其中 $0 < |\mu_i| < 1$. 设 $\mu_0 = \max\limits_{2\leqslant i\leqslant k} \mu_i$,

$$\overline{V}_0 := S\mathrm{diag}(1, 0, \cdots, 0)S^{-1}V_0, \tag{9.13}$$

$$\overline{V}(t) := \overline{V}_0 - \lambda\delta\int_0^t S\mathrm{diag}(1, 0, \cdots, 0)S^{-1}(I - P_0^c)V(s)\mathrm{d}s. \tag{9.14}$$

由于矩阵 S 第一列的元素是相同的, 因此容易证明 $\overline{V}_0$ 和 $\overline{V}(t)$ 的每个分量都是相同的, 并且下述两个等式成立:

$$\begin{aligned} \left\{\exp[-\lambda(I - P_0)t] - S\mathrm{diag}(1, 0, \cdots, 0)S^{-1}\right\}\overline{V}_0 = 0, \\ (I - P_0^c)\overline{V}(s) = 0. \end{aligned} \tag{9.15}$$

结合 (9.11) 式和 (9.14) 式可得

$$\begin{aligned} & V(t) - \overline{V}(t) \\ = & \left\{\exp[-\lambda(I - P_0)t] - S\mathrm{diag}(1, 0, \cdots, 0)S^{-1}\right\}V_0 \\ & - \lambda\delta\int_0^t \left\{\exp[-\lambda(I - P_0)(t - s)] - S\mathrm{diag}(1, 0, \cdots, 0)S^{-1}\right\} \\ & \cdot (I - P_0^c)V(s)\mathrm{d}s \\ = & \left\{\exp[-\lambda(I - P_0)t] - S\mathrm{diag}(1, 0, \cdots, 0)S^{-1}\right\}\left(V_0 - \overline{V}_0\right) \\ & - \lambda\delta\int_0^t \left\{\exp[-\lambda(I - P_0)(t - s)] - S\mathrm{diag}(1, 0, \cdots, 0)S^{-1}\right\} \\ & \cdot (I - P_0^c)(V(s) - \overline{V}(s))\mathrm{d}s. \end{aligned} \tag{9.16}$$

进而, 可导出

$$\|\exp[-\lambda(I - P_0)t] - S\mathrm{diag}(1, 0, \cdots, 0)S^{-1}\| \leqslant \|S\| \cdot \|S^{-1}\|\mathrm{e}^{-\lambda(1-\mu_0)t}. \tag{9.17}$$

再次应用引理 9.1.3 可得

$$I - P_0^c = U\begin{pmatrix} 0 & & & \\ & (1 - \nu_2)I_{m_2} & & \\ & & \ddots & \\ & & & (1 - \nu_s)I_{m_s} \end{pmatrix}U^{-1}, \tag{9.18}$$

其中 $0 < |\nu_j| < 1$. 设 $\nu_0 = \min\limits_{2\leqslant j\leqslant s} \nu_j$, 那么

$$\|I - P_0^c\| \leqslant (1-\nu_0)\|U\|\cdot\|U^{-1}\|. \tag{9.19}$$

利用引理 9.1.1 直接计算得到

$$\|S\|\cdot\|S^{-1}\| \leqslant \frac{1}{\sqrt{N_m}}\|Z\|\cdot\sqrt{N_M}\|Z^{-1}\| \leqslant \sqrt{\frac{N_M}{N_m}} =: K, \tag{9.20}$$

其中 Z 是对角化以下对称矩阵的正交矩阵,

$$\left(\frac{a_{ij}(0)}{\sqrt{N_i(0)N_j(0)}}\right)_{N\times N}.$$

类似地, 有

$$\|U\|\cdot\|U^{-1}\| \leqslant \sqrt{\frac{N_M^c}{N_m^c}} =: K^c. \tag{9.21}$$

因此, 结合 (9.16)—(9.21) 可得

$$\begin{aligned}&\mathrm{e}^{\lambda(1-\mu_0)t}\|V(t)-\overline{V}(t)\|\\ \leqslant{}& K\|V_0-\overline{V}_0\| + \lambda|\delta|(1-\nu_0)KK^c\int_0^t \mathrm{e}^{\lambda(1-\mu_0)s}\|V(s)-\overline{V}(s)\|\mathrm{d}s.\end{aligned} \tag{9.22}$$

对 (9.22) 式应用 Gronwall 不等式可得

$$\|V(t)-\overline{V}(t)\| \leqslant K\|V_0-\overline{V}_0\|\mathrm{e}^{-\lambda(1-\mu_0-|\delta|(1-\nu_0)KK^c)t}. \tag{9.23}$$

利用

$$\begin{aligned}\overline{V}(t) &= \overline{V}_0 - \lambda\delta\int_0^t S\mathrm{diag}(1,0,\cdots,0)S^{-1}(I-P_0^c)V(s)\mathrm{d}s\\ &= \overline{V}_0 - \lambda\delta\int_0^t S\mathrm{diag}(1,0,\cdots,0)S^{-1}(I-P_0^c)(V(s)-\overline{V}(s))\mathrm{d}s,\end{aligned}$$

以及 (9.23) 式可导出, 存在

$$\overline{V}_\infty := \overline{V}_0 - \lambda\delta\int_0^\infty S\mathrm{diag}(1,0,\cdots,0)S^{-1}(I-P_0^c)V(s)\mathrm{d}s,$$

使得

$$
\begin{aligned}
&\|\overline{V}(t)-\overline{V}_\infty\| \\
&\leqslant \lambda|\delta|(1-\nu_0)KK^c\int_t^\infty \|V(s)-\overline{V}(s)\|\mathrm{d}s \\
&\leqslant \lambda|\delta|(1-\nu_0)KK^c\int_t^\infty K\|V_0-\overline{V}_0\|\mathrm{e}^{-\lambda(1-\mu_0-|\delta|(1-\nu_0)KK^c)t}\mathrm{d}s \\
&=\frac{|\delta|(1-\nu_0)KK^c}{1-\mu_0-|\delta|(1-\nu_0)KK^c}K\|V_0-\overline{V}_0\|\mathrm{e}^{-\lambda(1-\mu_0-|\delta|(1-\nu_0)KK^c)t}.
\end{aligned}
\tag{9.24}
$$

根据 (9.23) 式和 (9.24) 式即得

$$
\|V(t)-\overline{V}_\infty\|\leqslant C_0\|V_0-\overline{V}_0\|\mathrm{e}^{-\lambda(1-\mu_0-|\delta|(1-\nu_0)KK^c)t}, \tag{9.25}
$$

其中 $C_0=\dfrac{(1-\mu_0)K}{1-\mu_0-|\delta|(1-\nu_0)KK^c}$. □

注 9.1.2 在命题 9.1.1 中, 如果 $1-\mu_0>|\delta|(1-\nu_0)KK^c$, 则 $V(t)$ 以一个指数速率收敛到 $\overline{V}_\infty$. 此外, 由注 9.1.1 可知, 上述结果属于情况 (3). 对于情况 (1), 容易验证 $V(t)$ 也以一个指数速率收敛到 $\overline{V}_\infty$. 然而, 对于情况 (2) 和 (4), 上述方法不再适用.

利用上述结果可以得到系统 (9.2) 在非临界邻居状态下实现集群的充分条件.

定理 9.1.1 设 $\mathcal{G}(t)$ 系统 (9.2) 的邻居图. 假设 $\Gamma>0$, 初始邻居图 $\mathcal{G}_0$ 是连通的且初始条件满足

$$
\begin{gathered}
\|V_0-\overline{V}_0\|\leqslant\frac{\lambda(1-\mu_0-|\delta|(1-\nu_0)KK^c)^2}{\sqrt{2n}(1-\mu_0)K}\Gamma, \\
N_M<N,\quad 1-\mu_0-|\delta|(1-\nu_0)KK^c>0.
\end{gathered}
\tag{9.26}
$$

则系统 (9.2) 将会实现集群, 且收敛速度为

$$
\|V(t)-\overline{V}_\infty\|\leqslant C_r\|V_0-\overline{V}_0\|\mathrm{e}^{-\lambda(1-\mu_0-|\delta|(1-\nu_0)KK^c)t}, \tag{9.27}
$$

其中

$$
\begin{aligned}
C_r&=\frac{(1-\mu_0)K}{1-\mu_0-|\delta|(1-\nu_0)KK^c}, \\
\overline{V}_\infty&=\overline{V}_0-\lambda\delta\int_0^\infty S\mathrm{diag}(1,0,\cdots,0)S^{-1}(I-P_0^c)V(s)\mathrm{d}s,
\end{aligned}
$$

其中 $\mu_0,\nu_0,\overline{V}_0,K,K^c$ 由 (9.10) 式给出.

证明 利用 l_{ij} 的连续性, 存在 $t_0>0$ 使得 $\mathcal{G}(t)$ 在区间 $[0,t_0)$ 上保持不变. 设 t^* 是所有 t_0 的上确界, 则可断言 $t^*=\infty$. 否则 $t^*<\infty$. 由上确界的定义, 存在 (i_0,j_0) 使得 $l_{i_0j_0}(t^*)=r$. 根据系统 (9.2) 的第一个方程可得

$$x_i(t)-x_j(t)=x_i(0)-x_j(0)+\int_0^t[v_i(\tau)-v_j(\tau)]\mathrm{d}\tau,\quad t\in[0,t^*]. \tag{9.28}$$

进而利用 (9.7) 式以及命题 9.1.1 可得

$$\begin{aligned}|v_i(\tau)-v_j(\tau)|&\leqslant\sqrt{2}\|V(\tau)-\overline{V}_\infty\|_2\leqslant\sqrt{2n}\|V(\tau)-\overline{V}_\infty\|\\&\leqslant C_s\|V_0-\overline{V}_0\|\mathrm{e}^{-\lambda(1-\mu_0-|\delta|(1-\nu_0)KK^c)t},\end{aligned} \tag{9.29}$$

其中

$$C_s=\frac{\sqrt{2n}(1-\mu_0)K}{1-\mu_0-|\delta|(1-\nu_0)KK^c}.$$

进而, 结合(9.28), (9.29), (9.8) 式以及初始条件

$$\|V_0-\overline{V}_0\|\leqslant\frac{\lambda(1-\mu_0-|\delta|(1-\nu_0)KK^c)^2}{\sqrt{2n}(1-\mu_0)K}\Gamma,$$

可得

$$\begin{aligned}l_{ij}(t^*)&=|x_i(t^*)-x_j(t^*)|\\&\leqslant l_{ij}(0)+C_s\|V_0-\overline{V}_0\|\int_0^\infty\mathrm{e}^{-\lambda(1-\mu_0-|\delta|(1-\nu_0)KK^c)t}\mathrm{d}\tau\\&<l_{ij}(0)+\Gamma\leqslant r,\quad(i,j)\in\mathcal{E}(0),\end{aligned} \tag{9.30}$$

以及

$$\begin{aligned}l_{ij}(t^*)&=|x_i(t^*)-x_j(t^*)|\\&\geqslant l_{ij}(0)-C_s\|V_0-\overline{V}_0\|\int_0^\infty\mathrm{e}^{-\lambda(1-\mu_0-|\delta|(1-\nu_0)KK^c)t}\mathrm{d}\tau\\&>l_{ij}(0)-\Gamma\geqslant r,\quad(i,j)\notin\mathcal{E}(0).\end{aligned} \tag{9.31}$$

易知, (9.30) 式、(9.31) 式与存在 (i_0,j_0) 使得 $l_{i_0j_0}(t^*)=r$ 相矛盾. 因此, $t^*=\infty$ 且 $\mathcal{G}(t)$ 保持不变. 由命题 9.1.1 可知, 定理得证. □

9.1.2 一般邻居状态下集群条件分析

针对一般邻居状态, 在邻居图的邻接矩阵不会频繁且急剧变化的假设下, 具有下述结论.

引理 9.1.4[257] 设 $\mathcal{G}$ 是一个无向图, 且 $\hat{\mathcal{G}}$ 是通过改变 $\mathcal{G}$ 的邻居而形成的另一个无向图. 若对任意顶点 i $(1 \leqslant i \leqslant N)$, 其邻居数的变化量 ΔN_i 满足 $\Delta N_i \leqslant R_M < N_m$, 那么相应的平均矩阵 P 和 $\hat{P}$ 满足

$$\|P - \hat{P}\| \leqslant \frac{R_M(N_m + N_M)}{N_m(N_m - R_M)}.$$

定理 9.1.2 设 $\mathcal{G}(t)$ 是系统 (9.2) 的邻居图. 假设初始邻居图 $\mathcal{G}_0$ 是连通的且初始条件满足

$$(H_1): K(L + |\delta|(1-\nu_0)K^c + |\delta|L^c) < \frac{1-\mu_0}{2},\ \min\{N_m, N_m^c\} > R_M;$$

$$(H_2): \|V_0 - \overline{V}_0\| < \frac{\lambda(1-\mu_0)\eta r}{2\sqrt{2n}K},\ 0 < \eta < 1.$$

则系统 (9.2) 将会实现集群且存在

$$\begin{aligned}\overline{V}_\infty = \overline{V}_0 &+ \lambda\int_0^\infty S\mathrm{diag}(1,0,\cdots,0)S^{-1}(P-P_0)V(s)\mathrm{d}s \\ &- \lambda\delta\int_0^\infty S\mathrm{diag}(1,0,\cdots,0)S^{-1}(I-P^c)V(s)\mathrm{d}s,\end{aligned}$$

使得

$$\|V(t) - \overline{V}_\infty\| \leqslant 2K\|V_0 - \overline{V}_0\|\mathrm{e}^{-\frac{\lambda(1-\mu_0)t}{2}},$$

其中

$$L = \frac{R_M(N_m + N_M)}{N_m(N_m - R_M)}, \quad L^c = \frac{R_M(N_m^c + N_M^c)}{N_m^c(N_m^c - R_M)},$$

其中 $\mu_0, \nu_0, \overline{V}_0, K, K^c$ 分别定义于 (9.10), (9.13), (9.20), (9.21) 式.

证明 将系统(9.2)的第二个方程改写为

$$\begin{cases}\dfrac{dV}{\mathrm{d}t} = -\lambda(I-P_0)V + \lambda(P-P_0)V - \lambda\delta(I-P^c)V, \\ V(0) = V_0.\end{cases} \tag{9.32}$$

由常数变异法可得

$$V(t) = \exp[-\lambda(I-P_0)t]V_0$$

$$+\lambda\int_0^t \exp[-\lambda(I-P_0)(t-s)](P-P_0)V(s)\mathrm{d}s$$
$$-\lambda\delta\int_0^t \exp[-\lambda(I-P_0)(t-s)](I-P^c)V(s)\mathrm{d}s. \tag{9.33}$$

定义

$$\overline{V}(t):=\overline{V}_0+\lambda\int_0^t S\mathrm{diag}(1,0,\cdots,0)S^{-1}(P-P_0)V(s)\mathrm{d}s$$
$$-\lambda\delta\int_0^t S\mathrm{diag}(1,0,\cdots,0)S^{-1}(I-P^c)V(s)\mathrm{d}s. \tag{9.34}$$

由 (9.33) 式和 (9.34) 式可得

$$V(t)-\overline{V}(t)=\Delta\left(V_0-\overline{V}_0\right)+\lambda\int_0^t \Delta(P-P_0)(V(s)-\overline{V}(s))\mathrm{d}s$$
$$-\lambda\delta\int_0^t \Delta(I-P^c)(V(s)-\overline{V}(s))\mathrm{d}s, \tag{9.35}$$

其中

$$\Delta=\exp[-\lambda(I-P_0)(t-s)]-S\mathrm{diag}(1,0,\cdots,0)S^{-1}.$$

进而由 (9.35) 式以及 (9.17) 式可得

$$\mathrm{e}^{\lambda(1-\mu_0)t}\|V(t)-\overline{V}(t)\|$$
$$\leqslant K\|V_0-\overline{V}_0\|+\lambda K\int_0^t \mathrm{e}^{\lambda(1-\mu_0)s}\|V(s)-\overline{V}(s)\|\cdot\|P-P_0\|\mathrm{d}s$$
$$+\lambda|\delta|K\int_0^t \mathrm{e}^{\lambda(1-\mu_0)s}\|V(s)-\overline{V}(s)\|\cdot\|I-P^c\|\mathrm{d}s. \tag{9.36}$$

由 $l_{ij}(t)$ 的连续性可知, 存在 $t_0>0$ 使得

$$|l_{ij}(t)-l_{ij}(0)|<\eta r,\quad i,\ j,\ t\in[0,t_0).$$

设 t^* 是所有 t_0 的上确界, 可以断言 $t^*=\infty$. 如若不然, $t^*<\infty$. 根据上确界的定义, 存在 (i_0,j_0) 使得

$$|l_{i_0j_0}(t^*)-l_{i_0j_0}(0)|=\eta r. \tag{9.37}$$

又由 (9.9) 式以及引理 9.1.4 可知

$$\begin{aligned}\|P(s)-P_0\| &\leqslant \frac{R_M(N_m+d_M)}{N_m(N_m-R_M)}=:L, \quad s\in[0,t^*],\\ \|P^c(s)-P^c_0\| &\leqslant \frac{R_M(N^c_m+N^c_M)}{N^c_m(N^c_m-R_M)}=:L^c, \quad s\in[0,t^*].\end{aligned} \tag{9.38}$$

进而结合 (9.19) 式与 (9.38) 式可得

$$\|I-P^c(s)\|\leqslant\|I-P^c_0\|+\|P^c(s)-P^c_0\|\leqslant(1-\nu_0)K^c+L^c, \quad s\in[0,t^*]. \tag{9.39}$$

因此, 由 (9.38) 式、(9.39) 式以及初始条件 (H_1) 可得

$$K(L+|\delta|(1-\nu_0)K^c+|\delta|L^c)<\frac{1-\mu_0}{2},$$

继而由 (9.36) 式可得

$$\|V(t)-\overline{V}(t)\|\leqslant K\|V_0-\overline{V}_0\|\mathrm{e}^{-\frac{\lambda(1-\mu_0)t}{2}}, \quad t\in[0,t^*]. \tag{9.40}$$

根据系统 (9.2) 的第一个方程可知

$$x_i(t)-x_j(t)-(x_i(0)-x_j(0))=\int_0^t[v_i(\tau)-v_j(\tau)]\mathrm{d}\tau, \quad t\in[0,t^*].$$

结合 (9.8) 式、(9.38) 式以及初始条件 (H_2) 可导出

$$\begin{aligned}|l_{ij}(t^*)-l_{ij}(0)| &\leqslant |x_i(t^*)-x_j(t^*)-(x_i(0)-x_j(0))|\\ &\leqslant \int_0^{t^*}|v_i(\tau)-v_j(\tau)|\mathrm{d}\tau\\ &\leqslant \sqrt{2n}\int_0^\infty K\|V_0-\overline{V}_0\|\mathrm{e}^{-\frac{\lambda(1-\mu_0)\tau}{2}}\mathrm{d}\tau\\ &< \eta r,\end{aligned} \tag{9.41}$$

这与 (9.37) 式矛盾. 因此, $t^*=\infty$. 进而有

$$\|V(t)-\overline{V}(t)\|\leqslant K\|V_0-\overline{V}_0\|\mathrm{e}^{-\frac{\lambda(1-\mu_0)t}{2}}, \quad t\in[0,\infty). \tag{9.42}$$

进而, 由

$$\overline{V}(t)=\overline{V}_0+\lambda\int_0^t S\mathrm{diag}(1,0,\cdots,0)S^{-1}(P-P_0)V(s)\mathrm{d}s$$

$$
\begin{aligned}
&-\lambda\delta\int_0^t S\mathrm{diag}(1,0,\cdots,0)S^{-1}(I-P^c)V(s)\mathrm{d}s\\
=&\overline{V}_0+\lambda\int_0^t S\mathrm{diag}(1,0,\cdots,0)S^{-1}(P-P_0)(V(s)-\overline{V}(s))\mathrm{d}s\\
&-\lambda\delta\int_0^t S\mathrm{diag}(1,0,\cdots,0)S^{-1}(I-P^c)(V(s)-\overline{V}(s))\mathrm{d}s
\end{aligned}
$$

与 (9.42) 式可知, 存在 $\overline{V}_\infty$, 定义为

$$
\begin{aligned}
\overline{V}_\infty:=\overline{V}_0&+\lambda\int_0^\infty S\mathrm{diag}(1,0,\cdots,0)S^{-1}(P-P_0)V(s)\mathrm{d}s\\
&-\lambda\delta\int_0^\infty S\mathrm{diag}(1,0,\cdots,0)S^{-1}(I-P^c)V(s)\mathrm{d}s,
\end{aligned}
$$

满足

$$
\begin{aligned}
\|\overline{V}(t)-\overline{V}_\infty\|&\leqslant\lambda K(L+|\delta|(1-\nu_0)K^c+|\delta|L^c)\int_t^\infty\|V(s)-\overline{V}(s)\|\mathrm{d}s\\
&\leqslant\frac{\lambda(1-\mu_0)}{2}\int_t^\infty K\|V_0-\overline{V}_0\|\mathrm{e}^{-\frac{\lambda(1-\mu_0)t}{2}}\mathrm{d}s\\
&=K\|V_0-\overline{V}_0\|\mathrm{e}^{-\frac{\lambda(1-\mu_0)t}{2}}.
\end{aligned}\tag{9.43}
$$

根据 (9.42) 式和 (9.43) 式即得

$$
\|V(t)-\overline{V}_\infty\|\leqslant 2K\|V_0-\overline{V}_0\|\mathrm{e}^{-\frac{\lambda(1-\mu_0)t}{2}}.\tag{9.44}
$$

□

9.1.3 随机扰动影响下集群条件分析

许多学者研究了由白噪声刻画的随机扰动对系统的影响[61, 87, 137, 138, 272, 273]. 本节考虑了测量时产生的测量误差[87]. 假设个体 i 测量个体 j 的速度的测量值由下式表出

$$
\omega_{ij}=v_j+\kappa_i(v_j-v_i)\mathrm{d}w_i,\quad i,j=1,2,\cdots,N,
$$

其中 $W(t)=(w_1(t),w_2(t),\cdots,w_N(t))$ 是 N 维布朗运动, $\kappa_i\geqslant 0$ 刻画了个体 i 测量设备的不精确程度. 将测量噪声添加到系统 (9.2) 得到下述模型:

$$\begin{cases} \mathrm{d}x_i = v_i \mathrm{d}t, \\ \mathrm{d}v_i = \left[\dfrac{\lambda}{\widetilde{N_i}(t)} \displaystyle\sum_{j \in \widetilde{\mathcal{N}_i}(t)} v_{ji} + \dfrac{\lambda\delta}{N - \widetilde{N_i}(t)} \displaystyle\sum_{j \notin \widetilde{\mathcal{N}_i}(t)} v_{ji} \right] \mathrm{d}t \\ \qquad + \left[\dfrac{\sigma_i}{\widetilde{N_i}(t)} \displaystyle\sum_{j \in \widetilde{\mathcal{N}_i}(t)} v_{ji} + \dfrac{\sigma_i\delta}{N - \widetilde{N_i}(t)} \displaystyle\sum_{j \notin \widetilde{\mathcal{N}_i}(t)} v_{ji} \right] \mathrm{d}w_i, \end{cases} \tag{9.45}$$

其中 $\widetilde{\mathcal{N}_i}(t) = \{j : l_{ij}(t) := |\mathbb{E}[x_j(t)] - \mathbb{E}[x_i(t)]| < r\}$ 且 $\widetilde{N_i}(t) = \mathrm{card}\widetilde{\mathcal{N}_i}(t)$, $v_{ji} = v_j - v_i$. 注意到如果 $\sigma_i = 0, i = 1, 2, \cdots, N$, 则系统 (9.45) 退化为系统 (9.2).

定义系统 (9.45) 的邻居图为 $\mathcal{G}(t) = (\mathcal{V}, \mathcal{E}(t))$, 其中

$$\mathcal{V} = \{1, 2, \cdots, N\},$$

$$\mathcal{E}(t) = \{(i,j) : l_{ij} := |\mathbb{E}[x_j(t)] - \mathbb{E}[x_i(t)]| < r,\ i, j \in \mathcal{V}\}.$$

类似地, 设 $\mathcal{G}^c(t) = (\mathcal{V}, \mathcal{E}^c(t))$ 是系统 (9.45) 的远亲图

$$\mathcal{E}^c(t) = \{(i,j) : l_{ij} := |\mathbb{E}[x_j(t)] - \mathbb{E}[x_i(t)]| \geqslant r,\ i, j \in \mathcal{V}\}.$$

此外, 其余符号的定义与上一节相同. 接下来给出均方意义下集群行为的数学定义.

定义 9.1.1 假设 $(x_i(t), v_i(t)) \in \mathbb{R}^n \times \mathbb{R}^n (i = 1, 2, \cdots, N)$ 是系统 (9.45)的解. 称 (9.45) 形成集群若

$$\lim_{t \to \infty} \mathbb{E}[v_i(t)] = \overline{v}, \quad i = 1, 2, \cdots, N,$$

其中 $\overline{v} \in \mathbb{R}^n$ 是常向量, $\mathbb{E}[\cdot]$ 为随机过程的期望.

接下来采用与上一节类似的分析方法能够得到系统 (9.45) 均方集群条件.

命题 9.1.2 假设邻居图 $\mathcal{G}(t)$ 一直保持不变, 初始邻居图 $\mathcal{G}_0$ 是连通的, 并且 $N_M < N$. 则存在

$$\overline{V}_\infty = \overline{V}_0 - \lambda\delta \int_0^\infty S\mathrm{diag}(1, 0, \cdots, 0) S^{-1} (I - P_0^c) \mathbb{E}[V(s)]\,\mathrm{d}s,$$

使得

$$\|\mathbb{E}[V(t)] - \overline{V}_\infty\| \leqslant C_\nu \|V_0 - \overline{V}_0\| \mathrm{e}^{-\lambda(1-\mu_0-|\delta|(1-\nu_0)KK^c)t},$$

其中

$$C_\nu = \frac{(1-\mu_0)K}{1-\mu_0-|\delta|(1-\nu_0)KK^c},$$

其中 $\mu_0, \nu_0, \overline{V}_0, K, K^c$ 定义于 (9.10), (9.13), (9.20)以及(9.21) 式.

证明 由假设可知, 邻居图和远亲图的平均矩阵分别为常矩阵 P_0 和 P_0^c, 并且它们都是连通的随机矩阵. 那么系统 (9.45) 的第二个方程变为

$$\begin{cases} \mathrm{d}V = -\left[\lambda\left(I-P_0\right)V+\lambda\delta\left(I-P_0^c\right)V\right]\mathrm{d}t \\ \qquad\quad -\left[\Theta\left(I-P_0\right)V+\delta\Theta\left(I-P_0^c\right)V\right]\mathrm{d}W, \\ V(0)=V_0, \end{cases} \tag{9.46}$$

其中 $\Theta=\mathrm{diag}(\sigma_1,\sigma_2,\cdots,\sigma_N)$. 根据 Itô 公式可知

$$\mathrm{d}t\cdot\mathrm{d}t=0,\quad \mathrm{d}t\cdot\mathrm{d}W=0\ \mathrm{d}W\cdot\mathrm{d}W=\mathrm{d}t,$$

则有

$$\begin{aligned} &\mathrm{d}(\exp[-\lambda(I-P_0)t]V)\\ =&-\lambda(I-P_0)\exp[-\lambda(I-P_0)t]V\mathrm{d}t+\exp[-\lambda(I-P_0)t]\mathrm{d}V\\ &-\lambda(I-P_0)\exp[-\lambda(I-P_0)t]\mathrm{d}t\cdot\mathrm{d}V\\ =&-\lambda(I-P_0)\exp[-\lambda(I-P_0)t]V\mathrm{d}t+\exp[-\lambda(I-P_0)t]\mathrm{d}V. \end{aligned}$$

利用积分因子法求解 (9.46) 可得

$$\begin{aligned} V(t)=&\exp[-\lambda(I-P_0)t]V_0\\ &-\lambda\delta\int_0^t\exp[-\lambda(I-P_0)(t-s)](I-P_0^c)V(s)\mathrm{d}s\\ &-\int_0^t\exp[-\lambda(I-P_0)(t-s)]\overline{\Theta}\mathrm{d}W, \end{aligned} \tag{9.47}$$

其中 $\overline{\Theta}=\Theta\left(I-P_0\right)V+\delta\Theta\left(I-P_0^c\right)V$. 再利用 $\mathbb{E}\left[\int_0^t f(s)\mathrm{d}W\right]=0$ 可得

$$\begin{aligned} \mathbb{E}\left[V(t)\right]=&\exp[-\lambda(I-P_0)t]V_0\\ &-\lambda\delta\int_0^t\exp[-\lambda(I-P_0)(t-s)](I-P_0^c)\mathbb{E}\left[V(s)\right]\mathrm{d}s. \end{aligned} \tag{9.48}$$

设

$$\overline{V}(t):=\overline{V}_0-\lambda\delta\int_0^t S\mathrm{diag}(1,0,\cdots,0)s^{-1}(I-P_0^c)V(s)\mathrm{d}s,$$

则有

$$\mathbb{E}\left[\overline{V}(t)\right] = \overline{V}_0 - \lambda\delta \int_0^t S\mathrm{diag}(1,0,\cdots,0)S^{-1}(I-P_0^c)\mathbb{E}\left[V(s)\right]\mathrm{d}s. \tag{9.49}$$

因此, 结合 (9.48) 式以及 (9.49) 式可得

$$\begin{aligned}
&\mathbb{E}\left[V(t)\right] - \mathbb{E}\left[\overline{V}(t)\right] \\
&= \left\{\exp[-\lambda(I-P_0)t] - S\mathrm{diag}(1,0,\cdots,0)S^{-1}\right\} V_0 \\
&\quad - \lambda\delta \int_0^t \Delta_r (I-P_0^c)\mathbb{E}\left[V(s)\right]\mathrm{d}s \\
&= \left\{\exp[-\lambda(I-P_0)t] - S\mathrm{diag}(1,0,\cdots,0)S^{-1}\right\} \left(V_0 - \overline{V}_0\right) \\
&\quad - \lambda\delta \int_0^t \Delta_r (I-P_0^c)(\mathbb{E}\left[V(s)\right] - \mathbb{E}\left[\overline{V}(s)\right])\mathrm{d}s,
\end{aligned} \tag{9.50}$$

其中

$$\Delta_r = \exp[-\lambda(I-P_0)(t-s)] - S\mathrm{diag}(1,0,\cdots,0)S^{-1}.$$

进而由(9.17)式、(9.19)式以及(9.50)式有

$$\begin{aligned}
\mathrm{e}^{\lambda(1-\mu_0)t}\|\mathbb{E}\left[V(t)\right] - \mathbb{E}\left[\overline{V}(t)\right]\| \leqslant & K\|V_0 - \overline{V}_0\| \\
& + \lambda|\delta|(1-\nu_0)KK^c \int_0^t \mathrm{e}^{\lambda(1-\mu_0)s}\|\mathbb{E}\left[V(s)\right] \\
& - \mathbb{E}\left[\overline{V}(s)\right]\|\mathrm{d}s.
\end{aligned} \tag{9.51}$$

进而由 Gronwall 不等式可得

$$\|\mathbb{E}\left[V(t)\right] - \mathbb{E}\left[\overline{V}(t)\right]\| \leqslant K\|V_0 - \overline{V}_0\|\mathrm{e}^{-\lambda(1-\mu_0-|\delta|(1-\nu_0)KK^c)t}. \tag{9.52}$$

另一方面, 由于

$$\begin{aligned}
\mathbb{E}\left[\overline{V}(t)\right] &= \overline{V}_0 - \lambda\delta \int_0^t S\mathrm{diag}(1,0,\cdots,0)S^{-1}(I-P_0^c)\mathbb{E}\left[\overline{V}(s)\right]\mathrm{d}s \\
&= \overline{V}_0 - \lambda\delta \int_0^t S\mathrm{diag}(1,0,\cdots,0)S^{-1}(I-P_0^c)(\mathbb{E}\left[V(s)\right] - \mathbb{E}\left[\overline{V}(s)\right])\mathrm{d}s.
\end{aligned}$$

继而, 结合 (9.52) 式, 可推出存在 $\overline{V}_\infty$, 定义为

$$\overline{V}_\infty := \overline{V}_0 - \lambda\delta \int_0^\infty S\mathrm{diag}(1,0,\cdots,0)S^{-1}(I-P_0^c)\mathbb{E}\left[V(s)\right]\mathrm{d}s,$$

使得

$$\begin{aligned}
&\|\mathbb{E}\left[\overline{V}(t)\right]-\overline{V}_{\infty}\| \\
\leqslant\ &\lambda|\delta|(1-\nu_0)KK^c\int_t^{\infty}\|\mathbb{E}\left[V(s)\right]-\mathbb{E}\left[\overline{V}(s)\right]\|\mathrm{d}s \\
\leqslant\ &\lambda|\delta|(1-\nu_0)KK^c\int_t^{\infty}K\|V_0-\overline{V}_0\|\mathrm{e}^{-\lambda(1-\mu_0-|\delta|(1-\nu_0)KK^c)t}\mathrm{d}s \\
=\ &\frac{|\delta|(1-\nu_0)KK^c}{1-\mu_0-|\delta|(1-\nu_0)KK^c}K\|V_0-\overline{V}_0\|\mathrm{e}^{-\lambda(1-\mu_0-|\delta|(1-\nu_0)KK^c)t}.
\end{aligned} \tag{9.53}$$

因此, 由 (9.52) 式和 (9.53) 式可断定

$$\|\mathbb{E}\left[V(t)\right]-\overline{V}_{\infty}\|\leqslant C_{\nu}\|V_0-\overline{V}_0\|\mathrm{e}^{-\lambda(1-\mu_0-|\delta|(1-\nu_0)KK^c)t}, \tag{9.54}$$

其中

$$C_{\nu}=\frac{(1-\mu_0)K}{1-\mu_0-|\delta|(1-\nu_0)KK^c}.$$

□

由上述证明容易知道, 系统 (9.45) 在期望意义下与系统 (9.2) 相似. 因此, 接下来直接给出系统实现均方集群行为的条件, 具体证明不再赘述.

定理 9.1.3 设 $\mathcal{G}(t)$ 是系统 (9.45) 的邻居图. 假设 $\Gamma>0$, 初始邻居图 $\mathcal{G}_0$ 是连通的且初始条件满足

$$\|V_0-\overline{V}_0\|\leqslant\frac{\lambda(1-\mu_0-|\delta|(1-\nu_0)KK^c)^2}{\sqrt{2n}(1-\mu_0)K}\Gamma,$$

$$N_M<N,\quad 1-\mu_0-|\delta|(1-\nu_0)KK^c>0.$$

那么系统 (9.45) 将会实现集群且收敛速率为

$$\|\mathbb{E}\left[V(t)\right]-\overline{V}_{\infty}\|\leqslant C_{\nu}\|V_0-\overline{V}_0\|\mathrm{e}^{-\lambda(1-\mu_0-|\delta|(1-\nu_0)KK^c)t},$$

其中

$$C_{\nu}=\frac{(1-\mu_0)K}{1-\mu_0-|\delta|(1-\nu_0)KK^c},$$

$$\overline{V}_{\infty}=\overline{V}_0-\lambda\delta\int_0^{\infty}S\mathrm{diag}(1,0,\cdots,0)S^{-1}(I-P_0^c)\mathbb{E}\left[V(s)\right]\mathrm{d}s,$$

其中 $\mu_0,\nu_0,\overline{V}_0,K,K^c$ 定义于 (9.10), (9.13), (9.20) 以及 (9.21) 式.

证明 与定理 9.1.1 的证明类似. □

定理 9.1.4 设 $\mathcal{G}(t)$ 是系统 (9.45) 的邻居图. 假设初始邻居图 $\mathcal{G}_0$ 是连通的且初始条件满足

$$(L_1): K(L+|\delta|(1-\nu_0)K^c+|\delta|L^c)<\frac{1-\mu_0}{2},\ \min\{N_m,N_m^c\}>R_M;$$

$$(L_2): \|V_0-\overline{V}_0\|<\frac{\lambda(1-\mu_0)\eta r}{2\sqrt{2n}K},\ 0<\eta<1.$$

则系统 (9.45) 将会实现集群且收敛速率为

$$\|\mathbb{E}[V(t)]-\overline{V}_\infty\|\leqslant 2K\|V_0-\overline{V}_0\|\mathrm{e}^{-\frac{\lambda(1-\mu_0)t}{2}},$$

其中

$$\begin{aligned}\overline{V}_\infty=\overline{V}_0&+\lambda\int_0^\infty S\mathrm{diag}(1,0,\cdots,0)S^{-1}(P-P_0)\mathbb{E}[V(s)]\,\mathrm{d}s\\&-\lambda\delta\int_0^\infty S\mathrm{diag}(1,0,\cdots,0)S^{-1}(I-P^c)\mathbb{E}[V(s)]\,\mathrm{d}s,\end{aligned}$$

其中 $\mu_0,\nu_0,\overline{V}_0,K,K^c,L,L^c$ 定义于 (9.10) 式和 (9.38) 式.

证明 与定理 9.1.2 的证明类似. □

9.2 随机扰动的群组耦合系统均方集群模型

在实际系统中, 系统周围环境是动态的, 粒子运动会受到外环境、噪声的影响. 例如, 在强风或急流下, 鸟和鱼会分离, 无法形成一群. 鉴于此, 本章将外环境中的噪声干扰引入到模型构建中, 其中噪声干扰体现在组间的相互作用中, 继而研究均方意义下的集群机制. 然而, 在现有的工作中, 关于噪声环境下的双群组耦合系统的集群动力学尚未解决. 这是本节考虑具有噪声干扰的双群组耦合系统群体运动模型的主要动机. 本章首先用 Stratonovich 型随机微分方程描述了噪声环境下双群组耦合系统的状态演进规律, 其次阐明了有关全局解的存在性、集群行为和噪声强度之间的关系, 最后通过数值仿真简单验证本章主要结论.

9.2.1 Stratonovich 型集群模型

针对噪声环境中的双群组耦合系统, 通过子群内相互作用、子群间相互作用和布朗噪声来建立群体运动模型, 其中组间相互影响较弱, 用有界正常数来进行描述. 具体地, 其动力学由 Stratonovich 型随机微分方程描述:

$$
\begin{cases}
\mathrm{d}x_i = v_i \mathrm{d}t, & i \in \mathcal{N} \\
\mathrm{d}v_i = u_{i,1}\mathrm{d}t + \sigma \sum\limits_{j\in\mathcal{N}_2} (v_j - v_i) \circ \mathrm{d}B_t, & i \in \mathcal{N}_1, \\
\mathrm{d}v_i = u_{i,2}\mathrm{d}t + \sigma \sum\limits_{j\in\mathcal{N}_1} (v_j - v_i) \circ \mathrm{d}B_t, & i \in \mathcal{N}_2,
\end{cases}
\tag{9.55}
$$

其中 $u_{i,1}\,(i \in \mathcal{N}_1)$, $u_{i,2}\,(i \in \mathcal{N}_2)$ 是系统内部固有动力学演化机制, 即理想环境中每个粒子的状态演化机制, 建模为

$$
\begin{aligned}
u_{i,1} &= \alpha \sum_{j\in\mathcal{N}_1} \psi_{ij}(x)(v_j - v_i) + \sum_{j\in\mathcal{N}_2} a_{ij}(v_j - v_i), \quad i \in \mathcal{N}_1, \\
u_{i,2} &= \sum_{j\in\mathcal{N}_1} a_{ij}(v_j - v_i) + \alpha \sum_{j\in\mathcal{N}_2} \psi_{ij}(x)(v_j - v_i), \quad i \in \mathcal{N}_2,
\end{aligned}
\tag{9.56}
$$

其中 $\sigma > 0$ 是噪声强度, $\{B_t, t \geqslant 0\}$ 为一维布朗运动. 在 (9.56) 式中, $\alpha > 0$ 是组内交互权重, 正常数 a_{ij} 满足 $\varepsilon < a_{ij} \leqslant 1$, 其中 ε 是足够小的正常数, 函数 ψ 满足假设 9.2.1. 系统 (9.55)-(9.56) 的初始条件为 $(x_i(0), v_i(0)) = (x_{i0}, v_{i0}) \in \mathbb{R}^{2d}, i \in \mathcal{N}$.

从建模的角度看, 用 Stratonovich 型随机微分方程建模更为合理. 事实上, 对于一个 Itô 随机微分方程, 如果将它形式地视为由白噪声驱动的微分方程, 并且用光滑的随机过程近似白噪声 $\dfrac{\mathrm{d}B_t}{\mathrm{d}t}$, 那么, 在理论上可以证明, 相应的带有随机参数的常微分方程的解并不依概率趋于这个 Itô 方程的解, 而是依概率趋于将 Itô 积分 $\int_0^t \sigma(\xi_t)\mathrm{d}B_t$ 用 Stratonovich 型积分 $\int_0^t \sigma(\xi_t) \circ \mathrm{d}B_t$ 代替后的 Stratonovich 型随机微分方程的解, 这就说明了用 Itô 随机微分方程建模会失去光滑逼近时的稳定性. 而用 Stratonovich 型随机微分方程建模可以对白噪声的光滑的随机逼近, 则其解有稳定性. 因此, 用 Stratonovich 型随机微分方程建模更为合理. 下面介绍主要假设和均方集群定义[61,62].

假设 9.2.1 假设交互权重函数 ψ 是在 $\mathbb{R}^+$ 上 Lipschitz 连续、非增的有界正函数.

假设 9.2.2 假设系统 (9.55)-(9.56) 中的参数满足 $\alpha > 1$, $\min\{N_1, N_2\} \geqslant 2$ 以及 $(\min\{N_1, N_2\})^2 \geqslant 2\max\{N_1, N_2\}$.

将均方集群定义[61,62] 扩展到系统 (9.55)-(9.56) 中, 具体描述如下.

定义 9.2.1[61,62] 系统 (9.55)-(9.56) 在均方意义下发生集群行为当且仅当位置-速度过程 $\{(x_i, v_i)\}_{i=1}^N$ 在均方意义下满足速度直径收敛到 0 且位置直径一致

有界, 即

$$\lim_{t\to\infty}\mathbb{E}\left[\|v_i-v_j\|^2\right]=0,\quad \sup_{0\leqslant t\leqslant\infty}\mathbb{E}\left[\|x_i-x_j\|^2\right]<\infty,\quad i,\ j\in\mathcal{N}. \tag{9.57}$$

此外, 称满足 (9.57) 式的解过程 $\{(x_i,v_i)\}_{i=1}^N$ 具有均方集群性.

本节理论结果表明, 如果噪声干扰较强, 系统将无法实现聚集, 这与实际经验和真实场景相吻合. 例如, 在强风或急流下, 鸟或鱼会分离, 无法形成一群或一群. 相反, 理论结果也表明, 如果外环境中噪声干扰足够弱, 在一定条件下, 那么就会发生集群行为. 此外, 从数值仿真中发现, 噪声在某些场景下可以诱导集群行为的出现, 即环境中的噪声干扰在一定程度上对集群行为的出现是积极的.

9.2.2 依赖噪声强度的均方集群条件

为了后续讨论的有效性, 首先证明系统 (9.55)-(9.56) 全局解的存在唯一性. 鉴于此, 需要以下经典结果.

引理 9.2.1 ([274] 中引理 6.3) Itô 型随机微分方程和 Stratonovich 型随机微分方程之间有如下转换公式

$$\mathrm{d}\xi_t=b\left(t,\xi_t\right)\mathrm{d}t+\Sigma\left(t,\xi_t\right)\mathrm{d}B_t,$$

等价于

$$\mathrm{d}\xi_t=\left(b\left(t,\xi_t\right)-\frac{1}{2}c\left(t,\xi_t\right)\right)\mathrm{d}t+\Sigma\left(t,\xi_t\right)\circ\mathrm{d}B_t,$$

其中

$$c(t,x)=\begin{pmatrix}c_1(t,x)\\c_2(t,x)\\\vdots\\c_d(t,x)\end{pmatrix},\quad c_i(t,x)=\sum_{j=1}^d\sum_{k=1}^m\sigma_{jk}(t,x)\frac{\partial\sigma_{ik}(t,x)}{\partial x_j},$$

$$\Sigma(t,x)=\left(\sigma_{ik}(t,x)\right).$$

特别地, 如果 $b(\xi_t)$ 和 $\delta(\xi_t)$ 都是一维随机微分方程中的光滑函数, 则变换公式如下所示

$$\mathrm{d}\xi_t=b(\xi_t)\mathrm{d}t+\delta(\xi_t)\circ\mathrm{d}B_t,$$

对应的 Itô 型方程为

$$\mathrm{d}\xi_t=\left(b(\xi_t)+\frac{1}{2}\delta'(\xi_t)\delta(\xi_t)\right)\mathrm{d}t+\delta(\xi_t)\mathrm{d}B_t.$$

基于上述引理中的等价转换公式, 可以证明全局解的存在唯一性. 在讨论主要结果之前, 引入几个记号,

$$
\begin{aligned}
&\|x\|^2=\sum_{i\in\mathcal{N}}\|x_i\|^2,\quad \|v\|^2=\sum_{i\in\mathcal{N}}\|v_i\|^2,\\
&x_c=\frac{1}{N}\sum_{i\in\mathcal{N}}x_i,\quad v_c=\frac{1}{N}\sum_{i\in\mathcal{N}}v_i,\\
&\Lambda_v^2=\sum_{i\in\mathcal{N}_1}\sum_{j\in\mathcal{N}_2}\|v_i-v_j\|^2,\quad x_c^k=\frac{1}{N_k}\sum_{i\in\mathcal{N}_k}x_i,\\
&v_c^k=\frac{1}{N_k}\sum_{i\in\mathcal{N}_k}v_i,\quad k=1,2.
\end{aligned}
\tag{9.58}
$$

具体结果总结如下.

定理 9.2.1 如果系统 (9.55)-(9.56) 的初始条件满足 $\|x_{i0}\|+\|v_{i0}\|<\infty$ 和 $\sqrt{N}\|v(0)\|^2\leqslant\Lambda_v^2(0)$. 则系统的解全局存在, 其中 $\|v\|^2$ 和 Λ_v^2 由 (9.58) 式定义.

证明 由于 (9.55) 式和 (9.56) 式右侧的函数在 $\mathbb{R}^{2d}$ 上是局部 Lipschitz 连续的, 因此存在唯一的局部解 $(x_i(t),v_i(t))\,,i\in\mathcal{N}$. 为了获得全局解, 集合 $\mathcal{T}$ 定义为

$$
\mathcal{T}=\Big\{t:\sup_{s\in[0,t),i\in\mathcal{N}}\{\|x_i(s)\|+\|v_i(s)\|\}<\infty,\sqrt{N}\|v(t)\|^2\leqslant\Lambda^2(t),\ t>0\Big\}.
$$

注意到 $\mathcal{T}\neq\varnothing$, 记 $T=\sup\mathcal{T}$. 下面证明 $T=+\infty$.

由于 (9.55) 式和 (9.56) 式关于指标 i 和 j 是对称的, 因此有 $\mathrm{d}x_c=v_c\mathrm{d}t$ 和 $\mathrm{d}v_c=\mathbf{0}$, 这表明对任意的 $t\in[0,t)$, 有 $x_c(t)=x_c(0)+v_c(0)t$ 和 $v_c(t)=v_c(0)$. 不失一般性, 假设 $x_c(0)=v_c(0)=\mathbf{0}$, 其等价于 $\sum_{i\in\mathcal{N}}x_i(t)=\sum_{i\in\mathcal{N}}v_i(t)=0$, a.s.. 进而, 可得 $\sum_{i\in\mathcal{N}}\sum_{j\in\mathcal{N}}\|v_i(t)-v_j(t)\|^2=2N\|v(t)\|^2$. 如果有必要, 可以考虑新的变量 $(\hat{x}_i,\hat{v}_i)=(x_i-x_c,v_i-v_c)$ 代替 (x_i,v_i) 来对应质心附近的波动.

由 (9.55) 式、(9.56) 式以及 Stratonovich 型随机微分的链式法则可推出

$$
\begin{aligned}
\mathrm{d}\|v\|^2&=\sum_{i\in\mathcal{N}}\mathrm{d}\,\|v_i\|^2=2\sum_{i\in\mathcal{N}}v_i\cdot\mathrm{d}v_i\\
&=2\sum_{i\in\mathcal{N}_1}v_i\cdot\mathrm{d}v_i+2\sum_{i\in\mathcal{N}_2}v_i\cdot\mathrm{d}v_i.
\end{aligned}
\tag{9.59}
$$

为了简化, 记 $\mathrm{I}_1:=\sum_{i\in\mathcal{N}_1}v_i\cdot\mathrm{d}v_i$ 和 $\mathrm{I}_2:=\sum_{i\in\mathcal{N}_2}v_i\cdot\mathrm{d}v_i$. 接下来对 I_1 和 I_2 分别进行估计. 由 (9.55) 式中的第二个方程和 (9.56) 式中的 $u_{i,1}(i\in\mathcal{N}_1)$ 可得

$$
\mathrm{I}_1=-\alpha\sum_{i\in\mathcal{N}_1}\sum_{j\in\mathcal{N}_1}\psi_{ij}\|v_{ij}\|^2\mathrm{d}t+\alpha\sum_{i\in\mathcal{N}_1}\sum_{j\in\mathcal{N}_1}\psi_{ij}v_j\cdot v_{ji}\mathrm{d}t
$$

$$\begin{aligned}&+\sum_{i\in\mathcal{N}_1}\sum_{j\in\mathcal{N}_2}a_{ij}v_i\cdot v_{ji}\mathrm{d}t+\sigma\sum_{i\in\mathcal{N}_1}\sum_{j\in\mathcal{N}_2}v_i\cdot v_{ji}\circ\mathrm{d}B_t\\=&-\frac{\alpha}{2}\sum_{i\in\mathcal{N}_1}\sum_{j\in\mathcal{N}_1}\psi_{ij}\|v_{ij}\|^2\mathrm{d}t+\sum_{i\in\mathcal{N}_1}\sum_{j\in\mathcal{N}_2}a_{ij}v_i\cdot(v_j-v_i)\mathrm{d}t\\&+\sigma\sum_{i\in\mathcal{N}_1}\sum_{j\in\mathcal{N}_2}v_i\cdot v_{ji}\circ\mathrm{d}B_t,\end{aligned}\tag{9.60}$$

其中 $v_{ij}=v_i-v_j$. 类似于 (9.60) 式中的讨论, 可推出

$$\begin{aligned}\mathrm{I}_2=&-\frac{\alpha}{2}\sum_{i\in\mathcal{N}_2}\sum_{j\in\mathcal{N}_2}\psi_{ij}\|v_{ij}\|^2\mathrm{d}t+\sum_{i\in\mathcal{N}_2}\sum_{j\in\mathcal{N}_1}a_{ij}v_i\cdot v_{ji}\mathrm{d}t\\&+\sigma\sum_{i\in\mathcal{N}_2}\sum_{j\in\mathcal{N}_1}v_i\cdot v_{ji}\circ\mathrm{d}B_t.\end{aligned}\tag{9.61}$$

注意到

$$\begin{aligned}&\sum_{i\in\mathcal{N}_1}\sum_{j\in\mathcal{N}_2}a_{ij}v_i\cdot(v_j-v_i)\mathrm{d}t+\sum_{i\in\mathcal{N}_2}\sum_{j\in\mathcal{N}_1}a_{ij}v_i\cdot(v_j-v_i)\mathrm{d}t\\=&-\sum_{i\in\mathcal{N}_1}\sum_{j\in\mathcal{N}_2}a_{ij}\|v_i-v_j\|^2\mathrm{d}t\end{aligned}$$

和

$$\begin{aligned}&\sum_{i\in\mathcal{N}_1}\sum_{j\in\mathcal{N}_2}v_i\cdot(v_j-v_i)\circ\mathrm{d}B_t+\sum_{i\in\mathcal{N}_2}\sum_{j\in\mathcal{N}_1}v_i\cdot(v_j-v_i)\circ\mathrm{d}B_t\\=&-\sum_{i\in\mathcal{N}_1}\sum_{j\in\mathcal{N}_2}\|v_i-v_j\|^2\circ\mathrm{d}B_t.\end{aligned}$$

从而由 (9.59), (9.60) 以及 (9.61) 式可得

$$\begin{aligned}\mathrm{d}\|v\|^2=&-\alpha\sum_{i\in\mathcal{N}_1}\sum_{j\in\mathcal{N}_1}\psi_{ij}\|v_i-v_j\|^2\mathrm{d}t-\alpha\sum_{i\in\mathcal{N}_2}\sum_{j\in\mathcal{N}_2}\psi_{ij}\|v_i-v_j\|^2\mathrm{d}t\\&-2\sum_{i\in\mathcal{N}_1}\sum_{j\in\mathcal{N}_2}a_{ij}\|v_i-v_j\|^2\mathrm{d}t-2\sigma\sum_{i\in\mathcal{N}_1}\sum_{j\in\mathcal{N}_2}\|v_i-v_j\|^2\circ\mathrm{d}B_t.\end{aligned}$$

进而由引理 9.2.1 可得

$$\begin{aligned}\mathrm{d}\|v\|^2=&-\alpha\sum_{i\in\mathcal{N}_1}\sum_{j\in\mathcal{N}_1}\psi_{ij}\|v_i-v_j\|^2\mathrm{d}t\\&-\alpha\sum_{i\in\mathcal{N}_2}\sum_{j\in\mathcal{N}_2}\psi_{ij}\|v_i-v_j\|^2\mathrm{d}t\end{aligned}$$

$$-2\sum_{i\in\mathcal{N}_1}\sum_{j\in\mathcal{N}_2}a_{ij}\|v_i-v_j\|^2\mathrm{d}t$$
$$+2\sigma^2\Lambda_v^2(t)\mathrm{d}t-2\sigma\Lambda_v^2(t)\mathrm{d}B_t, \tag{9.62}$$

其中 Λ_v^2 由 (9.58) 式定义. 根据 (9.62) 式和 $\sqrt{N}\|v(t)\|^2\leqslant\Lambda_v(t)^2\leqslant 2N\|v(t)\|^2$, 可得 $\|v(t)\|^2\leqslant g(t)$, a.s., 其中 $g(t)$ 满足

$$\mathrm{d}g=4\sigma^2Ng\mathrm{d}t-2\sigma\sqrt{N}g\mathrm{d}B_t,\quad g(0)=\|v(0)\|^2.$$

上述线性方程有唯一的全局解, 即 $g(t)=g(0)\mathrm{e}^{-2\sigma\sqrt{N}B_t}$. 因此, 对于 $t\in[0,T)$, 有

$$\|v(t)\|\leqslant\|v(0)\|\mathrm{e}^{-2\sigma\sqrt{N}B_t},\quad \text{a.s..} \tag{9.63}$$

继而由 (9.55) 中的第一个方程可得

$$\mathrm{d}\|x\|^2=2\sum_{i\in\mathcal{N}}\langle x_i,v_i\rangle\mathrm{d}t\leqslant 2\|x\|\|v\|\mathrm{d}t\leqslant 2\|v(0)\|\mathrm{e}^{-2\sigma\sqrt{N}B_t}\|x\|\mathrm{d}t. \tag{9.64}$$

从而由比较原理可得 $\|x(t)\|^2\leqslant m(t)$, $t\geqslant 0$, 其中 $m(t)$ 满足

$$\mathrm{d}m=2\|v(0)\|\mathrm{e}^{-2\sigma\sqrt{N}B_t}\sqrt{m}\mathrm{d}t,\quad m(0)=\|x(0)\|^2>0.$$

由于 $m(t)=\left(\|x(0)\|+\|v(0)\|\int_0^t\mathrm{e}^{-2\sigma\sqrt{N}B_s}\mathrm{d}s\right)^2$, 因此有 $t\in[0,T)$,

$$\|x(t)\|\leqslant\|x(0)\|+\|v(0)\|\int_0^t\mathrm{e}^{-2\sigma\sqrt{N}B_s}\mathrm{d}s,\ \text{a.s..} \tag{9.65}$$

注意到 $\Lambda_v^2(t)$ 可以改写为

$$\begin{aligned}\Lambda_v^2(t)&=N_2\sum_{i\in\mathcal{N}_1}\|v_i(t)\|^2+N_1\sum_{i\in\mathcal{N}_2}\|v_i(t)\|^2-2\left(\sum_{i\in\mathcal{N}_1}v_i\right)\cdot\left(\sum_{j\in\mathcal{N}_2}v_j\right)\\&=N_2\sum_{i\in\mathcal{N}_1}\|v_i(t)\|^2+N_1\sum_{i\in\mathcal{N}_2}\|v_i(t)\|^2-2\left(N_1v_c^1\right)\cdot\left(N_2v_c^2\right),\end{aligned}$$

其中 v_c^1 和 v_c^2 由 (9.58) 式定义. 进而由 $N_1v_c^1+N_2v_c^2=Nv_c=\mathbf{0}$ 可推出

$$\Lambda_v^2(t)=N_2\sum_{i\in\mathcal{N}_1}\|v_i(t)\|^2+N_1\sum_{i\in\mathcal{N}_2}\|v_i(t)\|^2+2N_1^2\|v_c^1\|^2,$$

或者

$$\Lambda_v^2(t)=N_2\sum_{i\in\mathcal{N}_1}\|v_i(t)\|^2+N_1\sum_{i\in\mathcal{N}_2}\|v_i(t)\|^2+2N_2\|v_c^2\|^2.$$

此外, 对于 $t\in[0,T)$, 有

$$\sqrt{N}\|v(t)\|^2=\sqrt{N}\sum_{i\in\mathcal{N}_1}\|v_i(t)\|^2+\sqrt{N}\sum_{i\in\mathcal{N}_2}\|v_i(t)\|^2.$$

因此, 由假设 9.2.2、$\sqrt{N}\leqslant\min\{N_1,N_2\}$ 以及上述分析可知, $\sqrt{N}\|v(t)\|^2\leqslant\Lambda^2(t)$ 成立.

最后, 由 (9.63) 式、(9.65) 式以及集合 $\mathcal{T}$ 的定义可得 $T=+\infty$ a.s., 这表明系统 (9.55)-(9.56) 的解是唯一且全局的. □

接下来将证明双群耦合系统在弱噪声的前提下可以出现均方意义下集群行为. 由于所考虑的场景中的系统处于有界区域, 这表明存在正常数 γ, 使得 $\psi\geqslant\gamma$. 因此, 提出以下关于 γ 的假设以量化后续的讨论.

假设 9.2.3 假设系统 (9.55)-(9.56) 中的相关参数满足 $\alpha\gamma<\varepsilon$.

易知, γ 的上界随着 ε 的减小而减小, 这表明考虑的区域会增大. 这是因为如果 ε 减小, 则可以视为两个子系统之间的相对距离增加, 即耦合系统所在的区域扩大, 导致 γ 减小. 因此, 上述假设是合理的. 下面将给出系统 (9.55)-(9.56) 在均方意义下集群行为发生条件.

定理 9.2.2 设 $\{(x_i,v_i)\}_{i=1}^N$ 是系统 (9.55)-(9.56) 的解, 如果系统参数和噪声强度满足 $\sigma^2<\dfrac{\alpha\gamma}{N}$, 则系统 (9.55)-(9.56) 在均方意义下会发生集群行为, 其中 γ 是正常数.

证明 利用比较原理证明定理 9.2.2. 由 (9.62) 和 $\sqrt{N}\|v(t)\|^2\leqslant\Lambda_v^2(t)\leqslant 2N\|v(t)\|^2$ 可得

$$\begin{aligned}
\mathrm{d}\|v\|^2\leqslant&-\alpha\gamma\sum_{i\in\mathcal{N}_1}\sum_{j\in\mathcal{N}_1}\|v_i-v_j\|^2\mathrm{d}t-\alpha\gamma\sum_{i\in\mathcal{N}_2}\sum_{j\in\mathcal{N}_2}\|v_i-v_j\|^2\mathrm{d}t\\
&-2\sum_{i\in\mathcal{N}_1}\sum_{j\in\mathcal{N}_2}a_{ij}\|v_i-v_j\|^2\mathrm{d}t+2\sigma^2\Lambda_v^2(t)\mathrm{d}t-2\sigma\Lambda_v^2(t)\mathrm{d}B_t\\
\leqslant&-2\alpha\gamma\|v(t)\|^2\mathrm{d}t+2\alpha\gamma\sum_{i\in\mathcal{N}_1}\sum_{j\in\mathcal{N}_2}\|v_i-v_j\|^2\mathrm{d}t\\
&-2\sum_{i\in\mathcal{N}_1}\sum_{j\in\mathcal{N}_2}a_{ij}\|v_i-v_j\|^2\mathrm{d}t+2\sigma^2N\|v(t)\|^2\mathrm{d}t\\
&-2\sigma\sqrt{N}\|v(t)\|^2\mathrm{d}B_t,
\end{aligned}\tag{9.66}$$

继而由假设 9.2.3 可推出

$$\mathrm{d}\|v\|^2 \leqslant 2(\sigma^2 N - \alpha\gamma)\|v(t)\|^2 \mathrm{d}t - 2\sigma\sqrt{N}\|v(t)\|^2 \mathrm{d}B_t.$$

从而由比较原理可得 $\|v(t)\|^2 \leqslant f(t)$, a.s., 其中 $f(t)$ 满足以下方程

$$\mathrm{d}f = 2(\sigma^2 N - \alpha\gamma) f \mathrm{d}t - 2\sigma\sqrt{N} f \mathrm{d}B_t, \quad f(0) = \|v(0)\|^2. \tag{9.67}$$

由 $\sigma^2 < \dfrac{\alpha\gamma}{N}$ 和 $\mathrm{d}\mathbb{E}f = 2(\sigma^2 N - \alpha\gamma)\mathbb{E}f \mathrm{d}t$ 可推出

$$\mathbb{E}\|v(t)\|^2 \leqslant Ef(t) = \|v(0)\|^2 \mathrm{e}^{2(\sigma^2 N - \alpha\gamma)t} \to 0 \quad \text{a.s.} \quad t \to \infty. \tag{9.68}$$

另一方面, 线性方程 (9.67) 有显式解

$$f(t) = \|v(0)\|^2 \exp\left\{2(\sigma^2 N - \alpha\gamma)t - 2\sigma\sqrt{N}B_t\right\}.$$

因此, 就有

$$\|v(t)\| \leqslant \|v(0)\| \exp\left\{(\sigma^2 N - \alpha\gamma)t - \sigma\sqrt{N}B_t\right\}. \tag{9.69}$$

类似于 (9.64) 式到 (9.66) 式的讨论, 可推出

$$\|x(t)\| \leqslant \|x(0)\| + \|v(0)\| \int_0^t \exp\left\{(\sigma^2 N - \alpha\gamma)s - \sigma\sqrt{N}B_s\right\} \mathrm{d}s,$$

进而可得

$$\mathbb{E}\|x(t)\| \leqslant \|x(0)\| + \|v(0)\| \int_0^t \exp\left\{(\sigma^2 N - \alpha\gamma)s\right\} \mathbb{E}\mathrm{e}^{-\sigma\sqrt{N}B_s} \mathrm{d}s.$$

这表明

$$\begin{aligned}
\mathbb{E}\|x(t)\| &\leqslant \|x(0)\| + \|v(0)\| \int_0^t \exp\left\{(\sigma^2 N - \alpha\gamma)s\right\} \mathrm{e}^{\frac{1}{2}\sigma^2 N s} \mathrm{d}s \\
&= \|x(0)\| + \|v(0)\| \int_0^t \exp\left\{\left(\frac{1}{2}\sigma^2 N - \alpha\gamma\right)s\right\} \mathrm{d}s \\
&\leqslant \|x(0)\| + \frac{2\|v(0)\|}{\sigma^2 N - 2\alpha\gamma}\left(\exp\left\{\left(\frac{1}{2}\sigma^2 N - \alpha\gamma\right)t\right\} - 1\right).
\end{aligned}$$

因此, $\sup\limits_{t>0} \mathbb{E}\|x(t)\| < \infty$, 即系统 (9.55)-(9.56) 将出现均方集群行为. □

注 9.2.1 上述集群结果是相对于解的期望 (平均值). 事实上, 也可以得到对于每个轨迹几乎肯定收敛的集群结果. 为此, 首先将 (9.69) 式重写为

$$\|v(t)\| \leqslant \|v(0)\| \exp\left\{t\left[\left(\sigma^2 N - \alpha\gamma\right) - \sigma\sqrt{N}\frac{B_t}{t}\right]\right\}.$$

根据布朗运动的强大数定律, 就有 $\lim\limits_{t\to+\infty} \dfrac{B_t}{t} = 0$, a.s.

另一方面, 由 $\sum_{i=1}^N \sum_{j=1}^N \|v_i(t) - v_j(t)\|^2 = 2N\|v(t)\|^2$ 可得 $\lim\limits_{t\to\infty} \|v_i - v_j\| = 0$, 这表明所有粒子速度会实现同步.

接下来将证明噪声较大时, 系统 (9.55)-(9.56) 不会出现集群现象.

定理 9.2.3 设 $\{(x_i, v_i)\}_{i=1}^N$ 是系统 (9.55)-(9.56) 的全局解, 如果系统参数和噪声强度满足 $\sigma^2 > \alpha\sqrt{N}$, 则系统 (9.55)-(9.56) 在均方意义下不会发生集群行为.

证明 类似于定理 9.2.2 的证明, 利用比较原理来证明定理 9.2.3. 由 $\sqrt{N}\|v(t)\|^2 \leqslant \Lambda_v^2(t) \leqslant 2N\|v(t)\|^2$, 从 (9.62) 式中可得

$$\begin{aligned}
\mathrm{d}\|v\|^2 \geqslant & -\alpha \sum_{i\in\mathcal{N}_1}\sum_{j\in\mathcal{N}_1} \|v_i - v_j\|^2 \mathrm{d}t - \alpha \sum_{i\in\mathcal{N}_2}\sum_{j\in\mathcal{N}_2} \|v_i - v_j\|^2 \mathrm{d}t \\
& - 2\sum_{i\in\mathcal{N}_1}\sum_{j\in\mathcal{N}_2} \|v_i - v_j\|^2 \mathrm{d}t + 2\sigma^2\sqrt{N}\|v(t)\|^2 \mathrm{d}t \\
& - 4\sigma N\|v(t)\|^2 \mathrm{d}B_t \\
\geqslant & \left(2\sigma^2\sqrt{N} - 2\alpha N\right)\|v(t)\|^2 \mathrm{d}t - 4\sigma N\|v(t)\|^2 \mathrm{d}B_t,
\end{aligned} \tag{9.70}$$

其中用到了 $\psi \leqslant 1$ 和 $a_{ij} \leqslant 1\ (i, j \in \mathcal{N})$. 由比较原理可知, 对于每个 $t \geqslant 0$, 都有 $\|v(t)\|^2 \geqslant h(t)$, a.s., 其中 $h(t)$ 是以下方程的唯一解,

$$\mathrm{d}h = \left(2\sigma^2\sqrt{N} - 2\alpha N\right)h\mathrm{d}t - 4\sigma N h \mathrm{d}B_t, \quad h(0) = \|v(0)\|^2 > 0. \tag{9.71}$$

从而可得 $\mathrm{d}\mathbb{E}h = (2\sigma^2\sqrt{N} - 2\alpha N)\mathbb{E}h\mathrm{d}t$. 继而由定理条件可知, 随着 $t \to \infty$, 有 $\mathbb{E}h(t) = \|v(0)\|^2 \mathrm{e}^{(2\sigma^2\sqrt{N} - 2\alpha N)t} \to \infty$. 因此, $\mathbb{E}\|v(t)\|^2 \to \infty (t \to \infty)$, 即系统 (9.55)-(9.56) 不出现集群行为. □

9.2.3 仿真验证

受文献 [61] 和文献 [62] 中数值模拟的启发, 本节将用数值模拟简单验证本章主要结论, 包括定理 9.2.2 和定理 9.2.3. 用以下两个量的演化来描述系统状态向有序状态的转变, $D_v(t) = \max\limits_{i,j\in\mathcal{N}}\{\|v_i(t) - v_j(t)\|^2\}$ 和 $D_x(t) = \max\limits_{i,j\in\mathcal{N}}\{\|x_i(t) - x_j(t)\|^2\}$. 为了简化, 在 (9.55)-(9.56) 中, 设置 $N_1 = N_2 = 2$, 相关初始值 x_{i0} 和 $v_{i0} (i \in \mathcal{N})$

在 (0,1) 中随机生成. 一些参数设置为 $\kappa=1$, $\psi=(1+r^2)^{-0.01}$, $a_{ij}=1\ (i,\ j\in\mathcal{N})$ 和 $\gamma=0.4$. 其余的参数将在下面的具体示例中确定.

例 9.2.1　本例的目的是通过对比参考组 (1) 与实验组 (2)、实验组 (3), 来验证定理 9.2.2 和定理 9.2.3 的有效性. (1) $\alpha=2.3$, $\sigma=0$; (2) $\alpha=2.3$, $\sigma=0.4$; (3) $\alpha=2.3$, $\sigma=2.5$,

仿真思路是, 首先给了一个理想环境下没有集群现象的例子 (参考组 (1)), 然后随着加入满足定理 9.2.2 的噪声强度 (实验组 (2)), 从理论上是应该产生集群现象, 进而再给出满足定理 9.2.3 的噪声强度 (实验组 (3)), 理论上集群行为会被破坏.

将参考组 (1) 设置在一个没有噪声的理想环境中, 直接计算可以验证 (1) 中其余的参数配置满足假设 9.2.1—假设 9.2.3. 仿真结果如图 9.1 所示, 其中图 9.1(a) 为粒子速度演化示意图 (左) 和速度直径演化示意图 (右), 图 9.1 (b) 为位置直径随时间演化示意图. 由图 9.1可知, 在上述参数下, 系统中所有个体的速度不会同步 (图 9.1(a)), 但位置直径一致有界 (图 9.1(b)), 这就意味着系统不会发生集群行为, 但能发生弱集群行为, 即蜂拥现象.

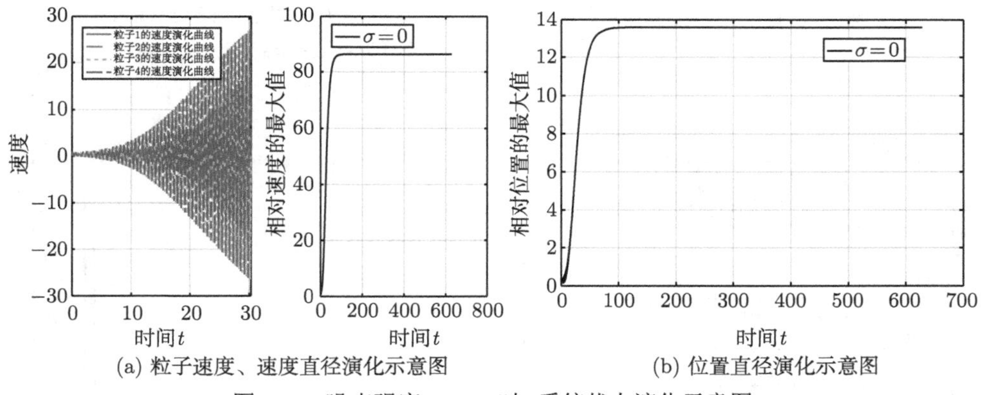

(a) 粒子速度、速度直径演化示意图　　(b) 位置直径演化示意图

图 9.1　噪声强度 $\sigma=0$ 时, 系统状态演化示意图

然而, 引入满足一定条件的噪声后, 即 (2), 理论分析和仿真实验都可以得出集群行为会发生. 引入 $\sigma=0.4$, 仿真结果如图 9.2 所示, 其中图 9.2(a) 为 $\sigma=0.4$ 时粒子速度演化示意图 (上) 和速度直径演化示意图 (下), 图 9.2(b) 为 $\sigma=0.4$ 时位置直径随时间演化示意图. 首先根据定理 9.2.2 和上述参数, 可以得到 $\dfrac{\alpha\gamma}{N}-\sigma^2=0.0400>0$, 理论结果能够保证系统会发生集群行为, 这也在仿真结果中得到验证, 如图 9.2(a) 和图 9.2(b) 所示, 因为速度直径收敛于 0, 位置直径有界.

当噪声足够大时, 即情形 (3), 此时仿真结果如图 9.3 所示, 其中图 9.3(a) 为

$\sigma = 2.5$ 时粒子速度演化示意图 (上) 和速度直径演化示意图 (下), 图 9.3(b) 为 $\sigma = 2.5$ 时位置直径随时间演化示意图. 当噪声干扰较大时, 根据实践经验可知, 聚合行为将被破坏, 这也得到了理论结果和实验结果的证实. 从理论上, 根据定理 9.2.3 和 (3) 中的参数, 可以计算出 $\sigma^2 - \alpha\sqrt{N} = 1.6500 > 0$, 也就是 $\sigma^2 > \alpha\sqrt{N}$, 这意味着系统中不会发生集群行为, 从图 9.3 也可以验证这一点. 从图 9.3 可以看到, 系统中所有个体的速度不会实现趋同 (图 9.3(a)), 但相对位置一致有界 (图 9.3(b)).

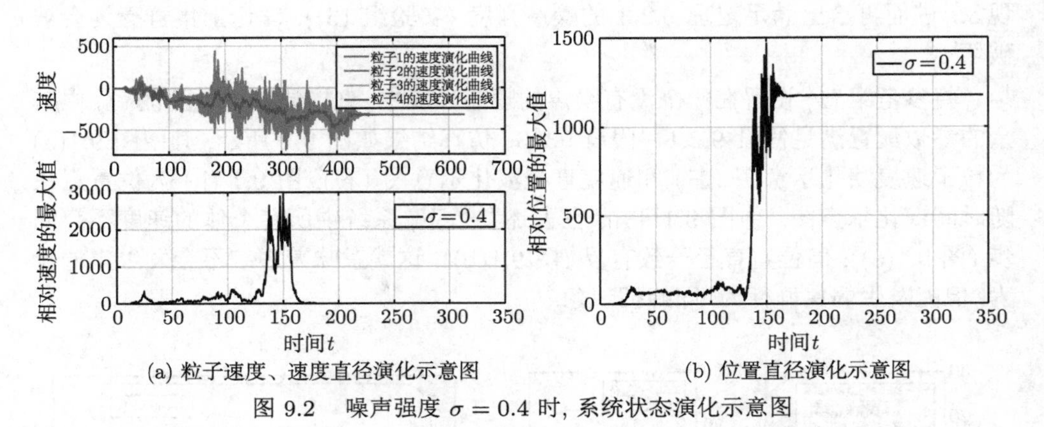

(a) 粒子速度、速度直径演化示意图　　(b) 位置直径演化示意图

图 9.2　噪声强度 $\sigma = 0.4$ 时, 系统状态演化示意图

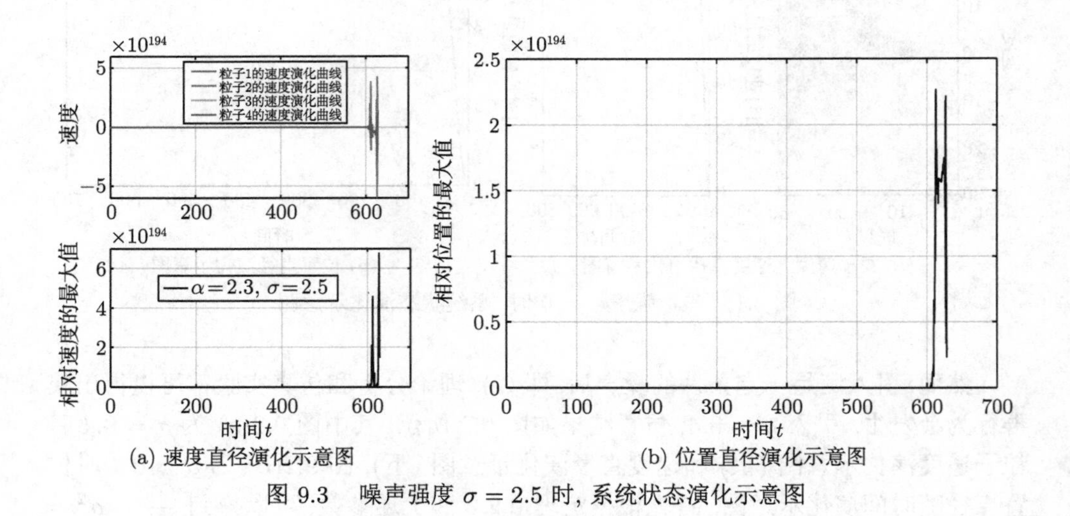

(a) 速度直径演化示意图　　(b) 位置直径演化示意图

图 9.3　噪声强度 $\sigma = 2.5$ 时, 系统状态演化示意图

因此, 将例 9.2.1 中的 (1) 与 (2), (3) 进行比较, 可以得出当噪声较大时, 耦合种群无法聚集, 在噪声小的前提下, 会出现集群行为, 这与自然界的某些情况是一致的. 另外, 通过对比 (1) 和 (2), 可以发现一个有趣的现象, 在一定条件下, 噪

声可以诱导集群行为的出现, 即在某些特定场景中, 噪声可以促进双群组耦合系统的聚集. 因此, 可以猜想, 在一定条件下, 噪声对集群行为的产生有一定的积极影响.

下面这个例子的目的将说明在集群行为能够发生的前提下, 系统能够抵抗外环境中的小扰动, 一旦干扰过大, 就会破坏集群行为. 具体参数设置如下.

例 9.2.2 (1) $\alpha = 1.5$, $\sigma = 0$; (2) $\alpha = 1.5$, $\sigma = 0.05$; (3) $\alpha = 1.5$, $\sigma = 2.5$.

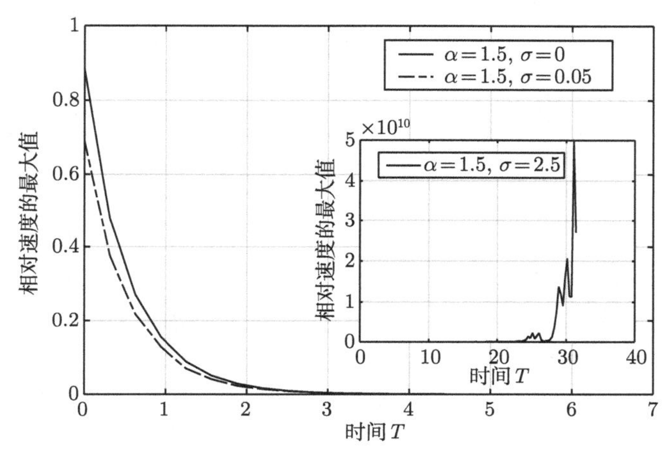

图 9.4 噪声强度 $\sigma = 0,\ 0.05,\ 2.5$ 时, 速度直径演化示意图

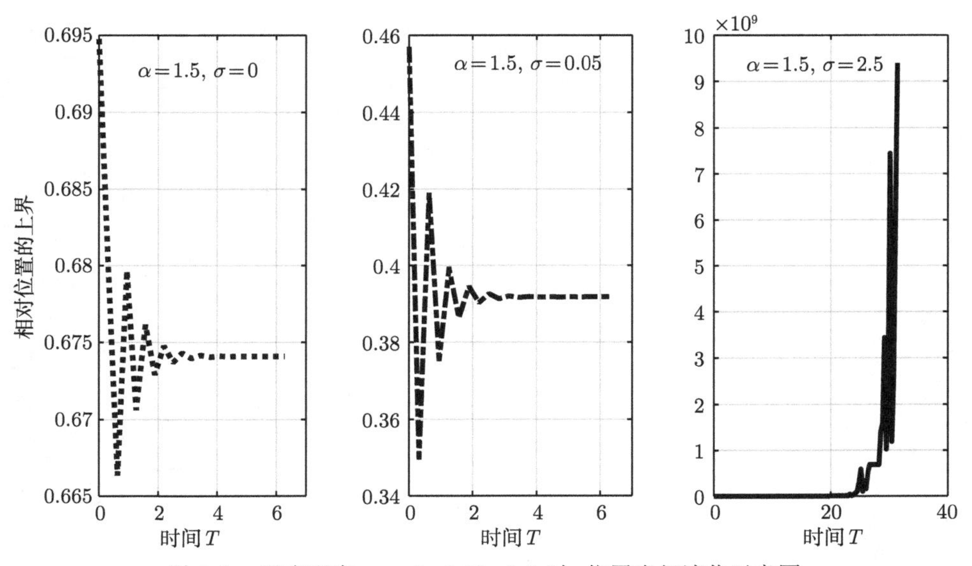

图 9.5 噪声强度 $\sigma = 0,\ 0.05,\ 2.5$ 时, 位置直径演化示意图

类似于例 9.2.1 的分析, 首先直接计算例 9.2.2 中的参数, 可以知道情形 (2) 是满足定理 9.2.2 中的条件, 情形 (3) 满足定理 9.2.3 中的条件. 这就意味着从理论上可知, 情形 (2) 能够发生集群行为, 而情形 (3) 不会发生集群行为. 这一点在图 9.4 和图 9.5 中得到验证. 此外, 通过对比 (1) 和 (2) 可以知道, 在一定条件下, 微弱噪声干扰不会影响系统的集群动力学. 通过对比 (1), (2) 和 (3) 可知, 强噪声干扰会严重影响系统成员的聚集, 甚至破坏已有的集群行为.

第 10 章 多自主体耦合系统的渐近集群

系统规模不断增加，群体内部交互模式不断复杂化时, 群体系统的敏捷性难以展现、稳定性难以保持, 同时干预与调控系统行为也日趋困难. 目前, 学者采用比较直接的方法来解决系统建模问题, 即将模型 (1.5) 中的个体数量趋于无穷[54,275–277]. 然而, 真实系统中成员个数不可能是无限的, 这就导致现有的模型[54,275–277] 不再适用. 此外, 在上述工作中严格限制了交互权函数具有正下界. 事实上, 大量的通信函数都不满足这个条件, 包括典型模型[23,24] 等.

鉴于此, 为了刻画大规模群体演化行为特征, 本章引入群组耦合机制来构建群体运动模型并开展集群特征分析, 即将系统视为由子块或子系统通过某种信息交互方式连接而成的. 继而, 以双群组耦合系统为研究对象, 初步建立了一类具有对称与非对称影响函数的群体运动模型, 并对系统集群行为发生条件进行分析. 与扩展工作 [23,24,119] 相比, 最显著区别在于个体受其他个体状态信息的影响被分成两部分, 一部分来自同子群的成员, 另一部分来自不同子群的成员. 虽然每个个体都受到全局信息的影响, 但它由上述两个部分组成.

10.1 具有两种交互模式的双群组耦合系统的集群性

本节考虑一类具有 N 个粒子的双群组耦合系统, $x_i(t) \in \mathbb{R}^d$ 和 $v_i(t) \in \mathbb{R}^d$ 分别代表粒子 i 在 t 时刻的位置和速度, 正整数 $d \geqslant 1$ 是空间维数.

10.1.1 模型描述与准备

受已有的建模思想[23,119] 的启发, 用以下二阶非线性群体运动模型来刻画该系统的状态演化规律,

$$\begin{cases} \dfrac{\mathrm{d}}{\mathrm{d}t}x_i(t) = v_i(t), \quad i \in \mathcal{N}, \\ \dfrac{\mathrm{d}}{\mathrm{d}t}v_i(t) = u_{i,1}(t), \quad i \in \mathcal{N}_1, \\ \dfrac{\mathrm{d}}{\mathrm{d}t}v_i(t) = u_{i,2}(t), \quad i \in \mathcal{N}_2, \end{cases} \tag{10.1}$$

其中 $u_{i,1}(t)$ 定义为

$$u_{i,1}(t)=\alpha\sum_{j\in\mathcal{N}_1}f(r_{ij})(v_j(t)-v_i(t))\\ +\delta\sum_{j\in\mathcal{N}_2}g(r_{ij})(v_j(t)-v_i(t)),\quad i\in\mathcal{N}_1, \tag{10.2}$$

其中 $\alpha>0$ 是组内耦合强度, $\delta\geqslant 0$ 是组间耦合强度, $f(\cdot)$ 是组内粒子间的相互影响强度, $g(\cdot)$ 是组间相互影响强度. 在 (10.1) 中, $u_{i,2}(t)$ 定义为

$$u_{i,2}(t)=\delta\sum_{j\in\mathcal{N}_1}g(r_{ij})(v_j(t)-v_i(t))\\ +\kappa\sum_{j\in\mathcal{N}_2}f(r_{ij})(v_j(t)-v_i(t)),\quad i\in\mathcal{N}_2, \tag{10.3}$$

其中 $\kappa>0$ 是组内耦合强度, δ, $f(\cdot)$ 和 $g(\cdot)$ 与 (10.2) 式中含义相同, 其中 $f(\cdot)$ 定义为

$$f(r_{ij})=\frac{\psi(r_{ij})}{N_l},\quad i,\ j\in\mathcal{N}_l,\ l=1,2; \tag{10.4}$$

$g(\cdot)$ 定义为

$$g(r_{ij})=\frac{\psi(r_{ij})}{\sum\limits_{k=1}^{N_{l_2}}\psi(r_{ik})},\quad i\in\mathcal{N}_{l_1},\ j\in\mathcal{N}_{l_2},\ l_1\neq l_2\in\{1,2\}. \tag{10.5}$$

在 (10.4) 式和 (10.5) 式中, $\psi(r)=(1+r^2)^{-\beta}$, $\beta\geqslant 0$. 进而根据 $f(\cdot)$ 和 $g(\cdot)$ 的定义可知, $f(\cdot)$ 是关于指标 i 和 j 对称的函数, 而 $g(\cdot)$ 是非对称的函数. 因此, 如果 $\mathcal{N}_2$ 为空集, 系统 (10.1) 退化为修正的 Cucker-Smale 型模型; 如果 $\mathcal{N}_1$ 为空集, 则系统 (10.1) 退化为修改的 M-T 型模型. 因此, 系统 (10.1) 的本质是结合了对称系统和非对称系统的特点. 下面给出两种影响模式及其对应的耦合强度满足的归一化假设.

假设 10.1.1 假设系统 (10.1) 中的交互权重函数及其对应的耦合参数满足, $\alpha\sum_{j\in\mathcal{N}_1}f(r_{ij})+\delta\sum_{j\in\mathcal{N}_2}g(r_{ij})=1$, $i\in\mathcal{N}_1$ 和 $\delta\sum_{j\in\mathcal{N}_1}g(r_{ij})+\kappa\sum_{j\in\mathcal{N}_2}f(r_{ij})=1$, $i\in\mathcal{N}_2$.

基于假设 10.1.1, 系统 (10.1) 改写为如下形式, 对于 $i\in\mathcal{N}_1$,

$$\frac{\mathrm{d}}{\mathrm{d}t}v_i(t)=\alpha\sum_{j\in\mathcal{N}_1}f(r_{ij})v_j(t)+\delta\sum_{j\in\mathcal{N}_2}g(r_{ij})v_j(t)-v_i(t); \tag{10.6}$$

对于 $i \in \mathcal{N}_2$,

$$\frac{\mathrm{d}}{\mathrm{d}t}v_i(t) = \delta \sum_{j\in\mathcal{N}_1} g(r_{ij})v_j(t) + \kappa \sum_{j\in\mathcal{N}_2} f(r_{ij})v_j(t) - v_i(t). \tag{10.7}$$

进而, 由 $f(\cdot)$ 和 $g(\cdot)$ 的定义可知

$$\begin{aligned} f(r_{ij}) &> \frac{\psi(d_X(t))}{N}, \quad i,j \in \mathcal{N}_l,\ l \in \{1,2\}, \\ g(r_{ij}) &> \frac{\psi(d_X(t))}{N}, \quad i \in \mathcal{N}_{l_1},\ j \in \mathcal{N}_{l_2},\ l_1 \neq l_2 \in \{1,2\}, \end{aligned} \tag{10.8}$$

其中 $d_X(t)$ 是位置直径. 下面给出集群解的定义, 即定义 10.1.1. 根据定义 10.1.1, 只需要证明 $\sup\limits_{t>0} d_X(t) < +\infty$ 和 $\lim\limits_{t\to+\infty} d_V(t) = 0$ 即可.

定义 10.1.1[54] 设 $\{(x_i(t), v_i(t))\}_{i=1}^N$ 是系统在给定初始条件下的解. 系统发生集群行为当且仅当相对速度关于时间 t 渐近收敛于 0, 并且相对位置关于时间 t 一致有界, 即对任意的 $i,j \in \mathcal{N}$, 有

$$\lim_{t\to+\infty} \|v_i(t) - v_j(t)\| = 0, \qquad \sup_{0\leqslant t<+\infty} \|x_i(t) - x_j(t)\| < +\infty,$$

并称满足上述两个条件的解为集群解, 即解具有集群性. 此外,

(1) 如果对任意的初始状态, 上述两个条件始终成立, 称系统能实现无条件集群, 即集群行为的发生与初始条件无关,

(2) 如果对于某些特定的初始状态, 上述两个条件才满足, 称系统能实现条件集群, 即集群行为的发生依赖于初始状态.

针对模型 (10.1)—(10.3), 研究目标有两个, 其一是探索组间耦合强度对系统行为演化的影响, 其二是分析具有组间交互作用时系统的集群行为发生条件.

10.1.2 集群条件分析

本节将给出无组间交互和有组间交互两种情形下, 系统 (10.1)—(10.3) 的集群条件.

10.1.2.1 无组间交互情形

一旦 $\delta = 0$, 系统 (10.1) 可视为两个独立的子群系统, 其一是

$$\frac{\mathrm{d}}{\mathrm{d}t}v_i(t) = \frac{\alpha}{N_1} \sum_{j\in\mathcal{N}_1} \psi(r_{ij})(v_j(t) - v_i(t)), \quad i \in \mathcal{N}_1, \tag{10.9}$$

其中 $\alpha > 0$; 其二是

$$\frac{\mathrm{d}}{\mathrm{d}t}v_i(t) = \frac{\kappa}{N_2}\sum_{j\in\mathcal{N}_2}\psi(r_{ij})(v_j(t) - v_i(t)), \quad i \in \mathcal{N}_2, \tag{10.10}$$

其中 $\kappa > 0$, $\psi(r) = (1 + r^2)^{-\beta}$, $\beta \geqslant 0$. 可以看出子系统 (10.9) 和 (10.10) 为 Cucker-Smale 型系统[23,24]. 继而, 由 (10.9) 式和 (10.10) 式的对称性可得

$$\frac{\mathrm{d}}{\mathrm{d}t}\sum_{i\in\mathcal{N}_1}\|v_i\|^2 \leqslant 0, \quad \frac{\mathrm{d}}{\mathrm{d}t}\sum_{i\in\mathcal{N}_2}\|v_i\|^2 \leqslant 0, \tag{10.11}$$

这表明子系统 (10.9) 和 (10.10) 是耗散系统. 此外, 根据子系统 (10.9) 和 (10.10) 可以得到质心量 $(x_c^k, v_c^k)(k = 1, 2)$ 表达式, 即

$$x_c^k(t) = \frac{1}{N_k}\sum_{j\in\mathcal{N}_k}x_j(t), \quad v_c^k(t) = \frac{1}{N_k}\sum_{j\in\mathcal{N}_k}v_j(t).$$

易知, 质心量 $(x_c^k, v_c^k)(k = 1, 2)$ 满足

$$\frac{\mathrm{d}x_c^k}{\mathrm{d}t} = v_c^k, \quad \frac{\mathrm{d}v_c^k}{\mathrm{d}t} = 0, \quad k = 1, 2.$$

继而可推出 $x_c^k(t) = x_c^k(0) + tv_c^k(0)$, $v_c^k(t) = v_c^k(0)$, $k = 1, 2$. 为了方便后续讨论, 引入如下记号:

$$\begin{aligned}
&\left(\hat{x}_i^k(t), \hat{v}_i^k(t)\right) := \left(x_i^k(t) - x_c^k(0), v_i^k(t) - v_c^k(0)\right), \\
&\hat{x}_i := \hat{x}_i^k, \quad \hat{v}_i := \hat{v}_i^k, \quad \hat{x} := (\hat{x}_1, \cdots, \hat{x}_N) \in \mathbb{R}^{Nd}, \\
&\hat{v} := (\hat{v}_1, \cdots, \hat{v}_N) \in \mathbb{R}^{Nd}, \\
&\|\hat{x}\|^2 := \sum_{i=1}^N \|\hat{x}_i\|^2, \quad \|\hat{v}\|^2 := \sum_{i=1}^N \|\hat{v}_i\|^2,
\end{aligned} \tag{10.12}$$

其中 $\left(\hat{x}_i^k(t), \hat{v}_i^k(t)\right)$ 是粒子 i 在 t 时刻围绕质心的波动量. 接下来将给出系统 (10.1) 中无组间交互时 $(\delta = 0)$ 集群行为的发生条件.

定理 10.1.1 设 $\{(x_i(t), v_i(t))\}_{i=1}^N$ 是子系统 (10.9) 和 (10.10) 的解. 如果初始状态和交互函数满足

$$\|\hat{v}_0\| < \xi\int_{\|\hat{x}_0\|}^{\infty}\psi(s)\mathrm{d}s, \tag{10.13}$$

其中 $\xi=\min\left\{\frac{\alpha}{N_1},\frac{\kappa}{N_2}\right\}>0$, 则存在常数 $x_M\geqslant 0$, 使得

$$\|\hat{v}_0\|=\xi\int_{\|\hat{x}_0\|}^{x_M}\psi(s)\mathrm{d}s,\quad \|\hat{x}(t)\|\leqslant\frac{x_M}{2},\quad \|\hat{v}(t)\|\leqslant\|\hat{v}_0\|\mathrm{e}^{-\xi\psi(x_M)t}.$$

具体地, 主要结果可以总结如下:

(1) 如果 $v_c^1(0)=v_c^2(0)$ 并且 $0\leqslant\beta\leqslant\frac{1}{2}$, 则系统 (10.9) 和 (10.10) 将会渐近收敛形成集群, 并且速度直径指数衰减.

(2) 如果 $v_c^1(0)=v_c^2(0)$, $\beta>\frac{1}{2}$ 并且 (10.13) 成立, 则系统 (10.9) 和 (10.10) 将会渐近收敛形成集群. 此外, 集群速度 $v_\infty=v_c^1(0)=v_c^2(0)$, 位置直径满足 $\sup\limits_{t>0}\|x_i-x_j\|\leqslant x_M$, $i,j\in\mathcal{N}$.

(3) 如果 $v_c^1(0)\neq v_c^2(0)$, 则系统将渐近地指数收敛形成两个小集群. 此外, 各自的集群速度为 $v_\infty^1=v_c^1(0)$, $v_\infty^2=v_c^2(0)$.

为了证明定理 10.1.1, 引入如下辅助引理.

引理 10.1.1 设 $\{(x_i(t),v_i(t))\}_{i=1}^N$ 是子系统 (10.9) 和 (10.10) 的解, 则质心波动量 $\|\hat{x}\|$ 和 $\|\hat{v}\|$ 满足

$$\left|\frac{\mathrm{d}\|\hat{x}\|}{\mathrm{d}t}\right|\leqslant\|\hat{v}\|,\quad \frac{\mathrm{d}\|\hat{v}\|}{\mathrm{d}t}\leqslant-\xi\psi(2\|\hat{x}\|)\|\hat{v}\|,\tag{10.14}$$

其中 $\xi=\min\left\{\frac{\alpha}{N_1},\frac{\kappa}{N_2}\right\}>0$.

证明 根据 Cauchy-Schwarz 不等式可得

$$\pm\frac{\mathrm{d}\|\hat{x}\|^2}{\mathrm{d}t}=\pm2\left\langle\frac{d\hat{x}}{\mathrm{d}t},\hat{x}\right\rangle=\pm2\langle\hat{v},\hat{x}\rangle\leqslant2\|\hat{x}\|\|\hat{v}\|,$$

其中 $\langle\cdot,\cdot\rangle$ 是内积. 因此可得 (10.14) 中的第一个不等式. 此外, 由组内交互权重函数 ψ 的非负非增性, 以及 $\max\limits_{1\leqslant i,j\leqslant N}|\hat{x}_i-\hat{x}_j|\leqslant2\|\hat{x}\|$, 可得

$$\begin{aligned}\frac{\mathrm{d}\|\hat{v}\|^2}{\mathrm{d}t}=&\frac{\mathrm{d}}{\mathrm{d}t}\sum_{i\in\mathcal{N}_1}\|\hat{v}_i\|^2+\frac{\mathrm{d}}{\mathrm{d}t}\sum_{i\in\mathcal{N}_2}\|\hat{v}_i\|^2\\ \leqslant&-\frac{\alpha}{N_1}\psi(2\|\hat{x}\|)\sum_{i,j\in\mathcal{N}_1}\|v_j-v_i\|^2-\frac{\kappa}{N_2}\psi(2\|\hat{x}\|)\sum_{i,j\in\mathcal{N}_2}\|v_j-v_i\|^2,\end{aligned}$$

因此, 可导出

$$\frac{\mathrm{d}\|\hat{v}\|^2}{\mathrm{d}t} \leqslant -\xi\psi(2\|\hat{x}\|)\sum_{i=1}^{N}\|\hat{v}_i\|^2, \quad \xi = \min\left\{\frac{\alpha}{N_1}, \frac{\kappa}{N_2}\right\} > 0,$$

即得到 (10.14) 中的第二个不等式. □

基于上述引理, 下面证明定理 10.1.1.

证明　利用能量函数方法来证明定理 10.1.1. 考虑以下 Lyapunov 函数,

$$E(t) = \|\hat{v}(t)\| + \xi\int_{\|\hat{x}_0\|}^{2\|\hat{x}(t)\|}\psi(s)\mathrm{d}s,$$

其中 $\xi=\min\left\{\frac{\alpha}{N_1}, \frac{\kappa}{N_2}\right\} > 0$. 由引理 10.1.1 可得 $E(t)$ 沿着子系统 (10.9) 和 (10.10) 解的全导数为

$$\frac{\mathrm{d}}{\mathrm{d}t}E = \frac{\mathrm{d}\|\hat{v}\|}{\mathrm{d}t} + \xi\psi(2\|\hat{x}(t)\|)\frac{\mathrm{d}\|\hat{x}\|}{\mathrm{d}t} \leqslant 0.$$

上式表明

$$\|\hat{v}(t)\| + \xi\int_{\|\hat{x}_0\|}^{2\|\hat{x}(t)\|}\psi(s)\mathrm{d}s \leqslant \|\hat{v}_0\|. \tag{10.15}$$

另一方面, 由于初始状态和交互权重函数满足 (10.13) 式, 从而结合 (10.15) 式, 选取最大值 $x_M \geqslant 0$ 满足

$$\|\hat{v}_0\| = \xi\int_{\|\hat{x}_0\|}^{x_M}\psi(s)\mathrm{d}s.$$

因此, 可得

$$\int_{\|\hat{x}_0\|}^{2\|\hat{x}(t)\|}\psi(s)\mathrm{d}s \leqslant \int_{\|\hat{x}_0\|}^{x_M}\psi(s)\mathrm{d}s.$$

从而, 结合 $\psi \geqslant 0$ 可知 $2\|\hat{x}(t)\| \leqslant x_M$. 此外, 由引理 10.1.1 中 (10.14) 式可得

$$\frac{\mathrm{d}\|\hat{v}\|}{\mathrm{d}t} \leqslant -\xi\psi(x_M)\|\hat{v}\|.$$

继而可得 $\|\hat{v}(t)\|$ 的指数估计, 即

$$\|\hat{v}(t)\| \leqslant \|\hat{v}_0\|\mathrm{e}^{-\xi\psi(x_M)t},$$

由这个不等式可导出 $\lim\limits_{t\to+\infty}\sum_{i\in\mathcal{N}_1}\|\hat{v}_i(t)\|^2=0$ 和 $\lim\limits_{t\to+\infty}\sum_{i\in\mathcal{N}_2}\|\hat{v}_i(t)\|^2=0$. 具体地, 主要的结论可以总结为:

(1) 如果 $v_c^1(0)=v_c^2(0)$, $0\leqslant\beta\leqslant\dfrac{1}{2}$, 那么系统将会实现无条件集群并且速度直径将指数衰减收敛到 0.

(2) 如果 $v_c^1(0)=v_c^2(0)$, $\beta>\dfrac{1}{2}$ 和 (10.13) 式成立, 那么系统 (10.9)-(10.10) 将渐近收敛形成集群, 并且渐近速度为 $v_\infty=v_c^1(0)=v_c^2(0)$, 位置直径满足

$$\sup_{t>0}\|x_i(t)-x_j(t)\|\leqslant x_M,\quad i,j\in\mathcal{N},$$

其中用到了 $\|x_i^k-x_j^k\|=\|\hat{x}_i^k-\hat{x}_j^k\|\leqslant 2\|\hat{x}\|\leqslant x_M$, $i,\ j\in\mathcal{N}_k$, $k=1,2$.

(3) 如果 $v_c^1(0)\neq v_c^2(0)$, 那么系统将会分成两簇并渐近收敛形成两个小集群, 渐近速度分别为 $v_\infty^1=v_c^1(0)$, $v_\infty^2=v_c^2(0)$. □

注 10.1.1 在特殊情形下, 即 $\dfrac{\alpha}{N_1}=\dfrac{\kappa}{N_2}$, 定理 10.1.1 中的结果可以退化为经典的结果[54]. 注意到如果 $\theta=\dfrac{\alpha}{N_1}=\dfrac{\kappa}{N_2}$, 则系统 (10.1) 退化为经典的 Cucker-Smale 模型[23,24], 即

$$\frac{\mathrm{d}}{\mathrm{d}t}x_i(t)=v_i(t),\quad \frac{\mathrm{d}}{\mathrm{d}t}v_i(t)=\theta\sum_{j=1}^{N}\psi(\|x_i-x_j\|)(v_j(t)-v_i(t)),\ i\in\mathcal{N},$$

其中 $\theta>0$, $\psi(r)=(1+r^2)^{-\beta}$, $\beta\geqslant 0$. 记 $v_c(0)=\dfrac{1}{N}\sum_{i=1}^{N}v_i(0)$. 由定理 10.1.1 的结果可得, 系统发生条件或无条件集群的充分条件为 $v_c^1(0)=v_c^2(0)$ 和 (10.13) 式. 此时, 通过简单的计算可推出 $v_c(0)=v_c^1(0)=v_c^2(0)$. 因此, $v_\infty=v_c(0)$ 和 $\|\hat{v}(t)\|\leqslant\|\hat{v}(0)\|\mathrm{e}^{-\theta\psi(x_M)t}$ 与 [54] 中的命题 4.3 和命题 4.4 一致. 因此, 与 [54] 相比, 本节中的结论具有更广泛的适用性.

此外, 由定理 10.1.1 可知, 两个独立子系统收敛为一个群的必要条件是要求每个子系统的初始平均速度相同. 一旦这个条件被破坏, 系统将出现分簇行为. 虽然定理 10.1.1 中的集群条件很苛刻, 但它与生物群体的行为演化是一致的. 例如, 考虑两个鸟群的整体行为时, 如果鸟群之间没有信息交互, 但鸟群内部有交互作用. 根据文献 [23, 24] 中的结果可知两个系统将收敛到各自的平均速度. 因此, 这个场景中的鸟群既可形成一个完整的群体, 也可形成两个相互独立的集群, 这意味着定理 10.1.1 中的结论更接近于生物种群行为.

10.1.2.2 有组间交互情形

接下来给出具有组间交互的系统 (10.1)($\delta\neq 0$) 的集群行为发生条件. 引入以

下几个参数:

$$
\begin{aligned}
&C_1 = \frac{N_1}{N}\alpha + \frac{N_2}{N}\delta, \quad C_2 = \frac{N_2}{N}\kappa + \frac{N_1}{N}\delta, \\
&C_3 = \frac{N_1}{N}(\alpha + \delta), \quad C_4 = \frac{N_2}{N}(\delta + \kappa), \\
&M_1 = \min\{C_1, C_2, C_3, C_4\}, \quad M_2 = \max\{C_1, C_2, C_3, C_4\}.
\end{aligned} \tag{10.16}
$$

根据参数 M_i $(i = 1, 2)$ 的定义可知, M_i $(i = 1, 2)$ 的大小取决于系统 (10.1) 中个体的数量和耦合强度. 因此, 可通过调节耦合参数 α, δ 以及 κ, 使得如下假设成立.

假设 10.1.2 假设 (10.2) 式和 (10.3) 式中参数满足 $3M_2 \leqslant 2M_1M_2 \leqslant 4M_1$, 其中 M_1 和 M_2 由 (10.16) 式定义给出.

在上述假设下, 系统 (10.1)—(10.3) 的集群解存在性条件总结如下.

定理 10.1.2 设 $\{(x_i(t), v_i(t))\}_{i=1}^N$ 是系统 (10.1)—(10.3) 的解, 系统参数满足假设 10.1.2. 如果存在常数 $r_0 \geqslant d_X(0)$ 使得 $2M_1\psi(r_0) \geqslant 3$ 成立, 并且初始条件满足

$$
d_V(0) < \int_{d_X(0)}^{r_0} (2M_1\psi(s) - 3)\,\mathrm{d}s, \tag{10.17}
$$

其中 M_1 由 (10.16) 式定义给出, 则系统 (10.1) 存在集群解. 此外, 存在正常数 d^*, 使得 $d_X(0) \leqslant d^* \leqslant r_0$ 和如下不等式成立,

$$
\begin{aligned}
&d_V(t) \leqslant C_0 \mathrm{e}^{-2\psi(d^*)M_1 t} d_V(0), \\
&\sup_{t>0} d_X(t) \leqslant d_X(0) + \tilde{c} d_V(0), \quad \tilde{c} = \frac{e^3}{2\psi(d^*)M_1}.
\end{aligned} \tag{10.18}
$$

为了确保定理 10.1.2 的有效性, 接下来给出全局解的存在性证明. 根据 (10.4) 式和 (10.5) 式可知 (10.2) 式和 (10.3) 式的右边关于 $(x_i(t), v_i(t))$ $(i \in \mathcal{N})$ 是局部 Lipschitz 连续的, 从而由 Cauchy-Lipschitz 定理可知, 常微分系统 (10.1) 存在唯一的局部 C^1-解. 为了给出集群解存在性, 引入记号 $Q_v := \max\limits_{1\leqslant i\leqslant N} \|v_{i0}\|$, 有如下结论.

引理 10.1.2 设 $\{(x_i(t), v_i(t))\}_{i=1}^N$ 是系统 (10.1) 的一个局部解. 如果 Q_v 满足 $Q_v > 0$, 则系统 (10.1) 的解全局存在, 并且对任意的 $i \in \mathcal{N}$ 和 $t > 0$ 有 $\|v_i(t)\| \leqslant Q_v$ 成立.

证明 对任意的 $\varepsilon > 0$, 定义 $Q_v^\varepsilon := Q_v + \varepsilon$ 以及集合

$$
R^\varepsilon := \left\{ t > 0 \;\middle|\; \max_{1\leqslant i\leqslant N} \|v_i(s)\| < Q_v^\varepsilon, \ s \in [0, t) \right\}.
$$

易知 $R^\varepsilon \neq \varnothing$. 记 $\widetilde{T}^\varepsilon := \sup R^\varepsilon > 0$, 断言 $\widetilde{T}^\varepsilon = +\infty$. 否则就有 $\widetilde{T}^\varepsilon < +\infty$, 并且

$$\lim_{t \to \widetilde{T}^{\varepsilon}-} \max_{1 \leqslant i \leqslant N} \|v_i(s)\| = Q_v^\varepsilon. \tag{10.19}$$

如果 $i \in \mathcal{N}_1$, 则由假设 10.1.1 以及 (10.2) 式可得, 对于 $t < \widetilde{T}^\varepsilon$,

$$\begin{aligned}
\frac{\mathrm{d}}{\mathrm{d}t}\|v_i(t)\|^2 &= 2v_i(t) \cdot \frac{\mathrm{d}}{\mathrm{d}t} v_i(t) \\
&= 2v_i(t) \cdot \left(\alpha \sum_{j \in \mathcal{N}_1} f(r_{ij}) v_j(t) + \delta \sum_{j \in \mathcal{N}_2} g(r_{ij}) v_j(t) - v_i(t)\right) \\
&= 2\alpha \sum_{j \in \mathcal{N}_1} f(r_{ij}) v_j(t) \cdot v_i(t) + 2\delta \sum_{j \in \mathcal{N}_2} g(r_{ij}) v_j(t) \cdot v_i(t) - 2\|v_i(t)\|^2,
\end{aligned}$$

进而可导出

$$\begin{aligned}
\frac{\mathrm{d}}{\mathrm{d}t}\|v_i(t)\|^2 \leqslant{}& 2\alpha \sum_{j \in \mathcal{N}_1} f(r_{ij}) \max_{1 \leqslant j \leqslant N} \|v_j(t)\| \|v_i(t)\| - 2\|v_i(t)\|^2 \\
&+ 2\delta \sum_{j \in \mathcal{N}_2} g(r_{ij}) \max_{1 \leqslant j \leqslant N} \|v_j(t)\| \|v_i(t)\| \\
\leqslant{}& 2Q_v^\varepsilon \|v_i(t)\| - 2\|v_i(t)\|^2.
\end{aligned}$$

上式表明

$$\frac{\mathrm{d}}{\mathrm{d}t}\|v_i(t)\| \leqslant Q_v^\varepsilon - \|v_i(t)\|, \quad \text{a.e.} \quad t \in [0, \widetilde{T}^\varepsilon). \tag{10.20}$$

从而由 $\|v_i(t)\|$ 的连续性和 (10.20) 式可得, 对于 $t < \widetilde{T}^\varepsilon$, 有

$$\|v_i(t)\| \leqslant (\|v_i(0)\| - Q_v^\varepsilon)\, e^{-t} + Q_v^\varepsilon. \tag{10.21}$$

在 (10.21) 式中, 令 $t \to \widetilde{T}^{\varepsilon-}$, 再由 Q_v 和 Q_v^ε 的定义可得

$$\lim_{t \to \widetilde{T}^{\varepsilon}-} \max_{i \in \mathcal{N}_1} \|v_i(t)\| \leqslant (Q_v - Q_v^\varepsilon)\, e^{-\widetilde{T}^{\varepsilon-}} + Q_v^\varepsilon < Q_v^\varepsilon. \tag{10.22}$$

从而可导出 (10.22) 式与 (10.19) 式矛盾.

类似地, 如果 $i \in \mathcal{N}_2$, 则由假设 10.1.1、(10.3) 式以及如下不等式也可以导出矛盾,

$$\frac{\mathrm{d}}{\mathrm{d}t}\|v_i(t)\|^2 \leqslant 2Q_v^\varepsilon \|v_i(t)\| - 2\|v_i(t)\|^2, \quad t \in [0, \widetilde{T}^\varepsilon).$$

因此, $\widetilde{T}^\varepsilon = +\infty$. □

注 10.1.2 当 $\max\limits_{1\leqslant i\leqslant N}\|v_{i0}\|=0$ 时, 可直接验证全局解的存在性, 这表明系统自然存在集群解. 由于每个粒子的初始速度均为零, 易知对任意的 $i,\ j\in\mathcal{N}$, 有 $\lim\limits_{t\to+\infty}\|v_i(t)-v_j(t)\|=0$ 成立. 另一方面, 根据 Cauchy-Schwarz 不等式和 $d_V(t)$ 的定义, 可得当 $i,\ j\in\mathcal{N}$ 和 $0<t\leqslant+\infty$ 时, 有

$$
\begin{aligned}
\|x_i(t)-x_j(t)\| &\leqslant \|x_i(0)-x_j(0)\|+\int_0^t\|v_i(s)-v_j(s)\|\mathrm{d}s\\
&\leqslant \|x_i(0)-x_j(0)\|+\int_0^t d_V(s)\mathrm{d}s\leqslant d_X(0),
\end{aligned}
$$

其满足定义 10.1.1. 因此, 系统 (10.1) 的集群解全局存在, 并且其位置直径由初始位置的构型决定.

为了证明定理 10.1.2, 构造如下辅助引理.

引理 10.1.3 设 $\{(x_i(t),v_i(t))\}_{i=1}^N$ 是系统 (10.1)—(10.3) 的解, 则有

$$
\frac{\mathrm{d}}{\mathrm{d}t}d_V(t)\leqslant-\left(2M_1\psi(d_X(t))-3\right)d_V(t),\quad \text{a.e.}\quad t>0, \tag{10.23}
$$

其中 M_1 由 (10.16) 式定义.

证明 由于 $d_V(t)$ 是分段光滑函数, $v_i(t)$ 是可微函数. 因此, $d_V(t)$ 的不可微的点是至多可数, 且离散分布的, 记为序列 $\{s_i\}$, 且满足 $0=s_0<s_1<\cdots<s_n<\cdots$, $d_V(t)$ 在 (s_{k-1},s_k) 上可微. 进而, 在 (s_{k-1},s_k) 中, 一定存在粒子 $p,q\in\mathcal{N}$ 满足 $d_V(t)=\|v_p(t)-v_q(t)\|$, 从而有

$$
\frac{\mathrm{d}}{\mathrm{d}t}d_V^2(t)=2\left(v_p(t)-v_q(t)\right)\cdot\left(\dot{v}_p(t)-\dot{v}_q(t)\right). \tag{10.24}
$$

为了验证 (10.23) 式, 考虑以下两种情形: 其一是粒子 p 和 q 在同一个子系统中 ($p,\ q\in\mathcal{N}_1$ 或 $p,\ q\in\mathcal{N}_2$), 其二是 p 和 q 在不同的子系统中, 即 $p\in\mathcal{N}_1,\ q\in\mathcal{N}_2$ 或 $p\in\mathcal{N}_2,\ q\in\mathcal{N}_1$.

(1) 粒子 p 和 q 属于同一个子系统, 即 $p,\ q\in\mathcal{N}_1$ 或 $p,\ q\in\mathcal{N}_2$.

如果 $p,\ q\in\mathcal{N}_1$, 则由 (10.6) 式和 (10.24) 式可得, 对于 $t\in(s_{i-1},s_i)$,

$$
\begin{aligned}
\frac{\mathrm{d}}{\mathrm{d}t}d_V^2(t)=&\,2\alpha\left(v_p(t)-v_q(t)\right)\cdot\sum_{j_1\in\mathcal{N}_1}f(r_{pj_1})v_{j_1}(t)\\
&-2\alpha\left(v_p(t)-v_q(t)\right)\cdot\sum_{k_1\in\mathcal{N}_1}f(r_{qk_1})v_{k_1}(t)\\
&+2\delta\left(v_p(t)-v_q(t)\right)\cdot\sum_{j_2\in\mathcal{N}_2}g(r_{pj_2})v_{j_2}(t)
\end{aligned}
$$

$$-2\delta\left(v_p(t)-v_q(t)\right)\cdot\sum_{k_2\in\mathcal{N}_2}g(r_{qk_2})v_{k_2}(t)-2d_V^2(t).$$

由假设 10.1.1 可得

$$\begin{aligned}&\alpha\sum_{j_1\in\mathcal{N}_1}f(r_{pj_1})v_{j_1}(t)-\alpha\sum_{k_1\in\mathcal{N}_1}f(r_{qk_1})v_{k_1}(t)\\=&\alpha\sum_{j_1\in\mathcal{N}_1}f(r_{pj_1})v_{j_1}(t)\cdot\left(\alpha\sum_{k_1\in\mathcal{N}_1}f(r_{qk_1})+\delta\sum_{k_2\in\mathcal{N}_2}g(r_{qk_2})\right)\\&-\alpha\sum_{k_1\in\mathcal{N}_1}f(r_{qk_1})v_{k_1}(t)\cdot\left(\alpha\sum_{j_1\in\mathcal{N}_1}f(r_{pj_1})+\delta\sum_{j_2\in\mathcal{N}_2}g(r_{pj_2})\right).\end{aligned}\tag{10.25}$$

另一方面, 由 (10.8) 式可知

$$\alpha\sum_{k_1\in\mathcal{N}_1}f(r_{qk_1})=1-\delta\sum_{k_2\in\mathcal{N}_2}g(r_{qk_2})\leqslant 1-\delta\frac{N_2}{N}\psi(d_X(t)).\tag{10.26}$$

类似地, 关于 $\delta\sum_{k_2\in\mathcal{N}_2}g(r_{qk_2})$, $\alpha\sum_{j_1\in\mathcal{N}_1}f(r_{pj_1})$ 和 $\delta\sum_{j_2\in\mathcal{N}_2}g(r_{pj_2})$ 有

$$\begin{aligned}&\delta\sum_{k_2\in\mathcal{N}_2}g(r_{qk_2})\leqslant 1-\alpha\frac{N_1}{N}\psi(d_X(t)),\\&\alpha\sum_{j_1\in\mathcal{N}_1}f(r_{pj_1})\leqslant 1-\delta\frac{N_2}{N}\psi(d_X(t)),\\&\delta\sum_{j_2\in\mathcal{N}_2}g(r_{pj_2})\leqslant 1-\alpha\frac{N_1}{N}\psi(d_X(t)).\end{aligned}\tag{10.27}$$

因此, 由 (10.25) 式可导出

$$\begin{aligned}&\alpha\sum_{j_1\in\mathcal{N}_1}f(r_{pj_1})v_{j_1}(t)-\alpha\sum_{k_1\in\mathcal{N}_1}f(r_{qk_1})v_{k_1}(t)\\\leqslant&\left(1-\delta\frac{N_2}{N}\psi(d_X(t))\right)\|v_{j_1}(t)\|+\left(1-\alpha\frac{N_1}{N}\psi(d_X(t))\right)\|v_{j_1}(t)\|\\&-\alpha\frac{N_2}{N}\psi(d_X(t))\|v_{k_1}(t)\|-\alpha\frac{N_1}{N}\psi(d_X(t))\|v_{k_1}(t)\|,\end{aligned}$$

进而有

$$\alpha\sum_{j_1\in\mathcal{N}_1}f(r_{pj_1})v_{j_1}(t)-\alpha\sum_{k_1\in\mathcal{N}_1}f(r_{qk_1})v_{k_1}(t)$$

$$
\begin{aligned}
&\leqslant (2 - C_1\psi(d_X(t)))\|v_{j_1}(t)\| - C_1\psi(d_X(t))\|v_{k_1}(t)\| \\
&\leqslant (2 - C_1\psi(d_X(t)))(\|v_{j_1}(t)\| - \|v_{k_1}(t)\|),
\end{aligned}
$$

其中 C_1 由 (10.16) 式定义. 由假设 10.1.2, 有 $\psi(d_X) \leqslant 1 \leqslant 2M_2^{-1} \leqslant 2C_1^{-1}$, 进而由三角不等式可得

$$
\begin{aligned}
&\alpha \sum_{j_1 \in \mathcal{N}_1} f(r_{pj_1})v_{j_1}(t) - \alpha \sum_{k_1 \in \mathcal{N}_1} f(r_{qk_1})v_{k_1}(t) \\
&\leqslant (2 - C_1\psi(d_X(t)))(\|v_{j_1}(t) - v_{k_1}(t)\|). \qquad (10.28)
\end{aligned}
$$

类似地, 可推出

$$
\begin{aligned}
&\delta \sum_{j_2 \in \mathcal{N}_2} g(r_{pj_2})v_{j_2}(t) - \delta \sum_{k_2 \in \mathcal{N}_2} g(r_{qk_2})v_{k_2}(t) \\
&\leqslant (2 - C_1\psi(d_X(t)))(\|v_{j_2}(t) - v_{k_2}(t)\|). \qquad (10.29)
\end{aligned}
$$

因此, 由 (10.28) 式和 (10.29) 式可得

$$
\frac{\mathrm{d}}{\mathrm{d}t} d_V^2(t) \leqslant -(2C_1\psi(d_X(t)) - 3)d_V^2(t). \qquad (10.30)
$$

同理, 当 $p,\ q \in \mathcal{N}_2$ 时, 可得

$$
\frac{\mathrm{d}}{\mathrm{d}t} d_V^2(t) \leqslant -(2C_2\psi(d_X(t)) - 3)d_V^2(t), \qquad (10.31)
$$

其中 C_2 由 (10.16) 式定义.

(2) 粒子 p 和 q 在不同的子群中, 不妨假设 $p \in \mathcal{N}_1,\ q \in \mathcal{N}_2$.

由 (10.6) 式和 (10.7) 式可得

$$
\frac{\mathrm{d}}{\mathrm{d}t} d_V^2(t) = 2\left(v_p(t) - v_q(t)\right) \cdot (\zeta_1 + \zeta_2) - 2d_V^2(t), \qquad (10.32)
$$

其中

$$
\begin{aligned}
\zeta_1 &:= \alpha \sum_{j_1 \in \mathcal{N}_1} f(r_{pj_1})v_{j_1}(t) - \delta \sum_{k_1 \in \mathcal{N}_1} g(r_{qk_1})v_{k_1}(t), \\
\zeta_2 &:= \delta \sum_{j_2 \in \mathcal{N}_2} g(r_{pj_2})v_{j_2}(t) - \kappa \sum_{k_2 \in \mathcal{N}_2} f(r_{qk_2})v_{k_2}(t).
\end{aligned}
$$

接下来对 ζ_1 和 ζ_2 进行估计. 采用从公式 (10.25) 到 (10.30) 类似地讨论, 可推出

$$\begin{aligned}\zeta_1 \leqslant& \left(1-\frac{N_2}{N}\kappa\psi(d_X(t))\right)\|v_{j_1}(t)\| - \frac{N_1}{N}\alpha\psi(d_X(t))\|v_{k_1}(t)\| \\ &+\left(1-\frac{N_2}{N}\delta\psi(d_X(t))\right)\|v_{j_1}(t)\| - \frac{N_1}{N}\delta\psi(d_X(t))\|v_{k_1}(t)\| \\ =& (2-C_4\psi(d_X(t)))\|v_{j_1}(t)\| - C_3\psi(d_X(t))\|v_{k_1}(t)\|, \end{aligned} \tag{10.33}$$

其中 C_3 和 C_4 定义在 (10.16) 中. 类似地, 可以得到

$$\zeta_2 \leqslant (2-C_4\psi(d_X(t)))\|v_{j_2}(t)\| - C_3\psi(d_X(t))\|v_{k_2}(t)\|. \tag{10.34}$$

接下来对 (10.33) 式和 (10.34) 式的讨论, 分为以下两种场景进行考虑: 其一是子群 $\mathcal{N}_1$ 在系统中占优势, 即 $C_3 > C_4$, 其二是子群 $\mathcal{N}_2$ 在系统中占优势, 即 $C_3 < C_4$. 对于前者, (10.33) 式可进一步简化为

$$\begin{aligned}\zeta_1 &\leqslant (2-C_4\psi(d_X(t)))(\|v_{j_1}(t)\| - v_{k_1}(t)\|),\\ \zeta_2 &\leqslant (2-C_4\psi(d_X(t)))(\|v_{j_2}(t)\| - v_{k_2}(t)\|).\end{aligned}$$

此时, 由 (10.32) 式可得

$$\frac{\mathrm{d}}{\mathrm{d}t}d_V^2(t) \leqslant -(2C_4\psi(d_X(t))-3)d_V^2(t). \tag{10.35}$$

类似地, 如果子群 $\mathcal{N}_2$ 在耦合系统中占主导地位, 则有

$$\frac{\mathrm{d}}{\mathrm{d}t}d_V^2(t) \leqslant -(2C_3\psi(d_X(t))-3)d_V^2(t). \tag{10.36}$$

因此, 结合公式 (10.30), (10.31), (10.35) 以及 (10.36) 可以得到如下不等式,

$$\frac{\mathrm{d}}{\mathrm{d}t}d_V(t) \leqslant -\left(2M_1\psi(d_X(t))-3\right)d_V(t), \quad \text{a.e.} \quad t>0,$$

其中 M_1 由 (10.16) 式定义. □

基于上述引理, 下面给出定理 10.1.2 的证明.

证明 对于 $t>0$, 考虑以下 Lyapunov 泛函,

$$V(t) = d_V(t) + \int_0^{d_X(t)} \rho(s)\mathrm{d}s, \tag{10.37}$$

其中 $\rho(r) = 2M_1\psi(r) - 3$. 因此, $V(t)$ 关于系统 (10.1)—(10.3) 解的全导数为

$$\frac{\mathrm{d}}{\mathrm{d}t}V(t) = \frac{\mathrm{d}}{\mathrm{d}t}d_V(t) + \rho(d_X(t))\frac{\mathrm{d}}{\mathrm{d}t}d_X(t), \quad \text{a.e.} \quad t > 0,$$

从而由引理 10.1.3 可得 $\frac{\mathrm{d}}{\mathrm{d}t}V(t) \leqslant 0$, 这表明 $V(t)$ 关于 t 是非增的, 继而可以导出

$$d_V(t) + \int_0^{d_X(t)} \rho(s)\mathrm{d}s \leqslant d_V(0) + \int_0^{d_X(0)} \rho(s)\mathrm{d}s, \quad \text{a.e.} \quad t > 0, \tag{10.38}$$

即

$$\int_{d_X(0)}^{d_X(t)} \rho(s)\mathrm{d}s \leqslant d_V(0), \quad \text{a.e.} \quad t > 0. \tag{10.39}$$

另一方面, 根据 (10.17) 式和 $2M_1\psi(r_0) \geqslant 3$, 可以断言存在正常数 d^*, 使得 $d_X(0) \leqslant d^* \leqslant r_0$ 以及下面不等式成立,

$$d_V(0) = \int_{d_X(0)}^{d^*} (2M_1\psi(s) - 3)\,\mathrm{d}s, \quad 2M_1\psi(d^*) > 3.$$

否则, 就有 $\rho(r) = 0$ $(r \in [d_X(0), r_0))$, 进而根据 (10.17) 式可得 $d_V(0) < -(r_0 - d_X(0)) \leqslant 0$, 这是矛盾的. 因此上述断言成立. 进而, 由 (10.39) 式可得

$$\int_{d_X(0)}^{d_X(t)} (2M_1\psi(s) - 3)\,\mathrm{d}s \leqslant \int_{d_X(0)}^{d^*} (2M_1\psi(s) - 3)\,\mathrm{d}s, \tag{10.40}$$

这表明

$$\int_{d_X(t)}^{d^*} (2M_1\psi(s) - 3)\,\mathrm{d}s \geqslant 0. \tag{10.41}$$

接下来用反证法证明对 $t > 0$, $2M_1\psi(d_X(t)) - 3 > 0$ 恒成立. 否则, 存在 $t_1 > 0$, 使得 $2M_1\psi(d_X(t_1)) - 3 \leqslant 0$. 由 (10.17) 式和函数 $\psi(\cdot)$ 的连续性可得, 存在 $t_2 \in (0, t_1)$, 使得对任意的 $t \in (0, t_2)$, 有

$$2M_1\psi(d_X(t_2)) - 3 = 0, \quad 2M_1\psi(d_X(t)) - 3 > 0.$$

进而, 由 $2M_1\psi(d^*) - 3 > 0$, 可推出 $\psi(d_X(t_1)) \leqslant \psi(d_X(t_2)) < \psi(d^*) \leqslant \psi(d_X(0))$. 结合函数 $\psi(\cdot)$ 的单调性可知, $d_X(0) \leqslant d^* \leqslant d_X(t_2) \leqslant d_X(t_1)$. 继而有 $2M_1\psi(s) - 3 > 0$, $s \in [d^*, d_X(t_2))$ 以及

$$\int_{d_X(0)}^{d_X(t_2)} \rho(s)\mathrm{d}s = \int_{d_X(0)}^{d^*} \rho(s)\mathrm{d}s + \int_{d^*}^{d_X(t_2)} \rho(s)\mathrm{d}s = d_V(0) + \int_{d^*}^{d_X(t_2)} \rho(s)\mathrm{d}s.$$

上式表明 $\int_{d_X(0)}^{d_X(t_2)}\rho(s)\mathrm{d}s > d_V(0)$, 这与 (10.39) 式产生矛盾. 因此, 根据 (10.41) 式和 $2M_1\psi(d_X(t))-3>0, t>0$, 可得 $d_X(t)\leqslant d^*$, $t>0$. 进而结合 (10.23) 式中第二个不等式可推出

$$\frac{\mathrm{d}}{\mathrm{d}t}d_V(t)\leqslant-\left(2M_1\psi(d^*)-3\right)d_V(t),$$

其中 $2M_1\psi(d^*)-3\geqslant 0$. 因此有 $d_V(t)\leqslant C_0\mathrm{e}^{-2\psi(d^*)M_1t}d_V(0), t>0$, 其中 $C_0=\mathrm{e}^3$. 进而, 由 Cauchy 不等式和 $d_V(t)$ 的定义可得, 对任意的 i, $j\in\mathcal{N}$ 和 $t>0$,

$$\begin{aligned}\|x_i(t)-x_j(t)\|&\leqslant\|x_i(0)-x_j(0)\|+\int_0^t\|v_i(s)-v_j(s)\|\mathrm{d}s\\&\leqslant d_X(0)+\left(1-\mathrm{e}^{-2\psi(d^*)M_1t}\right)\frac{C_0}{2M_1\psi(d^*)}d_V(0)\\&<d_X(0)+\tilde{c}d_V(0),\end{aligned}\tag{10.42}$$

其中 $\tilde{c}=\dfrac{\mathrm{e}^3}{2M_1\psi(d^*)}$, 即系统 (10.1)—(10.3) 存在集群解. □

10.1.3 仿真验证

本节通过数值模拟来验证本章主要结论. 围绕本章的研究目的, 主要对以下两个方面开展仿真模拟, 其一是探讨子系统间的耦合强度 δ 对种群动态的影响, 其二是研究群体响应速度与子系统间耦合强度之间的关系.

考虑一个由 13 个粒子组成的系统 (10.1), 其中 $m=8$, 固定组内交互函数 $\psi(r)=(1+r^2)^{-0.1}$, 初始条件设置为 $(x_{i0},v_{i0})=(2+0.1i,2+0.1i)(i=1,\cdots,13)$. 在所有的数值实验中, 主要使用每个粒子的速度和位置直径来表征系统 (10.1) 的渐近行为. 因此, 对于 (10.1) 系统, 发生集群行为当且仅当各粒子的速度同步且位置直径有界.

接下来给出两个例子. 例 10.1.1 的目的涉及两个方面, 一是验证理论分析的有效性, 二是直观呈现子系统间的耦合对集群行为出现的影响. 例 10.1.2 的目的是直观呈现子系统之间的耦合强度与集群涌现响应速度之间的关系.

例 10.1.1 在上述设定参数下, 考虑以下两种情形:

(1) $\alpha=\kappa=3$ 和 $\delta=0$ (仿真结果见图 10.1 中曲线 $L1$ 和 $Y1$).

(2) $\alpha=\kappa=3$ 和 $\delta=0.3$ (仿真结果见图 10.1中曲线 $L2$ 和 $Y2$).

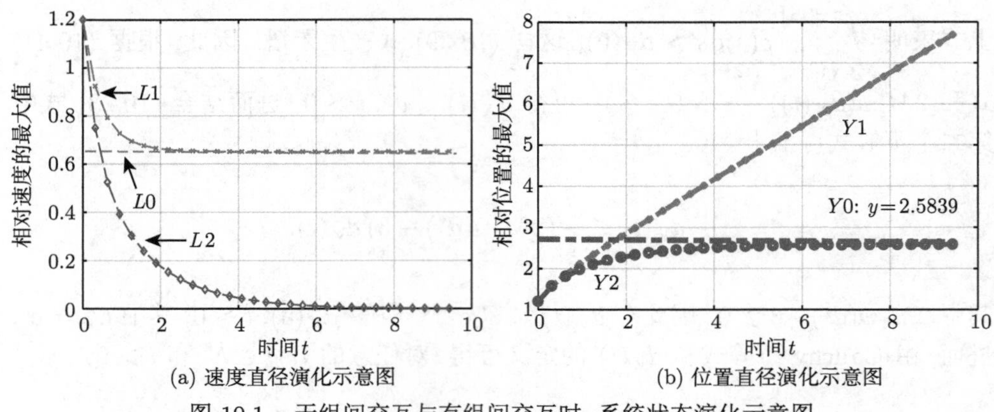

(a) 速度直径演化示意图 (b) 位置直径演化示意图

图 10.1 无组间交互与有组间交互时, 系统状态演化示意图

对于情形 (1), 一方面从图 10.1 中的曲线 $L1$ 和 $Y1$ 表明, 在上述参数条件下, 系统的相对速度会渐近收敛, 但是相对位置的最大值会随时间发散. 也就是系统不会发生集群行为. 另一方面从理论上, 通过一个简单的计算可以得到 $v_c^1(0) \neq v_c^2(0)$. 定理 10.1.1 中的结果表明系统 (10.1) 的集群行为将会失败. 图 10.1 是情形 (1) 和情形 (2) 的仿真结果, 其中图 10.1(a) 是相对速度最大值随时间演化示意图, 图 10.1(b) 是相对位置最大值随时间演化示意图. 对比情形 (1) 和情形 (2) 可以发现, 在一定条件下子系统之间的信息交互会诱发集群行为发生. 因此, 上述理论分析在图 10.1 中的曲线 $L1$ 和 $Y1$ 得到了验证.

然而, 随着子系统间耦合强度的增加或变成非零, 即从情形 (1) 切换到情形 (2) 时, 从图 10.1 中的曲线 $L2$ 和 $Y2$ 可以直观地看到, 相对速度的最大值急剧衰减到 0, 相对位置直径曲线渐近地接近直线 $Y0$. 这意味着在一定条件下子系统之间的耦合会诱发集群现象的出现, 即本章考虑的组间交互对耦合系统的自主协同是积极的.

例 10.1.2 *在系统能够发生集群行为的前提下, 即满足定理 10.1.2 中的集群条件, 考虑以下三种情形:*

(1) $\alpha=\kappa=3$ 和 $\delta=0.5$ (仿真结果见图 10.2 中曲线 $L3$ 和 $Y3$).

(2) $\alpha=\kappa=3$ 和 $\delta=1$ (仿真结果见图 10.2 中曲线 $L4$ 和 $Y4$).

(3) $\alpha=\kappa=3$ 和 $\delta=2$ (仿真结果见图 10.2 中曲线 $L5$ 和 $Y5$).

例 10.1.2 的仿真结果如图 10.2 所示, 其中图 10.2(a) 是三种情形下系统相对速度最大值随时间演化示意图, 图 10.2(b) 是相对位置最大值随时间演化示意图. 从图 10.2 可知, 在上述三种场景的参数设置下, 系统都可以发生集群行为. 此外, 随着子系统间耦合强度的增加, 集群响应速度逐渐加快, 这与生物种群行为的演化是一致的. 例如, 考虑两个鸟群的整体行为. 当两个子群之间的交流加快时, 它们聚集和形成集群的时间将会减少.

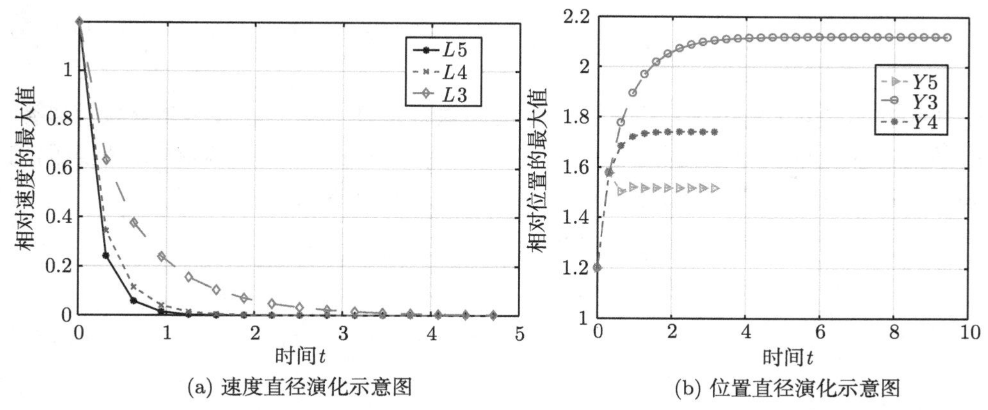

(a) 速度直径演化示意图

(b) 位置直径演化示意图

图 10.2 在不同的组间耦合强度下, 相对速度直径与相对位置直径演化示意图

10.2 时滞双群组耦合系统的集群性

2013 年 Cao 等[244] 指出所有的实用系统中几乎都存在时滞. 目前关于时滞的讨论主要聚焦在传输时滞 (个体之间的信息传递)[97]、处理时滞 (个体对信息的处理)[90,94,95] 和测量时滞 (个体间状态信息的相互观察)[91]. 因此, 本章关注的是一类组间交互受时间延迟影响的双群组耦合系统的集群机理, 即不同组的个体之间的信息交互存在传输时滞. 具体地, 在机理建模时考虑了离散型和分布型的传输时滞, 分别构建了具有时滞的二阶非线性群体运动模型, 提出了依赖于时滞的集群解稳定性条件, 其中包括系统容忍的时延上界.

10.2.1 依赖于传输时滞的集群条件

以组间交互存在时间延迟的双群组耦合系统为研究对象, 基于第 2 章中的建模思想, 建立具有传输时滞的二阶非线性群体运动模型如下

$$\begin{cases} \dfrac{\mathrm{d}}{\mathrm{d}t}x_i(t) = v_i(t), \quad i \in \mathcal{N}, \\ \dfrac{\mathrm{d}}{\mathrm{d}t}v_i(t) = u_{i,1}(t), \quad i \in \mathcal{N}_1, \\ \dfrac{\mathrm{d}}{\mathrm{d}t}v_i(t) = u_{i,2}(t), \quad i \in \mathcal{N}_2, \end{cases} \tag{10.43}$$

其中 $x_i \in \mathbb{R}^d$, $v_i \in \mathbb{R}^d$. 对于 $i \in \mathcal{N}_1$, $u_{i,1}(t)$ 定义为

$$u_{i,1}(t) = \alpha \sum_{j \in \mathcal{N}_1} \psi(r_{ij})(v_j(t) - v_i(t))$$

$$+\kappa\sum_{j\in\mathcal{N}_2}a_{ij}(v_j(t-\tau)-v_i(t)),\tag{10.44}$$

其中 $\alpha>0$ 是组内耦合强度; $\kappa>0$ 是组间耦合强度; $\psi(r)$ 是组内交互权重函数; a_{ij} 是 $(0,1]$ 上的一个正常数, 是组间交互强度, 与粒子间 i 和 j 对称; τ 是组间信息传输的时间滞后量. 类似地, 对于 $i\in\mathcal{N}_2$, $u_{i,2}(t)$ 定义为

$$\begin{aligned}u_{i,2}(t)=&\kappa\sum_{j\in\mathcal{N}_1}a_{ij}(v_j(t-\tau)-v_i(t))\\&+\alpha\sum_{j\in\mathcal{N}_2}\psi(r_{ij})(v_j(t)-v_i(t)).\end{aligned}\tag{10.45}$$

初始条件为 $(x_i(\theta),v_i(\theta))=(\varphi_i(\theta),\phi_i(\theta))$, $i\in\mathcal{N}$, $\theta\in[-\tau,0]$, 其中 φ_i 和 ϕ_i 是连续的向量值函数. 下面介绍关于交互权重函数 ψ 与系统参数的主要假设.

假设 10.2.1　*假设系统 (10.43)—(10.45) 中的参数满足 $2\kappa\leqslant\alpha\leqslant c_0\kappa$, 其中 $c_0\geqslant 2$.*

关于 α 和 κ 的假设来自以下两个因素. 其一是本小节考虑的耦合系统中组间耦合强度小于组内耦合强度的情况, 因此假设 κ 和 α 满足 $2\kappa\leqslant\alpha$. 事实上, 本小节的工作仍然适用于 $\kappa<\bar{c}\alpha$ 和 $\bar{c}\in(0,1)$. 其二是约束组间耦合参数 α 的目的是避免组内强耦合和时延引起的系统振荡. 因此, 假设 α 存在正的上界, 即存在 $\bar{\alpha}$, 使得 $\alpha\leqslant\bar{\alpha}$. 进而存在正常数 $c_0(c_0\geqslant 2)$, 使得 $\alpha\leqslant c_0\kappa$.

本节的目的是建立适当的条件来确保系统(10.43)—(10.45)发生集群行为. 为了便于后续讨论, 引入如下记号: $N_0:=\max\{N_1,N_2\}$ 以及

$$\begin{aligned}&C_1=\alpha N_1+\kappa N_2;\quad C_2=\kappa N_1+\alpha N_2;\quad C_N=C_1N_1+C_2N_2;\\&x_{ji}(t)=x_j(t)-x_i(t),\quad v_{ji}(t)=v_j(t)-v_i(t),\quad \widetilde{v}_j(t)=v_j(t-\tau).\end{aligned}\tag{10.46}$$

继而, 根据假设 10.2.1, 可以得到

$$\kappa N\leqslant C_l\leqslant(1+c_0)\kappa N_0,\ l=1,2;\quad \kappa N^2\leqslant C_N\leqslant(1+c_0)\kappa N_0^2.\tag{10.47}$$

10.2.1.1　全局解的存在性

为了确保定理 10.2.1 中集群条件的有效性, 下面将阐明系统(10.43)—(10.45)解的全局存在唯一性. 注意到 ψ 是关于 $(x_i(t),v_i(t))$ 的局部 Lipschitz 连续函数. 继而, 根据 Cauchy-Lipschitz 定理, 系统(10.43)—(10.45)存在唯一的局部 $\mathcal{C}^1$ 解. 另一方面, 由于梯度是有界的和 Lipschitz 的, 一旦证明了速度相对于时间是一致有界的, 也就是说明局部解是全局的. 因此, 接下来将证明速度的一致有界性. 记 $\omega_0:=\max\limits_{s\in[-\tau,0]}\max\limits_{1\leqslant i\leqslant N}\|\phi_i(s)\|$.

引理10.2.1 设 $\{(x_i(t), v_i(t))\}_{i=1}^N$ 是系统(10.43)—(10.45)的解. 如果 $\omega_0 > 0$, 则对于 $i,\ j \in \mathcal{N}$ 和 $t \geqslant -\tau$, 有 $\max\limits_{1\leqslant i\leqslant N} \|v_i(t)\| \leqslant \omega_0$, $\|v_i(t) - v_j(t)\| \leqslant 2\omega_0$.

证明 对任意的 $\varepsilon > 0$, 定义 ω_ε 以及集合 $\mathcal{T}_\varepsilon$,

$$\omega_\varepsilon = \omega_0 + \varepsilon, \quad \mathcal{T}_\varepsilon := \{t > 0 : \omega(s) < \omega_\varepsilon, 0 \leqslant s < t\}, \tag{10.48}$$

其中 $\omega(s) = \max\limits_{1\leqslant i\leqslant N} \|v_i(s)\|$. 根据 $\omega(t)$ 的连续性以及 $\omega_0 < \omega_\varepsilon$, 可知 $\mathcal{T}_\varepsilon \neq \varnothing$, 这表明上确界 $\sup \mathcal{T}_\varepsilon$ 存在, 并记为 $T_\varepsilon^* := \sup \mathcal{T}_\varepsilon > 0$. 可以断言 $T_\varepsilon^* = +\infty$. 否则, 对任意的 $t < T_\varepsilon^* < +\infty$, 都有 $\omega(t) < \omega_\varepsilon$, 以及

$$\lim_{t\to T_\varepsilon^{*-}} \omega(t) = \omega_\varepsilon. \tag{10.49}$$

下面对 $\dfrac{\mathrm{d}}{\mathrm{d}t}\|v_i(t)\|^2 (i \in \mathcal{N})$ 进行估计. 由(10.44)式和(10.45)式可得, 对 $i \in \mathcal{N}_1$ 和 $t < T_\varepsilon^*$,

$$\begin{aligned}
\frac{1}{2}\frac{\mathrm{d}}{\mathrm{d}t}\|v_i(t)\|^2 &= \alpha \sum_{j\in\mathcal{N}_1} \psi(r_{ij})(v_j(t)\cdot v_i(t) - \|v_i(t)\|^2) \\
&\quad + \kappa \sum_{j\in\mathcal{N}_2} a_{ij}(\widetilde{v}_j(t)\cdot v_i(t) - \|v_i(t)\|^2) \\
&\leqslant \alpha \sum_{j\in\mathcal{N}_1} \psi(r_{ij})(\omega_\varepsilon\|v_i(t)\| - \|v_i(t)\|^2) \\
&\quad + \kappa \sum_{j\in\mathcal{N}_2} a_{ij}(\omega_\varepsilon\|v_i(t)\| - \|v_i(t)\|^2).
\end{aligned}$$

因为 $\psi(r) \leqslant 1$ 和 $a_{ij} \leqslant 1$, 继而由 Cauchy 不等式可得

$$\begin{aligned}
\frac{1}{2}\frac{\mathrm{d}}{\mathrm{d}t}\|v_i(t)\|^2 &\leqslant \alpha \sum_{j\in\mathcal{N}_1} (\omega_\varepsilon\|v_i(t)\| - \|v_i(t)\|^2) \\
&\quad + \kappa \sum_{j\in\mathcal{N}_2} (\omega_\varepsilon\|v_i(t)\| - \|v_i(t)\|^2) \\
&\leqslant C_1(\omega_\varepsilon - \|v_i(t)\|)\|v_i(t)\|,
\end{aligned}$$

进而可以导出

$$\frac{\mathrm{d}}{\mathrm{d}t}\|v_i(t)\| \leqslant C_1(\omega_\varepsilon - \|v_i(t)\|), \quad \text{a.e.} \quad t \in (0, T_\varepsilon^*).$$

由 Gronwall 不等式和 $\omega_0 < \omega_\varepsilon$ 可得

$$\lim_{t\to T_\varepsilon^{*-}} \|v_i(t)\| \leqslant (\|v_i(0)\| - \omega_\varepsilon)\,\mathrm{e}^{-C_1 t} + \omega_\varepsilon < \omega_\varepsilon,$$

这与 (10.49) 式矛盾.

类似地, 对于 $i \in \mathcal{N}_2$, 可得

$$\frac{\mathrm{d}}{\mathrm{d}t}\|v_i(t)\| \leqslant C_2(\omega_\varepsilon - \|v_i(t)\|), \quad \text{a.e.} \quad t \in (0, T_\varepsilon^*),$$

这是矛盾的.

因此, $T_\varepsilon^* = +\infty$. 继而在 (10.48) 中令 $\varepsilon \to 0^+$, 即可完成证明. □

注 10.2.1 引理 10.2.1 表明系统状态演化过程中每个粒子的速度不会超过初始速度的最大值. 因此, 减小集群速度与期望的集群速度的误差的一种初步实现方法是减小初始值与期望值的误差.

10.2.1.2 依赖时滞的集群条件

为了得到系统(10.43)—(10.45)与时滞相关的集群条件, 首先定义一个集合,

$$\Omega = \left\{ (d_V(t), d_X(t)), t \in [-\tau, 0] \middle| \psi_f > \max\left\{ \frac{d_V(0)}{d_0}, \frac{2\kappa}{\alpha} \right\} \right\}, \tag{10.50}$$

其中 $d_X(t)$ 和 $d_V(t)$ 分别是位置直径和速度直径; $\psi_f = \psi\,(d_X(0) + \gamma d_0)$; κ 和 α 是系统参数. 集合 Ω 包含了所有可以生成渐近集群行为的初始条件, 其中涉及相对于集群位置直径的预设裕量 d_0 和一个有界正常数 γ. 依赖于时滞的渐近集群条件总结如下.

定理 10.2.1 设 $\{(x_i, v_i)\}_{i=1}^N$ 是系统(10.43)—(10.45)的解. 如果初始值满足集合 Ω, 并且对于常数 $c\,(0 < c < 1)$, 时滞量 τ 满足

$$\mathrm{e}^{c_0 \kappa N \tau} < \frac{2c}{c_0(c_0+1)(d+1)} + 1, \tag{10.51}$$

其中 $c_0 \geqslant 2$, 则系统(10.43)—(10.45)存在集群解. 此外, 存在正常数 $m > 0$, 使得 $d_X(t) < d_X(0) + m d_0$ 以及

$$d_V(t) < \left(d_V(0) + \frac{2\alpha N_0}{1-c}\psi_f \right) \mathrm{e}^{-c\kappa N_0 \psi_f t}, \quad t > 0, \tag{10.52}$$

其中 $\gamma > 0$, $N_0 = \max\{N_1, N_2\}$; $\psi_f = \psi\,(d_X(0) + \gamma d_0)$.

注 10.2.2 注意到 d_0 的倍数可以看作在演化过程中位置直径所允许的与初始构型的偏差量, 它也决定了最终的集群位置直径. 此外, 由 (10.51) 式可得 τ 的上界 τ_c, 即 $\tau_c = (c_0\kappa N)^{-1}\ln M_c$, 其中 $M_c = 2c(c_0(c_0+1)(d_0+1))^{-1}+1$. 易知, τ_c 随着 d_0 的增加而减少, 可解释为 τ_c 随着位置直径的增加而减少, 即当系统的期望位置直径较大时, 传输延迟较小, 可以保证发生集群行为.

为了证明定理 10.2.1, 构建以下辅助引理.

引理 10.2.2 设 $\{(x_i,v_i)\}_{i=1}^N$ 是系统(10.43)—(10.45) 的解. 则有

$$\left\|\frac{\mathrm{d}}{\mathrm{d}t}v_i(t)\right\| \leqslant (c_0+1)\kappa N d_V(t) + \Lambda_p(t), \quad i\in\mathcal{N}_p, \quad p=1,2, \tag{10.53}$$

其中 $c_0\geqslant 2$ 是常数; $\Lambda_p(t)$ 定义为

$$\Lambda_p(t) = \kappa\max_{i\in\mathcal{N}_p}\sum_{j\in\mathcal{N}_q} a_{ij}\|\widetilde{v}_j(t)-v_j(t)\|, \quad p\neq q\in\{1,2\}. \tag{10.54}$$

证明 将下列等式代入方程 (10.44) 和方程 (10.45) 中,

$$\begin{aligned}\widetilde{v}_j(t)-v_i(t) &= \widetilde{v}_j(t)-v_j(t)+v_j(t)-v_i(t)\\ &= \widetilde{v}_j(t)-v_j(t)+v_{ji}(t),\end{aligned} \tag{10.55}$$

进而由 $\psi\leqslant 1$, $a_{ij}\leqslant 1$ 和三角不等式可得

$$\begin{aligned}\left\|\frac{\mathrm{d}}{\mathrm{d}t}v_i(t)\right\| &\leqslant \alpha\sum_{j\in\mathcal{N}_1}\|v_{ji}(t)\| + \kappa\sum_{j\in\mathcal{N}_2}(\|v_{ji}(t)\| + a_{ij}\|\widetilde{v}_j(t)-v_j(t)\|)\\ &= (\alpha N_1+\kappa N_2)d_V(t)+\Lambda_1(t),\end{aligned}$$

其中 $\Lambda_1(t)$ 由 (10.54) 式定义. 从而根据假设 10.2.1 中的 $\alpha\leqslant c_0\kappa$ 和 $N_l<N$ $(l=1,2)$ 可得

$$\left\|\frac{\mathrm{d}}{\mathrm{d}t}v_i(t)\right\| \leqslant (c_0+1)\kappa N d_V(t)+\Lambda_1(t), \quad i\in\mathcal{N}_1.$$

类似地, 对 $i\in\mathcal{N}_2$, 使用上面相同的讨论可获得 (10.53) 式. □

引理 10.2.3 设 $\{(x_i,v_i)\}_{i=1}^N$ 是系统 (10.43)—(10.45) 的解. 则速度直径 $d_V(t)$ 满足

$$\frac{\mathrm{d}}{\mathrm{d}t}d_V(t) \leqslant -2\left(\alpha\psi(d_X(t))-\kappa\right)N_0 d_V(t)+2\Lambda(t), \quad \text{a.e.} \quad t>0, \tag{10.56}$$

其中 $N_0=\max\{N_1,N_2\}$; $\Lambda(t)=\Lambda_1(t)+\Lambda_2(t)$, $\Lambda_i(i=1,2)$ 由 (10.54) 式定义. 此外, 对于 $t\geqslant\tau$, $\Lambda(t)$ 满足

$$\Lambda(t)\leqslant(c_0+1)\kappa^2N^2\int_{t-\tau}^t d_V(s)\mathrm{d}s+\kappa N\int_{t-\tau}^t\Lambda(s)\mathrm{d}s.$$

证明 由于 $d_V(t)$ 是分段光滑并且 $x_i(t),v_i(t)$ 是可微函数, 因此, 在 $d_V(t)$ 的可微区间 (s_{i-1},s_i) 中, 选取 p, $q\in\{1,2,\cdots,N\}$, 使得 $d_V(t)=\|v_p(t)-v_q(t)\|=:\|v_{pq}(t)\|$, 进而对所有的 $j\in\mathcal{N}$ 都有 $(v_p-v_q)\cdot(v_j-v_p)\leqslant 0$ 成立. 由于系统由两组耦合, 这意味着对于所选取的 p 和 q 有两种情况, 一个是它们在同一组; 另一个是它们在不同组. 因此, 为了得到 (10.56) 式, 针对这两种情形, 分别展开讨论.

(1) 粒子 p 和 q 在同一个群组中, 即 p, $q\in\mathcal{N}_1$ 或者 p, $q\in\mathcal{N}_2$, 可以得到

$$\frac{1}{2}\frac{\mathrm{d}}{\mathrm{d}t}d_V(t)^2=v_{pq}(t)\cdot(\dot{v}_p(t)-\dot{v}_q(t))=:\zeta_1+\zeta_2,\tag{10.57}$$

其中 $\zeta_1:=v_{pq}(t)\cdot\dot{v}_p(t)$, $\zeta_2:=-v_{pq}(t)\cdot\dot{v}_q(t)$.

如果 p, $q\in\mathcal{N}_1$, 则由 (10.44) 式可得

$$\dot{v}_p(t)=\alpha\sum_{j\in\mathcal{N}_1}\psi(r_{pj})v_{jp}(t)+k\sum_{j\in\mathcal{N}_2}a_{pj}v_{jp}(t)+k\sum_{j\in\mathcal{N}_2}a_{pj}\left(\tilde{v}_j(t)-v_j(t)\right).$$

注意到 ψ 满足假设 9.2.1, 并且对任意的 $i,j\in\mathcal{N}$, 都有 $r_{ij}\leqslant d_X$ 成立. 继而根据 Cauchy-Schwarz 不等式可得 ζ_1 的估计,

$$\begin{aligned}\zeta_1&=\alpha\sum_{j\in\mathcal{N}_1}\psi(r_{pj})v_{pq}(t)\cdot v_{jp}(t)+\kappa\sum_{j\in\mathcal{N}_2}a_{pj}v_{pq}(t)\cdot v_{jp}(t)\\&\quad+\kappa\sum_{j\in\mathcal{N}_2}a_{pj}v_{pq}(t)\cdot(\widetilde{v}_j(t)-v_j(t))\\&\leqslant-\alpha N_1\psi(d_X)d_V^2(t)+\kappa N_2d_V^2(t)+\Lambda_1(t)d_V(t)\\&=-\left(\alpha N_1\psi(d_X)-\kappa N_2\right)d_V^2(t)+\Lambda_1(t)d_V(t),\end{aligned}\tag{10.58}$$

其中不等式右边的第一项利用了 ψ 的非增性质以及 $v_{pq}\cdot v_{jp}\leqslant 0$, $j\in\mathcal{N}$; 第二项利用到 $0<a_{ij}\leqslant 1$ 和 $v_{pq}\cdot v_{jp}\leqslant d_V^2$, $j\in\mathcal{N}$. 由于粒子 p 和粒子 q 来自同一个群组, 由 p 和 q 的对称性可得 $\zeta_1=\zeta_2$. 因此, 结合 (10.57) 和上述分析可得, 对于 p, $q\in\mathcal{N}_1$,

$$\frac{\mathrm{d}}{\mathrm{d}t}d_V(t)\leqslant-2\left(\alpha N_1\psi(d_X(t))-\kappa N_2\right)d_V(t)+2\Lambda_1(t),\quad\text{a.e.}\quad t>0.\tag{10.59}$$

同理, 如果 $p,\ q \in \mathcal{N}_2$, 则类似于(10.58) 式中的讨论可得

$$\zeta_1 = \zeta_2 \leqslant -\left(\alpha N_2 \psi(d_X(t)) - \kappa N_1\right) d_V^2(t) + \Lambda_2(t) d_V(t), \tag{10.60}$$

进而可推出

$$\frac{\mathrm{d}}{\mathrm{d}t} d_V(t) \leqslant -2\left(\alpha N_2 \psi(d_X(t)) - \kappa N_1\right) d_V(t) + 2\Lambda_2(t), \quad \text{a.e.} \quad t > 0. \tag{10.61}$$

(2) 粒子 p 和 q 来自不同的群组, 不妨假设 $p \in \mathcal{N}_1$ 和 $q \in \mathcal{N}_2$. 此时, 由 (10.59) 式、(10.61) 式、(10.58) 式以及 (10.60) 式可导出

$$\frac{\mathrm{d}}{\mathrm{d}t} d_V(t) \leqslant -(\alpha N \psi(d_X(t)) - \kappa N) d_V(t) + \Lambda(t), \tag{10.62}$$

其中 $\Lambda(t) = \Lambda_1(t) + \Lambda_2(t)$; $\Lambda_i(t)(i = 1, 2)$ 由 (10.54) 式定义.

因此, 综合上述分析就有

$$\frac{\mathrm{d}}{\mathrm{d}t} d_V(t) \leqslant -2\left(\alpha \psi(d_X(t)) - \kappa\right) N_0 d_V(t) + 2\Lambda(t),$$

其中 $N_0 = \max\{N_1, N_2\}$. 注意到对任意的 $i \in \mathcal{N}$, 有

$$\|\widetilde{v}_i(t) - v_i(t)\| \leqslant \int_{t-\tau}^{t} \|\dot{v}_i(s)\| \, \mathrm{d}s,$$

进而由 $\Lambda(t) = \Lambda_1(t) + \Lambda_2(t)$ 和引理 10.2.2 可得, 对于 $t > \tau$,

$$\Lambda(t) \leqslant (c_0 + 1)\kappa^2 N^2 \int_{t-\tau}^{t} d_V(s) \mathrm{d}s + \kappa N \int_{t-\tau}^{t} \Lambda(s) \mathrm{d}s. \qquad \square$$

注 10.2.3 作为引理 10.2.3 的一个直接应用, 如果 τ 趋近于 0, 那么可以得到

$$\begin{aligned} 0 &\leqslant \Lambda(t) = \Lambda_1(t) + \Lambda_2(t) \\ &\leqslant (c_0 + 1)\kappa^2 N^2 \int_{t-\tau}^{t} d_V(s) \mathrm{d}s + \kappa N \int_{t-\tau}^{t} \Lambda(s) \mathrm{d}s \to 0, \end{aligned}$$

这就意味着 $\lim\limits_{\tau \to 0} \Lambda_1 = \lim\limits_{\tau \to 0} \Lambda_2 = 0$. 因此, (10.56) 式退化成类似于文献 [54] 引理 2.1 中的不等式.

定理 10.2.1的证明 注意到 $d_V(0)$ 和 $d_X(0)$ 满足 $d_V(0) < d_0 \psi\left(d_X(0) + \gamma d_0\right)$, 选取正常数 $c \in (0, 1)$, 使得

$$\frac{d_V(0)}{\psi_f} + \frac{2\alpha N_0}{1 - c} < d_0, \quad \psi_f = \psi\left(d_X(0) + \gamma d_0\right), \quad \gamma > 0. \tag{10.63}$$

引入记号,

$$\chi = d_V(0) + \frac{2\alpha N_0}{1-c}\psi_f. \tag{10.64}$$

定义集合

$$\mathcal{T} = \left\{ t \in [0,+\infty) : d_X(s) < d_X(0) + \frac{d_0}{c\kappa N}, s \in [0,t) \right\}.$$

记 $T^* = \sup \mathcal{T}$, 定义集合

$$\mathcal{S} = \left\{ t \in [0,T^*) \mid d_V(s) < \chi \mathrm{e}^{-c\alpha N_0 \psi_f s}, \Lambda(s) < \alpha N_0 \psi_f^2 \mathrm{e}^{-c\alpha N_0 \psi_f s}, s \in [0,t) \right\},$$

记 $S^* = \sup \mathcal{S}$, 易知 $S^* \leqslant T^*$.

(1) 证明 $S^* = T^*$.

采用反证法. 若 $S^* < T^*$, 则有

$$\begin{aligned} &\lim_{t\to S^{*-}} d_V(t) = \chi \mathrm{e}^{-c\alpha N_0 \psi_f S^*} \\ \text{或者}\quad &\lim_{t\to S^{*-}} \Lambda(t) = \alpha N_0 \psi_f^2 \mathrm{e}^{-c\alpha N_0 \psi_f S^*}. \end{aligned} \tag{10.65}$$

一方面, 在 (10.50) 式中令 $\gamma = \dfrac{1}{c\kappa N}$, 进而有 $\psi(d_X(t)) \geqslant \psi_f > \dfrac{2\kappa}{\alpha}$, $t \in \mathcal{T}$. 因此, 由引理 10.2.3 中 (10.56) 式可得

$$\begin{aligned} \frac{\mathrm{d}}{\mathrm{d}t} d_V(t) &\leqslant -2\left(\alpha\psi(d_X(t)) - \kappa\right) N_0 d_V(t) + 2\Lambda(t) \\ &< -\alpha N_0 \psi_f d_V(t) + 2\alpha N_0 \psi_f^2 \mathrm{e}^{-c\alpha N_0 \psi_f t}, \quad t \in \mathcal{S}. \end{aligned}$$

进一步由 $0 < c < 1$ 以及 Gronwall 不等式可得

$$\begin{aligned} d_V(t) &\leqslant d_V(0)\mathrm{e}^{-\alpha N_0 \psi_f t} + \frac{2\alpha N_0}{1-c}\psi_f^2 \left(\mathrm{e}^{-c\alpha N_0 \psi_f t} - \mathrm{e}^{-\alpha N_0 \psi_f t}\right) \\ &< \left(d_V(0) + \frac{2\alpha N_0}{1-c}\psi_f^2\right) \mathrm{e}^{-c\alpha N_0 \psi_f t}. \end{aligned}$$

进而, 在上式中令 $t \to S^*$, 可导出

$$\begin{aligned} &\left(d_V(0) + \frac{2\alpha N_0}{1-c}\psi_f\right) \mathrm{e}^{-c\alpha N_0 \psi_f S^*} \\ &< \left(d_V(0) + \frac{2\alpha N_0}{1-c}\psi_f^2\right) \mathrm{e}^{-c\alpha N_0 \psi_f S^*}. \end{aligned} \tag{10.66}$$

因为 $\psi_f^2 < \psi_f < 1$, 易知 (10.66) 式是矛盾的. 另一方面, 由引理 10.2.3 和 (10.63) 式可得

$$\begin{aligned}
\Lambda(t) &\leqslant (c_0+1)\kappa^2N^2\int_{t-\tau}^{t} d_V(s)\mathrm{d}s + \kappa N\int_{t-\tau}^{t}\Lambda(s)\mathrm{d}s \\
&\leqslant \left((c_0+1)\kappa^2N^2\chi + \alpha\kappa N_0N\psi_f^2\right)\int_{t-\tau}^{t}\mathrm{e}^{-c\alpha N_0\psi_f s}\mathrm{d}s \\
&= \left((c_0+1)\kappa^2N^2\chi + \alpha\kappa N_0N\psi_f^2\right)\frac{e^{c\alpha N_0\psi_f\tau}-1}{c\alpha N_0\psi_f}\mathrm{e}^{-c\alpha N_0\psi_f t}, \quad t\in[0,S^*).
\end{aligned}$$

注意到 (10.47) 式, 由 $0<c<1$, $\psi\leqslant 1$ 和 (10.51) 式可得

$$\begin{aligned}
c\Lambda(t) &\leqslant \kappa N\left((c_0+1)\left(\frac{d_V(0)}{\psi_f}+\frac{2\alpha N_0}{1-c}\right)+\psi_f\right)\left(\mathrm{e}^{c_0\kappa N\psi_f\tau}-1\right)\mathrm{e}^{-2\alpha N_0\psi_f t} \\
&\leqslant \kappa N\left((c_0+1)d+1\right)\left(e^{c_0\kappa N\tau}-1\right)\mathrm{e}^{-c\alpha N_0\psi_f t} \\
&\leqslant \frac{2c\kappa N\left((c_0+1)d+1\right)}{c_0(c_0+1)(d+1)}\mathrm{e}^{-c\alpha N_0\psi_f t} < \frac{2c\kappa N}{c_0}\mathrm{e}^{-c\alpha N_0\psi_f t}.
\end{aligned} \tag{10.67}$$

继而在 (10.67) 式中令 $t\to S^{*-}$ 可推出

$$\lim_{t\to S^{*-}}\Lambda(t) < \frac{2\kappa N}{c_0}\mathrm{e}^{-c\alpha N_0\psi_f S^*}. \tag{10.68}$$

又因为由定理 10.2.1中的条件和假设 10.2.1 可以导出

$$c\alpha N_0\psi_f^2 \geqslant c\alpha N_0\left(\frac{2\kappa}{\alpha}\right)^2 = \frac{4cN_0\kappa^2}{\alpha} \geqslant \frac{4c\kappa N_0}{c_0} \geqslant \frac{2c\kappa N}{c_0}, \tag{10.69}$$

其表明 $\lim\limits_{t\to S^{*-}}\Lambda(t) = \alpha N_0\psi_f^2\mathrm{e}^{-c\alpha N_0\psi_f S^*} \geqslant \dfrac{2c\kappa N}{c_0}\mathrm{e}^{-c\alpha N_0\psi_f S^*}$, 这与 (10.68) 式产生矛盾. 因此, $S^*=T^*$.

(2) 证明 $T^*=+\infty$.

利用反证法, 若 $T^*<+\infty$ 且

$$\lim_{t\to T^{*-}} d_X(t) = d_X(0)+\gamma d_0, \quad \gamma = \frac{1}{c\kappa N}. \tag{10.70}$$

对任意的 $t<T^*$, 由集合 $\mathcal{S}$ 的定义可得

$$d_X(t) = d_X(0) + \int_0^t d_V(s)\mathrm{d}s \leqslant d_X(0) + \chi\int_0^t \mathrm{e}^{-c\alpha N_0\psi_f s}\mathrm{d}s$$

$$
\begin{aligned}
&= d_X(0) + \left(\frac{d_V(0)}{\psi_f} + \frac{2\alpha N_0}{1-c}\right)\frac{1}{c\alpha N_0}\left(1 - \mathrm{e}^{-c\alpha N_0\psi_f t}\right) \\
&\leqslant d_X(0) + \frac{d}{c\alpha N_0}\left(1 - \mathrm{e}^{-c\alpha N_0\psi_f t}\right) \\
&\leqslant d_X(0) + \gamma d_0\left(1 - \mathrm{e}^{-c\alpha N_0\psi_f t}\right) < d_X(0) + \gamma d_0.
\end{aligned} \tag{10.71}
$$

在 (10.71) 式中令 $t \to T^*$, 这将与 (10.70) 式矛盾. 因此, $T^* = +\infty$. 最后, 结合集合 $\mathcal{S}$ 的定义, 可以得到结论. □

10.2.2 依赖于处理时滞的集群条件

近年来, 依赖于过去时间状态的微分方程的重要性得到了广泛重视, 越来越多的研究者认识到, 时滞微分方程相对于不含时滞的常微分方程能够更为准确地描述客观事物的变化规律. 数理生态学等研究领域, 也出现越来越多的含有时滞的微分系统. 为了揭示群体智能的协同机制, 学者们从机制探索和仿真实验的角度研究了许多群体运动模型, 促进了群体智能系统协同控制理论的发展和完善. 在实际系统中, 个体获得信息后需要时间对其进行处理[85,90,94–96], 继而利用处理后的信息和一些状态演进规则来更新自身的运动状态. 本章考虑具有处理时滞的双群组耦合系统的集群动力学.

10.2.2.1 处理时滞耦合系统的集群模型

本节讨论处理时滞对双群组耦合系统的集群解稳定性的影响, 其中时滞体现在每个粒子的状态信息中, 模型描述如下

$$
\begin{cases}
\dfrac{\mathrm{d}}{\mathrm{d}t}x_i(t) = v_i(t), \quad i \in \mathcal{N}, \\
\dfrac{\mathrm{d}}{\mathrm{d}t}v_i(t) = u_{i,1}(t), \quad i \in \mathcal{N}_1, \\
\dfrac{\mathrm{d}}{\mathrm{d}t}v_i(t) = u_{i,2}(t), \quad i \in \mathcal{N}_2,
\end{cases} \tag{10.72}
$$

其中 $x_i \in \mathbb{R}^d$, $v_i \in \mathbb{R}^d$. 对于 $i \in \mathcal{N}_1$, $u_{i,1}(t)$ 定义为

$$
\begin{aligned}
u_{i,1}(t) = {} & \alpha \sum_{j\in\mathcal{N}_1} \psi(\|x_j(t-\tau) - x_i(t-\tau)\|)(v_j(t-\tau) - v_i(t-\tau)) \\
& + \kappa \sum_{j\in\mathcal{N}_2} a_{ij}(v_j(t-\tau) - v_i(t-\tau)),
\end{aligned} \tag{10.73}
$$

其中 τ 是处理时滞. 对于 $i \in \mathcal{N}_2$, $u_{i,2}(t)$ 定义为

$$
u_{i,2}(t) = \kappa \sum_{j\in\mathcal{N}_1} a_{ij}(v_j(t-\tau) - v_i(t-\tau))
$$

$$+\alpha\sum_{j\in\mathcal{N}_2}\psi(\|x_j(t-\tau)-x_i(t-\tau)\|)(v_j(t-\tau)-v_i(t-\tau)),\qquad(10.74)$$

其中 $\alpha>0$ 是组内耦合强度, $\kappa>0$ 是组间耦合强度, 函数 $\psi(r)$ 满足假设 9.2.1, 正常数 $a_{ij}\in(0,1]$ 关于粒子间 i 和 j 对称. 相关的初始条件设置为 $(x_i(\theta),v_i(\theta))=(\varphi_i(\theta),\phi_i(\theta))$, $\theta\in[-\tau,0]$, 其中 φ_i 和 ϕ_i 是连续的向量值函数. 下面介绍主要假设.

假设 10.2.2 假设系统 (10.72)—(10.74) 中的参数满足 $2\kappa\leqslant\alpha\leqslant c_0\kappa$, 其中 $c_0\geqslant 2$.

关于 α 和 κ 的假设来自以下两个因素. 其一是本小节考虑的耦合系统中组间耦合强度小于组内耦合强度的情况, 因此假设 κ 和 α 满足 $2\kappa\leqslant\alpha$. 事实上, 本小节的工作仍然适用于 $\kappa<\bar{c}\alpha$ 和 $\bar{c}\in(0,1)$. 其二是约束组间耦合参数 α 的目的是避免组内强耦合和时延引起的系统振荡. 因此, 假设 α 存在正的上界, 即存在 $\bar{\alpha}$, 使得 $\alpha\leqslant\bar{\alpha}$, 进而存在正常数 $c_0(c_0\geqslant 2)$, 使得 $\alpha\leqslant c_0\kappa$.

10.2.2.2 全局解的存在性

为了确保后续分析集群条件的合理性, 本节将证明系统全局解的存在性; 基于能量方法, 获得粒子速度的有界性, 从而保证系统全局解的存在性. 具体地, 考虑以下能量泛函,

$$\mathcal{L}(t)=V(t)+\mu\int_{t-\tau}^{t}\int_{\theta}^{t}Q(s)\mathrm{d}s\mathrm{d}\theta,\quad t\geqslant\tau,\qquad(10.75)$$

其中 μ 是正常数, $V(t)=\sum_{i=1}^{N}\|v_i(t)\|^2$,

$$Q(t)=\sum_{i\in\mathcal{N}}\sum_{j\in\mathcal{N}}\psi(\|x_{ji}(t)\|)\|v_{ji}(t)\|^2+2\sum_{i\in\mathcal{N}_1}\sum_{j\in\mathcal{N}_2}a_{ij}\|v_{ji}(t)\|^2,\qquad(10.76)$$

其中 $v_{ji}(t)=v_j(t)-v_i(t)$, $i,\ j\in\mathcal{N}$. 为了便于讨论, 记

$$\widetilde{x}_{ij}:=\|x_j(t-\tau)-x_i(t-\tau)\|,$$

$$\widetilde{v}_{ji}(t):=v_j(t-\tau)-v_i(t-\tau),\quad \widetilde{v}_j(t)=v_j(t-\tau).$$

接下来给出辅助引理.

引理 10.2.4 设 $\{(x_i,v_i)\}_{i=1}^{N}$ 是系统(10.72)—(10.74)的解. 则存在正常数 $\delta_0\in(0,1/2]$ 有

$$\frac{\mathrm{d}}{\mathrm{d}t}V(t)\leqslant-\frac{\alpha}{2}Q(t)+\frac{2(1+c_0)}{\delta_0}\alpha^3N^2\tau\int_{t-\tau}^{t}Q(s)\mathrm{d}s,\qquad(10.77)$$

其中 α 是系统参数, c_0 是正常数且 $c_0\geqslant 2$, $Q(t)$ 由 (10.76) 式定义.

证明　为了估计 $\dfrac{\mathrm{d}}{\mathrm{d}t}V(t)$, 首先可得

$$\begin{aligned}\frac{\mathrm{d}}{\mathrm{d}t}V(t)&=2\sum_{i=1}^{N}v_i(t)\cdot\frac{\mathrm{d}}{\mathrm{d}t}v_i(t)\\&=2\sum_{i\in\mathcal{N}_1}v_i(t)\cdot\frac{\mathrm{d}}{\mathrm{d}t}v_i(t)+2\sum_{i\in\mathcal{N}_2}v_i(t)\cdot\frac{\mathrm{d}}{\mathrm{d}t}v_i(t).\end{aligned}\tag{10.78}$$

记 $\zeta_k:=\sum_{i\in\mathcal{N}_k}v_i(t)\cdot\dfrac{\mathrm{d}}{\mathrm{d}t}v_i(t),\ k=1,2$. 因此, 对于 $i\in\mathcal{N}_1$, 有

$$\begin{aligned}v_i(t)\cdot\frac{\mathrm{d}}{\mathrm{d}t}v_i(t)=&\ \alpha\sum_{j\in\mathcal{N}_1}\psi(\|\widetilde{x}_{ji}\|)\widetilde{v}_{ji}(t)\cdot v_i(t)\\&+\kappa\sum_{j\in\mathcal{N}_2}a_{ij}\widetilde{v}_{ji}(t)\cdot v_i(t).\end{aligned}\tag{10.79}$$

注意到 $v_i(t)=\widetilde{v}_i(t)-(\widetilde{v}_i(t)-v_i(t))$, 进而可得

$$\begin{aligned}\zeta_1=&-\frac{\alpha}{2}\sum_{i\in\mathcal{N}_1}\sum_{j\in\mathcal{N}_1}\psi(\|\widetilde{x}_{ji}\|)\|\widetilde{v}_{ji}(t)\|^2\\&-\alpha\sum_{i\in\mathcal{N}_1}\sum_{j\in\mathcal{N}_1}\psi(\|\widetilde{x}_{ji}\|)\widetilde{v}_{ji}(t)\cdot(\widetilde{v}_i(t)-v_i(t))\\&+\kappa\sum_{i\in\mathcal{N}_1}\sum_{j\in\mathcal{N}_2}a_{ij}\widetilde{v}_{ji}(t)\cdot\widetilde{v}_i(t)\\&+\kappa\sum_{i\in\mathcal{N}_1}\sum_{j\in\mathcal{N}_2}a_{ij}\widetilde{v}_{ji}(t)\cdot(\widetilde{v}_i(t)-v_i(t)).\end{aligned}\tag{10.80}$$

类似地,

$$\begin{aligned}\zeta_2=&-\frac{\alpha}{2}\sum_{i\in\mathcal{N}_2}\sum_{j\in\mathcal{N}_2}\psi(\|\widetilde{x}_{ji}\|)\|\widetilde{v}_{ji}(t)\|^2\\&-\alpha\sum_{i\in\mathcal{N}_2}\sum_{j\in\mathcal{N}_2}\psi(\|\widetilde{x}_{ji}\|)\widetilde{v}_{ji}(t)\cdot(\widetilde{v}_i(t)-v_i(t))\\&+\kappa\sum_{i\in\mathcal{N}_2}\sum_{j\in\mathcal{N}_1}a_{ij}\widetilde{v}_{ji}(t)\cdot\widetilde{v}_i(t)\\&-\kappa\sum_{i\in\mathcal{N}_2}\sum_{j\in\mathcal{N}_1}a_{ij}\widetilde{v}_{ji}(t)\cdot(\widetilde{v}_i(t)-v_i(t)).\end{aligned}\tag{10.81}$$

由 Young 不等式可知, 存在正常数 $\delta_1 > 0$, 使得下面不等式成立,

$$
\begin{aligned}
&\left\|\alpha \sum_{i\in\mathcal{N}_1}\sum_{j\in\mathcal{N}_1}\psi(\|\widetilde{x}_{ji}\|)\widetilde{v}_{ji}(t)\cdot(\widetilde{v}_i(t)-v_i(t))\right\| \\
\leqslant\ & \frac{\alpha\delta_1}{2}\sum_{i\in\mathcal{N}_1}\sum_{j\in\mathcal{N}_1}(\psi(\|\widetilde{x}_{ji}\|))^2\|\widetilde{v}_{ji}(t)\|^2 \\
&+\frac{\alpha N_1}{2\delta_1}\sum_{i\in\mathcal{N}_1}\|\widetilde{v}_i(t)-v_i(t)\|^2. \qquad (10.82)
\end{aligned}
$$

同理, 对 (10.80) 式和 (10.81) 式, 则存在 $\delta_i \in \left(0, \dfrac{1}{2}\right]$ $(i = 1, \cdots, 4)$, 使得

$$
\begin{aligned}
\frac{\mathrm{d}}{\mathrm{d}t}V(t) \leqslant\ & \frac{\alpha}{2}(\bar{\delta}-1)\left(\sum_{i\in\mathcal{N}_1}\sum_{j\in\mathcal{N}_1}\psi(\|\widetilde{x}_{ji}\|)\|\widetilde{v}_{ji}(t)\|^2+\sum_{i\in\mathcal{N}_2}\sum_{j\in\mathcal{N}_2}\psi(\|\widetilde{x}_{ji}\|)\|\widetilde{v}_{ji}(t)\|^2\right) \\
&+\kappa(\bar{\delta}-1)\sum_{i\in\mathcal{N}_1}\sum_{j\in\mathcal{N}_2}a_{ij}\|\widetilde{v}_{ji}(t)\|^2 \\
&+\frac{\kappa N}{2\underline{\delta}}\left(\sum_{i\in\mathcal{N}_2}\|\widetilde{v}_i(t)-v_i(t)\|^2+\sum_{i\in\mathcal{N}_1}\|\widetilde{v}_i(t)-v_i(t)\|^2\right) \\
\leqslant\ & \alpha(\bar{\delta}-1)Q(t)+\frac{\alpha}{\underline{\delta}}(1+c_0)N\sum_{i\in\mathcal{N}}\|\widetilde{v}_i(t)-v_i(t)\|^2,
\end{aligned}
$$

其中 $\bar{\delta} = \max\limits_{1\leqslant i\leqslant 4}\{\delta_i\}$, $\underline{\delta} = \min\limits_{1\leqslant i\leqslant 4}\{\delta_i\}$. 因此, 存在 $0 < \delta_0 \leqslant \dfrac{1}{2}$, 使得下面不等式成立,

$$
\frac{\mathrm{d}}{\mathrm{d}t}V(t) \leqslant -\frac{\alpha}{2}Q(t)+\frac{\alpha}{\delta_0}(1+c_0)N\sum_{i\in\mathcal{N}}\|\widetilde{v}_i(t)-v_i(t)\|^2, \qquad (10.83)
$$

其中 $c_0 \geqslant 2$ 是正常数.

记 $\xi_i^k = \|\widetilde{v}_i(t)-v_i(t)\|^2 = \|v_i(t)-\widetilde{v}_i(t)\|^2$, $i \in \mathcal{N}_k$. 注意到

$$
v_i(t)-\widetilde{v}_i(t) = \int_{t-\tau}^{t}\frac{\mathrm{d}}{\mathrm{d}t}v_i(s)\mathrm{d}s.
$$

进而对于 $i \in \mathcal{N}_1$, 由 (10.72) 式可得

$$
v_i(t)-\widetilde{v}_i(t) = \alpha\sum_{j\in\mathcal{N}_1}\int_{t-\tau}^{t}\psi(\|\widetilde{x}_{ji}\|)\widetilde{v}_{ji}(s)\mathrm{d}s
$$

$$+\kappa\sum_{j\in\mathcal{N}_2}\int_{t-\tau}^{t}a_{ij}\widetilde{v}_{ji}(s)\mathrm{d}s,\tag{10.84}$$

这表明

$$\xi_i^1\leqslant 2\alpha^2\left(\sum_{j\in\mathcal{N}_1}\int_{t-\tau}^{t}\psi(\|\widetilde{x}_{ji}\|)\widetilde{v}_{ji}(s)\mathrm{d}s\right)^2+2\kappa^2\left(\sum_{j\in\mathcal{N}_2}\int_{t-\tau}^{t}a_{ij}\widetilde{v}_{ji}(s)\mathrm{d}s\right)^2.\tag{10.85}$$

进而由 Cauchy-Schwarz 不等式可推出

$$\left(\sum_{j\in\mathcal{N}_1}\int_{t-\tau}^{t}\psi(\|\widetilde{x}_{ji}\|)\widetilde{v}_{ji}(s)\mathrm{d}s\right)^2\leqslant\tau N_1\sum_{j\in\mathcal{N}_1}\int_{t-\tau}^{t}\psi(\|\widetilde{x}_{ji}\|)\|\widetilde{v}_{ji}(s)\|^2\mathrm{d}s.$$

$$\left(\sum_{j\in\mathcal{N}_2}\int_{t-\tau}^{t}a_{ij}\widetilde{v}_{ji}(s)\mathrm{d}s\right)^2\leqslant\tau N_2\sum_{j\in\mathcal{N}_2}\int_{t-\tau}^{t}a_{ij}\|\widetilde{v}_{ji}(s)\|^2\mathrm{d}s.$$

因此, 对于 $i\in\mathcal{N}_1$, 可得

$$\xi_i^1\leqslant 2\alpha^2\tau N_1\sum_{j\in\mathcal{N}_1}\int_{t-\tau}^{t}\psi(\|\widetilde{x}_{ji}\|)\|\widetilde{v}_{ji}(s)\|^2\mathrm{d}s+2\kappa^2\tau N_2\sum_{j\in\mathcal{N}_2}\int_{t-\tau}^{t}a_{ij}\|\widetilde{v}_{ji}(s)\|^2\mathrm{d}s.\tag{10.86}$$

类似地, 对于 $i\in\mathcal{N}_2$, 有

$$\xi_i^2\leqslant 2\kappa^2\tau N_1\sum_{j\in\mathcal{N}_1}\int_{t-\tau}^{t}a_{ij}\|\widetilde{v}_{ji}(s)\|^2\mathrm{d}s+2\alpha^2\tau N_2\sum_{j\in\mathcal{N}_2}\int_{t-\tau}^{t}\psi(\|\widetilde{x}_{ji}\|)\|\widetilde{v}_{ji}(s)\|^2\mathrm{d}s.\tag{10.87}$$

因此, 结合(10.83), (10.86) 以及 (10.87) 式可以导出 (10.77) 式. □

下面给出系统全局解存在性证明.

引理 10.2.5 设 $\{(x_i,v_i)\}_{i=1}^N$ 是系统 (10.72)—(10.74) 的解. 如果时滞量 τ 满足

$$\tau^2\leqslant\frac{\delta_0}{4(1+c_0)\alpha^2N^2},\tag{10.88}$$

那么系统 (10.72)—(10.74) 的全局解存在, 其中正常数 $\delta_0 \in \left(0, \frac{1}{2}\right]$, 正常数 $c_0 \geqslant 2$. 此外, 对于任意的 $i, j \in \mathcal{N}$, $t \geqslant 0$, 有 $\|v_i(t)\| \leqslant \sqrt{\mathcal{L}_0}$ 和 $\|v_i(t) - v_j(t)\| \leqslant 2\sqrt{\mathcal{L}_0}$, 其中

$$\begin{aligned}\mathcal{L}_0 = & \, 2V(0)\mathrm{e}^{4(1+c_0)\alpha^2 N\tau^2} + V(\tau) \\ & + \frac{2(1+c_0)}{\delta_0}\alpha^3 N^2 \tau \int_0^\tau \int_\theta^\tau Q(s)\mathrm{d}s\mathrm{d}\theta,\end{aligned} \tag{10.89}$$

其中 $V(t) = \sum_{i=1}^N \|v_i(t)\|^2$, $Q(t)$ 由 (10.76) 式定义.

证明 引理证明包括两个方面: 其一是证明对于 $i \in \mathcal{N}$ 和 $t \geqslant \tau$, 都有 $\|v_i(t)\| \leqslant \sqrt{\mathcal{L}(\tau)}$; 其二是证明对于 $0 < t < \tau$, $\|v_i(t)\| \leqslant \sqrt{\mathcal{L}(\tau)}$ 仍然成立.

(1) 证明对于 $i \in \mathcal{N}$ 和 $t \geqslant \tau$, 有 $\|v_i(t)\| \leqslant \sqrt{\mathcal{L}(\tau)}$.

对于 $t \geqslant \tau$, 由 (10.75) 式可得

$$\begin{aligned}\frac{\mathrm{d}}{\mathrm{d}t}\mathcal{L}(t) &= \frac{\mathrm{d}}{\mathrm{d}t}V(t) + \mu\tau Q(t) - \mu\int_{t-\tau}^t Q(s)\mathrm{d}s, \\ \mu &= \frac{2(1+c_0)}{\delta_0}\alpha^3 N^2 \tau,\end{aligned} \tag{10.90}$$

进而由引理 10.2.4 可导出

$$\frac{\mathrm{d}}{\mathrm{d}t}\mathcal{L}(t) \leqslant \left(-\frac{\alpha}{2} + \frac{2(1+c_0)}{\delta_0}\alpha^3 N^2 \tau^2\right) Q(t), \quad t \geqslant \tau. \tag{10.91}$$

最后, 结合 (10.88) 式可得 $\frac{\mathrm{d}}{\mathrm{d}t}\mathcal{L}(t) \leqslant 0$, $t \geqslant \tau$. 因此, 可推出 $\mathcal{L}(t) \leqslant \mathcal{L}(\tau)$ 和 $V(t) = \sum_{i=1}^N \|v_i(t)\|^2 \leqslant \mathcal{L}(\tau), t \geqslant \tau$, 易知 $\|v_i(t)\| \leqslant \sqrt{\mathcal{L}(\tau)}$, $i \in \mathcal{N}$, $t \geqslant \tau$.

(2) 对于 $t \in (0, \tau)$, 注意到 $v_i(t) - v_i(0) = \int_0^t \frac{\mathrm{d}}{\mathrm{d}t}v_i(s)\mathrm{d}s$, $i \in \mathcal{N}_1$. 继而由 (10.73) 式和三角不等式可得

$$\|v_i(t) - v_i(0)\| \leqslant \alpha \sum_{j \in \mathcal{N}_1} \int_0^t \|\widetilde{v}_{ji}(s)\|\mathrm{d}s + \kappa \sum_{j \in \mathcal{N}_2} \int_0^t \|\widetilde{v}_{ji}(s)\|\mathrm{d}s. \tag{10.92}$$

从而由假设 10.2.2 和上述不等式可推出

$$\|v_i(t)\| \leqslant (1+c_0)\alpha \sum_{j \in \mathcal{N}} \int_0^t \|\widetilde{v}_{ji}(s)\|\mathrm{d}s + \|v_i(0)\|, \quad 0 < t < \tau. \tag{10.93}$$

事实上, 上述讨论对 $i \in \mathcal{N}_2$ 仍然成立. 因此, 对 $i \in \mathcal{N}$ 和 $0 < t < \tau$, 有

$$\|v_i(t)\|^2 \leqslant 2(1+c_0)\alpha^2 N\tau \sum_{j=1}^{N} \int_0^t \|\widetilde{v}_{ji}(s)\|^2 \mathrm{d}s + 2\|v_i(0)\|^2. \tag{10.94}$$

进而对指标 i 从 1 到 N 求和可推出

$$V(t) \leqslant 2(1+c_0)\alpha^2 N\tau \sum_{i=1}^{N}\sum_{j=1}^{N} \int_{-\tau}^{t-\tau} \|v_{ji}(s)\|^2 \mathrm{d}s + 2V(0). \tag{10.95}$$

因此, 有

$$\begin{aligned} V(t) &\leqslant 2(1+c_0)\alpha^2 N\tau \sum_{i=1}^{N}\sum_{j=1}^{N} \int_{-\tau}^{t-\tau} \|v_{ji}(s)\|^2 \mathrm{d}s + 2V(0) \\ &\leqslant 4(1+c_0)\alpha^2 N\tau \int_{-\tau}^{t-\tau} V(s)\mathrm{d}s + 2V(0). \end{aligned} \tag{10.96}$$

记 $h(t) = 4(1+c_0)\alpha^2 N\tau \int_{-\tau}^{t-\tau} V(s)\mathrm{d}s + 2V(0)$, 则 $h(t)$ 关于 t 的导数为

$$\begin{aligned} \dot{h}(t) &= 4(1+c_0)\alpha^2 N\tau V(t-\tau) \leqslant 4(1+c_0)\alpha^2 N\tau \max_{-\tau\leqslant s\leqslant t-\tau} V(s) \\ &\leqslant 4(1+c_0)\alpha^2 N\tau \max_{-\tau\leqslant s\leqslant t-\tau} h(s). \end{aligned}$$

设 $g(t)$ 是如下方程的解,

$$\begin{aligned} &\dot{g}(t) = 4(1+c_0)\alpha^2 N\tau \max_{-\tau\leqslant s\leqslant t-\tau} g(s), \\ &g(0) = 2V(0), \quad t \in [0,\tau), \end{aligned}$$

有 $g(t) = 2V(0)\mathrm{e}^{4(1+c_0)\alpha^2 N\tau t}, t \in [0,\tau)$. 进而由比较原理可得

$$V(t) \leqslant h(t) \leqslant g(t) \leqslant 2V(0)\mathrm{e}^{4(1+c_0)\alpha^2 N\tau^2}, \quad t \in [0,\tau). \tag{10.97}$$

因此, 结合 $\|v_i(t)\| \leqslant \sqrt{\mathcal{L}(\tau)} (t \geqslant \tau)$ 和 (10.97) 式可推出 $V(t) \leqslant \mathcal{L}_0$, $t \geqslant 0$, 其中 $\mathcal{L}_0$ 由 (10.89) 式定义. 继而可得 $\|v_i(t)\| \leqslant \sqrt{\mathcal{L}_0}$ 和 $\|v_i(t) - v_j(t)\| \leqslant 2\sqrt{\mathcal{L}_0}$, $i, j \in \mathcal{N}$. □

10.2.2.3 依赖时滞的集群条件

基于全局解的存在性, 接下来将给出受处理时滞影响的双群组耦合系统的集群条件. 为此, 引入记号

$$\begin{aligned} &N_i := |\mathcal{N}_i| \ (i = 1,\ 2); \quad N_0 := \max\{N_1, N_2\}; \\ &C_1 = \alpha N_1 + \kappa N_2; \quad C_2 = \kappa N_1 + \alpha N_2; \quad C_N = C_1 N_1 + C_2 N_2. \end{aligned} \tag{10.98}$$

集群行为发生条件总结如下.

定理 10.2.2 设 $\{(x_i, v_i)\}_{i=1}^N$ 是系统 (10.72)—(10.74) 的解. 如果引理 10.2.5 中的条件成立, 并且存在正常数 ρ 使得初始条件满足 $\psi\left(d_X(0) + 2\sqrt{\mathcal{L}_0}\tau + \rho\right) \geqslant \max\left\{d_V(0)/\rho, 2\kappa/\alpha\right\}$ 成立, 以及时滞 τ 满足

$$\mathrm{e}^{\alpha N \tau} < \frac{r\alpha d_V^2(0)}{\rho^2(3\rho + 2\alpha(c_0 + 1))} + 1, \tag{10.99}$$

其中 $c_0 \geqslant 2$ 是正常数, $0 < r < 1$. 则系统 (10.72)—(10.74) 存在集群解. 此外,

$$d_V(t) < \left(d_V(0) + \frac{4\alpha N}{1 - r}\psi_0\right)\mathrm{e}^{-r\alpha N_0 \psi_0 t},$$

其中 $\psi_0 = \psi\left(d_X(0) + 2\sqrt{\mathcal{L}_0}\tau + \rho\right)$; $\mathcal{L}_0$ 由 (10.89) 式定义; $d_X(t)$ 和 $d_V(t)$ 分别为位置直径和速度直径.

为了证明定理 10.2.2, 构造以下辅助引理.

引理 10.2.6 设 $\{(x_i, v_i)\}_{i=1}^N$ 是系统 (10.72)—(10.74) 的解. 则有

$$\left\|\frac{\mathrm{d}}{\mathrm{d}t}v_i(t)\right\| \leqslant C_p d_V(t) + 2\Delta_p(t), \quad i \in \mathcal{N}_p,\ p = 1, 2, \tag{10.100}$$

其中 C_p $(p = 1, 2)$ 由 (10.98) 式定义, $\Delta_p(t)$ 定义如下

$$\begin{aligned} \Delta_p(t) = &\max_{i \in \mathcal{N}_p}\left\{\alpha \sum_{j \in \mathcal{N}_p} \psi(\|\widetilde{x}_{ji}\|)\|\widetilde{v}_j(t) - v_j(t)\|\right\} \\ &+ \max_{i \in \mathcal{N}_p}\left\{\kappa \sum_{j \in \mathcal{N}_q} a_{ij}\|\widetilde{v}_j(t) - v_j(t)\|\right\}, \end{aligned} \tag{10.101}$$

其中 $p \neq q \in \{1, 2\}$, α 和 κ 是系统参数.

证明　类似于引理 10.2.2 的证明, 并利用 (10.102) 式可得 (10.100) 式.

$$\widetilde{v}_j(t)-\widetilde{v}_i(t)=v_j(t)-v_i(t)+v_i(t)-\widetilde{v}_i(t)+\widetilde{v}_j(t)-v_j(t). \tag{10.102}$$

其余的证明细节省略. □

引理 10.2.7　设 $\{(x_i,v_i)\}_{i=1}^N$ 是系统 (10.72)—(10.74) 的解. 则有

$$\frac{\mathrm{d}}{\mathrm{d}t}d_V(t)\leqslant -2\left(\alpha\psi_\tau(t)-\kappa\right)N_0 d_V(t)+4\Delta(t),\quad \text{a.e.}\quad t>0, \tag{10.103}$$

其中 $N_0=\max\{N_1,N_2\}$, $\Delta(t)$ 满足

$$\Delta(t)\leqslant \frac{3}{2}\alpha N^2\int_{t-\tau}^t d_V(s)\mathrm{d}s+(c_0+1)\alpha N\int_{t-\tau}^t \Delta(s)\mathrm{d}s, \tag{10.104}$$

其中 $\Delta(t)=\Delta_1(t)+\Delta_2(t)$, $\Delta_i(t)(i=1,2)$ 由 (10.101) 式定义, $c_0\geqslant 2$ 是正常数, $\psi_\tau(t)=\psi\left(d_X(t)+2\sqrt{\mathcal{L}_0}\tau\right)$, $d_X(t)$ 和 $d_V(t)$ 分别为位置直径和速度直径.

证明　首先可以导出

$$\begin{aligned}\frac{1}{2}\frac{\mathrm{d}}{\mathrm{d}t}d_V^2(t)&=v_{pq}(t)\left(\frac{\mathrm{d}}{\mathrm{d}t}v_p(t)-\frac{\mathrm{d}}{\mathrm{d}t}v_q(t)\right)\\&=v_{pq}(t)\frac{\mathrm{d}}{\mathrm{d}t}v_p(t)+v_{pq}(t)\frac{\mathrm{d}}{\mathrm{d}t}v_q(t).\end{aligned} \tag{10.105}$$

此外, 对于 $s\in[t-\tau,t]$, $t\geqslant 0$ 和 $i,j\in\mathcal{N}$, 就有

$$\begin{aligned}\psi_{ij}(s)&=\psi(\|x_i(t)-x_j(t)+x_j(t)-x_j(s)+x_i(s)-x_i(t)\|)\\&\geqslant\psi\left(d_X(t)+\int_{t-\tau}^t\|v_i(\theta)\|\mathrm{d}\theta+\int_{t-\tau}^t\|v_j(\theta)\|\mathrm{d}\theta\right)\\&\geqslant\psi\left(d_X(t)+2\sqrt{\mathcal{L}_0}\tau\right)=:\psi_\tau(t).\end{aligned}$$

为了估计 $\frac{\mathrm{d}}{\mathrm{d}t}d_V^2(t)$, 由 (10.105) 式, 分别考虑 $p,\ q\in\mathcal{N}_1$, $p,\ q\in\mathcal{N}_2$ 以及 $p\in\mathcal{N}_1$ 且 $q\in\mathcal{N}_2$ 三种情形.

如果 $p,\ q\in\mathcal{N}_1$, 则代入 (10.73) 式, 有

$$\begin{aligned}v_{pq}(t)\frac{\mathrm{d}}{\mathrm{d}t}v_p&=\alpha\sum_{j\in\mathcal{N}_1}\widetilde{\psi}_{pj}\widetilde{v}_{jp}(t)v_{pq}(t)+\kappa\sum_{j\in\mathcal{N}_2}a_{pj}\widetilde{v}_{jp}(t)v_{pq}(t)\\&=\zeta_1+\zeta_2,\end{aligned} \tag{10.106}$$

其中

$$\zeta_1 = \alpha \sum_{j \in \mathcal{N}_1} \widetilde{\psi}_{pj} \widetilde{v}_{jp}(t) v_{pq}(t), \quad \zeta_2 = \kappa \sum_{j \in \mathcal{N}_2} a_{pj} \widetilde{v}_{jp}(t) v_{pq}(t).$$

进而由 (10.102) 式可得

$$\begin{aligned}\zeta_1 \leqslant & -\alpha N_1 \psi_\tau(t) d_V^2(t) \\ & + \alpha d_V(t) \sum_{j \in \mathcal{N}_1} \left(\widetilde{\psi}_{pj} \|\widetilde{v}_j(t) - v_j(t)\| + \widetilde{\psi}_{pj} \|v_p(t) - \widetilde{v}_p(t)\| \right).\end{aligned}$$

类似地, 可得

$$\zeta_2 \leqslant \kappa N_2 d_V^2(t) + \kappa d_V(t) \sum_{j \in \mathcal{N}_2} a_{pj} \left(\|\widetilde{v}_j(t) - v_j(t)\| + \|\widetilde{v}_p(t) - v_p(t)\| \right).$$

进而由 (10.106) 式可推出

$$v_{pq}(t) \frac{\mathrm{d}}{\mathrm{d}t} v_p \leqslant \left(-\alpha N_1 \psi_\tau(t) + \kappa N_2\right) d_V^2(t) + 2\Delta_1(t) d_V(t),$$

以及

$$v_{qp}(t) \frac{\mathrm{d}}{\mathrm{d}t} v_q \leqslant \left(-\alpha N_1 \psi_\tau(t) + \kappa N_2\right) d_V^2(t) + 2\Delta_1(t) d_V(t).$$

因此, 如果 $p, q \in \mathcal{N}_1$, 则有

$$\frac{\mathrm{d}}{\mathrm{d}t} d_V(t) \leqslant 2\left(-\alpha N_1 \psi_\tau(t) + \kappa N_2\right) d_V(t) + 4\Delta_1(t). \tag{10.107}$$

同理, 如果 $p, q \in \mathcal{N}_2$, 则有

$$\frac{\mathrm{d}}{\mathrm{d}t} d_V(t) \leqslant 2\left(-\alpha N_2 \psi_\tau(t) + \kappa N_1\right) d_V(t) + 4\Delta_2(t). \tag{10.108}$$

如果 $p \in \mathcal{N}_1$ 和 $q \in \mathcal{N}_2$, 则结合上述分析可推出

$$\begin{aligned}\frac{1}{2} \frac{\mathrm{d}}{\mathrm{d}t} d_V^2(t) &= (v_p(t) - v_q(t)) \frac{\mathrm{d}}{\mathrm{d}t} v_p + (v_q(t) - v_p(t)) \frac{\mathrm{d}}{\mathrm{d}t} v_q \\ &\leqslant \left(-\alpha N_1 \psi_\tau(t) + \kappa N_2\right) d_V^2(t) + 2\Delta_1(t) d_V(t) \\ &\quad + \left(-\alpha N_2 \psi_\tau(t) + \kappa N_1\right) d_V^2(t) + 2\Delta_2(t) d_V(t) \\ &= \left(-\alpha \psi_\tau(t) + \kappa\right) N d_V^2(t) + 2\Delta(t) d_V(t).\end{aligned} \tag{10.109}$$

进而, 由(10.107)—(10.109) 式可得

$$\frac{\mathrm{d}}{\mathrm{d}t}d_V(t) \leqslant -2\left(\alpha\psi_\tau(t)-\kappa\right)N_0 d_V(t)+4\Delta(t).$$

最后, 由 $\Delta(t)=\Delta_1(t)+\Delta_2(t)$、(10.101) 式以及引理 10.2.6 可得

$$\begin{aligned}
\Delta(t) &\leqslant (\alpha+\kappa)\sum_{j\in\mathcal{N}}\int_{t-\tau}^{t}\left\|\frac{\mathrm{d}}{\mathrm{d}t}v_j(s)\right\|\mathrm{d}s\\
&\leqslant \sum_{l=1}^{2}(\alpha+\kappa)N_l\int_{t-\tau}^{t}\left(C_l d_V(s)+2\Delta_l(s)\right)\mathrm{d}s\\
&\leqslant 3\kappa N^2\int_{t-\tau}^{t}d_V(s)\mathrm{d}s+2(c_0+1)\kappa N\int_{t-\tau}^{t}\Delta(s)\mathrm{d}s\\
&\leqslant \frac{3}{2}\alpha N^2\int_{t-\tau}^{t}d_V(s)\mathrm{d}s+(c_0+1)\alpha N\int_{t-\tau}^{t}\Delta(s)\mathrm{d}s.
\end{aligned}$$ □

定理 10.2.2 的证明 由定理中条件 $\psi\left(d_X(0)+2\sqrt{\mathcal{L}_0}\tau+\rho\right)\geqslant\max\{d_V(0)/\rho, 2\kappa/\alpha\}$, 可选取正常数 $r\in(0,1)$, 使得

$$\frac{d_V(0)}{\psi_0}+\frac{4\alpha N}{1-r}<\rho,\quad \psi_0=\psi\left(d_X(0)+2\sqrt{\mathcal{L}_0}\tau+\rho\right),\quad r>0. \tag{10.110}$$

引入记号 $\chi_0:=d_V(0)+\dfrac{4\alpha N}{1-r}\psi_0$, 并定义集合 $\mathcal{T}_0$ 和 $\mathcal{S}_0$,

$$\begin{aligned}
\mathcal{T}_0 &= \left\{t\in[0,+\infty): d_X(s)<d_X(0)+2\sqrt{\mathcal{L}_0}\tau+\rho, s\in[0,t)\right\},\\
\mathcal{S}_0 &= \left\{t\in[0,T_0^*): d_V(s)<\chi_0\mathrm{e}^{-r\alpha N_0\psi_0 s},\ \Delta(s)<\alpha N\psi_0^2\mathrm{e}^{-r\alpha N_0\psi_0 s}, s\in[0,t)\right\},
\end{aligned}$$

其中 $T_0^*=\sup\mathcal{T}_0$,

$$\chi_0=d_V(0)+\frac{4\alpha N}{1-r}\psi_0,\quad \psi_0=\psi\left(d_X(0)+2\sqrt{\mathcal{L}_0}\tau+\rho\right).$$

记 $S_0^*=\sup\mathcal{S}_0$, 易知 $S_0^*\leqslant T_0^*$.

第一步 证明 $S_0^*=T_0^*$.

采用反证法. 如果 $S_0^*<T_0^*$, 则

$$\lim_{t\to S_0^{*}-}d_V(t)=\chi_0\mathrm{e}^{-r\alpha N\psi_0 S_0^*} \tag{10.111}$$

或者

$$\lim_{t\to S_0^{*-}} \Delta(t)=\alpha N\psi_0^2 \mathrm{e}^{-r\alpha N\psi_0 S_0^*}. \tag{10.112}$$

一方面, 由集合 $\mathcal{T}_0$ 的定义以及定理 10.2.2 中的条件, 可推出 $\psi(d_X)\geqslant\psi_0>\dfrac{2\kappa}{\alpha}$, $t\in\mathcal{T}_0$. 因此, 由引理 10.2.7 中的 (10.103) 式和 $N\leqslant 2N_0$ 可得

$$\begin{aligned}\frac{\mathrm{d}}{\mathrm{d}t}d_V(t)\leqslant&-2\left(\alpha\psi_\tau(t)-\kappa\right)Nd_V(t)+4\Delta(t)\\ <&-\alpha N\psi_0 d_V(t)+4\alpha N\psi_0^2\mathrm{e}^{-r\alpha N\psi_0 t},\quad t\in\mathcal{S}_0.\end{aligned}$$

进而由 Gronwall 不等式和 $0<r<1$ 可推出

$$\begin{aligned}d_V(t)&\leqslant d_V(0)\mathrm{e}^{-\alpha N\psi_0 t}+\frac{4\alpha N}{1-r}\psi_0^2\left(\mathrm{e}^{-r\alpha N\psi_0 t}-\mathrm{e}^{-\alpha N\psi_0 t}\right)\\ &<\left(d_V(0)+\frac{4\alpha N}{1-r}\psi_0^2\right)\mathrm{e}^{-r\alpha N\psi_0 t}.\end{aligned} \tag{10.113}$$

在 (10.113) 式中令 $t\to S_0^*$ 可得

$$\lim_{t\to S_0^{*-}} d_V(t)<\left(d_V(0)+\frac{2\alpha N}{1-c}\psi_0^2\right)\mathrm{e}^{-c\alpha N\psi_0 S_0^*}. \tag{10.114}$$

由 $\psi_0^2<\psi_0<1$ 和 (10.114) 式, 可推出

$$\begin{aligned}\lim_{t\to S_0^{*-}} d_V(t)&<\left(d_V(0)+\frac{2\alpha N}{1-c}\psi_0\right)\mathrm{e}^{-c\alpha N\psi_0 S_0^*}\\ &<\left(d_V(0)+\frac{4\alpha N}{1-c}\psi_0\right)\mathrm{e}^{-c\alpha N\psi_0 S_0^*}\\ &=\chi_0\mathrm{e}^{-c\alpha N\psi_0 S_0^*},\end{aligned} \tag{10.115}$$

这与 (10.111) 式产生矛盾.

另一方面, 由(10.104)式和集合 $\mathcal{S}_0$ 的定义可得

$$\begin{aligned}\Delta(t)&\leqslant\frac{3}{2}\alpha N^2\int_{t-\tau}^t d_V(s)\mathrm{d}s+(c_0+1)\alpha N\int_{t-\tau}^t\Delta(s)\mathrm{d}s\\ &<\frac{3}{2}\alpha N^2\int_{t-\tau}^t\chi_0\mathrm{e}^{-r\alpha N\psi_0 s}\mathrm{d}s\end{aligned}$$

$$
\begin{aligned}
&+(c_0+1)\alpha N\int_{t-\tau}^{t}\alpha N\psi_0^2\mathrm{e}^{-r\alpha N\psi_0 s}\mathrm{d}s\\
<&\left(\frac{3}{2}\alpha N^2\chi_{\circ}+(c_0+1)\alpha^2N^2\psi_0^2\right)\int_{t-\tau}^{t}\mathrm{e}^{-r\alpha N\psi_0 s}\mathrm{d}s\\
=&\left(\frac{3}{2}\alpha N^2\chi_{\circ}+(c_0+1)\alpha^2N^2\psi_0^2\right)\frac{\mathrm{e}^{r\alpha N\psi_0\tau}-1}{r\alpha N\psi_0}\mathrm{e}^{-r\alpha N\psi_0 t},
\end{aligned}
\tag{10.116}
$$

其中 $\chi_{\circ}=d_V(0)+\dfrac{4\alpha N}{1-c}\psi_0$. 进而由 (10.116) 式可导出

$$
\begin{aligned}
r\Delta(t)<&\left(3N\left(\frac{d_V(0)}{\psi_0}+\frac{4\alpha N}{1-r}\right)+2(c_0+1)\alpha N\psi_0\right)\\
&\cdot(\mathrm{e}^{r\alpha N\psi_0\tau}-1)\mathrm{e}^{-r\alpha N\psi_0 t}.
\end{aligned}
$$

由于 (10.110) 式和 $\psi_0\leqslant 1$, 上述不等式可推出

$$
\begin{aligned}
r\Delta(t)<&\ (3N\rho+2(c_0+1)\alpha N)\,(\mathrm{e}^{r\alpha N\psi_0\tau}-1)\mathrm{e}^{-r\alpha N\psi_0 t}\\
=&\ (3\rho+2(c_0+1)\alpha)\,N(\mathrm{e}^{r\alpha N\psi_0\tau}-1)\mathrm{e}^{-r\alpha N\psi_0 t}.
\end{aligned}
\tag{10.117}
$$

由 τ 满足 (10.99) 式, 则有

$$
\mathrm{e}^{r\alpha N\psi_0\tau}-1<\mathrm{e}^{\alpha N\tau}-1<\frac{r\alpha d_V^2(0)}{\rho^2(3\rho+2\alpha(c_0+1))}.
$$

因此, (10.117) 式可推出

$$
\begin{aligned}
r\Delta(t)&<(3\rho+2(c_0+1)\alpha)\,N\frac{r\alpha d_V^2(0)}{\rho^2(3\rho+2\alpha(c_0+1))}\mathrm{e}^{-r\alpha N\psi_0 t}\\
&=r\alpha N\left(\frac{d_V(0)}{\rho}\right)^2\mathrm{e}^{-r\alpha N\psi_0 t},
\end{aligned}
\tag{10.118}
$$

在 (10.119) 式中令 $t\to S_0^{*-}$, 并结合 (10.112) 式可得

$$
\alpha N\psi_0^2\mathrm{e}^{-r\alpha N\psi_0 S_0^*}=\lim_{t\to S^{*-}}\Delta(t)<\alpha N\left(\frac{d_V(0)}{\rho}\right)^2\mathrm{e}^{-r\alpha N\psi_0 S_0^*}.
\tag{10.119}
$$

由 $\psi_0\geqslant\max\{d_V(0)/\rho,2\kappa/\alpha\}$ 可知, $\alpha N\psi_0^2>\alpha N\left(\dfrac{d_V(0)}{\rho}\right)^2$, 这表明 (10.119) 式是矛盾的. 因此, $S_0^*=T_0^*$.

第二步 证明 $T_0^* = +\infty$.

利用反证法, 否则有 $T_0^* < +\infty$ 和 (10.120) 式成立.

$$\lim_{t \to T_0^{*-}} d_X(t) = d_X(0) + 2\sqrt{\mathcal{L}_0}\tau + \rho. \tag{10.120}$$

另一方面,

$$\begin{aligned} d_X(t) &= d_X(0) + \int_0^t d_V(s)\mathrm{d}s \\ &\leqslant d_X(0) + \int_0^t \left(d_V(0) + \frac{4\alpha N}{1-r}\psi_0\right)\mathrm{e}^{-r\alpha N\psi_0 s}\mathrm{d}s \\ &\leqslant d_X(0) + \rho(1-\mathrm{e}^{-r\alpha N\psi_0 t}). \end{aligned} \tag{10.121}$$

在 (10.121) 式中令 $t \to T_0^*$, 有

$$\lim_{t \to T_0^{*-}} d_X(t) < d_X(0) + \rho < d_X(0) + 2\sqrt{\mathcal{L}_0}\tau + \rho,$$

这与 (10.120) 式产生矛盾. 因此, $T_0^* = +\infty$.

最后, 结合集合 $\mathcal{S}_0$ 的定义, 可以得到结论. □

注 10.2.4 定理 10.2.2 结果表明, 在一定条件下, 当系统规模增大时, 每个成员的信息处理能力更强, 即处理延迟更小, 系统更容易发生集群行为.

10.2.3 仿真验证

本节通过数值仿真来验证本章的主要结果 (定理 10.2.1 和定理 10.2.2), 并直观呈现系统容忍的传输时滞的上界关于系统参数的变化趋势.

例 10.2.1 考虑 $N = 8$ 的双群组耦合粒子系统, 其中 $N_1 = N_2 = 4$. 其他的系统参数设置为 $\alpha = 1$, $\kappa = 0.4$; $\psi(r) = (1+r^2)^{-0.55}$; $a_{ij} = 0.1$, $i, j \in \mathcal{N}$; $c = 0.9$ 以及 $c_0 = 2$. 初始条件设置为

$$(x_i(t), v_i(t)) = (0.25i, 1+0.09i), \quad t \in [-\tau, 0),\ i \in \mathcal{N}_1,$$

$$(x_i(t), v_i(t)) = (0.5i, 1+0.08i), \quad t \in [-\tau, 0),\ i \in \mathcal{N}_2.$$

仿真结果如图 10.3 所示, 其中图 10.3(a), (b) 为传输时滞 $\tau = 0.04$ 时集群结果示意图, 图 10.3(c), (d) 为传输时滞 $\tau = 0.001$ 时集群结果示意图. 图 10.3(a), (c) 是速度直径随时间演化示意图; 图 10.3(b), (d) 是位置直径随时间演化示意图. 上述两种情形下的仿真结果表明个体速度实现趋同并且个体间相对位置一致有界, 即在上述参数设置下系统能发生集群行为. 另一方面, 从理论上, 直接计算

可以验证上述初始条件属于 (10.50) 中定义的集合 Ω. 此外, 在上述参数配置下, 通过计算可以得到, 如果 $d = 0.01$, 则 $\tau_c = 0.0446$; 如果 $d = 30$, 则 $\tau_c = 0.0017$. 因此, 在 $d = 0.01$ 和 $d = 30$ 两种情形下, $\tau < \tau_c$ 始终成立, 此时, 定理 10.2.1 确保了集群行为能够发生. 这一点在图 10.3 中的仿真结果也得到了验证. 从图 10.3 中可以直观地得到, 在上述参数设置下, 系统中粒子的速度将会收敛并且相对位置有一致的上界, 满足集群定义 10.1.1, 即系统会发生集群行为. 因此, 理论结果和仿真结果相匹配.

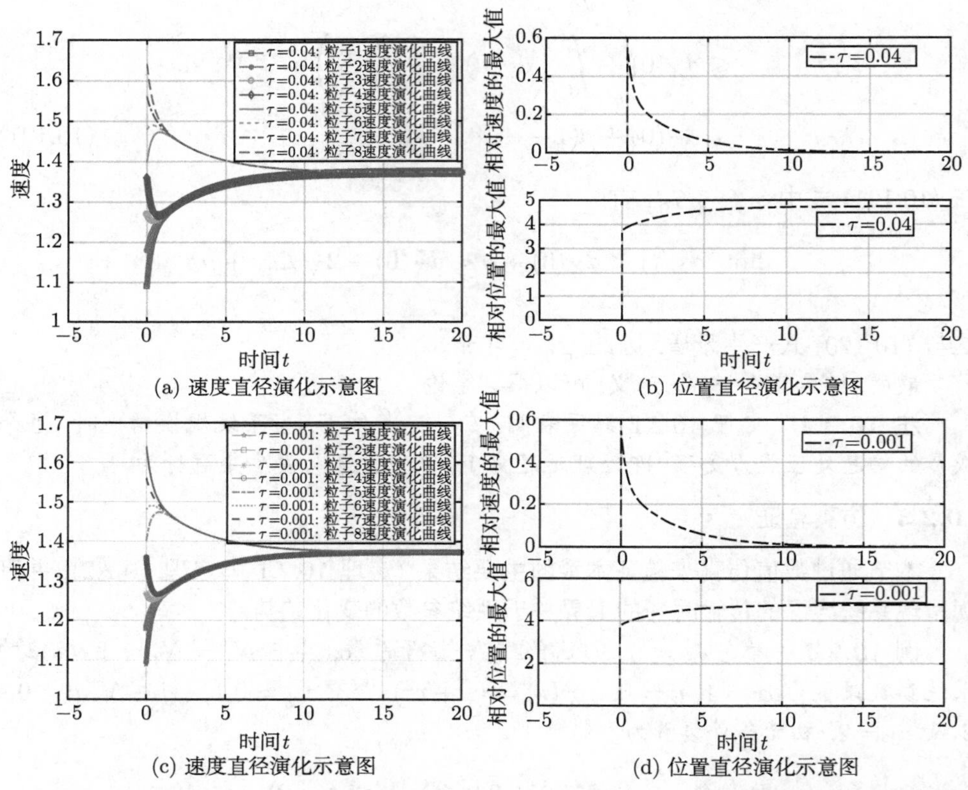

图 10.3　传输时滞 $\tau = 0.04$ 和 $\tau = 0.001$ 时, 相对速度直径与相对位置直径演化示意图

在上述参数设置下, 当时滞远大于 τ_c 时, 考虑 $d = 0.01$, $\tau = 200$ 和 $d = 30$, $\tau = 300$ 两种情形. 当时滞远远大于 τ_c 时, 结合现实经验和定理 10.2.1 可知, 在上述两种情形下, 系统不会发生集群行为, 这一点也在图 10.4 中得到验证. 从图 10.4 中可以直观地得到受大时滞影响下, 粒子的速度不会趋同, 并且速度直径按照某种复杂的方式演化. 此外, 通过对比图 10.3(a) 和图 10.4(a) 发现, 图 10.3 中的集群行为被破坏了, 即组间信息交互存在较大的传输时滞时, 系统原有的集

群状态会被终止. 这一结论也通过对比图 10.3(c) 和图 10.4(b) 可以得到. 因此, 可以总结为在双群组耦合系统中, 如果组间信息交互的传输时滞过大, 会终止或破坏集群的存在性.

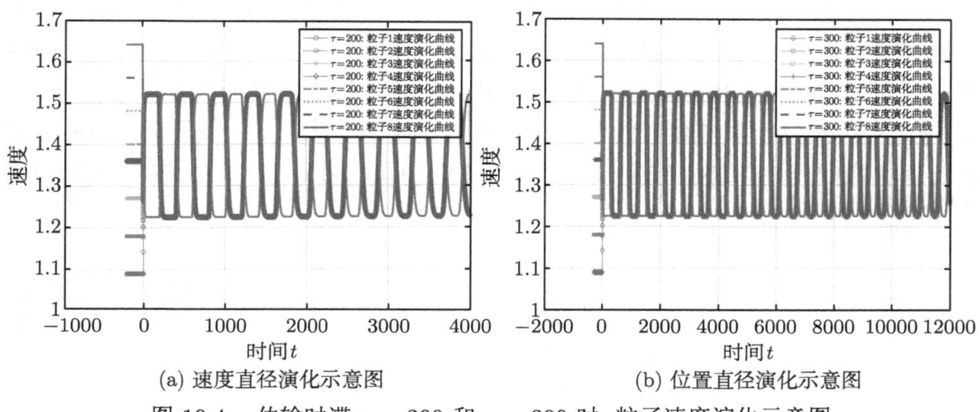

(a) 速度直径演化示意图　　(b) 位置直径演化示意图

图 10.4　传输时滞 $\tau = 200$ 和 $\tau = 300$ 时, 粒子速度演化示意图

最后, 在集群行为能够发生的前提下, 来探索系统容忍的传输时滞的上界关于系统参数的变化趋势. 为此, 在区间 [0.01, 30] 中选取 51 个不同的位置直径的单位裕量 d, 分别进行仿真. 在上述参数设置下, 集群行为的实现可以从图 10.3 中得到验证, 传输时延上限 d 的变化趋势如图 10.5 所示. 可以看到, 随着 d 的增加, 延迟的上界减小, 如图 10.5 所示, 这与实际经验一致. 因为, 当应用系统中个体之间的距离较大时, 粒子之间信息传递过程中的时滞越小, 越有利于群体聚集行为的产生.

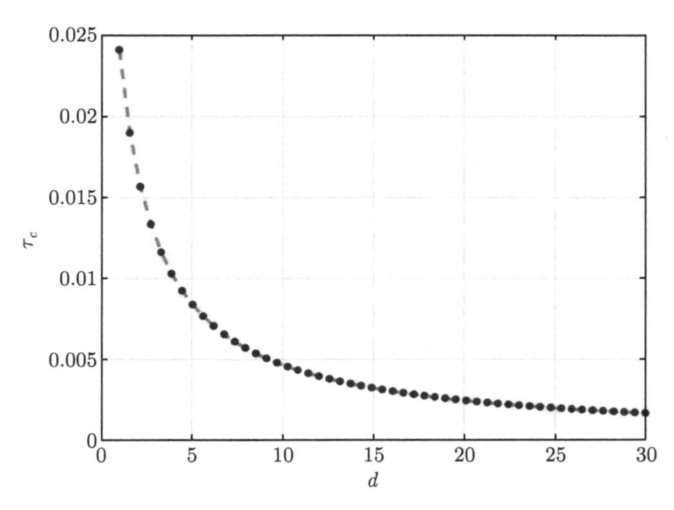

图 10.5　传输时滞上界与系统参数关系示意图

例 10.2.2 设置系统 (10.72)—(10.74) 中的参数 $\alpha=1, \kappa=0.4, \psi(r)=(1+r^2)^{-0.55}, \tau=0.001, a_{ij}=0.1, i,j\in\mathcal{N}$. 初始条件设置为 $(x_i(t),v_i(t))=(0.25i,1+0.09i)$, $t\in[-\tau,0)$, $i\in\mathcal{N}_1$, $(x_i(t),v_i(t))=(0.5i,1+0.08i)$, $t\in[-\tau,0)$. $i\in\mathcal{N}_2$.

系统规模 N 为 [8, 30] 中的正整数, 每个组的成员数相同, 即 $N_1=N_2$. 此外, 设置定理 10.2.2 中的一些参数为 $r=0.9$, $\rho=1$, $\delta_0=0.4$ 和 $c_0=3$. 在上述参数下, 仿真结果如图 10.6 所示. 图 10.6(a), (c) 是速度直径随时间演化示意图, 图 10.6(b), (d) 是位置直径随时间演化示意图. 上述两种情形下的仿真结果表明个体速度实现趋同并且个体间相对位置一致有界, 即在上述参数设置下系统能发生集群行为.

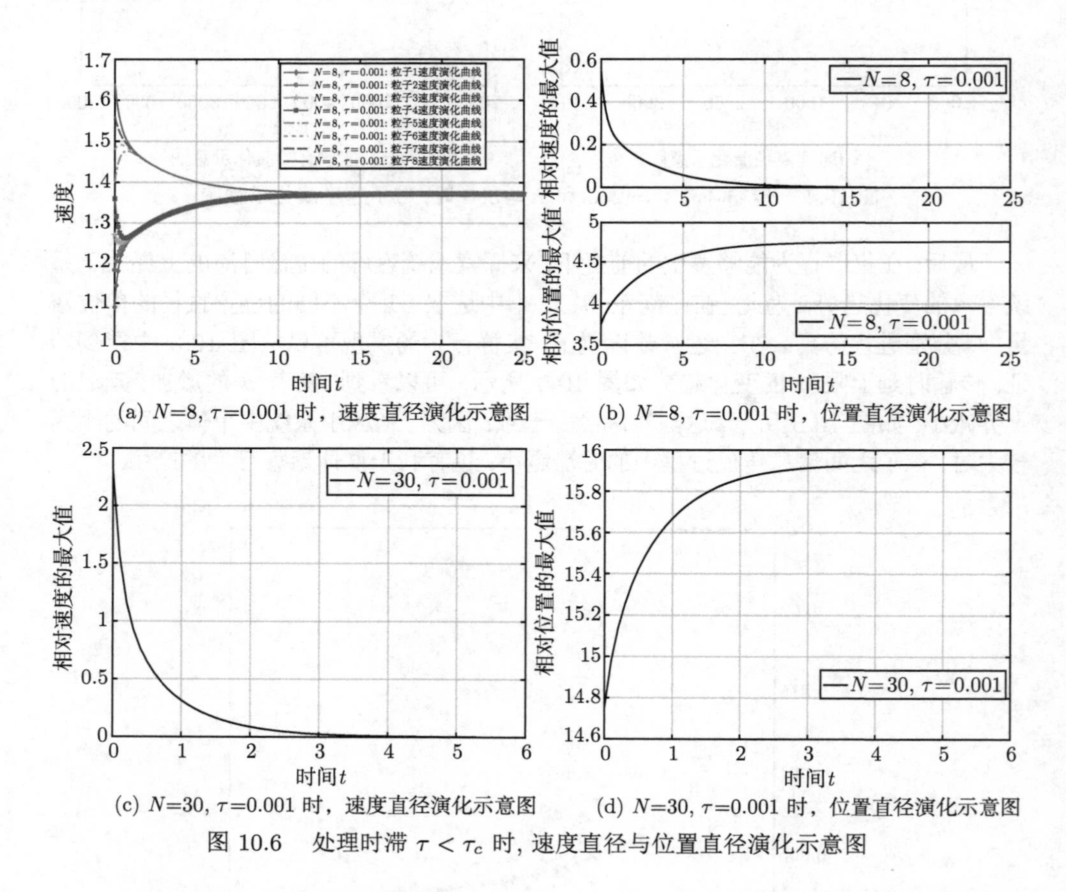

(a) N=8, τ=0.001 时，速度直径演化示意图

(b) N=8, τ=0.001 时，位置直径演化示意图

(c) N=30, τ=0.001 时，速度直径演化示意图

(d) N=30, τ=0.001 时，位置直径演化示意图

图 10.6 处理时滞 $\tau<\tau_c$ 时, 速度直径与位置直径演化示意图

从理论上, 在上述参数设置下, 定理 10.2.2 中的条件可以通过计算直接验证. 具体地, 计算过程中涉及到的参数如下: 如果 $N=8$, 则 $\tau_c=0.0198$; 如果 $N=30$, 则 $\tau_c=0.0053$. 因此, 对于 $N=8$ 和 $N=30$, $\tau=0.001<\tau_c$ 始终保持, 这意味着理论结果能够确保系统发生集群行为. 另一方面, 从图 10.6(a), (c) 可以得

到, 在上述参数设置下, 系统中粒子间的相对速度收敛到零, 即所有粒子的速度会实现同步, 从图 10.6(b), (d) 可以直观地得到, 系统中粒子间相对位置的最大值一致有界, 即满足定义 10.1.1. 综上可知, 理论结果和仿真结果保持一致.

此外, 当 $\tau > \tau_c$ 时, 在上述参数设置下, 模拟 $N = 8, \tau = 2 > 0.0198$ 和 $N = 30, \tau = 1 > 0.0053$, 仿真结果如图 10.7 所示. 图 10.7(a), (c) 是粒子速度直径随时间演化示意图, 图 10.7(b), (d) 是位置直径随时间演化示意图. 上述两种情形下的仿真结果表明, 系统不会发生集群行为, 但能发生弱集群行为, 即蜂拥现象. 一方面根据定理 10.2.2 中的理论结果可以看出, 系统不会出现集群行为, 这在图 10.7 中得到了验证, 因为图 10.7(a), (c) 直观地呈现了粒子的速度直径不收敛. 但是由图 10.7(b), (d) 可以知道位置直径是一致有界. 这表明在上述参数设置下, 系统不会发生集群行为, 但能发生弱集群行为.

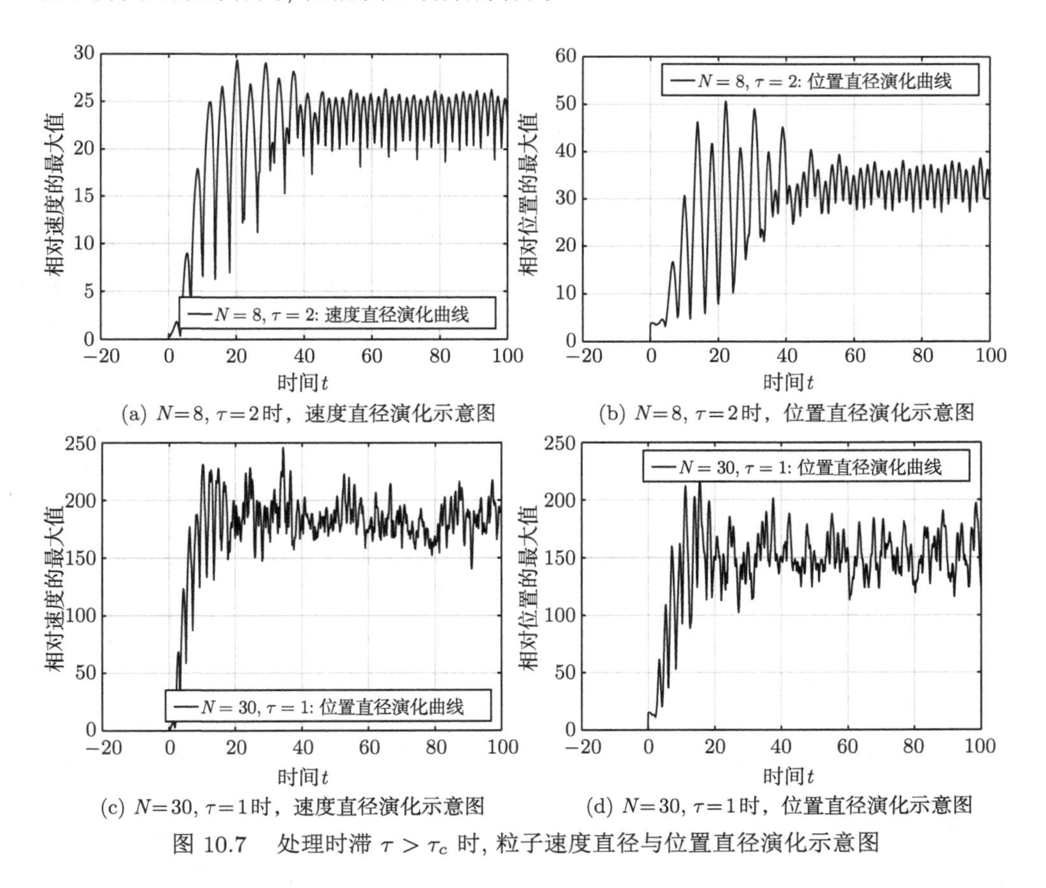

(a) $N=8$, $\tau=2$时，速度直径演化示意图

(b) $N=8$, $\tau=2$时，位置直径演化示意图

(c) $N=30$, $\tau=1$时，速度直径演化示意图

(d) $N=30$, $\tau=1$时，位置直径演化示意图

图 10.7 处理时滞 $\tau > \tau_c$ 时, 粒子速度直径与位置直径演化示意图

另外, 可以看到在系统能够发生集群行为的前提下, 处理时滞的上界关于系统规模 N 的变化趋势, 如图 10.8 所示, 与实际经验一致. 在工程系统中, 当系统中

粒子数量增加时, 在一定条件下, 每个粒子的信息处理能力越强, 即时滞越小, 越有利于发生聚集行为.

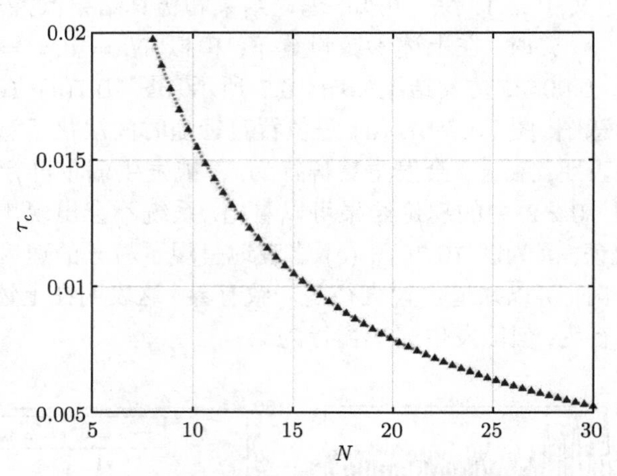

图 10.8 处理时滞上界与系统规模关系示意图

在工程系统中, 针对时滞因素, 通常是将传输时滞和处理时滞进行整体处理. 为了构建符合实际的集群运动数学模型, 根据第 3 章和本章中的建模思想, 构建具有双时滞的二阶非线性群体运动模型, 即在 (10.72) 中, 对 $i \in \mathcal{N}_1$, $u_{i,1}(t)$ 定义为

$$\begin{aligned} u_{i,1}(t) = &\alpha \sum_{j \in \mathcal{N}_1} \psi(\|x_j(t-\tau_1) - x_i(t-\tau_1)\|)(v_j(t-\tau_1) - v_i(t-\tau_1)) \\ &+ \kappa \sum_{j \in \mathcal{N}_2} a_{ij}(v_j(t-\tau_1-\tau_2) - v_i(t-\tau_1)), \end{aligned} \tag{10.122}$$

对于 $i \in \mathcal{N}_2$, $u_{i,2}(t)$ 定义为

$$\begin{aligned} u_{i,2}(t) = &\kappa \sum_{j \in \mathcal{N}_1} a_{ij}(v_j(t-\tau_1-\tau_2) - v_i(t-\tau_1)) \\ &+ \alpha \sum_{j \in \mathcal{N}_2} \psi(\|x_j(t-\tau_1) - x_i(t-\tau_1)\|)(v_j(t-\tau_1) - v_i(t-\tau_1)), \end{aligned} \tag{10.123}$$

其中 τ_1 是处理时滞, τ_2 是传输时滞. 系统的初始条件为 $(x_i(\theta), v_i(\theta)) := (\varphi_i(\theta), \phi_i(\theta))$, $i \in \mathcal{N}$, $\theta \in [-\tau_0, 0]$, 其中 φ_i 和 ϕ_i 为连续向量值函数, $\tau_0 = \tau_1 + \tau_2$.

由于时滞系统理论研究难度大, 关于时滞系统的集群动力学理论研究很不充分. 因此, 不管是对实际问题的数学建模, 还是泛函微分方程的基本数学理论研究, 曾经很长一段时间学者们往往有意识地避开这一问题. 目前关于时滞问题, 主要集中在单时滞情形, 并且在现有的大多数工作中, 集群条件与滞后大小无关, 或者没有明确说明. 而在实际应用系统中, 传输时滞和处理时滞几乎是同时存在的, 因此从理论上对其开展分析更具有现实意义. 鉴于此, 通过以下数值仿真来初步观察两种时滞共存时系统的状态演化规律.

例 10.2.3 本例将初步探索处理时滞 τ_1 和传输时滞 τ_2 共存时, 双群组耦合系统的状态演化规律. 具体地, 模型 (10.122)-(10.123) 中参数设置为 $N_1 = N_2 = 5$, $\alpha = 1$, $\kappa = 0.05$, $\psi(r) = (1 + r^2)^{-0.6}$, $a_{ij} = 0.1$ $(i, j \in \mathcal{N})$. 相关的初始条件设置为

$$(x_i(t), v_i(t)) = (t\sin(it), 1.5\sin(it)), \quad t \in [-\tau, 0),\ i \in \mathcal{N}_1;$$

$$(x_i(t), v_i(t)) = (t\sin(it), 0.5\sin(it)), \quad t \in [-\tau, 0),\ i \in \mathcal{N}_2,$$

其中 $\tau = \tau_1 + \tau_2$. 考虑以下三种情况进行仿真实验, 观察系统状态演化规律: (1) $\tau_1 = \tau_2 = 0.1\pi$, (2) $\tau_1 > \tau_2$: $\tau_1 = 0.2$, $\tau_2 = 0.1\pi$, (3) $\tau_1 < \tau_2$: $\tau_1 = 0.1\pi$, $\tau_2 = 0.2\pi$ (仿真结果如图 10.9 所示).

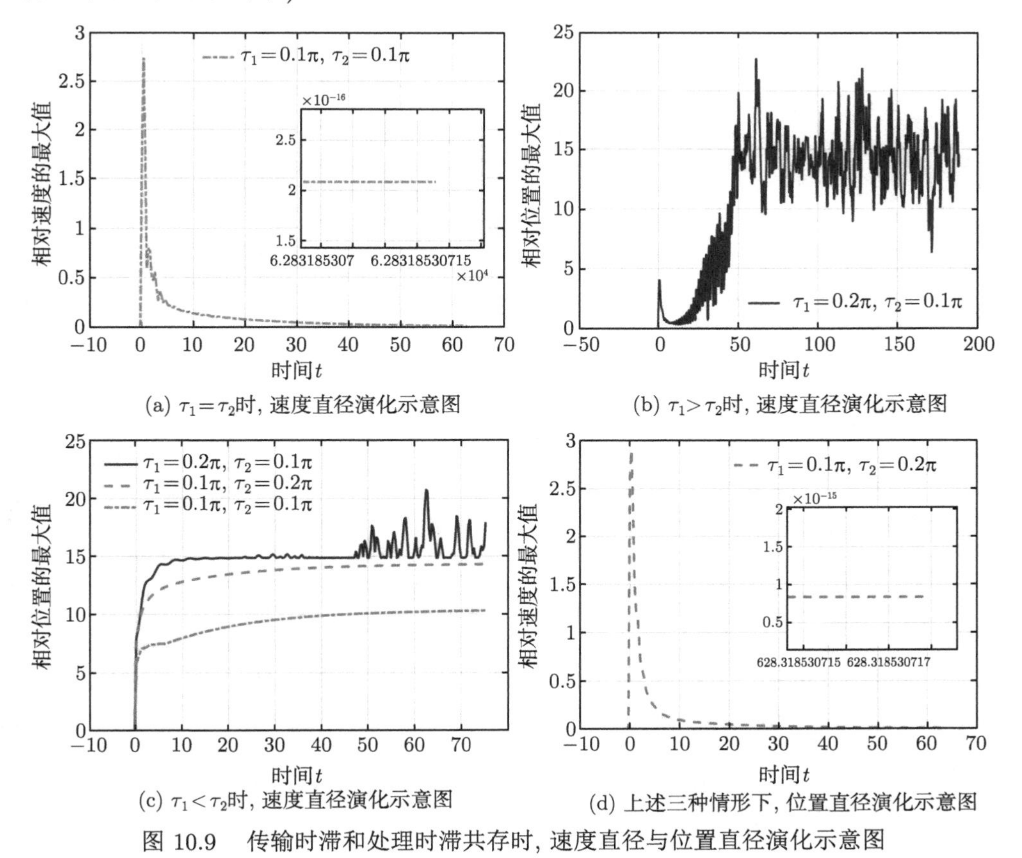

(a) $\tau_1 = \tau_2$时, 速度直径演化示意图

(b) $\tau_1 > \tau_2$时, 速度直径演化示意图

(c) $\tau_1 < \tau_2$时, 速度直径演化示意图

(d) 上述三种情形下, 位置直径演化示意图

图 10.9 传输时滞和处理时滞共存时, 速度直径与位置直径演化示意图

从图 10.9(a), (b), (c) 可以发现, 双时滞共存时, 系统的速度直径不会收敛于 0, 而是有界的, 这就意味着各个粒子的速度就不能同步. 继而, 结合图 10.9(d) 中位置直径一致有界性可知, 系统 (10.122)-(10.123) 会发生弱集群行为, 即出现蜂拥现象.

此外, 通过对比图 10.9(b), (c), 发现处理时滞对系统状态演化的影响远大于传输时滞, 这与实际经验一致. 例如, 对于一个多智能体系统, 每个智能体处理信息的能力在系统的演化中起着至关重要的作用. 如果个体的信息处理能力不足, 信息处理较晚或延迟较大, 系统很难产生应急行为. 然而, 对于传输延迟, 总是有可能找到一个合适的传感器或其他性能良好的外部控制, 以减少传输延迟的影响. 因此, 结合仿真结果和实际经验可以推断, 在一定条件下, 每个个体处理信息的能力在一定程度上决定了系统的聚集行为.

参考文献

[1] Cavagna A, Cimarelli A, Giardina I, et al. Scale-free correlations in starling flocks. Proceedings of the National Academy of Sciences, 2010, 107(26): 11865-11870.

[2] Bialek W, Cavagna A, Giardina I, et al. Social interactions dominate speed control in poising natural flocks near criticality. Proceedings of the National Academy of Sciences, 2014, 111(20): 7212-7217.

[3] Dorigo M, Maniezzo V, Colorni A. Ant system: Optimization by a colony of cooperating agents. IEEE Transactions on Systems, Man, and Cybernetics-Part B, 1996, 26(1): 29-41.

[4] 段海滨. 蚁群算法原理及其应用. 北京: 科学出版社, 2005.

[5] Bonabeau E, Dorigo M, Theraulaz G. Inspiration for optimization from social insect behavior. Nature, 2000, 406(6791): 39-42.

[6] Fathian M, Amiri B, Maroosi A. Application of honey bee mating optimization algorithm on clustering. Applied Mathematics and Computation, 2007, 190(2): 1502-1513.

[7] Karaboga D, Basturk B. A powerful and efficient algorithm for numerical function optimization artificial bee colony(ABC) algorithm. Journal of Global Optimization, 2007, 39(3): 459-471.

[8] Usherwood J, Stavrou M, Lowe J, et al. Flying in a flock comes at a cost in pigeons. Nature, 2011, 474(7352): 494-497.

[9] 邱华金, 段海滨, 范彦铭. 基于鸽群行为机制的多无人机自主编队. 控制理论与应用, 2015, 32(10): 1298-1304.

[10] Duan H, Qiao P. Pigeon-inspired optimization: A new swarm intelligence optimizer for air robot path planning. International Journal of Intelligent Computing and Cybernetics, 2014, 7(1): 24-37.

[11] Nagy M, Ákos Z, Biro D, et al. Hierarchical group dynamics in pigeon flocks. Nature, 2010, 464(7290): 890-893.

[12] Swain D, Couzin I, Leonard N. Real-time feedback-controlled robotic fish for behavioral experiments with fish schools. Proceedings of the IEEE, 2012, 100(1): 150-163.

[13] Duan H, Shao S, Su B, et al. New development thoughts on the bio-inspired intelligence based control for unmanned combat aerial vehicle. Science China Technological Sciences, 2010, 53(8): 2025-2031.

[14] Yu W, Chen G, Cao M. Distributed leader-follower flocking control for multi-agent dynamical systems with time-varying velocities. Systems & Control Letters, 2010, 59(9): 543-552.

[15] Qiu H, Duan H, Fan Y. Multiple unmanned aerial vehicle autonomous formation based on the behavior mechanism in pigeon flocks. Control Theory & Applications, 2015, 32(10): 1298.

[16] Parrish J, Edelstein-Keshet L. Complexity, pattern, and evolutionary trade-offs in animal aggregation. Science, 1999, 284(5411): 99-101.

[17] Camazine S, Deneubourg J, Franks N, et al. Self-Organization in Biological Systems. Princeton: Princeton University Press, 2003.

[18] Adioui M, Arino O, Smith W, et al. A mathematical analysis of a fish school model. Journal of Differential Equations, 2003, 188(2): 406-446.

[19] Vicsek T, Czirók A, Ben-Jacob E, et al. Novel type of phase transition in a system of self-driven particles. Physical Review Letters, 1995, 75(6): 1226-1229.

[20] Vicsek T. A question of scale. Nature, 2001, 411(6836): 421.

[21] Vicsek T, Zafeiris A. Collective motion. Physics Reports, 2012, 517(3-4): 71-140.

[22] Couzin I, Krause J, James R, et al. Collective memory and spatial sorting in animal groups. Journal of Theoretical Biology, 2002, 218(1): 1-11.

[23] Cucker F, Smale S. Emergent behavior in flocks. IEEE Transactions on Automatic Control, 2007, 52(5): 852-862.

[24] Cucker F, Smale S. On the mathematics of emergence. Japanese Journal of Mathematics, 2007, 2(1): 197-227.

[25] Bongini M, Fornasier M, Kalise D. (Un)conditional consensus emergence under perturbed and decentralized feedback controls. Discrete and Continuous Dynamical Systems-Series A, 2015, 35(9): 4071-4094.

[26] Carrillo J, Fornasier M, Toscani G, et al. Particle, kinetic, and hydrodynamic models of swarming. Modeling and Simulation in Science, Engineering and Technology, 2010, 51: 297-336.

[27] Choi Y, Kalise D, Peszek J, et al. A collisionless singular Cucker-Smale model with decentralized formation control. SIAM Journal on Applied Dynamical Systems, 2019, 18(4): 1954-1981.

[28] Ha S-Y, Ruggeri T. Emergent dynamics of a thermodynamically consistent particle model. Archive for Rational Mechanics and Analysis, 2017, 223(3): 1397-1425.

[29] He S, Tadmor E. A game of alignment: Collective behavior of multi-species. Annales de l'Institut Henri Poincare (C) Analyse Non Lineaire, 2021, 38(4): 1031-1053.

[30] Lear D, Shvydkoy R. Existence and stability of unidirectional flocks in hydrodynamic Euler alignment systems. Analysis and PDE, 2022, 15(1): 175-196.

[31] Shvydkoy R, Tadmor E. Multiflocks: Emergent dynamics in systems with multiscale collective behavior. Multiscale Modeling and Simulation, 2021, 19(2): 1115-1141.

[32] He J, Bao C, Li L, et al. Flocking dynamics and pattern motion for the Cucker-Smale system with distributed delays. Mathematical Biosciences and Engineering, 2023, 20(1): 1505-1518.

[33] Olfati-Saber R. Distributed tracking for mobile sensor networks with information-driven mobility. 2007 American Control Conference. IEEE, 2007, 4606-4612.

[34] Olfati-Saber R. Distributed Kalman filtering for sensor networks. 2007 46th IEEE Conference on Decision and Control. IEEE, 2007, 5492-5498.

[35] Eren T, Whiteley W, Morse A, et al. Sensor and network topologies of formations with direction, bearing, and angle information between agents. 42nd IEEE International Conference on Decision and Control (IEEE Cat. No. 03CH37475). IEEE, 2003, 3: 3064-3069.

[36] Xi X, Abed E. Formation control with virtual leaders and reduced communications. Proceedings of the 44th IEEE Conference on Decision and Control. IEEE, 2005, 1854-1860.

[37] Fax J, Murray R. Information flow and cooperative control of vehicle formations. IEEE Transactions on Automatic Control, 2004, 49(9): 1465-1476.

[38] Li X, Liu Y, Wu J. Flocking and pattern motion in a modified Cucker-Smale model. Bulletin of the Korean Mathematical Society, 2016, 53(5): 1327-1339.

[39] Trpevski D, Tang W, Kocarev L. Model for rumor spreading over networks. Physical Review E, 2010, 81(5): 056102.

[40] Olfati-Saber R, Murray R. Consensus protocols for networks of dynamic agents. In Proceedings of the 2003 American Control Conference, 2003, 951-956.

[41] Zhang Y, Liang H, Ma H, et al. Distributed adaptive consensus tracking control for nonlinear multi-agent systems with state constraints. Applied Mathematics and Computation, 2018, 326: 16-32.

[42] Zhang J, Zhang H, Feng T. Distributed optimal consensus control for nonlinear multiagent system with unknown dynamic. IEEE Transactions on Neural Networks and Learning Systems, 2017, 29(8): 3339-3348.

[43] Dorato P. Short-time stability in linear time-varying systems. Polytechnic Inst Of Brooklyn Ny Microwave Research Inst, 1961, 83-87.

[44] Polyakov A. Nonlinear feedback design for fixed-time stabilization of linear control systems. IEEE Transactions on Automatic Control, 2012, 57(8): 2106-2110.

[45] Andrieu V, Praly L, Astolfi A. Homogeneous approximation, recursive observer design, and output feedback. SIAM Journal on Control and Optimization, 2008, 47(4): 1814-1850.

[46] Fu J, Wang J. Fixed-time coordinated tracking for second-order multi-agent systems with bounded input uncertainties. Systems and Control Letters, 2016, 93: 1-12.

[47] Zhou Y, Yu X, Sun C, et al. Higher order finite-time consensus protocol for heterogeneous multi-agent systems. International Journal of Control, 2015, 88(2): 285-294.

[48] Khoo S, Xie L, Zhao S, et al. Multi-surface sliding control for fast finite-time leader–follower consensus with high order SISO uncertain nonlinear agents. International Journal of Robust and Nonlinear Control, 2014, 24(16): 2388-2404.

[49] Reynolds C. Flocks, herds and schools: A distributed behavioral model. ACM, 1987, 21(4): 25-34.

[50] Aoki I. A simulation study on the schooling mechanism in fish. Bulletin of the Japanese Society of Scientific Fisheries, 1982, 48(8): 1081-1088.

[51] Jadbabaie A, Lin J, Morse A. Coordination of groups of mobile autonomous agents using nearest neighbor rules. IEEE Transactions on Automatic Control, 2003, 48(6): 988-1001.

[52] Tahbaz-Salehi A, Jadbabaie A. On recurrence of graph connectivity in Vicsek's model of motion coordination for mobile autonomous agents. 2007 American Control Conference. IEEE, 2007, 699-704.

[53] Chen G, Liu Z, Guo L. The smallest possible interaction radius for flock synchronization. SIAM Journal on Control and Optimization, 2012, 50(4): 1950-1970.

[54] Ha S Y, Liu J. A simple proof of the Cucker-Smale flocking dynamics and mean-field limit. Communications in Mathematical Sciences, 2009, 7(2): 297-352.

[55] Shen J. Cucker-Smale flocking under hierarchical leadership. SIAM Journal on Applied Mathematics, 2007, 68(3): 694-719.

[56] Cucker F, Dong J. On the critical exponent for flocks under hierarchical leadership. Mathematical Models and Methods in Applied Sciences, 2009, 19(1): 1391-1404.

[57] Li Z, Xue X. Cucker-Smale flocking under rooted leadership with fixed and switching topologies. SIAM Journal on Applied Mathematics, 2010, 70(8): 3156-3174.

[58] Xue X, Guo L. A kind of nonnegative matrices and its application on the stability of discrete dynamical systems. Journal of Mathematical Analysis and Applications, 2007, 331(2): 1113-1121.

[59] Dong J, Qiu L. Cucker-Smale flocking under general interaction topologies. IFAC-Papers Online, 2015, 48(11): 540-544.

[60] Dong J, Qiu L. Flocking of the Cucker-Smale model on general digraphs. IEEE Transactions on Automatic Control, 2017, 62(10): 5234-5239.

[61] Ahn S, Ha S Y. Stochastic flocking dynamics of the Cucker-Smale model with multiplicative white noises. Journal of Mathematical Physics, 2010, 51(10): 103301 (17pages).

[62] Sun Y, Wang Y, Zhao D. Flocking of multi-agent systems with multiplicative and independent measurement noises. Physica A Statistical Mechanics & Its Applications, 2015, 440: 81-89.

[63] Ha S Y, Jeong J, Noh S, et al. Emergent dynamics of Cucker-Smale flocking particles in a random environment. Journal of Differential Equations, 2017, 262(3): 2554-2591.

[64] Ha S Y, Xiao Q, Zhang X. Emergent dynamics of Cucker-Smale particles under the effects of random communication and incompressible fluids. Journal of Differential Equations, 2018, 264(7): 4669-4706.

[65] Choi Y, Salem S. Cucker-Smale flocking particles with multiplicative noises: Stochastic mean-field limit and phase transition. Kinetic & Related Models, 2019, 12(3): 573-592.

[66] Mu X, He Y. Hierarchical Cucker-Smale flocking under random interactions with time-varying failure probabilities. Journal of the Franklin Institute, 2018, 355(17): 8723-8742.

[67] Chen M, Liu Y. Flocking dynamics of a coupled system in noisy environments. Stochastics and Dynamics, 2021, 21(7): 2150056 (15 pages).

[68] Dong J, Ha S Y, Jung J, et al. On the stochastic flocking of the Cucker-Smale flock with randomly switching topologies. SIAM Journal on Control and Optimization, 2020, 58(4): 2332-2353.

[69] Cucker F, Huepe C. Flocking with informed agents. Mathematics in Action, 2008, 1(1): 1-25.

[70] Dong J. Flocking under hierarchical leadership with a free-will leader. International Journal of Robust and Nonlinear Control, 2013, 23(16): 1891-1898.

[71] 李乐. 多智能体复杂系统集群控制研究. 长沙: 湖南大学, 2016.

[72] Cucker F, Dong J. A general collision-avoiding flocking framework. IEEE Transactions on Automatic Control, 2011, 56(5): 1124-1129.

[73] Carrillo J, Choi Y, Mucha P, et al. Sharp conditions to avoid collisions in singular Cucker-Smale interactions. Nonlinear Analysis: Real World Applications, 2017, 37: 317-328.

[74] Choi Y, Pignotti C. Emergent behavior of Cucker-Smale model with normalized weights and distributed time delays. Networks & Heterogeneous Media, 2019, 14(4): 789-804.

[75] Cucker F, Dong J. A conditional, collision-avoiding, model for swarming. Discrete and Continuous Dynamical Systems, 2014, 34(3): 1009-1020.

[76] Markou I. Collision-avoiding in the singular Cucker-Smale model with nonlinear velocity couplings. Discrete and Continuous Dynamical Systems, 2018, 38(10): 5245-5260.

[77] Chen M, Li X, Wang X, et al. Flocking and collision avoidance of a Cucker-Smale type system with singular weights. Journal of Applied Analysis and Computation, 2020, 10(1): 140-152.

[78] Yin X, Yue D, Chen Z. Asymptotic behavior and collision avoidance in the Cucker-Smale model. IEEE Transactions on Automatic Control, 2020, 65(7): 3112-3119.

[79] Liu H, Wang W, Li X, et al. Finite-time flocking and collision avoidance for second-order multi-agent systems. International Journal of Systems Science, 2020, 51(1): 102-115.

[80] Ru L, Liu Y, Wang X, et al. New conditions to avoid collisions in the discrete Cucker-Smale model with singular interactions. Applied Mathematics Letters, 2021, 114: 106906 (6pages).

[81] Huang Q, Zhang X. On the stochastic singular Cucker-Smale model: Well-posedness, collision-avoidance and flocking. Mathematical Models and Methods in Applied Sciences, 2022, 32(1): 43-99. Doi: 10.1142/S0218202522500026.

[82] Chen M, Liu Y, Wang X. Collision-free flocking for a time-delay system. Discrete and Continuous Dynamical Systems-Series B, 2021, 26(2): 1223-1241.

[83] Cheng J, Ru L, Wang X, et al. Collision-avoidance, aggregation and velocity-matching in a Cucker-Smale-type model. Applied Mathematics Letters, 2022, 123: 107611 (8pages).

[84] Cheng J, Wang X, Liu Y. Collision-avoidance and flocking in the Cucker-Smale-type model with a discontinuous controller. Discrete and Continuous Dynamical Systems-Series S, 2022, 15(7): 1733-1748.

[85] Liu Y, Wu J. Flocking and asymptotic velocity of the Cucker-Smale model with processing delay. Journal of Mathematical Analysis and Applications, 2014, 415(1): 53-61.

[86] Choi Y, Haškovec J. Cucker-Smale model with normalized communication weights and time delay. Kinetic and Related Models, 2016, 10(4): 1011-1033.

[87] Erban R, Haškovec J, Sun Y. A Cucker-Smale model with noise and delay. SIAM Journal on Applied Mathematics, 2016, 76(4): 1535-1557.

[88] Choi Y, Li Z. Emergent behavior of Cucker-Smale flocking particles with heterogeneous time delays. Applied Mathematics Letters, 2018, 86: 49-56.

[89] Pignotti C, Trélat E. Convergence to consensus of the general finite-dimensional Cucker-Smale model with time-varying delays. Communications in Mathematical Sciences, 2018, 16(8): 2053-2076.

[90] Wang X, Wang L, Wu J. Impacts of time delay on flocking dynamics of a two-agent flock model. Communications in Nonlinear Science and Numerical Simulation, 2019, 70: 80-88.

[91] Chen M, Wang X. Flocking dynamics for multi-particle system with measurement delay. Mathematics and Computers in Simulation, 2019, 171: 187-200.

[92] Chen M, Liu Y, Wang X. Delay-dependent flocking dynamics of a two-group coupling system. Discrete and Continuous Dynamical Systems-Series B, 2023, 28(1): 808-832.

[93] Dong J, Ha S Y, Kim D, et al. Time-delay effect on the flocking in an ensemble of thermomechanical Cucker-Smale particles. Journal of Differential Equations, 2019, 266(5): 2373-2407.

[94] Haškovec J, Markou I. Exponential asymptotic flocking in the Cucker-Smale model with distributed reaction delays. Mathematical Biosciences and Engineering, 2020, 17(5): 5651-5671.

[95] Haškovec J, Markou I. Asymptotic flocking in the Cucker-Smale model with reaction-type delays in the non-oscillatory regime. Kinetic and Related Models, 2020, 13(4): 795-813.

[96] Liu Y, Chen Y, Wu J, et al. Periodic consensus in network systems with general distributed processing delays. Networks and Heterogeneous Media, 2021, 16(1): 139-153.

[97] Haškovec J. A simple proof of asymptotic consensus in the Hegselmann-Krause and Cucker-Smale models with normalization and delay. SIAM Journal on Applied Dynamical Systems, 2021, 20(1): 130-148.

[98] Cho J, Ha S Y, Huang F, et al. Emergence of bi-cluster flocking for the Cucker-Smale model. Mathematical Models and Methods in Applied Sciences, 2016, 26(6): 1191-1218.

[99] Cho J, Ha S Y, Huang F, et al. Emergence of bi-cluster flocking for agent-based models with unit speed constraint. Analysis and Applications, 2016, 14(1): 39-73.

[100] Ha S Y, Ko D, Zhang Y, et al. Emergent dynamics in the interactions of Cucker-Smale ensembles. Kinetic and Related Models, 2017, 10(3): 689-723.

[101] Ha S Y, Ko D, Zhang Y. Critical coupling strength of the Cucker-Smale model for flocking. Mathematical Models and Methods in Applied Sciences, 2017, 27(6): 1051-1087.

[102] Ru L, Xue X. Multi-cluster flocking behavior of the hierarchical Cucker-Smale model. Journal of the Franklin Institute, 2017, 354(5): 2371-2392.

[103] Zhang X, Zhu T. Complete classification of the asymptotical behavior for singular C-S model on the real line. Journal of Differential Equations, 2020, 269(1): 201-256.

[104] Liu Y, Wu J, Wang X. Collective periodic motions in a multi-particle model involving processing delay. Mathematical Methods in Applied Sciences, 2021, 44(5): 3280-3302.

[105] Qiao Z, Liu Y, Wang X. Multi-cluster flocking behavior analysis for a delayed Cucker-Smale model with short-range communication weight. Journal of Systems Science and Complexity, 2022, 35(1): 137-158.

[106] 黄耀. 几类多智能体系统的多聚点行为研究. 长沙: 国防科技大学, 2021.

[107] 刘易成, 陈茂黎. 多智能体系统的自主分簇控制方法和装置. 中国专利: ZL 2020 1 0776719.X, 2020-10-02.

[108] Xiao Q, Liu H, Wang X, et al. A note on the fixed-time bipartite flocking for nonlinear multi-agent systems. Applied Mathematics Letters, 2020, 99: 105973 (8pages).

[109] Liu H, Wang X, Huang Y, et al. A new class of fixed-time bipartite flocking protocols for multi-agent systems. Applied Mathematical Modelling, 2020, 84: 501-521.

[110] Zhang H, Yang S, Zhao R, et al. Finite-time flocking with collision-avoiding problem of a modified Cucker-Smale model. Mathematical Biosciences and Engineering, 2022, 19(10): 10332-10343.

[111] Zhang X, Dai H, Zhao L, et al. Collision avoiding finite-time and fixed-time flocking of Cucker-Smale systems with pinning control. International Journal of Control, 2022, 95(8): 2045-2055.

[112] 吴俊滔, 陈茂黎, 王晓. 一类非对称 Cucker-Smale 模型的直线形编队. 应用数学学报, 2020, 43(6): 966-983.

[113] Justh E, Krishnaprasad P. Steering laws and continuum models for planar formations. Proceedings of the 42nd IEEE Conference on Decision and Control. Maui, Hawaii USA: IEEE, 2003, 3609-3614.

[114] Leonard N, Paley D, Lekien F, et al. Collective motion, sensor networks, and ocean sampling. Proceedings of the IEEE, 2007, 95(1): 48-74.

[115] 陈茂黎, 刘易成, 王晓. 多自主体系统集群动力学机理建模与分析. 北京: 兵器工业出版社, 2021: 471-477.

[116] Nourian M, Caines P, Malhame R. Synthesis of Cucker-Smale type flocking via mean field stochastic control theory: Nash equilibria. Forty-Eighth Annual Allerton Conference. Allerton House, UIUC, Illinois, USA: IEEE, 2010, 814-819.

[117] Paita F, Gómez G, Masdemont J. On the Cucker-Smale flocking model applied to a formation moving in a central force field. Marine Ecology Progress, 2013, 386(1): 181-195.

[118] 段海滨, 邱华鑫. 基于群体智能的无人机集群自主控制. 北京: 科学出版社, 2018.

[119] Motsch S, Tadmor E. A new model for self-organized dynamics and its flocking behavior. Journal of Statistical Physics, 2011, 144(5): 923-947.

[120] Motsch S, Tadmor E. Heterophilious dynamics enhances consensus. SIAM Review, 2014, 56(4): 577-621.

[121] Li Z. Effectual leadership in flocks with hierarchy and individual preference. Discrete and Continuous Dynamical Systems, 2014, 34(9): 3683-3702.

[122] Li Z, Xue X. Cucker-Smale flocking under rooted leadership with free-will agents. Physica A: Statistical Mechanics and its Applications, 2014, 410(12): 205-217.

[123] Li Z, Ha S Y, Xue X. Emergent phenomena in an ensemble of Cucker-Smale particles under joint rooted leadership. Mathematical Models and Methods in Applied Sciences, 2014, 24(7): 1389-1419.

[124] Li Z, Ha S Y. On the Cucker-Smale flocking with alternating leaders. Quarterly of Applied Mathematics, 2015, 73(4): 693-709.

[125] Li C, Yang S. A new discrete Cucker-Smale flocking model under hierarchical leadership. Discrete and Continuous Dynamical Systems-Series B, 2016, 21(8): 2587-2599.

[126] Li L, Huang L, Wu J. Cascade flocking with free-will. Discrete and Continuous Dynamical Systems-Series B, 2016, 21(2): 497-522.

[127] Jin C. Flocking of the Mostsch-Tadmor model with a cut-off interaction function. Journal of Statistical Physics, 2018, 171(2): 345-360.

[128] Yin X, Gao Z, Chen Z, et al. Nonexistence of the asymptotic flocking in the Cucker-Smale model with short range communication weights. IEEE Transactions on Automatic Control, 2022, 67(2): 1067-1072.

[129] Du L, Zhou X.The stochastic delayed Cucker-Smale system in a harmonic potential field. Kinetic and Related Models, 2023, 16(1): 54-68.

[130] Dong J, Ha S Y, Kim D. Interplay of time-delay and velocity alignment in the Cucker-Smale model on a general digraph. Discrete and Continuous Dynamical Systems-Series B, 2019, 24(10): 5569-5596.

[131] Dong J, Ha S Y, Kim D. On the Cucker-Smale ensemble with q-closest neighbors under time-delayed communications. Kinetic and Related Models, 2020, 13(4): 653-676.

[132] Liu Z, Liu Y, Li X, et al. Asymptotic flocking behavior of the general finite-dimensional Cucker-Smale model with distributed time delays. The Bulletin of the Malaysian Mathematical Society Series 2, 2020, 43: 4245-4271.

[133] Liu Z, Wang X, Liu Y. Emergence of time-asymptotic flocking for a general Cucker-Smale-type model with distributed time delays. Mathematical Methods in the Applied Sciences, 2020, 43(15): 8657-8668.

[134] Cartabia M. Cucker-Smale model with time delay. Discrete and Continuous Dynamical Systems, 2022, 42(5): 2409-2432.

[135] Hale J, Verduy-Lunel S M. Introduction to functional differential equations. New York: Springer-Verlag, 1993.

[136] Diekmann O, Van-Gils S, Verduyn-Lunel S, et al. Delay Equations: Functional-, Complex-, and Nonlinear Analysis. New York: Springer-Verlag, 1995.

[137] Cucker F, Mordecki E. Flocking in noisy environments. Journal De Mathématiques Pures Et Appliquées, 2008, 89(3): 278-296.

[138] Ha S Y, Lee K, Levy D. Emergence of time-asymptotic flocking in a stochastic Cucker-Smale system. Communications in Mathematical Sciences, 2009, 7(2): 453-469.

[139] Ahn S, Bae H, Ha S Y, et al. Application of flocking mechanism to the modeling of stochastic volatility. Mathematical Models and Methods in Applied Sciences, 2013, 23(9): 1603-1628.

[140] Ta V, Nguyen T, Atsushi Y. Flocking and non-flocking behavior in a stochastic Cucker-Smale system. Analysis and Applications, 2013, 12(1): 63-73.

[141] Sun Y, Lin W. A positive role of multiplicative noise on the emergence of flocking in a stochastic Cucker-Smale system. Chaos: An Interdisciplinary Journal of Nonlinear Science, 2015, 25(8): 1054-1500.

[142] Dalmao F, Mordecki E. Hierarchical Cucker-Smale model subject to random failure. IEEE Transactions on Automatic Control, 2012, 57(7): 1789-1793.

[143] Canale E, Dalmao F, Mordecki E, et al. Robustness of Cucker-Smale flocking model. IET Control Theory and Applications, 2015, 9(3): 346-350.

[144] Mu X, He Y. Leader-follower multi-agent flocking with bounded missing data and random communication radius. Transactions of the Institute of Measurement and Control, 2019, 41(9): 2441-2450.

[145] He Y, Mu X. Cucker-Smale flocking subject to random failure on general digraphs. Automatica, 2019, 106: 54-60.

[146] 何月华. 随机交互下 Cucker-Smale 群体行为研究. 郑州: 郑州大学, 2019.

[147] Bliman P A, Ferrari-Trecate G. Average consensus problems in networks of agents with delayed communications. Automatica, 2008, 44(8): 1985-1995.

[148] Lu J, Chen G. A time-varying complex dynamical network model and its controlled synchronization criteria. IEEE Transactions on Automatic Control, 2005, 50(6): 841-846.

[149] Olfati-Saber R, Murray R. Consensus problems in networks of agents with switching topology and time-delays. IEEE Transactions on Automatic Control, 2004, 49(9): 1520-1533.

[150] Ren W, Beard R, McLain T. Coordination Variables and Consensus Building in Multiple Vehicle Systems. Cooperative control. Berlin, Heidelberg: Springer, 2005: 171-188.

[151] Tian Y, Liu C. Consensus of multi-agent systems with diverse input and communication delays. IEEE Transactions on Automatic Control, 2008, 53(9): 2122-2128.

[152] Wu C, Chua L. Synchronization in an array of linearly coupled dynamical systems. IEEE Transactions on Circuits and Systems I: Fundamental Theory and Applications, 1995, 42(8): 430-447.

[153] Hong Y, Hu J, Gao L. Tracking control for multi-agent consensus with an active leader and variable topology. Automatica, 2006, 42(7): 1177-1182.

[154] Hong Y, Chen G, Bushnell L. Distributed observers design for leader-following control of multi-agent networks. Automatica, 2008, 44(3): 846-850.

[155] Olfati-Saber R. Flocking for multi-agent dynamic systems: Algorithms and theory. IEEE Transactions on Automatic Control, 2006, 51(3): 401-420.

[156] Ren W, Beard R. Consensus algorithms for double-integrator dynamics. Distributed Consensus in Multi-vehicle Cooperative Control: Theory and Applications, 2008, 77-104.

[157] Ren W, Atkins E. Distributed multi-vehicle coordinated control via local information exchange. International Journal of Robust and Nonlinear Control, 2007, 17(10-11): 1002-1033.

[158] Yu W, Chen G, Cao M. Some necessary and sufficient conditions for second-order consensus in multi-agent dynamical systems. Automatica, 2010, 46(6): 1089-1095.

[159] Wen G, Duan Z, Yu W, et al. Consensus of multi-agent systems with nonlinear dynamics and sampled-data information: A delayed-input approach. International Journal of Robust and Nonlinear Control, 2013, 23(6): 602-619.

[160] Wen G, Duan Z, Chen G, et al. Consensus tracking of multi-agent systems with Lipschitz-type node dynamics and switching topologies. IEEE Transactions on Circuits and Systems I: Regular Papers, 2014, 61(2): 499-511.

[161] Wen G, Zhao Y, Duan Z, et al. Containment of higher-order multi-leader multiagent systems: A dynamic output approach. IEEE Transactions on Automatic Control, 2016, 61(4): 1135-1140.

[162] 纪良浩, 王慧维, 李华青. 分布式多智能体网络一致性协调控制理论. 北京: 科学出版社, 2015.

[163] Degroot M H. Reaching a consensus. Journal of the American Statistical Association, 1974, 69(345): 118-121.

[164] de Silva V, Ghrist R. Coverage in sensor networks via persistent homology. Algebraic and Geometric Topology, 2007, 7(1): 339-358.

[165] Ozogány K, Vicsek T. Modeling the emergence of modular leadership hierarchy during the collective motion of herds made of harems. Journal of Statistical Physics, 2015, 158(3): 628-646.

[166] Atay F. The consensus problem in networks with transmission delays. Philosophical Transactions of the Royal Society A Mathematical Physical and Engineering Sciences, 2013, 371(1999): 883-888.

[167] Montijano E, Sagüés C. Distributed consensus with visual perception in multi-robot systems. New York: Springer, 2015.

[168] Jabin P, Motsch S. Clustering and asymptotic behavior in opinion formation. Journal of Differential Equations, 2014, 257(11): 4165-4187.

[169] Miller D. Introduction to collective behavior and collective action. Long Grove: Waveland Press, 2013.

[170] Baum L, Katz M. Convergence rates in the law of large numbers. Transactions of the American Mathematical Society, 1965, 120(1): 108-123.

[171] Couzin I, Krause J, Franks N, et al. Effective leadership and decision making in animal groups on the move. Nature, 2005, 433(7025): 513-516.

[172] Park J, Kim H, Ha S Y. Cucker-Smale flocking with inter-particle bonding forces. IEEE Transactions on Automatic Control, 2010, 55(11): 2617-2623.

[173] Gazi V, Passino K. A class of attractions-repulsion functions for stable swarm aggregations. International Journal of Control, 2004, 77(18): 1567-1579.

[174] Gazi V, Passino K. Stability analysis of swarms. IEEE Transactions on Automatic Control, 2003, 48(4): 692-697.

[175] Cucker F, Dong J. Avoiding collisions in flocks. IEEE Transactions on Automatic Control, 2010, 55(5): 1238-1243.

[176] Peszek J. Existence of piecewise weak solutions of a discrete Cucker-Smale's flocking model with a singular communication weight. Journal of Differential Equations, 2014, 257(8): 2900-2925.

[177] Peszek J. Discrete Cucker-Smale flocking model with a weakly singular weight. SIAM Journal on Mathematical Analysis, 2014, 47(5): 3671-3686.

[178] Ahn S, Choi H, Ha S Y, et al. On collision-avoiding initial configurations to Cucker-Smale type flocking models. Communications in Mathematical Sciences, 2012, 10(2): 625-643.

[179] Ahmed Z, Khan M, Saeed M, et al. Consensus control of multi-agent systems with input and communication delay: A frequency domain perspective. ISA Transactions, 2020, 101: 69-77.

[180] Guo S, Mo L, Yu Y. Mean-square consensus of heterogeneous multi-agent systems with communication noises. Journal of the Franklin Institute, 2018, 355(8): 3717-3736.

[181] Cai Y, He Q, Duan J, et al. Full-order observer based output regulation for linear heterogeneous multi-agent systems under switching topology. Journal of artificial intelligence and systems, 2019, 1(1): 20-42.

[182] Zhu Y, Guan X, Luo X. Finite-time consensus of heterogeneous multi-agent systems with linear and nonlinear dynamics. Acta Automatica Sinica, 2014, 40(11): 2618-2624.

[183] Feng Y, Xu S, Lewis F, et al. Consensus of heterogeneous first and secondorder multi-agent systems with directed communication topologies. International Journal of Robust and Nonlinear Control, 2015, 25(3): 362-375.

[184] Panteley E, Loria A. Synchronization and dynamic consensus of heterogeneous networked systems. IEEE Transactions on Automatic Control, 2017, 62(8): 3758-3773.

[185] 莫立坡, 潘婷婷. Markov 切换拓扑下异构多智能体系统的均方一致性. 中国科学: 信息科学, 2016, 46(11): 1621-1632.

[186] Li M, Su L, Chesi G. Consensus of heterogeneous multi-agent systems with diffusive couplings via passivity indices. IEEE Control Systems Letters, 2019, 3(2): 434-439.

[187] 黄辉, 莫立坡, 曹显兵. 异构多智能体系统的非凸输入约束一致性. 应用数学学报, 2019, 42(5): 595-605.

[188] 卢闯, 王晓东, 王蒙一. 异构多智能体系统时变编队控制研究. 战术导弹技术, 2019, 5: 64-70.

[189] 黄锦波, 伍益明, 常丽萍, 等. 信任节点机制下的异构多智能体系统安全一致性控制. 中国科学: 信息科学, 2019, 49(5): 599-612.

[190] Du H, Wen G, Wu D, et al. Distributed fixed-time consensus for nonlinear heterogeneous multi-agent systems. Automatica, 2020, 113: 108797 (13pages).

[191] Li X, Yu Z, Li Z, et al. Group consensus via pinning control for a class of heterogeneous multi-agent systems with input constraints. Information Sciences, 2021, 542: 247-262.

[192] Yang C, Wang X, Li Z, et al. Teleoperation control based on combination of wave variable and neural networks. IEEE Transactions on Systems, Man, and Cybernetics: Systems, 2017, 47(8): 2125-2136.

[193] Li Z, Deng J, Lu R, et al. Trajectory-tracking control of mobile robot systems incorporating neural-dynamic optimized model predictive approach. IEEE Transactions on Systems, Man, and Cybernetics: Systems, 2016, 46(6): 740-749.

[194] Achard S, Salvador R, Whitvher B, et al. A resilient, low-frequency, small-world human brain functional network with highly connected association cortical hubs. Journal of Neuroscience, 2006, 26(1): 63-72.

[195] Rubinov M, Sporns O. Complex network measures of brain connectivity: Uses and interpretations. Neuroimage, 2010, 52(3): 1059-1069.

[196] Han Y, Lu W, Chen T. Achieving cluster consensus in continuous-time networks of multiagents with inter-cluster non-identical inputs. IEEE Transactions on Automatic Control, 2014, 60(3): 793-798.

[197] Qin J, Gao H, Zheng W. Exponential synchronization of complex networks of linear systems and nonlinear oscillators: A unified analysis. IEEE Transactions on Neural Networks and Learning Systems, 2015, 26(3): 510-521.

[198] Qin J, Fu W, Shi Y, et al. Leader-following practical cluster synchronization for networks of generic linear systems: An event-based approach. IEEE transactions on neural networks and learning systems, 2018, 30(1): 215-224.

[199] Aeyels D, Peuteman J. On exponential stability of nonlinear time-varying differential equations. Automatica, 1999, 35(6): 1091-1100.

[200] Sain M. Matrix mathematics: Theory, facts, and formulas with application to linear systems theory-book review; ds Berstein. IEEE Transactions on Automatic Control, 2007, 52(8): 1539-1540.

[201] Wen G, Yu W, Hu G, et al. Pinning synchronization of directed networks with switching topologies: A multiple Lyapunov functions approach. IEEE Transactions on Neural Networks and Learning Systems, 2015, 26(12): 3239-3250.

[202] Wu W, Zhou W, Chen T. Cluster synchronization of linearly coupled complex networks under pinning control. IEEE Transactions on Circuits and Systems I: Regular Papers, 2009, 56(4): 829-839.

[203] Fu W, Qin J, Shi Y, et al. Resilient consensus of discrete-time complex cyber-physical networks under deception attacks. IEEE Transactions on Industrial Informatics, 2020, 16 (7): 4868-4877.

[204] Mirollo R, Strogatz S. Synchronization of pulse-coupled biological oscillators. SIAM Journal on Applied Mathematics, 1990, 50(6): 1645-1662.

[205] Yu Z, Jang H, Hu C. Second-order consensus for multiagent systems via intermittent sampled data control. IEEE Transactions on Systems, Man, and Cybernetics: Systems, 2019, 48(11): 1986-2002.

[206] Qin J, Yu C, Anderson B. On leaderless and leader-following consensus for interacting clusters of second-order multi-agent systems. Automatica, 2016, 74: 214-221.

[207] Cao J, Li L. Cluster synchronization in an array of hybrid coupled neural networks with delay. Neural Networks, 2009, 22(4): 335-342.

[208] Qin J, Ma Q, Gao H, et al. On group synchronization for interacting clusters of heterogeneous systems. IEEE Transactions on Cybernetics, 2017, 47(12): 4122-4133.

[209] Liu X, Chen T. Cluster synchronization in directed networks via intermittent pinning control. IEEE Transactions on Neural Networks, 2011, 22(7): 1009-1020.

[210] Qin J, Fu W, Gao H, et al. Distributed k-means algorithm and fuzzy c-means algorithm for sensor networks based on multiagent consensus theory. IEEE Transactions on Cybernetics, 2016, 47(3): 772-783.

[211] Qin J, Ma Q, Yu X, et al. On synchronization of dynamical systems over directed switching topologies: An algebraic and geometric perspective. IEEE Transactions on Automatic Control, 2020, 65(12): 5083-5098.

[212] Sniffen C, O'Connor J, Van-Soest P, et al. A net carbohydrate and protein system for evaluating cattle diets II. carbohydrate and protein availability. Journal of Animal Science, 1992, 70(11): 3562-3577.

[213] Sun H, Li S, Sun C. Finite time integral sliding mode control of hypersonic vehicles. Nonlinear Dynamics, 2013, 73: 229-244.

[214] Zhang G, Qin J, Zheng W, et al. Fault-tolerant coordination control for second-order multi-agent systems with partial actuator effectiveness. Information Sciences, 2018, 423: 115-127.

[215] Yu H, Xia X. Adaptive consensus of multi-agents in networks with jointly connected topologies. Automatica, 2012, 48(8): 1783-1790.

[216] Rezaee H, Abdollahi F. Adaptive stationary consensus protocol for a class of high-order nonlinear multiagent systems with jointly connected topologies. International Journal of Robust and Nonlinear Control, 2017, 27(9): 1677-1689.

[217] Li X, Soh Y, Xie L, et al. Cooperative output regulation of heterogeneous linear multiagent networks via H_∞ performance allocation. IEEE Transactions on Automatic Control, 2019, 64(2): 683-696.

[218] Hou W, Fu M, Zhang H, et al. Consensus conditions for general second-order multi-agent systems with communication delay. Automatica, 2017, 75: 293-298.

[219] Li X, Soh Y, Xie L. Output-feedback protocols without controller interaction for consensus of homogeneous multi-agent systems: A unified robust control view. Automatica, 2017, 81: 37-45.

[220] Girvan M, Newman M. Community structure in social and biological networks. Proceedings of the National Academy of Sciences, 2002, 99(12): 7821-7826.

[221] Jin X, Wang S, Qin J, et al. Adaptive fault-tolerant consensus for a class of uncertain nonlinear second-order multi-agent systems with circuit implementation. IEEE Transactions on Circuits and Systems I: Regular Papers, 2018, 65(7): 2243-2255.

[222] Jin X, Zhao X, Yu J, et al. Adaptive fault-tolerant consensus for a class of leader-following systems using neural network learning strategy. Neural Networks, 2020, 121: 474-483.

[223] Cepeda-Gomez R, Olgac N. A consensus protocol under directed communications with two time delays and delay scheduling. International Journal of Control, 2014, 87(2): 291-300.

[224] Cepeda-Gomez R. Finding the exact delay bound for consensus of linear multi-agent systems. International Journal of Systems Science, 2015, 47(11): 2598-2606.

[225] Cepeda-Gomez R, Perico L. Formation control of nonholonomic vehicles under time delayed communications. IEEE Transactions on Automation Science and Engineering, 2015, 12(3): 819-826.

[226] Dolby A, Grubb T. Benefits to satellite members in mixed species foraging groups: An experimental analysis. Animal Behaviour, 1998, 56(2), 501-509.

[227] Fan M, Zhang H, Wang M. Bipartite flocking for multi-agent systems. Communications in Nonlinear Science & Numerical Simulation, 2014, 19(9): 3313-3322.

[228] Zhang Z, Hao F, Zhang L, et al. Consensus of linear multi-agent systems via event-triggered control. International Journal of Control, 2014, 87(6): 1243-1251.

[229] Zhu W, Cheng D. Leader-following consensus of second-order agents with multiple time-varying delays. Automatica, 2010, 46, 1994-1999.

[230] Chen Y, Lü J, Han F, et al. On the cluster consensus of discrete-time multi-agent systems. Systems & Control Letters, 2011, 60, 517-523.

[231] Li K, Michael S, Fu X. Generation of clusters in complex dynamical networks via pinning control. Journal of Applied Physics, 2008, 41: 505101(17pages).

[232] Lu X, Francis A, Chen S. Cluster consensus of second-order multi-agent systems via pinning control. Chinese Physics B, 2010, 19: 120506 (1)-120506 (7).

[233] Wang T, Li T, Yang X. Cluster synchronization for delayed Lur'e dynamical networks based on pinning control. Neurocomputing, 2012, 83(15), 72-82.

[234] Xie D, Liang T. Second-order group consensus for multi-agents ystems with time delays. Neurocomputing, 2015, 153, 133-139.

[235] Bressloff P, Coombes S. Travelling waves in chains of pulse-coupled integrate-and-fire oscillators with distributed delays. Physica D Nonlinear Phenomena, 1999, 130(3-4): 232-254.

[236] Marvel S A, Steven H S. Invariant submanifold for series arrays of Josephson junctions. Chaos, 2009, 19(1): 013132.

[237] Belykh V, Petrov V, Osipov G. Dynamics of the finite-dimensional Kuramoto model: Global and cluster synchronization. Regular & Chaotic Dynamics, 2015, 20(1): 37-48.

[238] Ha S Y, Kim H K, Park J, Remarks on the complete synchronization of Kuramoto oscillators. Nonlinearity, 2015, 28: 1441-1462.

[239] Mallada E, Tang A. Synchronization of weakly coupled oscillators: Coupling, delay and topology. Journal of Physics A Mathematical & Theoretical, 2013, 46(50): 1-13.

[240] Dörfler F, Chertkov M, Bullo F. Synchronization in complex oscillator networks and smart grids. Proceedings of the National Academy of Sciences of the United States of America, 2013, 110(6): 2005-2010.

[241] Timms L, English L Q. Synchronization in phase-coupled Kuramoto oscillator networks with axonal delay and synaptic plasticity. Physical Review E, 2014, 89(3): 032906.

[242] Scardovi L. Clustering and synchronization in phase models with state dependent coupling. 49th IEEE Conference on Decision and Control, CDC, IEEE, 2010: 627-632.

[243] Gushchin A, Mallada E, Tang A. Synchronization of phase-coupled oscillators with plastic coupling strength. Information Theory & Applications Workshop. IEEE, 2015: 291-300.

[244] Cao Y, Yu W, Ren W, et al. An overview of recent progress in the study of distributed multi-agent coordination. IEEE Transactions on Industrial Informatics, 2013, 9(1): 427-438.

[245] Juang J, Liang Y. Avoiding collisions in Cucker-Smale flocking models under group-hierarchical multileadership. SIAM Journal on Applied Mathematics, 2018, 78(1): 531-550.

[246] Somarakis C, Paraskevas E, Baras J, et al. Synchronization and collision avoidance in non-linear flocking networks of autonomous agents. 24th Mediterranean Conference on Control and Automation (MED), June 21-24, Athens, Greece, 2016.

[247] Bolouki S, Malhamé R. Theorems about ergodicity and class-ergodicity of chains with applications in known consensus models. Fiftieth Annual Allerton Conference, October 1-5, Allerton House, UIUC, Illinois, USA, 2012.

[248] Ru L, Xue X. Flocking of Cucker-Smale model with intrinsic dynamics. Discrete and Continuous Dynamical Systems-Series B, 2019, 24(12): 6817-6835.

[249] Ru L, Li X, Liu Y, et al. Flocking of Cucker-Smale model with unit speed on general digraphs. Proceedings of the American Mathematical Society, 2021, 149(10): 4397-4409.

[250] Hua W, Han Z, Xie Q, et al. Finite-time synchronization of uncertain unified chaotic systems based on CLF. Nonlinear Analysis Real World Applications, 2009, 10(5): 2842-2849.

[251] Long W, Feng X. Finite-time consensus problems for networks of dynamic agents. IEEE Transactions on Automatic Control, 2010, 55(4): 950-955.

[252] Hardy G, Littlewood J, Polya G. Inequalities. Cambridge: Cambridge University Press, 1952.

[253] Han Y, Zhao D, Sun Y. Finite-time flocking problem of a Cucker-smale-type self-propelled particle model. Complexity, 2016, 21(S1): 354-361.

[254] Ning B, Han Q, Zuo Z. Distributed optimization for multiagent systems: An edge-based fixed-time consensus approach. IEEE Transactions on Cybernetics, 2019, 49(1): 122-132.

[255] Hong H, Wang H, Wang Z, et al. Finite-time and fixed-time consensus problems for second-order multi-agent systems with reduced state information. Sciece China: Information Sciences, 2019, 62(11): 62, 212201.

[256] Bellomo N, Degond P, Tadmor E. Active Particles Vol. I: Advances in Theory, Models, and Applications. Modelling and Simulation in Science and Technology, Birkhä user Basel, 2017.

[257] Jin Y. Flocking of the Motsch-Tadmor model with a cut-off interaction function. Journal of Statistical Physics, 2018, 171: 345-360.

[258] Lynch N A. Distributed algorithms. San Francisco, CA: Morgan Kaufmann, 1996.

[259] Olfati-Saber R, Murray R. Consensus problems in networks of agents with switching topology and time-delays. IEEE Transactions on Automatic Control, 2004, 49: 1520-1533.

[260] Serre D. Matrices. Graduate Texts in Mathematics 216. New York: Springer, 2010.

[261] Cheng Y, Wang X, Shi B. Consensus of a two-agent opinion dynamical system with processing delay. International Journal of Biomathematics, 2018, 11(6): 1850081.

[262] Liu Y, Wu J. Local phase synchronization and clustering for the delayed phase-coupled oscillators with plastic coupling. Journal of Mathematical Analysis & Applications, 2016, 444: 947-956.

[263] Zhan X, Wu J, Jiang T, et al. Optimal performance of networked control systems under the packet dropouts and channel noise. ISA Transactions, 2015, 58(5): 214-221.

[264] Zhan X, Cheng L, Wu J, et al. Optimal modified performance of MIMO networked control systems with multi-parameter constraints. ISA Transactions, 2019, 84(1): 111-117.

[265] Ning B, Han Q. Prescribed finite-time consensus tracking for multiagent systems with non-holonomic chained-form dynamics. IEEE Transactions on Automatic Control, 2019, 64(4): 1686-1693.

[266] Ning B, Han Q, Zuo Z, et al. Collective behaviors of mobile robots beyond the nearest neighbor rules with switching topology. IEEE transactions on cybernetics, 2018, 48(5): 1577-1590.

[267] Liu X, Cao J, Xie C. Finite-time and fixed-time bipartite consensus of multi-agent systems under a unified discontinuous control protocol. Journal of the Franklin Institute, 2017, 356(2): 734-751.

[268] Altafini C. Consensus problems on networks with antagonistic interactions. IEEE Transactions on Automatic Control, 2013, 58(4): 935-946.

[269] Pignotti C, Vallejo R. Flocking estimates for the Cucker-Smale model with time-lag and hierarchical leadership. Journal of Mathematical Analysis and Applications, 2017, 464(2): 1313-1332.

[270] Choi Y, Li Z. Emergent behavior of Cucker-Smale flocking particles with time delays. Applied Mathematics Letters, 2018, 86: 49-56.

[271] Caizo J, Carrillo J, Rosado J. A well-posedness theory in measures for some kinetic models of collective motion. Mathematical Models and Methods in Applied Sciences, 2011, 21(3): 515-539.

[272] Ton T, Lihn N, Yagi A. Flocking and non-flocking behavior in a stochastic Cucker-Smale system. Analysis and Application, 2014, 12: 63-73.

[273] Pedeches L. Asymptotic properties of various stochastic Cucker-Smale dynamics. Discrete and Continuous Dynamical Systems, 2018, 38: 2731-2762.

[274] Gong G. Stochastic Differential Equation and Its Application. 北京: 清华大学出版社, 2008.

[275] Tadmor E, Ha S Y. From particle to kinetic and hydrodynamic descriptions of flocking. Kinetic and Related Models, 2017, 1(3): 415-435.

[276] Ha S Y, Kim J, Zhang X. Uniform stability of the Cucker-Smale model and its application to the mean-field limit. Kinetic and Related Models, 2018, 11(5): 1157-1181.

[277] Ha S Y, Jung J J, RöcknerM. Collective stochastic dynamics of the Cucker-Smale ensemble under uncertain communication. Journal of Differential Equations, 2021, 284(4): 39-82.